百国考察廿省实践生态修复

——兼论生态工业园建设

A 100-Country Field Study & 20-Province Pilot Projects on Ecological Restoration

——The theory of the construction of eco-industrial park

吴季松 著

北京航空航天大学出版社

内 容 简 介

本书是一本综合作者30年全球生态考察工作的专著，主要介绍了生态系统及其修复的理论；在全球百国生态考察中，记述了作者1979—2009年整整30年间对100个国家和地区的主要河流、湖泊、湿地、森林、草原和海岛的考察和研究，也记述了对人类改变自然生态系统的大型电站、水库和供水工程及水资源利用管理体制的考察和研究。作为全国水资源管理的最高负责人，作者于6年半的时间内在黑龙江、内蒙古、河北、山西、北京、新疆、青海、甘肃、陕西、宁夏、河南、山东、上海、江苏、浙江、四川、云南、广西、广东、海南和香港共21个省市区主持和参与了恢复断流、恢复湿地、保住绿洲、保护水源、治理污染、生态系统修复和保证水资源供需平衡的规划、实施和监督工作，创建新的管理体制——水务局；指导生态系统修复的新机制——生态工业园的建立。

本书集理念、调查、研究和实践于一体，追求理论的科学性和创新，尤为强调的是理论的系统性和逻辑性；几乎全部实例都是作者本人亲眼所见，亲历亲为。

图书在版编目(CIP)数据

百国考察廿省实践生态修复/吴季松著. —北京：北京航空航天大学出版社，2009.4

ISBN 978-7-81124-626-1

Ⅰ. 百…　Ⅱ. 吴…　Ⅲ. 生态环境—环境治理—世界
Ⅳ. X171.1

中国版本图书馆CIP数据核字(2009)第019507号

百国考察廿省实践生态修复

——兼论生态工业园建设

吴季松　著

责任编辑　魏军艳　陈守平

*

北京航空航天大学出版社出版发行

北京市海淀区学院路37号(100191)　发行部电话：010－82317024　传真：010－82328026

http://www.buaapress.com.cn　E-mail:bhpress@263.net

北京市松源印刷有限公司印装　各地书店经销

*

开本：787×960　1/16　印张：25.75　字数：534千字

2009年4月第1版　2009年4月第1次印刷　印数：3 000册

ISBN 978-7-81124-626-1　定价：50.00元

前　言

70 年前，当作者的父亲吴恩裕教授(1909—1979)于 1939 年在发表的文章中使用“生态”一词时，不用说在中国知道“生态”的人寥寥无几，就是在世界上也为数极少。而今天，“生态”已经是当今世人耳熟能详的一个时髦词语，生态文明已经成为人类的共识，人与自然和谐已经成为我们的国策。生态的科学术语是“自然生态系统”。

现在大家都说要维系“生态平衡”，但是今天这个动态平衡的生态系统是什么时间形成的呢？史前有彗星撞击和冰河期等大扰动，尽管在彗星撞击以后和冰河期期间地球生态系统也达到了动平衡，但那不是今天人类生存的生态系统。据 2008 年发掘出 12 900 年前金刚石的最新科学研究表明，12 900 年前在北美洲地球遭到了迄今为止最后一次彗星大撞击，这场突如其来的变化彻底改变了北美洲大陆。一支繁荣的史前美洲文化即克洛维斯人一夜之间消失了，陆续消失的还有大型动物马、骆驼、狮子、猛犸、乳齿象、剑齿虎和巨型犰狳，所以在哥伦布到达之前，美洲大陆是没有马的。撞击之后，地球部分地区重新回归冰川状态长达 1 500 年之久。

此后，也就是 12 000 年来地球生态系统再没有发生如此巨大的突变，所以说我们今天生活的这个地球生态系统定型于 12 000 年前，虽然经历了大地震、火山爆发、山体滑坡、大海啸、大洪水泛滥和大面积持续干旱等无数次各种自然小突变，但仍在系统自修复能力之内，整个系统得以恢复平衡，没有变成一个新的自然生态系统，这也就是人类能够生存发展到今天的最重要原因之一。同时，这也是至今世界各国有实物证据的连续文明史都以万年为上限的原因。所以，在经过人类活动万年、尤其是近 200 年的破坏后，我们生态修复的目标，也是尽可能地恢复这个生态系统。

究竟什么是生态系统呢？人类如何与之和谐呢？人类的不文明行为破坏了生态系统，它又如何修复呢？这些都没有确切的答案，因为生态学还是一门不成熟的科学，对生态系统的研究还没有共识的计量方法。所以如何发展生态系统学，目前在国际研究界都是正在探讨的巨大难题，以下仅简述本人的看法。

(1) 自然生态系统属非平衡态复杂巨系统

依钱学森院士的观点，非平衡态复杂巨系统属于数学模型无法科学地建立，且目前的计算机无法在容量和速度上满足模拟运算要求的系统。因此，目前的一些自然生态系统的数学模型，正如在美国造成次贷危机的金融衍生产品的数学模型一样，是不科学的。现在经济学界评论金融衍生品为“过分的”，从科学角度来讲只有是否正确的问题，没有“过分”与否的问题，倒是一些诺贝尔奖获得者敢于直言，称之为“欺骗”；美国新任总统奥巴马斥之为“可耻”。为生态系统建立模型方面也有类似的情况，目前不少一流的自然生态系统的数学模型从数学上看都是有错误的，因此是不科学的；而且，只是为了各种需要做做而已，也不打算去实施。如果实施，恐怕不只是浪费投入的问题，还会破坏现有生态系统。这些都应该由谁负责呢？应该参照包括我国领导人在内的国际政界对解决金融危机的观点。美国曾经在20世纪90年代按模型投巨资建造了一个人工生态系统，以失败告终，从此再不实施。所以关于生态系统修复的真正的科学研究就显得尤为必要。

（2）生态系统不是不可知的

生态系统就在每一个人身边，所以，人们是可以认识的。如何科学分析呢？一是依据已有监测数据作序列延长的统计分析，二是以科学的观点实地考察，三是以国际较好的同类生态系统作为修复的重要参照，四是努力建立符合实际的、科学的模型，而且只能作为参考。在国际上对自然生态系统的监测始于20世纪20年代，在我国始于20世纪50年代，序列太短，难以做准确的外延，因此实地考察是最为重要的。

作者在担任全国节水办公室常务副主任兼水利部水资源司司长时主持制订的《21世纪初期首都水资源可持续利用规划（2001—2005）》、《塔里木河流域综合治理规划》、《黑河流域近期综合治理规划》和《黄河重新分水方案》得到了相关院士的高度评价，被朱镕基总理批示为“一曲绿色的颂歌”，温家宝总理说“以水资源可持续利用保障可持续发展这句话讲得好”，现已成为水利工作的总方针，温总理还说吴季松主任提出“生态水”是提出了新概念。而制订这些规划的指导思想就是要以实地调查和国际比较作为规划的基础。

（3）生态系统只能修复，而无法人工创造

如前所述，书中还要详细说明，美国的尝试已失败，而且这已经是国际生态学界的共识。通过循环经济和知识经济可以使人类经济发展与自然生态系统协调，也已经是世界的共识。但是，我们要通过循环经济把自然生态系统修复到什么程度？这是最重要的问题。因为，地球上现在住了68亿人，要恢复到史前是不可能的，而且也没有必要。同时大小不同程度的恢复都要巨大的经济投入，而现有资料又不能反映生态系统大规模破坏以前的情况，如何才能使投入不付诸东流呢？解决这个问题的唯一科学方法就是考察世界上同类型、而破坏较小或恢复较好的自然生态系统，以此为标准，做力所能及、有实效的适宜修复。

鉴于以上情况，作者用30年时间做了一项全球生态考察的工作。

作为改革开放后第一批出国访问学者，作者早在1979年就与联合国教科文组织（UNESCO）接触，是最早把“可持续发展”、“科学研究三分类”、“科技园区”、“知识经济”、“互联网”（时称“信息高速公路”）和“循环经济”的系统概念引入国内的学者（见书后参考文献）。此后，作者又任中国常驻联合国教科文代表团参赞（对外副代表）、联合国教科文组织科技部门高技术与环境顾问，借此便利条件，开始了世界少见的、由同一学者所做的全球生态考察。

至今这项工作已进行了整整30年，作者考察了6大洲100个国家和地区，包括世界国内生产总值、人口和土地前10名的国家。其中在法国住了6年、瑞典1年，日本和德国前后去过8次，英国和意大利去过5次，美国、俄罗斯和澳大利亚去过3次，印度、巴西、墨西哥、哈萨克斯坦和印度尼西亚都去过2次，南非和沙特阿拉伯去过1次，写了一套20本的《看世界》系列书，共400万字。

考察过世界前8大河中除俄罗斯勒拿河外的7条，其中，尼罗河、长江、黄河和湄公河都做了全流域考察。考察过世界8大淡水湖中的5个：苏必利尔湖、维多利亚湖、休伦湖、密歇根湖和贝加尔湖。考察过世界8大有人湿地中的6个：长江三角洲、东北三江平原、湄公河三角洲、布拉马普德拉河三角洲、多瑙河三角洲和尼日尔河三角洲的湿地。考察过世界3大优质草原：欧洲的顿河—第聂伯河草原、南美阿根廷的潘帕斯草原和呼伦贝尔草原。考察过世界上4个百万平方千米以上的大沙漠：北非的撒哈拉大沙漠、阿拉伯半岛的鲁卜哈利沙漠、澳大利亚的维多利亚大沙漠和我国的塔克拉玛干沙漠。2009年初考察沙特阿拉伯(沙漠和人工生态系统)后100国考察最后完成，作者认为这些实地考察是制订我国生态修复规划必不可少的基础。

在上述考察基础上，作者创建的“新循环经济学”提出了把经济学与生态学结合的生态修复理念，不仅在国内重大规划中得到应用，受到国内相关权威与中央领导的高度评价，而且2005年在阿联酋举办的“世界思想者节日论坛”和2007、2008“诺贝尔奖获得者北京论坛”上得到共21位诺贝尔奖获得者的认同与称赞。

自1998年3月，作为生态修复的实践者，且准备上任全国节水办公室副主任、水利部水资源司司长，作者开始了北京水资源调查，到2004年10月退休前交接工作完成的整整80个月里，作者在全国黑龙江、内蒙古、河北、山西、北京、新疆、青海、甘肃、陕西、宁夏、河南、山东、上海、江苏、浙江、四川、云南、广西、广东、海南和香港共21个省市区主持和参与生态系统修复和水资源供需平衡的规划、实施和监督工作，恢复断流、恢复湿地、保住绿洲、保护水源、治理污染、保证供水和修建生态型水利工程。直至进行水务管理体制的改革，建立水务局。这些工作得到我国水资源、环境和生态方面权威专家的高度评价。

本书正是基于上述理念、调查、研究和实践的一本研究著作，不追求理论的深奥性，而追求理论的科学性，尤为强调的是理论的系统性和逻辑性；不着力于他人实践的搜集和引录，几乎全部实例都是作者本人亲眼所见，亲历亲为；在创新方面不追求在原有框架、包括外国人的框架上添枝加叶，而追求理论的革新。如果冒昧地回答一些读者提出的“为什么是这样”的问题的话，答案其实很简单，这是作者接受过9年的系统数学训练；自1979年接触生态系统理论后，在30年内对生态系统理论不断钻研，并在100个国家中进行了实地调研；作为全国水资源的主管实干了6年多，不断以实践印证和理论修正的结果。

吴季松

2009年3月18日

Preface

Seventy years ago, when the "ecology" was put forward by the author's father——professor Wu Enyu (1909—1979) in his published paper in 1939, there were very few people knowing that word in the world wide, and not to speak of Chinese people. But "ecology" has now become a vogue——a word that can be frequently heard by all the people, eco-civilization has become a consensus of the human beings and harmonious co-existence between man and nature has become our national policy. "Natural ecosystem" is the scientific terminology of ecology.

Maintenance of ecological balance has now become a common knowledge, but when is the formation time of this homeostasis of ecosystem? Although the earth ecosystem reached balance state after the destabilization of comet shock and ice age, it was not the ecosystem for human beings. It has been proved by the diamonds dug up in 2008 that North America was hit by comet for the last time 12900 years ago and the sudden change revolutionized that place. The once populus prehistoric culture of America——Clovis People disappeared overnight, and some larger animals, such as horse, camel, American lion, mammoth, mastodon, saber-toothed tiger and beautiful armadillo extinguished successively. So there was no horse in America pre-Columbian. After the hit, some areas of the earth returned to glacier state and sustained for 1500 years long.

After that, the earth ecosystem retrained itself from such mutation again during the following 12000 years, thus the ecosystem that we live in now may be considered to be formed 12000 years ago. Although there were some small nature mutations such as earthquake, volcanic eruption, landslide, tsunami, flood and large-acreage drought, it was within the capability of self restoration. So there was no new ecosystem to be generated and that was one of the prime conditions for human beings to survive and develop. This also explains why the consecutive civilizations in the world can only be traced back with physical evidence to 10 thousand years ago as the history boundary. After tens of thousands of years of mankind's activity, especially the destructions in recent 200 years, the goal for restoration of the ecosystem is to regain the ecosystem as far as possible.

What on earth is that ecosystem? How do people coexist with it harmoniously? How can it repair itself when it was destroyed? All these questions have no definite answers, because ecology is not a fully-flagged academic subject, and its metering method has not reached a consensus. So how to develop the science of ecosystem is a difficult task faced by academic cycle of the world. The flowing is just the opinion of the author.

1. Nature ecosystem is a complex macrosystem in nonequilibrium state

According to the viewpoint of academician Qian Xuesen, the macrosystem in nonequilibrium state is a system that can't be described by mathematic models and can't be stimulated by the current computer capacity due to its limited memory size and speed. So the exiting mathematic models that are built to describe ecosystem are unscientific, just like the models which were built to describe the subprime crisis caused by financial derivatives in Amercia.

Economic academia criticize that these models are "excessive", but there is actually only the difference between right or not, not excessive or unexcessive from a scientific angle. On the contrary, some Nobel laureates dared to open up and criticized that those were deceiving; the new president of the USA——Obama criticized that those were shameful things. The same thing comes to the modeling for ecology, and some leading mathematic models for ecology are not plausible from a mathematic angle, lacking scientific proof.

Moreover, some of the models are nothing just for a show and not designed to be put into practice. If those are carried out, perhaps there is not only a problem of wasting resource, but also destroying the current ecosystem. Who will be responsible for these? It should be referred to the strategies on the financial problems taken by international politician and our nation's leaders. In the 1990s, an artificial ecosystem was built in the USA based on some models with a large amount of money but ended in failure. Such experiment has never been tried out again. In view of these, the real scientific researches on the restoration of ecosystem are paramount.

2. The ecosystem is not beyond our knowledge

Ecosystem exists around everybody, so it can be cognoscible by people. But how to analyze it scientifically? The first way is to make statistical analysis in extended time series on the exiting data. The second way is to make scientific field survey. The third one is to study the lessons of other countries and then to build models that are practical and scientific, and the models can be treated only as a reference. The monitoring mechanism on ecosystem started from 1920s in the world and in China from 1950s, so the data sequence is too short and it is hard to do precise projection. Comparably, the field survey is the most important way to tackle the problem.

When the author worked as the executive director of National Water Saving Office and director-General of Department Water Resources, Ministry of Water Resources of China, he presided over the plans "Sustainable Utilization Programming of Water Resources in Beijing for the 21st Century", "The Planning for the Tarim River Valley Future Engineering Project", "The Short-term Planning for the Heihe River Valley Engineering Project" and "The New Water Allocation of the Yellow River". All these projects won high recognitions from corresponding academicians and were remarked as "a green tune" by former Premier Zhu Rongji. Premier Wen Jiabao viewed the proposal as to"ensure sustainable development through sustainable utilization of water resources", which has become a general policy of national water reservation. Premier Wen Jiabao also pointed out that the "eco-water" put forward by director Wu Jisong was a new concept. All these achievements were based on the field survey and international comparative study.

3. Ecosystem can only be restored and can't be man-made

Saying thus far, and to be detailed further in this book, the man-made ecosystem failed in the USA had become a consensus among the international ecology academia. And it is also a consensus that coordinated development of the economy and nature ecosystem can take place by means of recycle economy and knowledge economy. However, to what level will nature ecosystem can be restored by recycle economy? There are 6700 million people on the earth, so it is impossible and unnecessary for the earth to be restored to the prehistorical state. In addition, it requires a large amount of money for ecological restoration in various degrees, and the available data can't reflect the ecosystem conditions before ecodoom, so how to make a wise investment is an important problem. The only scientific method to treat this problem is to study those natural ecosystems of similar kinds with lesser deterioration or being well restored and then work on our own capacity.

With these inview, the author initiated a study on global ecosystems using in the past 30 years. In 1979, the author started contact with the United Nations Educational Scientific and Cultural Organization (UNESCO) when he was among the first batch of visiting scholars abroad after the open door of China. He was the scholar first introducing the concepts of "Sustainable Development", "Trichotomy R&D and Science Policy", "Science Park", "Knowledge Economy", "Internet (which was called 'information superhighway' at that time)" and "Recycle Economy" into China. After that, the author was appointed as the deputy representative, Counselor of Chinese Permanent Delegation to UNESCO and high-tech and environment consultant of science sector of UNESCO. Availing himself of these opportunities, the author set off a rare study on global ecosystems solely done by oneself in the world.

This work has continued for 30 years until now, and the author has studied the ecosystems of 100 countries across the six continents including the top 10 countries of GDP, population and area rankings. The author stayed in France for six years, in Sweden for one year and travelled to Japan and Germany eight times, to England and Italia five times, to America, Russia and Australia 3 times, and twice went to India, Brazil, Mexico, Kazakhstan and Indonesia, once to South Africa and Saudi Arabia. He published a series of books named "The world in my eyes" with 20 volumes and 4 million words in total.

The author has made a field study on seven of the eight biggest rivers in the world with only Lena in Russia missing. Of those studied rivers, he has travelled through the whole river basin of Nile, Yangtza River, Yellow River and Mekong. The author also made field studies on five of the eight biggest fresh water lakes in the world, including Superior Lake, Victoria Lake, Huron Lake, Michigan Lake and Lake Baikal and studied six of the eight biggest wetlands, including the wetlands on Yangtza River Delta, and three River Plain in Northeast China, Mekong River Delta, Brahmaputra Delta, Canube River Delta and Niger River Delta.

The author has tripped to the world's three best grasslands, including the Don-Dnieper River Grassland in Europe, Pampas Steppe in South America and Hulun Buir Grassland in China. The author also ventured into four deserts each with an area of more than million square kilometers, including Sahara Desert in the North Africa, Rub Al Khal Desert in Arabia, Great Victoria Desert in Austria and Taklimakan Desert in China. With the field studies on the desert and artificial ecosystem in Saudi Arabia in the beginning of 2009, he acomplished the 100-conutry field study tour. The author believes that these field surveys are requisite for working out the ecological restoration plans in China.

Based on these first-hand study, the author put forward the concept of ecological restoration integrating economics and ecology in the concept of "New Recycle Economics" created by him, which has been adopted in some great plans in China and has been recognized as of a high value integrating home and abroad, especially by 21 Nobel laureates at "Festival of Thinkers" held in UAE in 2005 and "Nobel laureates Beijing Forum 2007 and 2008".

In the process of the eighty-month working career, beginning with as a practicer of ecological restoration, later as executive director of national Water-saving Office and director-General of department of Water Resources, Ministry of Water resources of China in March 1998, until October 2004 when he retired, the author presided or took part in the projectings, implementing and supervising the ecological restoration programs and planning supply and demand of water of 21provinces and cities including Heilongjiang, Nei Monggol, Hebei, Shanxi, Beijing, Xinjiang, Qinghai, Gansu, Shaanxi, Ningxia, Henan, Shandong, Shanghai, Jiangsu, Zhejiang, Sichuan, Yunnan, Guangxi, Hainan and Hongkong. Among the tasks undertaken, there were restoration of water interceptions, restoration of wetlands, oasis protection, water source protection, environmental pollution improvement, water supply security, construction of ecological water conservation projects, reform on water utilities management system and the set-up of water resource agency. All these tasks fulfilled and gained high marks of authorities in the circles water source, environment and ecology.

This book is written on the above thoughts, investigations, studies and practices and is not targeted at the profundity of theories, but scientificity, especially with a focus on the systematics and logicality of theories. The sample cases in this book are all the firsthand experiences of the author with no efforts in searching and quoting other scholars' findings. This book pursues the innovation of theories instead of embellishing of existing theoretical debates home and aboard. Some readers may ask questions as to "Why is it that?" The answer is very simple and all is the result of testifying and improving theories by practices. The author has a background of systematic training in math for 9 years and has worked on ecology for 30 years since 1979, enriched with a first hand study in 100 different countries. Moreover, the author has worked as director of Ministry of Water Resource of China for more than 6 years.

Wu Jisong

March. 18, 2009

目　录

第一篇　生态系统及其修复的理论

第二篇　30年全球百国生态考察

第三篇 80 个月 20 省市区生态修复实践

第四篇　生态系统修复的执行者——生态工业园

Contents

第一篇　生态系统及其修复的理论

生态系统需要保护、维系、修复和建设，然而这些工作要有理论指导。其基本理论应该是生态学和经济学，其中生态学以生态系统为主，经济学以循环经济学为主，经济活动是人类破坏生态系统的主要行为。据此，作者冒昧创立了一门交叉学科——资源系统工程管理学，即资源科学和经济学科的交叉学科。因此，本篇的三章分别讲述生态系统、新循环经济学和资源系统工程管理学的主要内容。

第一章　生态系统的研究

如同任何一个科学概念一样，作为生态学的基本概念，生态系统该有其产生由来、确切定义和科学概念，而不是可以随意解释的。

第一节　生态系统概念的由来

1866 年德国的海克尔（E. H. Haeckel，1834—1919）在《自然创造史》一书中最先提出“生态学（ecology）”一词。1895 年丹麦的瓦尔明（J. E. B. Warming，1841—1924）以德文发表《植物生态地理学为基础的植物分布学》，1909 年译成英文，更名为《植物生态学》。它是世界上第一部划时代的生态学著作，在世界广为传播，至今整整一个世纪。

一、坦斯莱创意“生态系统”概念

生态系统（ecological system）一词是英国植物生态学家坦斯莱（A. G. Tansley，1871—1955）于 1935 年首先提出了比较完整的概念。坦斯莱兴趣广泛，他对植物群落学进行了深入的研究，发现土壤、气候和动物对植物的分布和丰度

有明显的影响，于是提出了一个概念，即居住在同一地区的动植物与其环境是一个整体。他指出："更基本的概念……是整个系统(具有物理学的系统概念)，它不仅包括生物复合体，而且还包括了人们称为环境的各种自然因素的复合体。……我们不能把生物与其特定的自然环境分开，生物与环境形成一个自然系统。正是这种系统构成了地球表面上大小和类型各不相同的基本单位，这就是生态系统。"

坦斯莱首先正式使用"生态系统"(ecosystem)这个词，把生物与其有机和无机环境定义为生态系统。他早在1923年就发表的《实用植物生态学》，也是最接近现代生态系统概念的著作。坦斯莱提出生态系统概念时，强调了生物和环境是不可分割的整体；强调了生态系统内生物成分和非生物成分在功能上的协同，把生物成分和非生物组分视为一个统一的自然实体，这个自然实体——生态系统就是生态学上的功能单位。例如：池塘中的鱼、虾和藻类等水生物与水域环境就构成了池塘生态系统，一般说来池塘太小，则受周围影响就大，不是相对独立的，但近1 km^2的大池塘就形成许多独立的特性。

二、生态系统概念的发展

生态系统的概念由坦斯莱提出以后，作为一种理论受到许多人的赞赏。半个多世纪以来，许多生态学家对生态系统理论和实践作出了巨大贡献。

(一) 林德曼等人的基础工作

美国学者林德曼(R. Linderman，1915—1942)于20世纪30年代末对塞达波格湖(Cedar Bog Lake)开展了研究工作，取得大量数据，对生态系统的研究作出了开创性的贡献。他在对湖泊生态系统进行深入研究的基础上，揭示了营养物质移动规律，创造了营养动态模型，成为生态系统能量动态研究的奠基者。他以科学的数据，论证了能量沿着食物链转移的顺序，提出了著名的"百分之十定律"，标志着生态学从定性走向定量的阶段。

百分之十定律又称林德曼效率，即在每一个生态系统中，从绿色植物开始，能量沿着捕食食物链或营养转移流动时，每经过一个环节或营养级数量都要大大减少，最后只有少部分能量留存下来用于生长，形成动物的组织。林德曼在研究淡水湖泊生态系统的能量流动时发现，在次级生产过程中，后一营养级所获得的能量大约只有前一营养级能量的10%，大约90%的能量损失掉了，这就是著名的百分之十定律。

瑞克莱夫斯(R. E. Ricklefs)于1979年在《生态学》(*Ecology*)一书中绘制了生态系统中物质循环和能量流动的基本格局图，形象地表明生态系统中生物和非生物成分之间的相互依赖关系；它们通过物质和能量交换而成为系统；生态系统循环的总驱动能量来自太阳(见图1-1)。

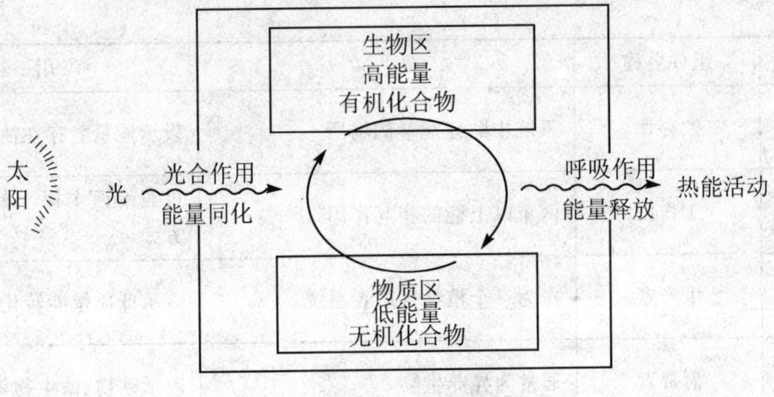

图 1-1 生态系统模型

科雷(F. B. Golley)曾对陆地生态系统中的弃耕地进行过营养结构及能量流的研究，揭示了陆地生态系统能流的渠道，指出能量在沿着各营养阶层流动时是逐级减少的。1990 年科雷在日本举行的第五届国际生态学大会上，做了《生态系统概念的发展——对序的探讨》的报告，强调应加强人类活动对生态系统、生物圈和全球变化影响的研究。

（二）欧德姆兄弟的贡献

在谈到生态系统概念的发展时，欧德姆(Odum)家族做了重要的工作。E. P. Odum 和H. T. Odum兄弟二人及 W. E. Odum 对生态系统概念的发展作出了杰出的贡献。

从 20 世纪 50 年代以来，大欧德姆就一直强调生态系统研究工作的重要意义，他创造性地提出了生态系统发展中结构和功能特征的变化规律，并在营养动态和能量流动方面提出了许多新思想和新方法。大欧德姆提出了大小不同的组织层次谱系，进一步把生态系统的概念系统化。每个层次的生物成分和非生物成分依相互关系(能量和物质关系)产生了具有不同特征的功能系统。小欧德姆对佛罗里达州银泉生态系统能流收支的研究，是当今生态系统水平上能量流动分析的典范。

兄弟二人著作甚丰，大欧德姆的《生态学基础》是一部以生态系统为框架的创作，小欧德姆的《人和自然的能量基础》一书被誉为生态系统能量研究方面的经典。小欧德姆于 1983 年在《系统生态学》一书中创建了一整套能量的符号语言(见表 1-1)，以简明的方式来描述复杂的生态系统。

表 1-1 生态系统中常用的符号语言

符 号	组件名称	含 义	用 途
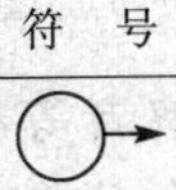	能源	圆圈表示能源	可以表示太阳能、石油、煤炭等
	流动控制组件	将各组件联系起来的能量流通道	可以表示能量流动的多种情况

续表 1－1

符　号	组件名称	含　义	用　途
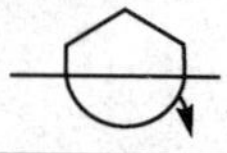	贮存库	系统中贮存能量的场所	表示能量贮存在油库、水库等场
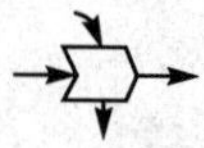	工作门	两个以上能的相互作用	可表示两个以上能的不同作用方式
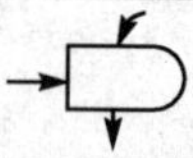	生产者	作为一个植物生产者系统	表示低质量能转化为高质量能
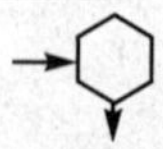	消费者	通常为异养生物	表示动物、微生物等
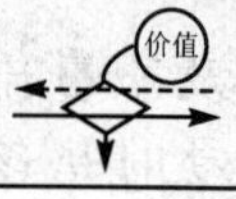	交换组件	能量和资金的流动：能量向一个方向流动，资金向另一个方向流动	表示资金、能量的流通

20 世纪 80 年代末，小欧德姆对生态系统边界问题的确定提供了方法和思路，从而使生态系统可以按数学系统论进行应用分析。他指出生态系统是生物及与之发生相互作用的物理环境所形成的开放系统（见图 1－2），在划定生态系统边界时应考虑输入的和输出的能量和物质，即

生态系统＝输入和环境＋系统＋输出和环境

图 1－2 显示由于物质和能量的流动，从而出现了一定的结构和边界的系统，例如一个森林生态系统或者湖泊生态系统。图中系统部分还是个黑箱，但是从输入和输出活动可以了解其一般的作用和功能。

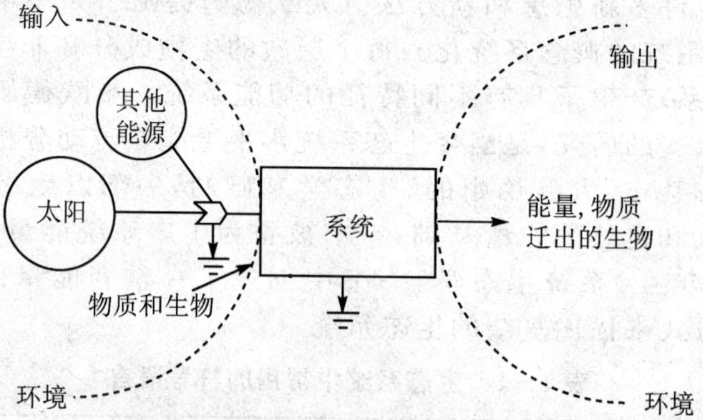

图 1－2　一个开放的生态系统模型

在图 1－3 中显示了生态系统内部生物群落中的生产者、消费者和分解者等组成及其结构、能量流动和物质循环等途径及其有关的概况，表明生态系统是个功能单元(functionality unit)，充分体现出生态系统的相互制约性(obigatory relationship)、互动

依存性(interdependence)和因果关系(causal relationship)。到20世纪90年代,小欧德姆深刻指出,生态系统是一个开放的、远离平衡态的热力学系统,并多次强调生态系统平衡的研究应当成为生态学的核心。

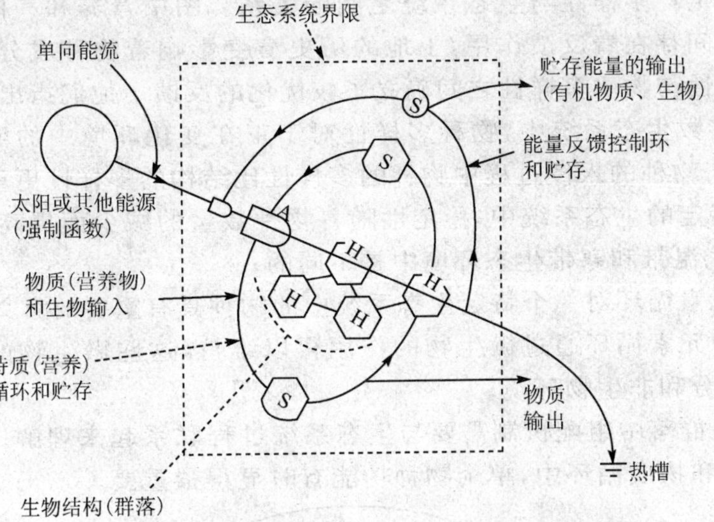

图1-3　一个生态系统的主要结构和功能图解

(符号说明见表1-1)

(三)其他专家更深入的研究

到20世纪90年代,库曼(H. D. Kumar,1992)指出:生态系统是个超级复杂系统,它包括了相互作用的植物、动物、微生物及其依赖的非生物的环境。他做了一个三维生态系统模型,所有的初级生产者、次级生产者和分解者都是该系统中的主要组分。他强调生态系统的整体性、有限性和复杂性。

整体性(holism)是指不同于动植物学家所研究单个植物或动物,生态系统是个整体的功能单元(integrated unit)。生态系统是大小不同地区中的植物、动物、微生物及其环境的综合体,具有在生态系统水平上的整体功能。大多数生态系统有明确的界限。植物和动物区系对土壤、气候具有它们特有的适应和相应的变化。它们彼此紧密联系,这种联系包括生物与生物、生物与环境之间的连锁(interlock)。

有限性(limitation)是生态系统普遍存在的特性。没有一个个体、物种和群落可以无限地、无穷地生长。生态系统中各个生物群落都依系统条件有节制地生长,从而维系系统不致崩溃。各系统不仅资源有限,同时,接纳和储存废物及物质的循环能力等也都是有一定限度的。

复杂性(complexity)是指生态系统各组成要素之间三维的相互作用是极其复杂的,“通常是超越了人类大脑所能理解的范围”,今天可以说是这个非平衡态超复杂巨系统变量的数量及其变化速度超过了计算机的容量和速度。人类活动的结果，常常是把复杂的生物群落或生态系统过分简单化，这是我们研究时应该防止的。

舒尔茨(Schulze)和穆尼(Mooney)于 1993 年提出了一个生态系统模型(见图 1-4)，描述了生物多样性与生态系统之间的关系。图中营养和气候因素等(虚线)与生态系统之间存在着反馈作用，土地的历史演变影响着物种成分和结构；在结构与功能的多样性与物质多样性之间确立了较优化的反馈。他们指出：

① 在大多数生态系统中，物种多样性对于正在变化环境中的群落具有重要意义，在对抗外来物种的入侵过程中物种的多样性比结构的多样性更重要；

② 一个特定的生态系统中，稳定性随着物种数量的减少而提高或降低，而且这种影响在热带、温带和寒带生态环境中是不同的；

③ 多种元素循环对一个特定生态系统中的物种具有重要的意义；

④ 系统中元素循环通过微生物的作用得以维持，这些微生物的功能常取决于植被物种的成分和非生物环境；

⑤ 物种在群落中组配机制需要与生态系统过程联系起来理解。在特定生态系统中维持营养和物质循环中，单个物种功能有时显得很重要。

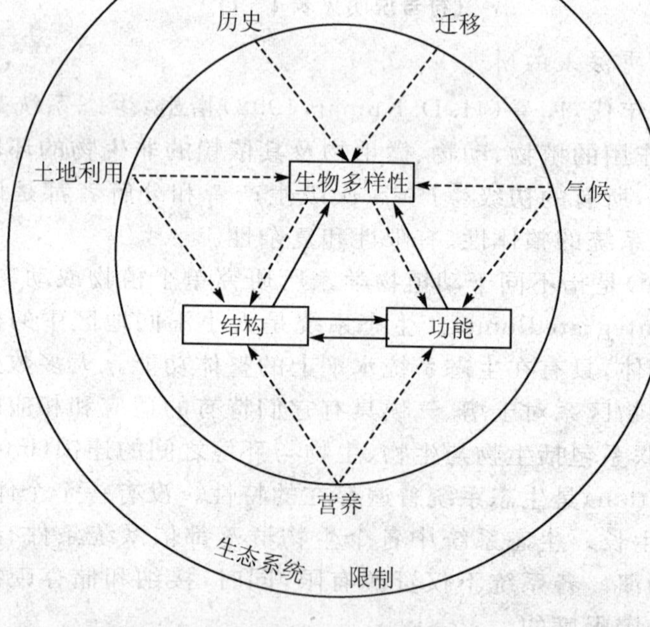

实线箭头表示很强的反馈作用；虚线箭头表示较弱的反馈作用

图 1-4 生物多样性和生态系统之间关系模型(引自 Schulze et al. 1993)

中国动物学家马世骏等于1993年在探讨人类生态学的基础上，提出了社会一经济一自然复合生态系统（social - economic - natural complex ecosystem，即SENCE）模型。该模型反映了当代许多社会问题（见图1-5）。作者于1980年代初在中国科学院国际合作局工作，尽力支持马世骏的国际交流研究。

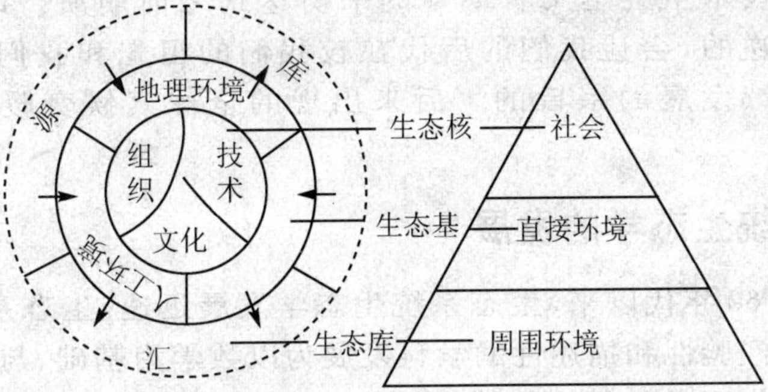

图1-5 社会一经济一自然复合生态系统模型结构示意

马世骏建立的模型中：① 三个关系圈的结合，核心圈是人，称为生态核；第二圈是人类活动环境；第三圈是外部环境。基于库之间存在功能流关系（箭头表示）；同时核与基之间存在调控关系。② 用八面体表示SENCE的功能，控制、生产、生活、供给、接纳和还原再生功能，体现了社会、经济和自然三类功能的复杂关系。

以上生态学者对生态系统的种种看法，表明生态系统概念正处于创新的发展阶段，有关的新概念、新理论还会随着时代的发展，不断增加。

综上所述，生态系统是一定空间范围内，由生物群落与其环境所组成，具有一定格局，借助于功能流（物种流、能量流、物质流、信息流和价值流）而形成的相对稳态的系统。由此可见，生态是指生物及其所处内外部环境的整个自然系统，而环境则是对生物，尤其是对人而言的系统内环境。所以“生态环境”这个词定义是不确切的，将在第五节中详述，不过，对这个约定俗成使用已久的词没有改变的必要。

同时，可以得到几点共识：

① 生态系统是客观存在的实体，有时间、空间的概念；

② 以生物为主体，由生物和非生物成分组成的一个整体；

③ 系统处于动态之中，其过程就是系统的行为，体现了生态系统的多种功能；

④ 系统对变动（干扰），无论来自系统内部，还是外界，都具有一定的适应和调控的能力。

当然，对人与自然生态系统的关系也有不同的观点，另一类乐观主义者被称为“技术至上者”，典型代表人物西蒙（Julian Simon）的《资源丰富的地球》

(1984年)等阐述了人类主宰、征服自然的论点,认为:资源是无限的,人口增长会在未来的自然界达到平衡,环境恶化只是工业化过程中暂时现象,新增人口的生产能力大于消费能力。这种观点也受到许多学者的抨击。这种认识的错误也在于没有认识到现代生产已达到足以破坏全球生态系统平衡的程度,生态系统完全可能在技术至上定义者期望的平衡达到之前崩溃。即使没有崩溃,生态过程也是不可逆的,会让我们的后代在较我们的祖先和我们恶劣的环境中生活是不符合可持续发展的宗旨的。后来出现的全球气候变暖和臭氧层的破坏都证实了这一点。

三、生态系统生态学的发展

进入20世纪60年代以来,生态系统生态学发展迅速,生态系统的理论使生态学从一个传统的、经验性和描述性的学科发展为以数学为基础、与技术相结合、多学科交叉的新兴学科,而且这一阶段的发展主要不再是个人贡献,而是以国际组织牵头的多国科学家群体起作用,更增强了这门学科的科学性。其发展过程可概括为以下4个阶段。

(一)20世纪60年代的"国际生物学计划"

卡森(Carson)于1962年在《寂静的春天》一书中描述了杀虫剂的危害,通过在环境中的迁移转化描写,揭示了化学农药污染对生态系统的恶劣影响,提出生态系统研究所面临的生态污染问题。这本书影响很大,起到了振聋发聩的作用,引起国际组织的高度重视。

1964—1974年,有54个国家参加了"国际生物学计划"(international biological programme,IBP),这是对生态系统大规模研究的开端。IBP主要研究自然生态系统结构、功能和生产力等,计划涉及7个领域,即陆地群落生物生产力、生物生产过程、陆地群落自然保护、海洋群落生物生产力、淡水群落生物生产力、人类适应及生物资源的利用与管理。该计划的实施先后出版了有关生态系统研究的35本手册和丛书,尽管评价不一,但当时50多个国家专家的共同工作,的确为生态系统的研究开创了一个新的时代。

(二)20世纪70年代的"人与生物圈计划"

"人与生物圈计划"(man and the biosphere programme,MAB)是1971年11月由联合国教科文组织(UNESCO)发起,1972年正式通过的长期研究计划。作者自1979年起在巴黎开始接触,1982年起在中国参与这项工作至今已有30年整,在这30年中作者进行了全球百国生态考察。MAB是人类历史上第一次将自然科学与社会科学结合起来的大型国际合作项目,是第一次把人类与自然作为一个整体来研究,标志着生态系统研究的新的里程碑。

MAB 主要研究领域如下：

① 日益增长的人类活动对热带和亚热带森林生态系统的影响；

② 不同土地利用措施对温带和地中海森林景观的影响；

③ 人类活动和土地利用措施对放牧地、热带稀树草原和草场（从温带到干旱地区）的影响；

④ 人类活动对干旱和半干旱地区生态系统的动态变化的影响，特别是灌溉的作用；

⑤ 人类活动对湖泊、沼泽、河流、三角洲、河口和沿海地区的价值和资源的生态学影响；

⑥ 人类活动对山地和冻原生态系统的影响；

⑦ 岛屿生态系统的生态学与合理利用；

⑧ 自然区域及其遗传种质的保护；

⑨ 在陆地和水生生态系统中化肥的使用和病虫防治的生态学评估；

⑩ 大型工程对人类及其环境的影响；

⑪ 城市系统的生态学内容，特别强调能源的利用；

⑫ 环境的改造及其与人口适应数量和遗产结构的相互关系；

⑬ 对环境质量的认识；

⑭ 环境污染研究及其对生态圈的作用。

该计划在实施中采用了 3 种不同的形式。第一种是通过国际确认的试点项目（pilot project），这是国际合作的重点，第二种是国际对比研究（comparative study），第三种是各个国家自己开展的项目（national project）。

作者的全球百国生态考察正是按这些主要研究领域，在力所能及的条件下进行的，详述见本书第二篇。

1975 年以后 MAB 集中于 4 个优先领域的研究，即湿润和半湿润的热带地区；干旱、半干旱地区及其边缘地带；城市生态系统；生物圈保护区。

1988 年对 MAB 进行评估后认为，该计划自开展以来取得了较大的成绩。1992 年作者任联合国教科文组织科技部门高技术与环境顾问，主管了部分相应工作，在后续行动中强调在继续开展 14 个前沿课题基础上，再确定以下 4 个方面为研究重点，包括：① 人类不同程度影响下生态系统的功能；② 在人类干预下资源管理与重建；③ 人类的投资与资源利用；④ 人类对环境压力的反应。

（三）20 世纪 80 年代的“国际地圈－生物圈计划”

“国际地圈－生物圈计划”（international geosphere - biosphere programme，IGBP）的目的是了解控制整个地球系统物理的、化学的和生物学作用过程以及人类活动对上述基本过程、变化的影响。

国际科学联合会（ICSU）是高度重视生态系统研究的另一国际组织，与联合国教科文组织有全面的合作，作者也参与了该组织的一些工作。国际科学联合会于1983年开始筹备IGBP，1986年9月在该联合会第21届大会上通过了该计划，1990年又发表了它的10年研究计划。主要内容包括：

① 全球大气化学的调节作用及陆地在制造和消耗微量气体方面的作用；

② 海洋生物地球化学的过程对气候变化的影响；

③ 在水循环中，植被和物理过程的相互作用；

④ 全球气候变化对陆地生态系统的影响；

⑤ 全球变化中，自然和人为相互作用的影响等。

作为一个专业科技国际组织，与联合国教科文组织的MAB相比，国际科学联合会的IGBP的综合性和针对性更强，我国科学家孙鸿烈在这一计划中发挥了重要作用。同时，梅(May)于1976、1986、1990、1995年先后发展了生态学的一些基本理论，如多样性与复杂性的关系，非线形现象以及绝灭速率评述等。威尔森(Wilson)主编的《生物多样性》(1988)在生态系统水平上，深入研究了植物、动物与初级生产格局等问题。波莫瑞(Pomeroy)等主编的《生态系统生态学概念》(1988)一书，标志着生态系统学进入了理论发展的新阶段。

（四）20世纪90年代走向可持续发展

1992年6月联合国在巴西里约热内卢召开了环境与发展会议，有183个国家和地区、70多个国际组织的代表出席了会议，102位国家元首和政府首脑到会。这是有史以来规模最大、级别最高的环境与发展会议，从而使以保护环境、维系生态系统的可持续发展思想第一次取得了人类的共识。

大家认识到：当前人类处于这样一个转折点，一方面创造了空前巨大的物质财富和社会文明，另一方面也造成全球生态系统的破坏，削弱和动摇了社会继续发展的基础。里约热内卢会议审视过去，规划未来，寻求经济增长与环境保护的协调发展。此次会议标志着全球谋求可持续发展的新时代开始。同时，这次会议也给生态系统生态学的发展指出了明确的方向。

进入20世纪90年代，生态学研究工作也向更实际的生物圈保护转变，卢布琴科(Lubchenco)等一批美国专家1991年在面对全球变化的挑战中，提出了12项生态学基础研究和10项应用基础研究前沿领域。1992年德国生态学科领导人赫雷茨(Hleith)把生态学概括为“人类生存的科学”，指出生态学工作者负有重要的社会责任，生态学的研究要能有助于改善人类生存状况。这些学者认为近期生态科学发展应集中于全球变化、生物多样性和可持续生态系统三方面的研究。

1. 全球变化(global change)

包括大气、气候、土壤、水及水循环、土地利用等变化的生态原因及其后果。

2. 生物多样性

包括遗传多样性、物种多样性、生态系统多样性和景观多样性格局的自然和人为变化,珍惜濒危物种的保护,全球或区域变化对生物多样性变化的影响。

3. 可持续生态系统

包括对自然和人工生态系统的胁迫,受损生态系统的恢复和重建,可持续生态系统的管理,以及生态过程同人类社会之间相互联系的界面等。

四、生态系统生态学研究的主要内容

经过上述发展历程,生态系统生态学的研究在一些领域取得了共识,可以概括为如下5个方面。

(一) 自然生态系统的保护和利用

自然生态系统是指经历了数十亿年演化而形成,目前保持比较完整、较少遭受到人为干扰和破坏的生态系统。自然生态系统作为一个整体,使废物降至最少。由一种生物产生的废物,均能作为另一种生物有用的材料或能源。无论是死的或活的,所有植物、动物以及它们的废物都可作为别的生物的食物被利用。微生物化解了这些废物,这些微生物又被另一些生物吃掉。这种良性循环是自然生态系统的基本特征。

各种各样的自然生态系统有和谐、高效和健康的共同特点。许多野外研究显示,这类生态系统中具有较高的物种多样性和群落稳定性。一个健康的生态系统比一个退化的生态系统更有价值,它具有较高的生产力,能满足人类物质的需求;还有较强的自恢复能力,给人类提供生存的优良环境。对这类生态系统要重点研究其形成、发展的过程,以寻求维系这类生态系统合理性机制;研究生物与其外围环境之间关系和作用规律;研究自组织(self-organization)的内在规律性,同时也研究人类自身应有的科学和伦理行为的约束,为防止人类活动对自然生态系统造成不良后果制订和采取必要措施,为有效保护、合理利用自然资源,提供科学依据。

(二) 生态系统调控机制的研究

生态系统是一个自调控(self-regulation)的系统。理论上,一个生态系统对于外界干扰,在一定程度和阈值内是具有自动适应和自调控能力的。因此,要加强对自然、半自然和人工等不同生态系统自调控阈值,即最大限度的研究,以维持其正常运行机制;研究自然和人类活动引起局部和全球环境变化带来的一系列生态效应;研究生物多样性、群落和生态系统与外部限制因素间的作用效应及作用机制。

(三) 生态系统退化的机理、恢复模型及其修复的研究

在人为干扰和其他因素的影响下,有大量的生态系统处于不良状态、承载着超负荷的人口和环境负担:水源枯竭和水污染、森林砍伐、水土流失和荒漠化等。掠夺式的人类生产活动到处可见。脆弱、低效和退化已成为这一类生态系统明显的特征。

应该重点研究由于人类活动造成的对生态系统结构的破坏、重要生物资源退化的机理及其恢复途径；研究防止人类与环境关系的失调；研究生态工业和农业的发展途径；研究自然资源综合利用和污染物处理等问题，使被破坏的生态系统恢复成为清洁和健康的系统。

（四）全球性生态问题的研究

近几十年来，许多全球性生态系统问题严重威胁着人类的生存和发展，如臭氧层破坏、温室效应及全球变化等。伴随着气候变化和人类改变地球面貌的可能性及现实性，21 世纪全球面临生态系统大变化的挑战。

在以卫星遥感(RS)、全球定位系统(GPS)、地理信息系统(GIS)及生态系统研究网络(ERN)等对全球生态系统进行跟踪监测，掌握全方位信息的同时，重点研究全球变化对生物多样性发展和生态系统的影响，生存环境历史演变的规律，生态系统尤其是敏感地带对气候变化的反应，提出全球变化中应采取的对策和措施等。

（五）生态系统可持续发展的研究

过去以破坏环境为代价来发展经济的道路使人类社会走进了死胡同，人类要摆脱这种困境，必须从根本上改变人与自然的关系，必须对生态系统实行科学管理，使经济发展与环境保护相协调，建立可持续发展的生态系统。为此要重点研究生态系统中资源的分类、配置、替代及其自维持模型；发展生态工程(ecological engineering)和高新技术；探索自然资源利用的新途径和可利用的新资源，不断增加全球资源的现存量；研究生态系统科学管理的原理和方法，在经济发展和工程建设中把生态规划、生态设计、生态施工和生态运行结合起来；加强生态系统管理(ecosystem management)、保持生态系统健康(ecosystem health)和维持生态系统服务(ecosystem service)，创建和谐、高效、健康的可持续发展的生态系统。

第二节 生态系统的基本概念

综合国外学者和联合国组织对生态系统多次做出的定义，作者认为生态系统应理解为“人与其他生物及其所处有机与无机环境所构成的系统”。生态系统应该有明确的边界，系统应在通过物质和能量循环达到动平衡的前提下发展。生态学研究系统内各因素的关系，同时也研究系统与外界的物质、能量和信息交流。

阳光、大气、水、土壤和矿物资源构成了人类生存的自然环境。为了深入分析环境问题，人们又建立了生态系统的概念。所谓“系统”就是指边界确定以后，由互相关联、互相制约、互相作用和互相转换的组分构成的具有某种特定功能的总体。生态系统的组成可以用图 1－6 来表示。

图中地球自然生态系统 6 种组合的内容如下：

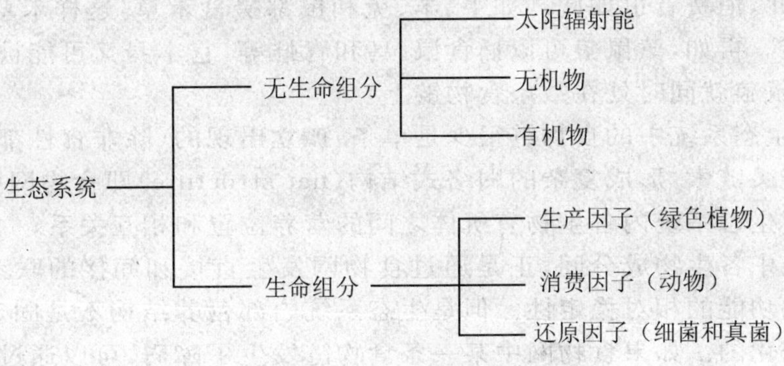

图 1-6　生态系统的组成

① 无机物：包括氧、二氧化碳和各种无机盐类等；

② 有机物：包括以糖、脂肪及蛋白质组成的各类化合物；

③ 太阳辐射能：包括形成的日照、大气环流和降雨等；

④ 生产因子：指能进行光合作用的各种绿色植物、藻类和细菌；

⑤ 消费因子：指以其他生物为食物的各种动物；

⑥ 还原因子：指分解动植物遗体、排泄物和各种有机物的真菌、细菌、原生动物和食腐类动物，还原为基本元素。

一、食物链和食物网的概念

食物链和食物网是生态系统的基本概念。

（一）食物链

在生态系统中，一种生物以另一种生物为食，彼此形成一个以食物供给连接起来的锁链关系，生态学上称为食物链。

生态系统中各种成分之间最本质的联系是通过营养来实现的，即通过食物链（food chain）把生物与非生物、生产者与消费者以及消费者与消费者连成一个整体。食物链在自然生态系统中主要有牧食食物链（grazing food chain）和碎屑食物链（detrital food chain）两大类型，而这两大类型在生态系统中往往是同时存在的。如森林的树叶、草及池塘中的藻类，当其活体被取食时，它们是牧食食物链的起点；当树叶、草枯死落在地上，藻类死亡后沉入水底，很快被微生物分解，形成碎屑，这时又成为碎屑食物链的起点。

（二）食物网

由于一种消费者往往不只吃一种食物，而同一种食物也可以被不同的消费者所吃，因此，各食物链之间又相互交错构成更复杂的网状结构，称为食物网。

在生态系统中，一种生物不可能固定在一条食物链上，往往同时属于数条食物链，生产者如此，消费者也如此。如牛、羊、兔和鼠都摄食禾草，这样禾草就可能与4条食物链相连。再如，黄鼠狼可以捕食鼠、鸟和青蛙等，它本身又可能被狐狸和狼捕食。这样，黄鼠狼就同时处在数条食物链上。

实际上，生态系统中的食物链很少是单条、孤立出现的（除非食性都是专一的），它们往往是交叉链索，形成复杂的网络式结构（net structure）即食物网（food web），食物网反映了生态系统内各生物有机体之间的营养位置和相互关系。

生态系统中各生物成分间，正是通过食物网发生直接和间接的联系，保持着生态系统结构和功能的相对稳定性。但是生态系统内部营养结构不是固定不变的，而是不断发生变化的。如果食物网中某一条食物链发生了障碍，可以通过其他的食物链来进行必要的调整和补偿。同时，营养结构网络上某一环节发生了变化，其影响会波及整个生态系统。

食物链和食物网的概念很重要。正是通过食物营养，生物与生物、生物与非生物环境才能有机地结合成一个整体。食物链（网）概念的重要性还在于它揭示了环境中有毒污染物质转移、积累的原理和规律。通过食物链可把有毒物质在环境中扩散，增大其危害范围。生物还可以在食物链上使有毒物质浓度逐渐增大至几倍、几十倍、几百倍，甚至上千倍。

（三）食物网的构成

在食物链或食物网中，有“生产者”、“消费者”和“分解者”（或称还原者）3个部分，构成了系统的循环，如图1－7所示。

所谓生态型产业循环如图1－8所示。

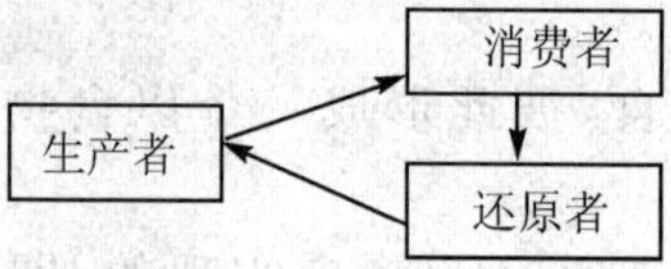

图1－7 食物链或食物网中系统的循环

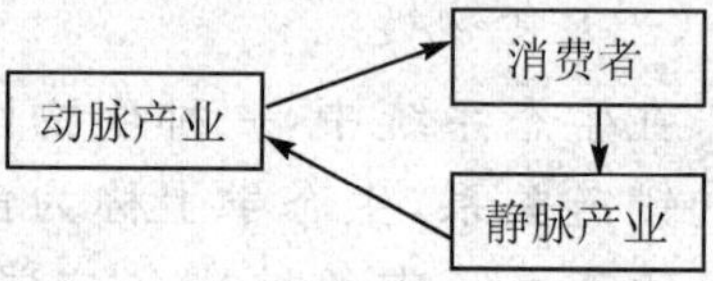

图1－8 生态型产业循环

这样就构成了生态型产业的良性循环。

在生态系统中，通过食物链实现能量流动、物质循环和信息传递，进行资源循环。如在淡水生态系统中，蛋白质等营养物质滋生水草，小虾吃水草，小鱼又吃小虾，大鱼再吃小鱼，大鱼死后被细菌分解成营养物质又滋生水草，就是通过食物链进行资源循环的典型例子。如果把鱼虾捕光，水草就会大量滋生，从而破坏了原有的循环和各种资源的动态平衡。

食物链上每一个环节代表一个营养级，位于同一营养级上的生物是通过相同的步骤，从前一营养级的生物获得食物和能量的。但每一营养级生物只能利用前一营养级能量的10％左右，所以最短的营养级包括两级，最长的通常也不超过5～6级。

食物链愈短，距食物链的起点愈近，生物可利用的能量就愈多。

处于食物链起点（第一营养级）的生物群落的生物个体数量比高一营养级的生物数量多，最高营养级的生物，其个体数量最少，即基数（第一营养级）最大，然后呈金字塔形逐级递减，最后一级最小。这种现象称为生态学金字塔。由于研究的对象不同，生态学金字塔又分为以下几种。

① 数量金字塔：以第一营养级的生物个体数目表示，通常呈底部大、顶部小的正金字塔形。

② 生物量金字塔：以生物干重来表示，每一个营养级中生物物质总量绝大多数呈正向金字塔形。

③ 能量金字塔：以进入各营养级的总能量来表示，这样的方法最能保持准确的正向金字塔形。

正由于生态系统中各生物种群之间存在着这种食物链的关系，就能有效地控制生态系统中各生物种群的数量，即控制自然界的生态平衡。如果某个环节的生物减少或消失，势必会导致以它为食的生物种群数量锐减，而为它所食的生物种数量肯定会大增。这样，生物界原有的平衡规律就会被破坏。例如，我国 20 世纪 50 年代曾将麻雀视为农业害鸟，大量捕杀。殊不知麻雀每年吃掉的农业害虫，要比它们吃掉的粮食多得多，结果因麻雀大量减少而发生了严重的虫害，粮食反而大面积减产。这正是没有研究食物链、不遵照自然规律办事所带来的后果。近年来，人们认识到了化学物质对环境的污染，因而在许多方面试图利用生物方法来解决问题，例如引入一个新的天敌生物物种来消灭害虫等。但如果事先不对食物链进行仔细研究，盲目引进，结果可能会适得其反。

（四）水生物生态系统的实例

以水生物生态系统为例，系统中生物的种类虽然多样，数量尽管巨大，但都可按其在生态系统中的功能，归纳为 3 大类，即生产因子、消费因子和还原因子，或称为生产者、消费者和分解者。

水生物生态系统中的生产者是指水中具有叶绿素的藻类和水生维管束植物。它们依靠体内叶绿素的特殊功能进行光合作用，制造有机物，不仅能养活自己，而且还为其他生物提供食物。同时，将太阳能转变为食物潜能，为系统中一切生命活动提供能量来源。

水中的所有水生动物总称为消费者。这类生物自己不能制造有机物，靠吞食其他生物获得食物和能量来维持生命活动。它们按食性和取得食物的先后次序分为若干等级。

直接以浮游植物、水草为食的消费者称为草食性动物，如浮游动物、鲢鱼和草鱼等；而以草食性动物为食的消费者，称为肉食性动物，如鳙鱼；以浮游动物和鱼类为食的肉食性鱼类，称为一级肉食动物或二级消费者。其关系如表 1 - 2 所列。

表 1－2 水生态系统中消费者食物等级

食物种类	动物类别	消费者级别	营养级别
生产者			第一营养级(A1)
以生产者及其残体为食	草食性动物	第一级消费者	第二营养级(A2)
以草食性动物为食	第一级肉食动物	第二级消费者	第三营养级(A3)
以第一级肉食动物为食	第二肉食动物	第三消费者	第四营养级(A4)

在水生生态系统中，主要食物链有两条：一是牧食性食物链，从绿色植物⟶草食动物⟶肉食动物，如藻类⟶甲壳类⟶鲦鱼⟶青鲈；一是碎屑性食物链，从死亡之有机物到分解者，然后到碎屑食性动物和它们的捕食者，如有机物碎屑（水草枝、叶碎屑）⟶微生物（细菌、真菌）⟶浮游动物⟶鱼类⟶凶猛鱼类。

分解者主要由细菌、真菌等微生物组成，专门将有机物质分解成无机物质。由于微生物具有种类多、个体小、数量大、繁殖快、分布广及代谢强度很高等特点，故它们在有机物质矿化过程中，起着特别重要的作用。水中的生产者和消费者的排泄物、尸体和残骸等都是这类生物作用的对象。通过它们的作用将各类有机物分解为无机物，归还环境，供生产者重新利用，实现物质循环。因此，分解者在整个生态系统中的地位是非常重要的。

此外，非生物的自然环境因素，如阳光、水、土壤和空气等，它们为系统中的生物提供能量、营养物质和生活空间，因而也是水生生态系统的必要组成成分。

（五）作者考察澳大利亚的实例

澳大利亚是一个孤立的大陆，是一个比较典型的巨型生态系统。在欧洲人到达澳大利亚之前，世界上的许多物种在那里都是不存在的，欧洲人有意或无意引入的物种在澳大利亚的生态系统中引起了巨大的冲击，一度破坏了平衡。

人们熟知的例子是“兔子问题”。澳大利亚本没有兔子，1859 年 12 只欧洲野兔被带到澳大利亚，这里没有鹰等天敌，却有茂盛的草原，土质松软，易于做窝。适宜的生存环境造成兔子恶性繁殖，于 100 年内达到 75 亿只，即平均 1 公顷草原上有 17 只兔子，大约 1 亩地一只，严重破坏了生态平衡。而且 10 只兔子可吃掉一只羊所需的牧草，75 亿只兔子就吃掉了 7.5 亿只羊的牧草，兔羊争草，严重地影响了当时澳大利亚赖以生存的畜牧业。后来不得不用筑墙、捕捉、甚至动用空军投毒的办法来解决“兔子问题”。投毒当然严重地影响了草原生态，于是又想到了引入天敌——狐狸的办法。

澳大利亚原来也没有狐狸，1845 年被作为“猎物”引入，19 世纪 80 年代兔子成灾后，又作为兔子的天敌大批量引入。到了 20 世纪初，因为没有天敌和适于繁殖，狐狸数量也迅速增加。由于狐狸繁殖速度低，未能克制兔子急剧增加，却起到了再次打破生态系统平衡的作用。狐狸使 20 种澳大利亚动物灭绝，43 种濒危，于是澳大利亚又开展了消灭狐狸的运动。

澳大利亚的兔子和狐狸的例子说明，包括物种资源在内的所有自然资源，人类可以改变，但正如恩格斯所说："我们不要过分陶醉于我们对自然界的胜利。对于每一次这样的胜利，自然界都报复了我们。每一次胜利，在第一步都确实取得了我们预期的结果，但是在第二步和第三步却有了完全不同的、出乎预料的影响，常常把第一个结果又取消了。美索不达米亚、希腊、小亚细亚以及其他当地的居民，为了想得到耕地，把树都砍完了，但是他们想不到，这些地方今天竟因此成为荒芜不毛之地。"

二、生态系统的基本规律

生态系统研究的目的在于认识和正确运用自然规律，正如恩格斯所说："人类可以通过改变自然来使自然界为自己的目的服务，来支配自然界，但我们每走一步都要记住，人类统治自然界决不是站在自然之外的，我们对自然界的全部统治力量就在于能够认识和正确地运用自然规律。"而生态系统中最核心的规律就是生态系统的动平衡规律。

（一）对生态系统的基本认识

国际研究表明，近十几万年来地球上的自然生态系统是基本稳定的。冰川期过了，造山运动停止了，陆海格局基本稳定；大气温度、降雨量甚至大气环流和大洋暖流都基本稳定；就全球而言，森林、草原、湿地、半荒漠、荒漠和沙漠也基本稳定，这些自然状况就是几万年人类历史自然生态系统动态平衡的基础。生态系统是一个远离平衡态的非平衡态复杂巨系统，正是由于自然生态系统没有发生剧烈变化——大扰动，人类才得以生存、繁衍和发展，因此自然生态系统内部的资源循环和动平衡是人类应该认识和正确运用的最基本的规律。

从可持续发展的角度来看生态系统动平衡，应有如下基本认识。

1. 维护生态平衡

人类发展的历史表明应该维护生态平衡，可持续发展也要求维护生态平衡。实践证明对于现有生态平衡的强扰动、强冲击、大改变和大破坏，只可能带来暂时的经济利益，而不利于可持续发展。

2. 生态学及其理论的不完整性

同物理学、化学等传统学科相比，生态学还是一门在 20 世纪才兴起的、很不完善的学科。生态学的基本理论是生态平衡。然而对于一个地区，其生态平衡究竟在何处？各种自然资源应该如何分布？这都是生态学尚不能解决的问题。

3. 生态系统变化的不可逆性

生态系统是非平衡态超复杂巨系统，它的变化是一个十分复杂的过程，是不可逆的，这已经被科学理论和人类实践所证明。因此生态平衡和良性循环只能尽可能照原样重建，而不可能像化学反应一样逆向恢复，这一方面说明生态平衡基本恢复的可能性，另一方面也说明生态平衡破坏的严重性。目前，约定俗成地称“生态系统恢复”也是可以的，达到了提倡生态建设的目的，因此本书中也使用“生态恢复”这个词。

4. 对生态系统定量分析的必要性

为了进一步认识生态系统，当务之急是生态系统分析的定量化。联合国有关方面为此作出巨大的努力，如确定地表水资源折合径流深 150 mm 为生态缺水的下限、对于 10 000 km^2 以上的大区域 25%～50%为适宜的森林覆盖率等。当然，这些都是统计分析得出的经验范围，不是理论计算值，但毕竟为我们研究生态系统提供了必要的参照。

（二）自然生态系统平衡的特点

自然生态系统是一个非平衡态超复杂巨系统，生态系统的平衡有如下特性：

(1) 不是简单的算术平衡，而是超多元的、复变的函数平衡，因此该系统具有自我调节能力

以塔里木河流域的森林子系统为例，不是有多少棵树的平衡，而是乔、灌、草复合森林系统的平衡。降雨少了，胡杨枯一些，红柳长一些，仍达到森林系统的平衡。降雨多了，又会恢复到原来的组合，体现了系统的自我调节能力。

生态系统的调节能力使其良性循环得以形成。

(2) 不是瞬时的平衡，而是周期的平衡，因此具有自我修复能力

仍以塔里木河为例，年际雪山融水量和降雨量变化不小，但从 30 年的长周期来看变化是很小的，塔河自然生态系统甚至自然配置了“一千年不死，(死后)一千年不倒，(倒后)一千年不朽”的胡杨，得以在这样的气候条件下长存。在按《塔里木河规划》向下游干枯的胡杨林输水的活动组织过程中，作者亲眼看到枯萎了 30 年的胡杨的新绿，体现了系统的自我修复能力。

生态系统的自我修复能力是水生态系统良性循环的基本保证。

(3) 不是静平衡，而是动平衡，因此具有自我发展能力

生态系统是一个微观非平衡态系统，或者说是一个动平衡系统。几万年内自然生态系统也有较大的变化，例如河流下游冲积平原的形成，但是作为流域自然生态系统有较大的承受能力(河大、冲沙多、冲积平原大、变化大，但流域生态系统大、承受能力大、仍处于总体平衡状态)。动平衡体现了系统的自我发展能力。

这样的动平衡是自然生态系统通过良性循环得以持续和发展的基本规律。

三、自然生态系统的退化

在自然生态系统的动平衡过程中，平衡不断被破坏，但如在其自恢复能力之内，系统通过自个调节产生自恢复，达到新的动平衡。但如果超过自恢复能力的阈值，则被破坏，产生退化。

当前自然生态系统被破坏，而产生退化已是不争的事实，但是，是如何破坏的？能不能修复呢？人工生态系统能否制造呢？以下将回答这些问题。

（一）目前生态系统蜕变的主要原因

当前自然生态系统严重蜕变的主要原因究竟是天灾，还是人祸呢？人祸、天灾二者兼而有之，在大部分地区是人祸为主。

近十几万年来地球上的自然生态系统基本上是在动平衡状态下发展的，这正是人类得以繁衍和发展的基本条件，否则原始人是不可能在剧变的生态系统中持续发展到今天的。

原始人类与生态系统是依赖和微小干扰的关系，人类从自然界取得食物，又向自然界排泄废物，和动物没有太大区别，使生态系统的原始平衡和良性循环能够保持。大约 1 万年以前，人类开始了农业经济，烧草毁林，垦荒耕种，逐步向自然界过度索取，形成了大干扰，开始改变生态系统的原始平衡。在公元元年，地球上已经有 2.5 亿人，人类的农业生产活动已经达到了相当的规模。1750 年工业革命以后，人类的生产生活从农业经济发展为工业经济，机器的使用和煤与石油能源的开发使人类的生产力大大提高，掠夺和破坏自然界的能力也大大增强，造成环境污染，从而破坏了生态平衡，大自然开始向人类报复，人和自然的和谐关系宣告终结。1950 年后逐渐发展的新技术革命，更大地增强了人类破坏自然界的能力，环境质量严重恶化，生态系统开始恶性循环，环境问题已经成了不能回避的当务之急。1970 年以后，随着高科技的发展，人类逐渐认识到：不能沿着老路走下去，高科技使用不当会给生态系统带来灾难性的后果，人类必须与自然和解，通过保护生态系统来恢复生态平衡。

有一种对自然生态系统退化的看法认为现在将是新干旱周期的开始，但尚无科学依据。当然，对人祸的影响不能低估。工业革命以来，温室气体大量排放所产生的温室效应，已被越来越多的人承认，尽管 20 世纪 0.7 ℃的平均温升尚不能说明问题，但是如果 21 世纪 2.0～2.4 ℃的温升成为事实，则肯定是气候变暖了。

对于国外的预测也不能盲从，必须认真探讨。气温升高的直接后果是蒸发增加（包括海水），为什么反而干旱了呢？作者在世界水论坛暨部长级会议上请教了 8 位国际专家，只有 1 位给出了答案：即蒸发总量的确增加了，但降雨是大气环流的结果，因此雨更多地降到易于成雨的海面，所以形成了把淡水变海水的自然运动。这种说法还得到了英格兰及其近海的 1989—1999 连续 10 年监测数据的支持。作者认为这是迄今为止最合理的解释。

（二）自然生态系统的自我修复能力

生态系统之所以能保持生态的平衡，主要是由于内部具有自动调节的能力，或称自我修复能力；对污染物质来说，自动调节能力就是环境的自净能力。当系统的某一部分出现机能异常时，就可能被其他部分的调节所抵消。生态系统的组成成分越多样，能量流动和物质循环的途径就越复杂，其调节能力也越强。相反，成分越单纯，结构越简单，其调节能力也越小。但是，一个生态系统的调节能力再强，也是有一定限度的，超出了这个限度，调节就不再起作用，生态平衡就会遭到破坏。如果现代人类的活动使自然环境剧烈变化，或进入自然生态系统中的有害物质数量过多，超过自然系统的调节能力或生物与人类可以承受的程度，那就会破坏生态平衡，造成系统的恶性循环，使人类和生物受到损害。

生态平衡的破坏有自然原因，也有人为因素。自然原因主要指自然界发生的异常变化或自然界本来就存在的有害因素，如火山爆发、山崩海啸、水旱灾害、地震和流行病等自然灾害。人为因素主要指人类对自然资源的不合理利用，以及工农业发展带来的环境问题。

人类破坏生态平衡，造成恶性循环，其后果是严重的。比如，为了扩大耕地随意开荒、破坏植被；围湖造田、吸干沼泽导致湖泊萎缩；盲目兴建水库，使河流断流，并引发各种灾害，得不偿失；乱砍滥伐森林造成水土流失，土壤贫瘠，河流淤塞，雨量减少，地下水得不到补充等一系列连锁反应；任意向江河湖海排放废污水，倾倒废弃物，破坏水生生态系统，引起“水华”和“赤潮”，鱼虾绝迹，威胁人类健康。20 世纪 30 年代传入我国的水葫芦，虽为绿化水面、提供猪饲料作过贡献，但它的生长速度极快，短时间就形成单一群落，堵塞河道，影响鱼类生长，成为南方许多地方的灾难，就是因为没有按生态学规律事先研究而随意引入物种所致。

四、自然生态系统的人工修复及人工生态系统

实验证明，迄今为止完全的人工生态系统是可能修复但无法制造的，生态建设必须科学、合理才能成功。

（一）人工生态系统及其实例

所谓“人工生态系统”就是人类模仿自然生态系统建造的、自持的、闭路循环的生态系统。迄今为止人类还没有造出真正自持的生态系统，所有“人工生态系统”都没有创造新物种，都靠的是水和能源的输入，也就是说靠的是其他自然生态系统的蜕变。

1. 美国的人工生物圈实验

人造生态系统有一个教训可以见证，这就是在科技最为发达的美国的“生物圈 2 号”（Biosphere 2）实验。1991 年，美国科学家进行了一个耗资巨大、规模

空前的“生物圈2号”实验。所谓“生物圈2号”是一个巨大的全封闭的玻璃人造生态系统，位于美国荒凉的亚利桑那州的奥拉克尔(Oracle)，建设共耗资2亿美元。从外面观看，它是一个巨大的玻璃球体。底面积为1.28 hm^2，大约有两个足球场大小。这个封闭生态系统尽可能模拟自然生态，有土壤、水、空气与动植物，甚至还有小树林、小湖、小河和模拟海。1991年，8个人被送进“生物圈2号”，本来预期他们将与世隔绝两年，可以靠吃自己生产的粮食，呼吸植物释放的氧气，饮用生态系统自然净化的水，在固定数量的空气、水和营养物质的循环反复利用下，像在地球上那样生存。

但是，试验开始18个月之后，“生物圈2号”系统严重失去平衡：氧气浓度从21%降到14%，不足以维持研究人员的生命，补充输氧也无济于事；二氧化碳和氮氧化物的含量都急剧上升；无法模拟碳循环过程。原有的25种小动物，19种灭绝；为植物传播花粉的昆虫全部死亡，植物也无法繁殖；农产品产量大幅下降，无法模拟生态循环。

事后的研究发现：细菌在分解土壤中大量有机质的过程中，耗费了大量的氧气，首先失去氧平衡；而细菌所释放出的二氧化碳经过化学作用，被“生物圈2号”的混凝土墙吸收，又打破了碳循环。

“生物圈2号”计划设计得巧夺天工，结果都是一败涂地，说明人类对生态系统的认识还实在太少，不论花多大的代价，也不论采用当前拥有的何等复杂、先进的技术都不足以建立哪怕是实验的“人造生态系统”。其后，美国科学家总结经验后继续了这一实验，但直至2000年作者到亚利桑那时仍没有取得突破性的成功，至今也没有见到成功的报道。

2. 金钱堆起的波斯湾沿岸人工生态系统

从理论上讲，自持生态系统是不能人造的，但在人类不断干预的情况下，完全可以形成人造生态系统的持续运行。美国的赌城拉斯维加斯就是个例子，这座荒漠上的赌城就是人造的一个新生态系统。

阿拉伯联合酋长国正在进行更大的人工生态系统营造，在世界上首屈一指。在从首都阿布扎比到沙迦的长达130 km、宽10 km的沿海地带，酋长国正在进行一个面积达1 000 km^2 的庞大半荒漠变绿洲的人造生态系统工程。

作者两次往返于从阿联酋首都也就是阿布扎比酋长国首都阿布扎比岛，经迪拜酋长国首都迪拜市，到沙迦酋长国首都沙迦市全长180 km的公路，亲眼见到除个别地段仍是荒漠外、绝大部分的路段两旁全是高耸的棕榈。绿地纵深5～15 km，绿草和耐旱灌木构成了广阔的人造绿洲。其中阿布扎比市人口约为100万，迪拜市人口为90万，沙迦市人口为15万，再加上公路沿线的居民，海岸绿洲人口占阿联酋人口的2/3。这里居民的生活环境的确从半荒漠带变成了半湿润带，绿茵遍地，空气比较湿润。据作者的实测，绿化10年以上的地区，沙地已开始土壤化。

（1）建造人工生态系统的条件

阿拉伯联合酋长国波斯湾沿岸的人类改造自然、人工生态系统建造也是有条件的，如下。

① 波斯湾南岸沿海，年降雨量近 200 mm，这是改造生态系统的基础。新生态系统形成后，目前降雨量仍不到 250 mm，无法维系草原植被，所有树和草都必须灌溉。由此可见，如果原来的降雨量低于 100 mm，这种改造就几乎是不可能的。

② 巨额的投入。仅阿布扎比酋长国境内，占人工绿洲约一半的地区，年耗水量目前已达4 亿 m^3，人均拥有 270 m^3，折合地表径流深则高达 800 mm。仅海水淡化制原水的成本就达2.5 亿美元/年之巨。

③ 波斯湾南岸沿海，因此可就近淡化海水，否则代价将更大。

如果加上 20 年来的海水淡化设备投入，输水管道投入，喷灌、滴灌设备投入，污水处理投入，移植树草、甚至移入土壤投入，人工投入，管理投入，则总计达 500 亿美元之巨，也就是说每变 1 km^2 荒漠带为绿洲大约要投入 1 亿美元。

④ 另外，阿联酋的绿洲人工生态系统计划是按照长远的科学规划进行的。按部就班，不急于求成，而且以科学知识为基础，如厉行节水灌溉，引入耐旱物种等，因此取得了较好的效果。

（2）阿拉伯联合酋长国波斯湾沿岸人工生态系统自持的展望

尽管有如此巨额的投入和科学的规划，阿联酋波斯湾沿岸的人工绿洲生态系统建设还只是初具雏形。

① 目前还未完全形成自持的生态系统，年降雨量只从 200 mm 略升到 250 mm，距半湿润带的下限 400 mm 还相差很多，估计要达到下限还至少需要 60 年时间。因此目前只能靠代价高昂的海水淡化灌溉来维持。

② 人工生态系统中的土地刚刚由砂砾开始土壤化，估计形成土壤还至少要 20 年时间。

③ 当绿洲生态系统完全建成后，可以容纳约 500 万人在较好的自然条件下生活，即约100 人/km^2。如果随着阿联酋的高速发展，外来移民超过 100 人/km^2，则又会使目前十分脆弱的现人工生态系统产生退化，甚至前功尽弃。

由此可见，建成一个 100 km^2 以上面积的人工生态系统，即使不计投入也需要80～100 年的时间。

（二）如何再造秀美山川

既然至今人类还没有建造出良性自持循环的生态系统，如何理解“再造秀美山川”呢？可以从 3 个方面理解。

首先是恢复严重蜕变的自然生态系统的良性循环。如退耕还林，退牧还草，退田还湖，封山育林，从水量相对丰裕的其他生态系统适当调水等来补充失衡的资源。

其次是在已有的人类生存环境中尽可能地提高资源利用率，实现资源循环的生态生产，如厉行节水和中水回用，千方百计降低环境成本，努力建造一个良性循环准自持的人工生态系统。

最后，在未来，如果真正实现了生态型的第一、第二、第三产业生产，用基因工程造出了耐旱的新物种，调来资源丰裕的生态系统的水，利用荒漠，也不是不能建设人工生态系统的，如在塔里木河流域内适当建造人工绿洲是可行的。但是，保持其可持续的良性循环是十分艰巨的任务。

自然生态系统的资源配置不是不可改变的，人不可能、也没有必要回到森林中生活，生态建设不但是必要的，也是可行的，但要遵循如下的资源原则：

1. 可移动的资源

矿产能源和物种资源是可移动资源，可以跨系统调配，以丰补歉，应向塔里木河流域引入耐旱物种。

2. 半可移动资源

森林、草原和水是半可移动资源。森林和草原可以易地重植，水可以跨流域调配，但必须慎重，否则拆东墙补西墙，适得其反。在塔里木河流域内可以适当调水。

3. 不可移动资源

土地和旅游资源是不可移动资源，但土地可以置换，如荒地用于修水库，洪泛区用来种田，但是是有限度的。旅游资源中的自然遗产要永久保护，重建几乎是不可能的；人文遗产非万不得已也不能重建，因为它将大大降低旅游价值。因此，对不可移动资源的重新配置要慎而又慎。

4. 开发可再生资源和富有资源

包括阳光和风在内的气候资源和海水这两种富有资源，则是应该大力重新配置为人类利用的。

生态就是自然界中各种自然资源之间的依存关系。生态研究的对象是自然资源系统中的平衡，而这种平衡表现为动态平衡。

“人定胜天”是人类发展史上的一个认识阶段，西方也不例外；而今天我国已经确定了可持续发展战略，这一战略的指导思想应该是“与自然和谐发展”。

五、对“生态环境”的研究

生态学研究的不系统不深入可以由一个例子来说明，就是“生态环境”这个人人挂在嘴边的词，居然没有定义，而且被创始者认为是在特殊情况下提出的一个不准确的概念。

（一）没有定义的概念

作者进行联合国“多学科综合研究应用于经济发展”项目时，于 1982 年回国后，听到“生态环境”这个词就产生了疑问，因为没有人能清楚地说明它的定义是什么，而且发现对外英文仍译为生态系统（ecological system）。

"生态环境"是个语义不明的词。在环境问题中英文的"环境"(environment),一般指"自然环境"(natural environment),主要是对人而言,是人对周围自然生态系统的感觉,或者说是自然生态系统的状态。英文并没有"生态环境"(ecological environment)一词,所以,至今所有的英文对外翻译,都把"生态环境"翻译成"生态系统"。

从中文来讲,"生态环境"这个词类似于"庆祝国庆",语义重复。实际上"生态系统"包括了"自然环境";生态系统是客观存在,而自然环境是人对生态系统状态的感觉和认识。当然,概念和名词都可以创造、创新,问题是还没有人给出"生态环境"与"生态系统"不同的定义。

(二)与黄秉维先生的讨论

作者费尽周折,打听到"生态环境"这个概念是黄秉维教授创意的。作者在2001年的一次会议上见到了他,向他提出了这个问题:"黄先生,听说'生态环境'这个词是您创意的,您能给我讲一下它的定义吗?"黄先生说:"这是第一次有人向我提出这个问题,这是个语义不明的词,没有定义。不过我可以说一下这个来由,它起源于20世纪80年代初的一次国家级的宪法修改讨论会。草案中有'遏制生态系统蜕变'的词语,我提出生态系统的蜕变不一定对人类不利,不能以遏制一言以蔽之。例如,河流三角洲冲积平原的形成就是生态系统的蜕变,但是它对人类有利。大家问:'您说应该怎么提呢?'我回答'似乎应该提遏制对生态环境的破坏'得到大家的一致赞同。我完全同意你的意见,'生态环境'是个没有定义的词,当时十分仓促,并没有多考虑,也没有想到这个词居然产生今天这样的价值。"

黄先生是前辈,他的科学态度让人肃然起敬,使作者记忆犹新,这件事充分说明中国科学工作者在新循环经济研究过程中的严肃、认真的科学态度。

至于"生态环境"这个词已经约定俗成,也没有必要改变,但对它提出确切的定义是必要的。"生态环境"的定义应该是"在人与生物圈中,自然生态系统的状态"。"人与生物圈"的定义是由联合国教科文组织提出的,在前面已经阐明。

第三节 生态系统与可持续发展

今天,可持续发展已成为世界人民的共识,这一理念是如何产生和发展的呢?它与生态系统的关系是什么呢?

一、可持续发展的背景和内涵

可持续发展的概念经历了十年的形成与发展时期。

(一)"可持续发展"概念的由来

自20世纪70年代末开始,联合国教科文组织的自然科学政策研究部门,就开始研究建立一种自然资源、生态与环境可以支撑的持续发展模式。当时的联合国教科文组织的自然科学政策研究部门，的确集中了不少世界级精英人才，堪称"世界脑库"。20 世纪 80 年代初作者有幸结识这些专家，后来和有的人一同工作，他们学识渊博，思想新颖，方法独到，硕果累累。"科学研究的基础研究、应用研究和技术开发分类"，"可持续发展"和"知识经济"的初始概念都源于这个集体。

"可持续发展"一词来自拉丁语"sustennere"，联合国教科文组织的创意者。第一次提出可持续发展的"持续"(sustain)用的是法文，是"撑得住"、"垮不了"和"得以维持"的意思，由此可见其原意有很强的警世意义。就是说再按传统西方经济模式发展下去，就撑不住了，要垮台，维持不下去。后来译为英文"持续"(sustain)，是"支撑"、"承受得住"和"继续"的意思，这种警世的意义就大有减弱。译成中文，这种警世意义进一步减弱。回顾"可持续发展"概念的形成，对于深入理解是有很现实的意义的。

"可持续发展"(sustainable development)的原始概念来源于生态学，最早是联合国教科文组织科技部门科技政策处在 20 世纪 70 年代使用的。在公开国际文件中最早出现于 1980 年由国际自然保护同盟(IUCN)在世界野生生物基金会(WWF)的支持下制订的《世界自然资源保护大纲》(*The World Conservation Strategy*)。

由于可持续发展的概念是从生态学范畴中引申出来的，许多机构或专家从不同的角度对可持续发展作出了不同理解和定义。

联合国教科文组织于 20 世纪 80 年代初提出："可持续发展就是当代要留给下一代不少于自己的可利用资源。"

世界资源研究所 1992 年提出："可持续发展就是建立极少产生废料和污染物的工艺或技术系统。"

英国环境经济学家 Pearce 和 Warford，在 1993 年所著的《世界无末日》中提出"当发展能够保证当人的福利增长时，也不应使后代人的福利减少"的经济观点，定义为可持续发展的概念。

(二)"可持续发展"的提出

"可持续发展"的概念提出以后，经过几年酝酿，1980 年 3 月 5 日，联合国向全世界呼吁"必须研究自然的、生态的、社会的、经济的，以及在利用自然资源过程中的基本关系，确保全球持续发展"。1983 年 11 月，联合国成立了世界环境与发展委员会(WEDC)，以挪威首相布伦特兰夫人(G. H. Brundland)为主席，成员包括科学、教育、经济、社会和政治方面的代表，其中 14 人来自发展中国家，包括中国的马世骏教授。布伦特兰夫人以提出"可持续发展"闻名于世，实际上她只是引用联合国教科文组织的概念，并领导委员会做了进一步的工作。

(三)《我们共同的未来》：可持续发展模式

布伦特兰夫人领导的世界环境与发展委员会经过 4 年的工作，于 1987 年向联合国提交了题为《我们共同的未来》(*Our Common Future*)的研究报告,正式提出了可持续发展的新设想。这篇借联合国力量做出的报告肯定了"可持续发展",但也未能全部回答《增长的极限》提出的主要问题。

《我们共同的未来》做了简单的论证,自1950年至1985年世界生产的产品增加了7倍,而世界人口增加了不到1倍,因此,世界是发展的。书中提出:"可持续发展寻求满足现代人的需要和欲望,而又不危害后代人满足需要和欲望的能力"。并指出:"可持续发展并不是要求停止经济发展。"应该说它从原则上修正了《增长的极限》提出的错误结论。

它进一步明确了可持续发展的概念,明确了以下几个原则:

① 发展的原则,和平与发展是当代人类进步的两大主题;

② 经济、社会、环境与生态协调发展的原则;

③ 资源利用代际均衡的原则;

④ 区域间协调发展的原则;

⑤ 社会各阶层间公平分配的原则;

⑥ 现代生态型生产的原则。

《我们共同的未来》提出了"可持续发展"的具体考虑:

① 提出了"人力资源",指出发挥人类的潜力可以使人类更好地开发和利用资源;

② 特别强调保护"物种和生态系统",保护不可再生资源;

③ 提出了维护粮食保障的农业生产策略;

④ 提出高产、低耗的工业生产策略;

⑤ 提出了通过提高能效和节能设施,把一次能源浪费减少到最低限度,同时防治污染。

《我们共同的未来》对"可持续发展"做了深入的探讨,但是,并没有提出保证"可持续发展"的根本性的、全面的、系统的方法,没有提出新的经济形态。

1992年6月在巴西里约热内卢召开的联合国环境与发展会议(UNCED)通过了《里约热内卢宣言》、《21世纪议程》、《森林问题原则》及国际公约《气候变化框架公约》和《生物多样化公约》,标志着可持续发展思想得到全球共识并在各国取得合法性。

可持续发展较为完整的定义可以总结为:"以新的生产方式不断提高人群生活质量和生态系统承载能力,满足当代人需求又不损害子孙后代满足其需求能力,满足一个地区或一个国家的人群需求,又不损害别的地区或别的国家的人群满足其需求能力的发展。"

(四)可持续发展理论的基本内涵

可持续发展的核心是发展,把消除贫困作为实现可持续发展的一项不可缺少的条件，发展既要考虑当前发展的需要，又要考虑未来发展的需要，不以牺牲后代人的利益为代价来满足当代人利益的发展。

可持续发展并不否认经济增长，尤其是发展中国家。需要重新审视如何实现经济增长的模式，由粗放型向集约型转变，即由传统经济增长模式转变为可持续发展模式。

可持续发展以自然生态系统的资源为基础，同资源承载能力相协调。经济发展、社会发展与环境的协调，不能以环境污染（退化）为代价来取得经济的增长。

可持续发展以提高生活质量为目标，同社会进步相适应。单纯追求经济增长不能体现发展的内涵，“经济发展”比经济增长含义更广泛，意义更深远。

可持续发展的实施要以适宜的政策和法律体系为条件，强调“综合决策”和“公众参与”，可持续发展的原则应纳入经济发展、人口、环境、资源及社会保障等各项立法和重大决策之中。

可持续发展体现了发展与环境是一个有机整体。它不仅是把环境保护作为追求实现的最基本目标之一，也作为发展质量、衡量发展水平和发展程度的宏观标准之一。

二、可持续发展与生态系统

“可持续发展”指的主要是人类社会与经济的发展，但是它的“当代要留给下一代不少于自己的可用资源”这一基本定义，以“资源可持续利用”的理念把人类的社会经济系统与自然生态系统联系了起来。因为节约，保护资源就是维系生态系统，而资源节约型和环境友好型经济生产方式和社会生活方式的建立就是要使人类经济和社会的可持续发展建筑在自然生态系统的良性循环之上，从而达到人与自然的和谐。

（一）可持续发展程度的定量评价——可持续发展方程

可持续发展已经是当今世界认同的一个经济学概念，然而，至今还没有对这个概念的确切定义，因此也就更没有这个概念的哪怕是简单的示意性表示。诚然，即使是最简单的示意性表示也是十分困难的，这也就是它迄今尚未出现的原因，在这里作者仅提出一个初步设想供探讨，以便使可持续发展这个世人认同的先进经济学思想，向可操作的方向前进一步，根据这种指导思想提出如下可持续发展方程：

$$S=\frac{R\cdot(U_R\cdot E_R+E_{nR})}{P}$$

式中：S 为可持续发展指数；

R 为经济生产中不可再生资源投入总量；

P 为人口总数量；

E_R为自然资源依赖型产业比例；

E_{nR}为非自然资源依赖型产业比例；

U_R为产业资源利用率。

（二）从公式看不可持续发展

从式中可以看出，R/P 为人均不可再生资源量，留给后代的人均自然资源量保持不减，就是目前“可持续发展”的最流行的定义。由此可看出，$S-S_{当代}\geqslant 0$ 就是可持续发展。因此，在人均自然资源不变的情况下，如不可再生自然资源依赖型产业的比例为 80%，产业资源利用系数为 0.2，可再生自然资源依赖型产业比例为 20%，则上式为

$$S-S_{当代}=\frac{R}{P}(0.8\times 0.2+0.2)<0$$

因此就是不可持续发展，这基本是人类当代经济发展现状。目前可再生自然资源依赖型的产业在发达国家中不过占 20%～30%，而资源利用率，在发达国家也远小于 1，也就是大有提高的余地。在发展中国家情况则十分严重，非自然资源依赖型产业的比例极低，而资源利用率的差距之大十分惊人。如我国万元工业产值用水量是美国的 15 倍，是日本的 45 倍；我国生产1 kg 粮食的用水量是以色列的 3 倍。

资源利用系数 E_R的计算是个十分繁杂的问题，但不是不可计算的。对于每种资源，如水可以从不同产业利用率加权得出水资源利用率，而十大资源利用率加权就得出了资源利用率。

（三）从公式看可持续发展

从上式中可以看出，如不可再生自然资源依赖型产业的比例为 20%，产业资源利用系数为 0.8，可再生自然资源依赖型产业比例为 80%，则上式为

$$S-S_{当代}=\frac{R}{P}(0.2\times 0.8+0.8)\approx 0$$

就接近可持续发展，考虑到人口 P 的控制，不可再生资源 R 的新发现或替代资源的发现，$S-S_{当代}\geqslant 0$，即可持续发展的实现就是可能的了。

环境的污染主要是人类在生产中把错误数量的自然资源在错误的时间，用到了错误的地点所造成的，例如，高营养物质本是有用的营养物质，排到湖中就造成了富营养化，形成了水体污染；塑料袋本可回收成为塑料制品的原料，随处丢弃就成了固体废弃物，造成了土地污染。污染破坏了自然生态系统的良性循环，使之退化，同时也减少了人类可利用的自然资源。因此，在经济生产中自然资源使用的数量越准确，时间与地点越正确，自然资源利用率越高，环境指数越高，环境的状态就越好。

同时对于一个国家和地区来说，资源总量越大则可持续发展指数越高，也就是说当代留给后代的资源就越可能与当代接近；人口越少，则可持续发展指数越高，也是当代留给后代的资源就越可能与当代接近。

这里 E_{nR} 是指非自然资源依赖型经济的成分。根据知识经济的定义，知识经济是以智力资源投入为主，自然资源投入为辅的经济，其产品是不以自然资源投入增加和环境污染加剧为扩大再生产前提的高知识含量、高技术含量和高附加值的知识产品，因此，经济成分中知识经济的成分越高，可持续发展的指数越高。也就是说对自然生态系统的破坏程度越低，从而与自然生态系统越和谐。

这里 S 为可持续发展指数。世界自然保护同盟、联合国环境署和世界野生生物基金会，又于 1997 年在共同发表的《保护地球——可持续性生存战略》一书中提出了更为准确的定义："在生存不超出维持生态系统涵容能力的情况下，改善人类的生活品质。"世界银行副行长伊斯梅尔·萨拉格丁(Ismail Sarageldin)指出"可持续性系指留给后代人不少于当代人拥有的机会"，在经济学中，可以用"资本"(capital)这个概念来表示"机会"，以消耗资本换来的投入是不可持续的。因此，从经济学角度讲，保持人均资本拥有量不变，或使其更多，就意味着为后代人提供了不少于当代人的机会。

从方程式

$$S=\frac{R\cdot(U_R\cdot E_R+E_{nR})}{P}$$

可以看出，一个国家的人口 P 越多，其可持续发展系数越低；一个国家自然资源总量 R 越大，它的可持续发展系数越高；一个国家在目前工农业生产中经济决策、产业结构、生产技术和工人素质使资源利用率 U_R 越高，它的可持续发展系数越高；一个国家的知识经济成分越高，它的可持续发展系数越高。

第四节　生态经济学

在人类生活及生产活动与自然生态系统之间，始终存在着一种相互依赖、相互制约和相互作用的关系。也就是说，在人类改造和利用自然生态系统的同时，自然生态环境系统也在反作用于人类。因此，如何保持社会经济与自然生态系统的协调发展，即可持续发展，已成为人类当前的共识和面临的迫切任务。生态经济学就是在此条件下出现的一门经济学和生态学之间的新兴交叉学科。它成为循环经济学的重要理论基础。

一、什么是生态经济学

生态经济学与循环经济学是在同一时代背景下产生的。

（一）什么是生态经济学

生态经济学是研究由社会、经济和自然生态复合而成的经济生态系统的结构、功能及其客观规律性的学科。

生态经济学着重从人口、资源和环境的整体作用上探索社会物质生产所依赖的社会经济系统与自然生态系统的相互关系，其中包括发展经济和保护环境的相互关系、利用自然资源和维护生态平衡的相互关系以及生产活动的社会经济效益和环境生态效益的相互关系。

生态经济学的研究目的是通过对上述各种关系的研究，把握其中的客观规律性，从而指导社会经济在生态动平衡的基础上实现可持续发展。

生态经济学认为，人和自然，即社会经济系统和自然生态系统之间的相互作用可以形成3种状态：一是自然生态与社会经济相互促进、协调和可持续发展状态；二是自然生态与社会经济相互矛盾、恶性循环状态；三是自然生态与社会经济长期对立、生态和经济平衡都被破坏的状态。

同时也有人持另一种观点认为，生态平衡固然需要，但经济增长更为重要。应该首先保证经济增长以及增长的条件，只有这样，维护和恢复生态平衡才有资金和技术上的保证。强求生态平衡而放弃经济增长，势必影响投资和就业，从而危及人们的生活。而且，只要经济能增长，某些资源即使一时短缺也不足为奇，增长所带来的技术进步将推动代用资源的出现。而且正是持续的经济增长和生活水平的提高，才促使人们关心起人类生存的环境问题，从而对生态平衡不断提出更高的要求。这种观点是有一定道理的，但在后来提出的生态经济学中也没有解决。

（二）生态经济学的由来

生态经济学的研究最早可追溯到18世纪末马尔萨斯的《人口原理》以及“土地肥力递减律”。其在书中反驳了亚当·斯密提出的“一国繁荣最明显的标志就是居民人数的增加”的理论，被西方称为没有提出“生态经济学”概念的最早的生态经济学家。

最早提出生态经济学概念的是美国经济学家K·波尔丁（K. Boulding），即“宇宙飞船理论”。波尔丁于1969年出版的《一门科学——生态经济学》一书中，提出了生态经济的理念。这种理论把地球比作太空之中的一只飞船，推断人口及经济的高速增长终将耗尽飞船有限的资源，排出的各种废弃物也将充斥飞船的内舱，其后果是飞船的内耗毁灭。此后，1972年，英国生态学家哥尔德·史密斯出版了生态经济名著《生存的蓝图》。同年，罗马俱乐部提出了研究报告《增长的极限》，在世界引起很大反响。1976年，日本经济学家坂本藤良出版了《生态经济学》，是世界上第一部内容较为完整的生态经济学专著。

在这种思想指导下，各种对策相继出现，其中有著名的“零增长理论”，戴利的

"稳态经济理论"、库普斯的"资源高价理论"和"消费限制理论"、柯尔姆的"环境使用税理论"以及托宾等人的"福利经济指标体系理论"等。

生态经济拓宽了20世纪80年代的可持续发展研究，把经济与生态系统相联系。在1987年联合国世界环境与发展委员撰写的总报告《我们共同的未来》中专门写了"公共资源管理"一章，探讨通过管理来实现资源的高效利用、再生和循环。

此后，发达国家的后工业化可持续发展中广泛地应用了循环经济的概念。20世纪80年代，联合国环境规划署工业发展局把美国杜邦公司在20世纪初总结的清洁生产3R原则提高推广，在发达国家中广泛实施。1990年5月国际生态经济学会成立。2001年美国学者莱斯特·R·布朗出版了《生态经济》。

二、生态经济学的研究对象

生态经济学在一系列假设的基础上研究了生物圈的基本问题。

（一）生态经济学研究的对象和学科基础

生态经济学以生物圈为研究对象，有着广泛的学科基础。

1. 研究对象

生态经济试图把生物圈和宏观经济的管理整合起来。其原因是新古典经济学的范式不能令人满意地将生态、经济和社会结合起来进行研究。一般认为，从系统角度看，生态经济学研究的是生态与经济的相互作用，研究生态系统与经济系统的复合系统——生态经济系统的矛盾运动发展规律及其应用的经济学分支。

2. 学科基础

生态经济主要涉及3个子系统：经济系统、生态系统和社会系统。从这种意义上来说，生态经济学不是一门新的学科，而是学科的集成，是各学科在人与自然的关系上的交叉。

表1－3列出的是各主要学科对于丰富和发展生态经济学方面的主要贡献。

表1－3　各学科为生态经济学研究提供的借鉴

学　派	主要贡献
均衡—新古典经济学派	以人类为中心的不减少的福利；基于技术替代的可持续增长；环境外部效益的最优；保持自然和经济资本的存量；个体目标高于社会目标；个体目标发生冲突要用政策手段解决；长期政策要基于市场手段
新奥地利—时间学派	有意改变技术适应的顺序；防止不可逆类型出现；维持经济系统的组织水平；动态优化资源开采、生产、消费、循环和废水处理过程

续表 1-3

学　派	主要贡献
生态—进化学派	保持自然系统的弹性，允许波动和循环（有规律的破坏、恢复），掌握自然过程中的不确定因子；食物链中不以人类为中心；保持生物和物种的多样性
技术—演进学派	针对不确定性，采用具有适应能力的技术和知识，发展多样化的经济行为主体、部门和技术
物质—经济学派	限制物质与能量流入和流出经济系统；工业生产应基于生产链政策；整合废物处理，降解、循环和产品开发
系统—生态学派	控制人类对生态系统直接和间接的影响；平衡社会系统物质的投入和产出；使人类作用于生态系统的压力因子最小化
生物—工程学派	通过管理生态系统，整合人类利益和环境的质量和功能，设计和改进在经济、技术和生态系统三方面平衡优化的工程，利用自然系统的自恢复、自组织和自调控功能为人类服务
社会—生物学派	保持社会文化与生态系统的相互联系；尊重自然与人文结合
历史—制度学派	一体配置经济和环境政策；争取对自然界进行制度上的长期维系和支持；应用历史等级价值手段，而不是局部手段

（二）生态经济学研究的基本问题

生态经济学突出强调的是保持生态系统的完整性、容纳性和服务性，尽管仍旧是以人类利益为出发点，但贯彻着以生物为中心的原则，研究重点转向了人类持续生存和福利条件。也就是说，生态经济学在经济理念上把生态系统作为自然资本的价值和固有的存在价值结合起来。

以往的经济学把人类的福利太多地固定在对物质的评判上，而忽视了人力资本。同时，应该认识到，市场手段不能够完全解决生态可持续的人类生态目标。

人类建立社会和经济系统的目的一般被认为是为了满足人类自身的需要。但是，社会和经济系统并不能提供人类的全部需要，因为有很多，特别是生命支持的服务，基本上是依靠生物圈和自然资本的直接服务，而不是人造产品能够解决的。

生态经济学的一个核心问题是如何达到生态与经济的平衡，实现生态与经济的综合效益。产生了生态、经济效益，也就实现了生态经济的相对平衡。有生态学家将生态经济效益以公式表述如下：

$$生态经济效益=\frac{主观收益}{人造资本}\times\frac{人造资本}{投入}\times\frac{投入}{自然资本}\times\frac{自然资本}{自然资本的服务损失}$$

$$=\frac{主观收益}{自然资本的服务损失}$$

公式中的各因子都涉及十分复杂的问题：分子“主观收益”是对人而言的，基于人的主观感受，必然又要受到伦理约束。自然资本的服务损失与生态系统服务功能关系密切。它既是一个自然问题，是个生物物理过程，又是一个社会问题，即相对于人来说的“服务”。因此，生态经济效益的概念，是一个多学科综合、动态发展的概念。它取决于人类认识的变化（伦理），自然系统的变化（生态），经济效率的提高（经济）和技术进步（科技）。以人类生存环境问题为出发点的生态经济研究，首先要设定生态经济效益的评判标准，才能达到理想的结果。

这个公式再次说明了“生态环境”的科学意义不明的问题。科学的定义应该是：生态系统是客观自然世界，环境是人类对客观自然生态的感受。其基本区别在于：环境的标准是可以依人而变化的，而自然生态的标准是不依人变化的；人工环境是可以制造的，而迄今为止自然生态系统是不能人工创造的。

第二章　新循环经济学

在人类有了生态学的理念以后，对两个世纪来向自然掠夺的生产方式和经济发展产生了疑问，实际上早在19世纪恩格斯就提出了对这种生产方式的批判，指出人类将受到大自然的惩罚。到了20世纪后半叶，大自然的灾难已经来临，环境污染、资源短缺和生态退化已经严重地影响到人类的生产和生活，因此新的经济理论及其在新理论指导下的生产方式应运而生。

第一节　循环经济的由来与发展

循环经济这一理念是人们看到面临的严重的环境污染和自然资源短缺以后，认识到必须改变生产方式、发展新经济，在20世纪60年代提出的。

一、循环经济的由来

“循环经济”名词的创意者美国经济学家K·波尔丁属于世界上少数的在生态与经济关系方面的先知先觉，他在1969年就在《一门科学——生态经济学》中提出了“循环经济”(circular economy)一词。他受当时发射宇宙飞船的启发来分析地球经济发展。他认为宇宙飞船是一个孤立无援、与世隔绝的独立系统，靠不断消耗自身资源存在，最终将耗尽而毁灭。唯一使之延长寿命的方法就是实现宇宙飞船内的资源循环如分解呼出的二氧化碳为氧气；分解尚存营养成分的排泄物为营养物再利用；尽可能少地排出废物。当然，最终宇宙飞船仍会因资源耗尽而毁灭。同理，地球经济系统，有如一艘宇宙飞船如不借助太空帮助，尽管地球资源系统大得多，地球寿命也长得多，但是也只有实现对资源循环利用的循环经济才能得以长存。

循环经济的提出启发了20世纪60年代末开始的关于资源与环境的国际经济研究。1968年4月意大利的“罗马俱乐部”提出人类经济增长的极限问题，在《增长的极限》的研究总报告的第三章中专门写“人均资源利用”一节，说明资源循环问题。

但是，十分可惜，K·波尔丁只提出了这一新理念，并没有完成循环经济的系统研究；而在“可持续发展”理念提出以后，循环经济自然地被纳入了这一思想体系。自1976年日本经济学家坂本滕良出版的《生态经济学》，到2001年美国的莱斯特R·布朗出版的《生态经济》，都是宣传循环经济理念方面的著作，但都没有建立循环经济的完整理论体系。

经过一系列国际会议的讨论和宣传以及“增长的极限”的警钟、循环经济和谋求人类出路的“可持续发展”的新理念引起联合国的高度重视，于 1983 年 11 月成立了以挪威首相布伦特兰为主席的世界环境与发展委员会，专门研究这一问题。经过 4 年工作，于 1987 年正式提出了“可持续发展”的新思路。

二、循环经济理念的发展阶段

循环经济理念的研究，大体上经历了绿色经济、清洁生产 3R 和循环经济 3 个阶段。

（一）绿色经济

绿色经济是在指出集约经济后又提出的一种形象化的说法，意指在经济发展中摒弃作为工业发达而引以为荣的废气浓烟，保持绿色。

1．集约经济

集约经济是高密度地投入自然资源，高度地利用自然资源的经济。

在高密度地投入自然资源与高度地利用自然资源两者之间，高度地利用自然资源更为重要，而对自然资源的最高度利用就是循环利用，因此，集约经济的本质也是循环利用自然资源的经济。

2．绿色经济

绿色经济是用自然界植被的绿色循环把循环经济形象化的一种说法。绿色经济又称为环保经济，主要是指防治污染，使过于传统工业化的经济与自然界的循环相协调。对农业、工业和服务业的生产和产品都提出了绿色的环境保护标准。

（二）清洁生产 3R

20 世纪 80 年代，以联合国环境规划署工业发展局局长拉德瑞尔女士(J. A. de. Larderel)为首，总结了国际清洁生产的经验，提出了 3R 原则(减量化、再使用和再循环原则)。

传统工业经济是把自然生态系统当作取料场和垃圾场的一种不合理的线性经济，如把河流既当作自来水管，又当成下水道。其生产模式如图 2－1 所示。

开发资源 ——→ 制造产品 ——→ 排放废物

图 2－1　传统工业经济的链式生产模式

而循环经济是一种生态型的闭环经济，形成资源利用的合理的封闭循环。如对水资源的利用，形成取水、用水、污水处理和中水回用的循环。如图 2－2 所示。

在这种循环经济的指导思想下，联合国环境规划署(UNEP)设在巴黎的工业发展局以局长拉德瑞尔女士(J. A. de. larderel)为首，于 20 世纪 70 年代末，总结如美国的福特汽车公司等世界工业清洁生产的经验，提出了著名的减量化、再使用和再循环三原则，后来在不少发达国家的工业生产中被采用。

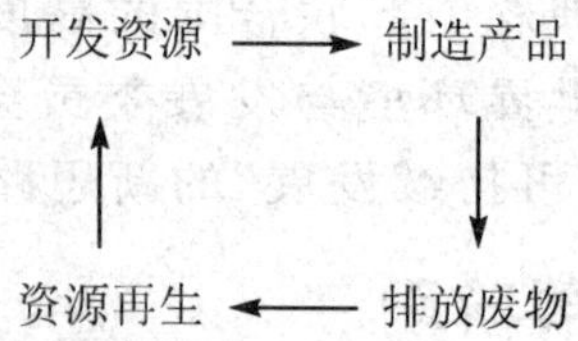

图 2-2　循环经济的环式生产模式

1. 资源利用的减量化(reduce)原则

在生产投入端实施资源利用的减量化，主要是通过改进设计和综合利用，尽可能节约自然资源。例如改进汽车设计，能在不影响使用性能和质量的前提下节约原材料。

2. 产品生产的再使用(reuse)原则

与后工业社会一次性产品推广相反，循环经济强调在保证服务的前提下，产品在尽可能多的场合下，用尽可能长的时间而不废弃。例如汽车配件生产的标准化，可以根据实地情况不断更换配件；同一辆汽车能在不同的地形和气候条件下使用等。

3. 废弃物的再循环(recycle)原则

指在材料选取、产品设计、工艺流程、产品使用到废弃物处理的全过程，实行清洁生产，最大限度地减少废弃物排放，力争做到排放的无害化和资源化，实现再循环。例如回收 1t 废纸可以造 800 kg 纸，节约 3 m^3 木材，300 kg 烧碱和 300 度电，还可以少排大量造纸污水。目前发达国家的再生资源回收总值已超过 3 000 亿美元，占世界国民生产总值的 1%，而我国再生资源的回收远远低于我国占世界国内生产总值的相应比例。

以上又称“3R”原则。3R 原则只是一个清洁生产的原则，包括了部分消费行为。然而 3R 原则并没有包括资源配置、产品生产、社会分配和公众消费的整个经济过程，因此不是循环经济的全部原则，但是，生产是经济的最重要部分，因此意义重大；最重要的是通过 3R 原则使生产成为生态系统良性循环的一部分。

（三）新循环经济学阶段

20 世纪 90 年代在巴黎，3R 原则的创意者拉德瑞尔女士曾对作者说：“我不是搞经济的，3R 只是清洁生产的原则。”当然，这说明了女士的谦虚，因为生产是经济的主要部分。但是，这也使作者开始了创立新循环经济学的努力。

应该说，循环经济学是一门实践经济学，在发达国家的后工业化和发展中国家的新型工业化进程中，许多研究人员、公司经理和政府官员都对此作出了各方面的贡献。1992 年里约热内卢环境与发展大会使人类认识到自然环境与经济发展的关系；2002 年约翰内斯堡的可持续发展首脑会议使人类认识到可持续发展中经济发展、社会进步与环境保护这三大要素间的关系；2005 年在阿布扎比召开的世界思想者节日论坛，把循环经济的理念重新规范。作者的“新循环经济学”，在会上得到认同，其目的在于揭示社会经济、科学技术和生态系统这可持续发展的三大支柱及其之间的关系。

（四）循环经济学与生态经济学

循环经济学目前尚没有国际权威的专著，本书中循环经济学与生态经济学的主要不同及对其发展在于：

1. 突出用系统论分析生态系统

本书与传统生态经济学不同，认为系统论与生态学是循环经济的两大支撑。

2. 对以发展求生态平衡的分析

前面提到的以发展求生态平衡的观点是有道理的，发展是第一位的。长远的发展是可持续的，但是一定时间内的发展是有限度的，其限度就是于所在生态系统的承载能力之内，否则系统就崩溃了，失去了发展的基础。要追求发展与保护的动平衡。

3. 更为具体地分析资源系统

首次提出了土地、水、森林、草原、矿产、能源、海洋、气候、物种和旅游十大自然资源子系统，以资源系统工程管理学的观点进行分析。

4. 循环经济更微观，更深入生产

循环经济学比生态经济学更深入生产，生产的 3R 循环是循环经济的核心。

以肯尼亚的尼安萨省（Nyanza）为例，1997 年作者考察了肯尼亚濒临维多利亚湖的以基苏木（Kisumu）市为首府的尼安萨省，这个省有 432 万人口，面积为 1.25 万 km^2。基苏木是肯尼亚在维多利亚湖最大的港口和贸易集散地，本是全省原是鱼米之乡，但在作者到达时，由于“五小乡镇企业”的兴起，向湖内大量排污，BOD 严重超标，水葫芦（学名凤眼莲）的肆虐达到惊人的地步。在湖畔见不到湖，倒像一片水葫芦地，岸水不分。上千吨的汽船竟由于水葫芦的疯长，停卸货仅一星期就被封在港里开不出来，船上已经锈迹斑斑。水葫芦酿成了大灾。

从目前对生态经济学的一般认识分析，这是水污染问题，污染破坏了生态平衡，重点在于污染源的消除和污染的治理。而从循环经济学的观点看，是把有用的资源放错了地方，应解决投资与技术问题，建立以水葫芦为原料的饲料厂和有机肥料厂，使得排污小企业⟶饲料厂、有机肥料厂⟶饲养场、农场形成产业链。其实，这也是生态经济学的要求，不过目前的认识在保护生态的方面过重，采取切实的循环生产的经济手段不力。

三、循环经济的内涵

循环经济作为一种经济形态有其与众不同的内涵与特征。

（一）从经济发展史看循环经济

从经济发展史来看，可以把经济发展分为5个阶段。第一阶段是原始经济阶段，大约始自5万年前，指经济的渔猎阶段，即原始人狩猎打渔的初始时期。第二阶段是农业经济阶段，大约始于公元前4000年，指经济的农耕阶段，即农业社会以农牧业为主的开垦荒地、种植谷物的垦殖时期。第三阶段是工业经济阶段，始自18世纪下半叶的工业革命，指经济以现代大工业生产为主的阶段，以现代的纺织、轻工、钢铁、汽车、化工和建筑等产业为主的时期。第四阶段是循环经济阶段，又称为后工业经济，始自20世纪下半叶的新技术革命，传统产业实现了资源循环和经济生产，并涌现出一批如电子、信息和环保等不以资源消耗线性增加为其发展前提的新兴产业。第五阶段是知识经济阶段，始自20世纪末，涌现出一批其发展主要靠知识投入的产业，如生物、新材料、新能源、软件、海洋和空间产业。4种经济的主要特征如表2-1所列。

表2-1 4种经济的主要特征

项　目	农业经济	工业经济	循环经济	知识经济
科研的重要性	不大	较大	大	极大
科研经费占国民生产总值比例	0.3%以下	1%～2%	2%以上	3%以上
科技进步对经济增长的贡献率	10%以下	20%以上	40%以上	80%以上
教育的重要性	不大	较大	大	极大
教育经费占国民生产总值比例	1%以下	1%～2%	2%～4%	6%～8%
平均文化程度	文盲比例很高	小学	初中以上	中专
农业	50%以上	20%～30%	20%以下	10%以下
工业	15%～20%	>50%	约等于30%	20%以下
第三产业		20%～30%	约等于40%	>20%
高技术产业			约等于10%	>50%
信息科学技术产业		3%～5%	5%～10%	15%
生命科学技术产业		2%	5%	约等于10%
新能源与可再生能源科学技术产业		2%	5%	约等于10%
海洋科学技术产业		2%	5%	约等于10%
有益于环境的高新技术产业		1%	3%	约等于5%
新材料科学技术产业		1%	3%	约等于5%
空间科学技术产业				5%
软科学技术产业			3%	约等于5%
估计寿命	36岁	>50岁	60～70岁	>70岁
一生中业余时间	6年	8年	12年	18年

续表 2－1

项 目	农业经济	工业经济	循环经济	知识经济
人口增长率	高	较高	低	极低
城市化水平	达 25％	＞50％	70％	呈下降趋势
新闻媒体的作用	不大	较大	大	巨大
社会组织水平	简单	较复杂	复杂	极复杂
世界经济一体化程度	低	较高	高	很高

（二）循环经济是以科学技术为第一生产力、与环境保护相联系的经济

今天，提出循环经济最重大的现实意义就在于，人类面对资源供需矛盾日益突出、环境压力不断加大、生态系统良性循环受到破坏的挑战，同时又面对经济全球化、高科技迅猛发展的机遇。发展中国家的新型工业化，不能再亦步亦趋地走发达国家本身已经在深刻检讨的传统工业化的老路，不能再照本宣科地学习发达国家有识之士已经感到严重不足的传统西方经济学，要以科学发展观理论创新为指导，走循环经济的新路。

循环经济是以在自然生态系统的承载能力之内的科学发展为宗旨，以合理需求和有效供给为目标，以科学技术为第一生产力的指导思想优化配置自然资源，以产业结构调整、技术创新、清洁生产、资源定价及绿色消费等经济、法律、行政、科技和教育的综合手段转变经济增长方式，与环境保护相结合，以资源的高效和循环利用，使人类经济社会发展与自然生态系统的良性循环相和谐、促进可持续发展的新经济。

循环经济是把环境保护与经济发展联系起来的经济，是把清洁生产上升到经济理论的经济。它不仅是发达国家后工业化的主要途径，也是发展中国家通过可持续发展逐步走向知识经济的必由之路。

（三）循环经济的定义

循环经济可以定义为在社会经济、科学技术和自然生态的大系统内，在资源投入、企业生产、产品消费及其废弃的全过程中，不断提高资源的利用效率，把传统的、依赖资源净消耗线性增加的发展，转变为依靠生态型资源循环来发展，从而维系和修复生态系统的经济。

当今世界发达国家的后工业化和发展中国家已经开始并应该实行的新型工业化道路都是循环经济理念的体现，循环经济是已露端倪的知识经济的第一阶段。

1．循环经济的三重循环

循环经济实际上有三重意义的循环：

第一重循环是企业层的循环。

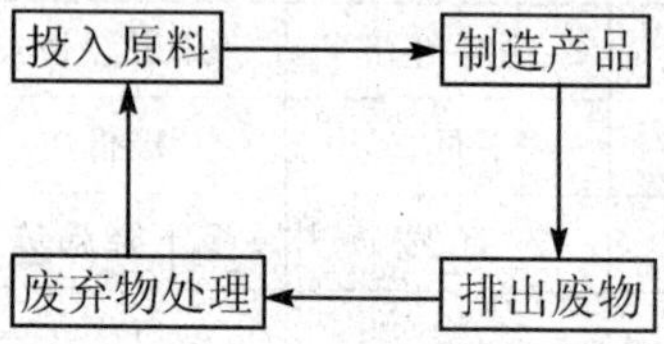

图 2－3　企业层的循环

一个企业投入原料、制造产品、排出废物和废弃物再利用的企业生产循环，如图 2－3 所示。

第二重循环是社会经济层的循环。

即生产者通过资本和技术把资源和劳动变成产品，由消费者进行消费，再由生产者进行分解后又成为原料的产业生态系统循环，如图 2－4 所示。

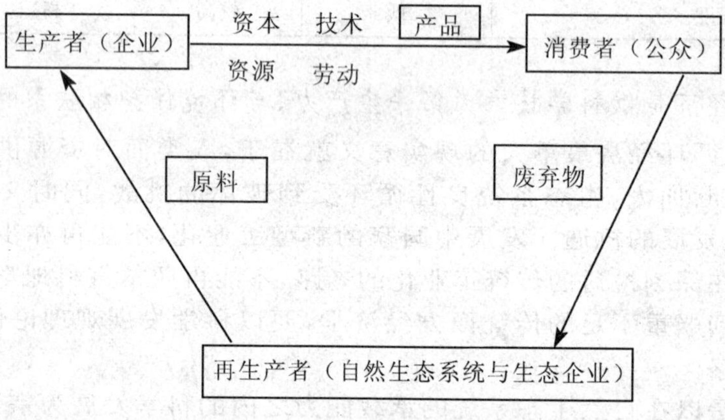

图 2－4　社会经济层的循环

第三重循环是在社会经济、科学技术与自然生态这三大系统中构成的物质流、能量流、信息流、技术流、资本流和人才流的大循环，如图 2－5 所示。

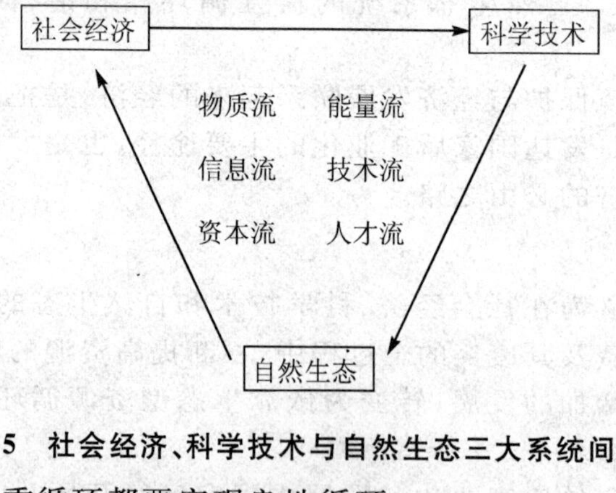

图 2－5　社会经济、科学技术与自然生态三大系统间的循环

最为重要的是三重循环都要实现良性循环。

2．农业经济、工业经济、循环经济和知识经济的异同

与工业经济从劳力、土地和资本的系统分析问题相比较，循环经济从人、自然资源和科学技术的更大系统来分析经济问题，因此，循环经济与农业经济和工业经济，

在经济理论、目标体系、价值观和对经济要素的认识方面都有很大的不同。

农业经济的特征是听命于自然，指导理论是宿命论；目标体系是个体温饱和整个社会稳定；价值观是节俭、服从；经济要素是劳力、土地、资源和宗教；资源状况是农业资源循环与过度垦殖并存，自然资源开发能力低。

工业经济的特征是征服自然，指导理论是社会财富论；目标体系是高增长、高消费，最大限度地创造社会财富；价值观是金钱至上、竞争；经济要素是劳力、土地与资本；资源状况是掠夺性地开发自然资源。

循环经济的特征是自然资源的节约、保护和循环利用，指导理论是新循环经济学；目标体系是建成现代的全面的小康社会；价值观是经济、社会与生态效益统一，人与自然和谐；经济要素是劳力、资源、资本、环境及科学技术；资源状况是逐步提高的资源循环利用。循环经济是知识经济的第一阶段，当不以稀缺资源为依赖的高技术产业尚不能成为经济的第一支柱时，首先要实施循环经济，逐步达到资源循环利用。

这种特征的差异可以由表2-2做一个总结。

表2-2 不同经济形态的指导思想

项 目	农业经济	工业经济	循环经济	知识经济
指导理论	听命于自然宿命论	征服自然社会财富论	自然资源的节约、保护和循环利用	人、科学技术与自然协调系统平衡论
目标体系	温饱维持社会稳定	高增长、高消费最大限度创造社会财富	现代的全面的小康社会	人、科学技术与自然可持续发展
价值观	节俭、服从	金钱至上、竞争	经济、社会与生态效益，人与自然和谐	知识、创造人的全面发展
经济要素	劳力、土地、资源、宗教	劳力、土地、资本	劳力、资源、资本、环境、科学技术	劳力、知识（无形资本）、资源、资本、环境、生态
资源状况	农业资源循环与过度垦殖并存，自然资源开发能力低	掠夺性地开发自然资源	逐步提高的资源循环利用	生态系统均衡发展

（四）循环经济的理念

循环经济的理念是在全球人口剧增、资源短缺、环境污染和生态蜕变的严峻形势下，人类重新认识自然界、尊重客观规律、探索新经济规律的产物。其主要观念变化如下。

1. 新的系统观

循环是指在一定系统内的运动过程，循环经济的系统是由人、自然资源和科学技术等要素构成的大系统。循环经济要求人在考虑生产和消费时不再把自身置于这一大系统之外，而是将自己作为这个大系统的一部分来研究符合客观规律的经济原则，将“退田还湖”、“退耕还林”及“退牧还草”等生态系统建设作为维持大系统可持续发展的基础工作来抓。

2. 新的经济观

在传统工业经济的各要素中，资本在循环，劳动力在循环，而唯独自然资源没有形成循环。循环经济要求运用生态学规律，而不是仅仅沿用自19世纪以来机械工程学的规律来指导经济生产。不仅要考虑工程的承载能力，还要考虑生态承载能力。在生态系统中，经济活动超过资源的承载能力的循环是恶性循环，会造成生态系统蜕化；在承载能力之内的良性循环，才能使生态系统平衡地发展。

3. 新的价值观

循环经济在考虑自然时，不再像传统工业经济那样将土地视为“取料场”和“垃圾场”，将河流视为“自来水管”和“下水道”，也不仅仅视其为可利用的资源，而是需要维持良性循环的生态系统；在考虑科学技术时，不仅考虑其对自然的开发能力，而且要充分考虑它对生态系统的维系和修复能力，使之成为有益于环境的技术；在考虑人类自身发展时，不仅考虑人类对自然的征服能力，而且更重视人与自然和谐相处的能力，促进人的全面发展。

4. 新的生产观

传统工业经济的生产观念是最大限度地开发自然资源，最大限度地创造社会财富，最大限度地获取利润。而循环经济的生产观念是要充分考虑自然生态系统的承载能力，尽可能地节约自然资源，不断提高自然资源的利用效率，循环使用资源，创造良性的社会财富。在生产过程中，无论是材料选取、产品设计、工艺流程还是废弃物处理，都要求实行清洁生产。实行3R原则：资源利用的减量化(reduce)原则，即在生产的投入端尽可能少地输入自然资源；产品的再使用(reuse)原则，即尽可能地延长使用周期，并在多种场合使用；废弃物的再循环(recycle)原则，即最大限度地减少废弃物排放，力争做到排放的无害化，实现资源再循环，例如对污水进行处理，并将中水再利用。同时，循环经济还要求尽可能地利用可循环再生的资源替代不可再生资源，如利用太阳能、风能和农家肥，使生产合理地依托在自然生态的循环之上；尽可能利用高科技，尽可能地以知识投入来替代物质投入，以达到经济、社会与生态的和谐统一，使人类在良好的环境中生产和生活，真正、全面地提高人民生产质量。

5. 新的消费观

循环经济要求走出传统工业经济“拼命生产、拼命消费”的误区，提倡物质的适度消费、层次消费，在消费的同时就考虑到废弃物的资源化，建立循环生产和消费的观念。同时，循环经济要求通过税收和行政等手段，限制以不可再生资源为原料的一次性产品的生产与消费。如宾馆的一次性用品、餐馆的一次性餐具和豪华包装等。

第二节 对循环经济几个问题的探讨

鉴于循环经济是一门新兴学科，目前还有一些不清晰的概念，因此也产生了一些疑问，在这里试做解答。

一、世界上有没有完整的循环经济理论系统

国外、尤其是欧美国家，无论在循环经济的理论研究，还是实际推广方面，都是先行者，因此，对国外循环经济发展的全面了解以资借鉴是十分必要的。国内的介绍一般把国外的循环经济分为：企业型，如美国的杜邦公司；园区型，如丹麦的卡伦堡生态园区；静脉产业型，如德国的DSD废弃物回收系统3种类型。如果按这种分类，还应该有循环社会型，如日本提倡建立的循环型社会。

这都是我们旁观者的分类，可便于了解。其实，据我们在欧美澳20多个国家长达20多年的观察和研究，20年来西方的后工业化就是实施循环经济。上述3种“类型”不过是看到的典型实例。事实上在上述国家基本上都存在这3种类型的循环经济单元，基本上构成了循环经济社会。

30年来，作者在德国、日本、美国、法国、英国、加拿大、意大利、澳大利亚、瑞士、瑞典、挪威、芬兰、丹麦、冰岛、荷兰、比利时、奥地利、瑞士、西班牙、葡萄牙、韩国、新加坡以及南非进行了后工业化经济的考察。其中德国和日本都去过8次以上，美国、英国、意大利、瑞典、西班牙、荷兰和澳大利亚都去过3次以上，在法国住了6年，在瑞典住了1年，我们看到的后工业化主要内容就是转变传统工业化“拼命生产、拼命浪费”（西方学者语）的生产和消费模式、公众理念和社会时尚，用知识优化配置资源，调整和优化产业结构；用高技术实现3R；从而达到人与自然和谐的可持续发展。

在发达国家可以看到：冒黑烟和白烟的工厂已经基本不存在（但其得以实现部分是因为转移到发展中国家），多数工人已经在实验室式的工厂工作；居民们基本上不会购买豪华包装的产品，而一定会把垃圾分类摆放；在餐馆里几乎没有人剩饭剩菜，谁剩了那一定不是文明人；五星宾馆中已经不放一次性洗刷用品，否则就会因为没有环保意识评不上五星级；城市施工都有期限明示牌，法律禁止尘土飞扬的无限期施工。目前在北京和上海等大城市，不看上述细节已经感觉不出与巴黎、东京有多大差别。而差别在于上述细节；在于城中的河湖

和绿地；更大的差别在农村，发达国家的农村是比城市更好的宜居环境，而在我们“上有天堂，下有苏杭”的苏杭，至少严重污染的水环境已经影响到了居民生活。

有人说，很少看到国外有系统的、罗列一二三四五的循环经济研究著作，莱斯利·布朗的《生态经济》和《B模式》也像故事书一样，没有什么数学公式。

作者在联合国工作时曾向各国专家请教，他们说这是事实。至今许多国家循环经济的法律体系已较完善，但鲜见系统的理论研究，由于实践的迫切需要，理论研究结合立法已经进行了。

这主要是因为目前在发达国家中，尽管循环经济的理论滞后于实践，因为人们深受传统工业化的负面影响之害，可持续发展的新理念已经深入人心，工人、农民、经理、公务员以至学生文化素质较高，知道了就在做。循环经济的新理念使人自觉地做创新的事，并不需要一、二、三、四、五的说教。对于“自主创新”来说，应该教“什么是创新”和“为什么创新”，至于“怎么创新”是没有人能教的，因为要人教那就不是自主创新了。“创新”还可以是“复旧”，例如德国就已经重新使用废弃多年的玻璃瓶来装酒、饮料和调料，以便回收。

至于循环经济的模式更不需要复杂的数学公式来表达，用一个比较简单的图来表示就十分清楚了。

传统工业经济的模式如图2-6所示。

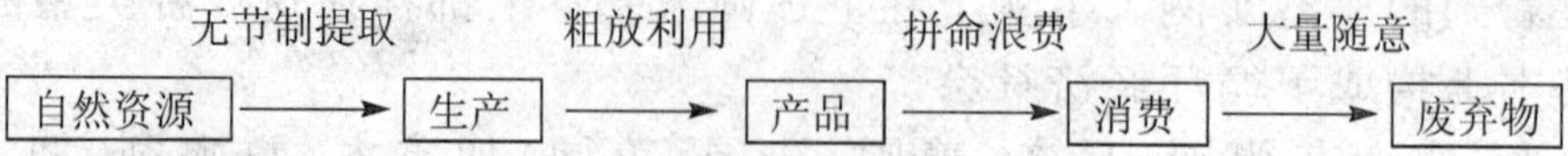

图2-6 传统工业经济模式

循环经济的模式如图2-7所示。

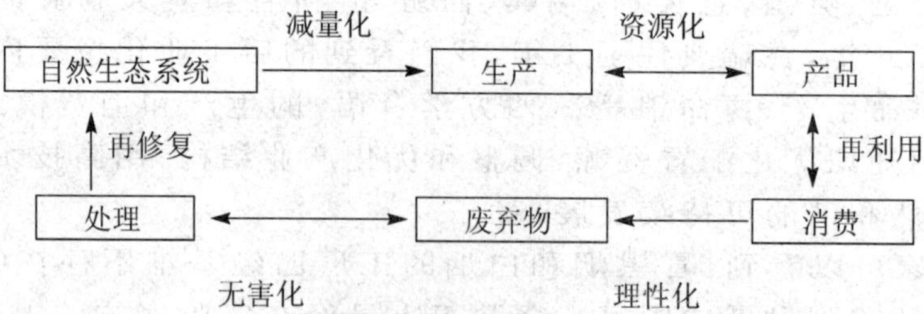

图2-7 循环经济模式

实际上这就是循环经济的主要理念，实在是没有必要用复杂的数学公式来表达。

二、"零排放"、"全封闭"和"完全循环"能实现吗

目前，有一种提法，循环经济是"零排放"、"全封闭"和"完全循环"的经济。有些人提出质疑，"这不成了科学实验吗？还是经济吗？"

从生产实践出发，应该说这种质疑是有道理的。

首先，一种经济，第一位的考虑是经济可行性，否则就不是发展生产，而是造一个"理想国"，类似于制造永动机。作为一种经济，必须考虑投入、产出和赢利，一般来说投入大于产出，赢利为负数时就不是一种合理的经济行为。而"零排放"、"全封闭"和"完全循环"，在大多数情况下是经济不合理的。

其次，物质是第一性的。即便到知识经济时代，只做一次性物质投入，在大多数情况下也是不可能的。要生产，要把自然财富转变为社会产品，就要有自然资源的消耗，一次性投入的"完全循环"是不现实的。问题是要优化配置，尽可能减少投入。

再次，自然生态系统是有自净能力，或者称为自恢复能力的。因此，在大多数情况下"零排放"也是不必要的，要充分利用自然生态系统的自净能力，这才是人与自然和谐发展。

综上所述，把生产建成一个完全封闭的体系在绝大多数情况下都是不现实的。更为重要的是，这是不符合生态学原理的。人类至今没有建立起一个相当规模的人工生态系统，要把生产系统建成这样一个系统更是不必要的。从循环经济的基本原理——系统论来看，一个不对外开放，没有对外交流的完全封闭体系不是一个良性循环的、不断发展的体系。一个生产体系，只要投入的资源在该体系所在生态系统的承载能力之内，只要排出的废物在该体系所在环境的环境容量之内，就是一个良性循环的生产体系。

从上述分析可以看出，循环经济必须从实践出发，循环是方式，经济是目的，生产和经济发展是硬道理，不能本末倒置。我们既要考虑"循环"，更要考虑"经济"；不仅要考虑循环的理念，更要考虑循环的成本；既要考虑经济长远的可持续性，又要考虑经济目前投入的可能性，使远期效益与近期效益均衡。简单地说，循环经济就是良性循环的生产系统的经济，可持续发展只要求当代给下一代留下不少于自己的可利用自然资源，要求留下多于自己的可利用自然资源是不可能的，也是不必要的。

三、一定要"先污染，后治理"吗

"先污染，后治理"是西方传统工业化"最大限度地开发自然资源，最大限度地创造社会财富，最大限度地获取利润"，把大自然既当取料场，又当垃圾场的指导思想的必然结果。当年发达国家的工业化走上了这条路是不得已而为之，今天发达国家已经将其作为惨痛教训来总结。

但“事非经过不知难”，作为工业生产实践的曾经参与者，我们深刻地认识到“零排放”、“全封闭”、“完全循环”和“原料一次性投入”是不可能的。但是，“减量化”、“再利用”和“再循环”的3R原则是可以实现的，并且在西方已经实现。

原则上说，污染的真正治理，化学污染要化学还原、生物污染要生物还原，而目前主要治污还是物理方法，因此，污染是难以真正、彻底治理的。如在伦敦的泰晤士河、巴黎的塞纳河和德国的莱茵河下游河段，以英国、法国和德国这样雄厚的财力和先进的技术治理了30多年，至今本底污染仍未解决，三河的城市段河水基本上是劣Ⅲ类，鱼至今鲜见。可见“先污染，后治理”基本上是亡羊补牢。

从另一方面看，问题在于“减量减到什么程度”和“再利用利用到什么程度”，应该说这取决于技术，是一个技术选择的问题。人们会说：任何一个企业都会选择好的技术，但是，这样的技术在哪里？这样的技术要靠人的创造性去开发。那么，开发和购买这种技术的资金又在哪里？发展中国家都还不富裕，资金的确有限；但是如何配置这有限的资金就存在一个发展观的问题。是以传统工业化思想指导，沿一条江建过多的桥，向道路现代化的投入？还是按科学发展观指导向资源节约技术的开发和推广投入？分别以什么比例投入？不同的发展观就会得出不同的结论。

综上所述，“零排放”、“全封闭”是不可能的，“先污染，后治理”也是不可取的。“减量化”、“再利用”和“再循环”都是从生产的源头入手减少污染。对于污染要“防”重于“治”，尽最大的可能“防”，无法“防”的再治。正如长江流域不缺水，但也要防水污染，否则水越用越多，治污压力越来越大，要建越来越多的污水处理厂，不但要有更多的资金投入，还要有更多的土地投入，治污要有更多的能源投入，形成了恶性循环。而且如果污水处理厂不能及时建成或正常运行，还会形成难以治理的本底污染。

四、循环经济发展的关键是新技术，由谁开发

循环经济发展的关键是技术选择，也就是选择新技术，因为传统工业经济技术是在“最大限度地开发自然资源，最大限度地创造社会财富，最大限度地获取利润”的指导思想下开发的，资源的高效利用只有在利润降低的情况下才被重视。例如当石油价格为每桶10多美元的时候，就根本没有必要开发节油汽车技术和非汽油自动车技术。

目前在循环经济体系，要开发短缺资源替代技术、减量投入技术、再利用技术、资源化技术、资源系统优化配置技术和产品、产业共生链技术、循环经济监测技术和循环经济管理技术等8大类技术，与传统工业经济技术体系比较，可以说是一个新的技术体系。目前，在国际上已经出现仅以废料为原料的“再制造产业”，其新技术体系已经形成。

这个新体系创建的任务怎样完成呢？由技术创新来完成，包括自主创新、集成创新和引进消化吸收再创新。而创新由谁来完成呢？创新的主体应该是企业。企业能成为创新的主体吗？如果解决了以下3个问题，企业就可以成为生产创新的主体。

第一，有工厂工作经历的人都知道，有些技术创新并不一定需要大量的资金，只是需要有创新的氛围、激励的机制和应用的市场。因此，最为重要的是企业中形成鼓励创新、奖励创新、应用创新的机制。

第二，创新都是需要有一定投入的，并且要做失败准备的，也就是说存在风险的。这样的创新资金从哪里来呢？在前一个问题中已经谈到，这就是企业所难以解决的了，应该由银行贷款和国家拨款来支持，建立技术创新的风险资金及其运行机制，我国银行储蓄已高达24万亿元之多，可以支持修路、建桥、盖楼，为什么不能支持技术创新呢？应该转变观念，使得技术创新成为头等大事，形成有源之水。

第三，我国现在外汇储备已过19 500亿美元，高居世界第一位，应该充分利用这笔资金引进后工业化的清洁生产技术，可谓一举四得。第一以高新技术促进循环经济发展；第二使产品达到国际ISO 14000环境标准，产品有更广阔的未来市场；第三可以减少由于国际汇率变动产生的我国外汇储备损失；第四还可以在一定程度减少我国与一些国家的贸易摩擦。

五、循环经济是市场拉动型，还是政府资源和环境政策推动型

循环经济是由市场拉动的，还是由政府推动的呢？这是一个很重要的理论问题。以新循环经济学的观点分析，应该是两者并存，相辅相成；初期以政府推动为主，中后期以市场拉动为主。

在市场经济中，任何经济模式的发展，市场拉动都是必不可少的，循环经济当然也不例外。其实，中文“经济”两个字就包括了生产时的“节约”的含义，可以说，在市场经济条件下，几乎没有企业在“可能”节约的情况下任意浪费，因为它要追求利润的最大化。但是，问题出在这个“可能”上，这个“可能”受主观和客观两方面的影响。从主观上，如果指导思想失当、资源知识欠缺、技术选择错误、管理方法不善，就会在本来“可能”节约的情况下不节约。从客观上，如果资源的价格背离价值，十分廉价，粗放式的生产也就使资源节约“可能”成为不必考虑的问题。

因此，在循环经济这种新模式实施的初期，除了进行循环经济理念的教育，改变人们的传统观念以外，还应该由政府制定资源和环境政策加以推动。如“十一五”规划中对于能源和水资源利用的约束性和预期性指标，就是推动循环经济的具体政策；国家对于污染排放达标和治理的规定；国家制订的生态修复规划的投入等都是推动循环经济的政策。

但是，在循环经济的初期也绝不能忽视市场的作用，在相当多的情况下市场拉动起主要作用。政府对于短缺资源特殊政策也应该通过市场起作用。社会主义市场经济的市场是政府宏观调控的市场，市场的拉动中也包括了政府经济政策的推动。如提高市场反应不够灵敏的短缺资源的市场价格，对燃料电池机动车实施免税政策以便推广，对于太阳能利用的研发予以优惠贷款支持等。

当公众循环经济意识基本建立，国家循环经济体系基本建成，循环经济的法律体系完善的时候，循环经济的发展就应该主要是规范的市场拉动型的经济。

第三节　新循环经济学理念

“5R”的循环经济新思想是作者在 2005 年 3 月 26—30 日在阿拉伯联合酋长国首都阿布扎比举行的由阿联酋教育部主办、阿联酋大学承办、阿布扎比酋长国元首为名誉主席的世界“思想者节日论坛”上首次全面提出，并得到一致认同。

新循环经济学在以下几方面具有自己的特点：

首先，为什么称为新循环经济学？“循环经济”是西方经济学家创意的名词，早期称为“circular economy”，后来又称为“recycling economy”。作者用了一个不同的英文“recycle economics”，“recycle”实际上是“再循环”的意思，比“circular”更能反映经济学的含义，但又不像“recycling”过分强调经济运行，而是强调经济学原理。鉴于西方已有人写了“循环经济”之类的书，而作者的循环经济学又与之有很大的不同，因此称为“新循环经济学”比较好。

其次，新循环经济学是实践的经济学。新循环经济学是世界与中国经济发展实践的总结，从经济实践中解决“生产什么”、“怎么生产”和“为谁生产”的问题，而不是抽象的理论指导。

最后，新循环经济学是发展的经济学。新循环经济学是以科学发展观为指导、以可持续发展为目的，在西方经济学研究的基础上总结中国经济发展的经验创立的。它只是提出了一些新的理论、概念和思路，显然是不完善的。发展是新循环经济学不变的原则。

一、新循环经济学的 5R 新理念

作者在上述创新的基础上，提出了 5R 的循环经济新思想。应该说，这的确是一种新的经济思想。

（一）再思考（rethink）——以科学发展观为指导，创新经济理论

新循环经济学理论的重点是不仅研究资本循环、劳动力循环，还要研究自然资源循环；生产的目的除了创造社会新财富以外，还要修复与维系被破坏的最重要的社会财富生态系统——创造第二财富（三个循环，两种财富），建立新的价值观。不

能以自然财富的减少为代价来片面地增加社会财富。当社会财富迅速增长，而自然财富减少时，就应投入社会财富修复自然财富，当自然财富被修复，承载能力增加时，在新的自然财富条件下，再生产社会财富，实现两种财富之间的循环，互相促进，共同发展。这样的发展才是可持续发展，才能实现人与自然的和谐。

体现在水资源方面，就是从社会、经济和资源的大系统出发，全面分析北京水问题。不但要考虑北京，而且要考虑北京与上游共同构成的流域大系统；不但要考虑水资源平衡的经济方面，而且要考虑到社会方面，科学技术方面和自然生态方面；解决问题的手段不仅有工程的，还有经济的、生态的和行政的手段。

（二）减量化（reduce）——建立与自然和谐的新价值观

原有的“减量化”的含义是：最大限度地提高资源的利用效率，减少土地、能源、水和材料投入。但这是狭义的减量化。

新的价值观认识到，不能把地球既当取料厂，又当垃圾场。要把减量化的概念延伸到提高人类理性需求的层面上来，合理地减少人类的物质需求，要满足的是需求，而不是欲望。最大的减量化是要把传统西方经济学中“拼命生产、拼命浪费”地满足欲望，转变为满足广大民众的理性需求，实现人的理性需求与地球自然生态系统承载能力以内的有效供给之间的良性互动，或者称为“良性循环”。

为了实现北京资源的动态平衡，必须建立以供定需的计划观念。控制人口和城市发展规模，努力调整产业结构和产品结构，加大工业、农业和生活用水的节水力度等措施，进一步提高用水效率，这是“减量化”在减少水资源需求方面所提出的要求。

（三）再使用（reuse）——建立优化配置的新资源观

原有的“再使用”观念主要是尽量延长产品寿命，做到一物多用、废物利用，也强调资源的综合利用。

新的资源观要把减量化延伸到企业和工程充分利用可再生资源，可再生资源能够循环使用，这是最根本、最大和最有效的“再利用”，要把以短缺和不可再生的自然资源为依赖的传统产业资源需求，逐步转化为依赖可再生的或富有的自然资源，只有这样才能真正做到资源循环。

因此，要大力加强基础设施与信息资源的共享；要大力发展以其他企业废弃物为原料，不再投入新资源的、新兴的“再制造”产业。尽可能利用地表水、太阳能和风能等可以循环使用的可再生资源，而不能无限地、永久地依赖深层地下水、煤和石油这些耗竭性的可再生资源，随着技术进步使可再生资源逐步替代耗竭性资源，只有这样才能真正做到以资源的永续利用保障可持续发展。在水资源的优化配置中，“再使用”的观念主要体现在提高工业用水的重复利用率和工业废水、城市污水处理后的再生水的回用。

（四）再循环(recycle)——建立生态工业循环的新产业观

原有的再利用观念主要是企业生产的废物利用，即在生产流程中形成资源利用的循环，主要是在企业内部建立循环。

新的产业观认为，所有的废物都是把资源在错误的时间以错误的数量放到了错误的地方。除在企业中以外，还应该在产业内部以至产业之间建立资源利用的循环体系，把经济体系由生产粗放的开链变为集约的闭环，形成不同于传统产业体系的循环经济的新的技术体系与产业体系。

北京已经建立了水源地——输水——自来水厂——排水——治污——回用的水产业循环体系；在热电厂、炼钢厂和水泥厂之间建立能源循环利用和固体废弃物利用的新产业体系。

（五）再修复(repair)——建立修复生态系统的新发展观

自然生态系统是社会财富的基础，是第二财富。要以生态建设工程不断地修复被社会财富生产和其他人类活动破坏的生态系统，在自然生态系统承载能力提高以后再增加社会财富生产，形成良性循环，与自然和谐。

根据这个原则，北京市应合理规划，对生态系统进行修复，以保护水资源，防治水污染，治理水土流失，保持地下水位等手段不断改善和增加北京地区的水资源财富，不断提高北京地区的水资源承载能力，建立资源供需动平衡的长效机制。

5R 理念的创新在于以科学发展观为指导，增加了再思考(rethink)与再修复(repair)的新理念，并把原有清洁生产 3R 的理念进行了延伸与拓展，形成了新循环经济学的理念。

二、新循环经济学的创新

新循环经济学的创新，简单可以总结为在基本经济学问题上从一变二，从一变三，从二变三，从三变四，老 3R 变新 3R，5 个转变。

（一）从一变二——修复生态系统，创造第二财富

西方经济学认为，财富只有一种——社会财富，即满足人的衣食住行、教育、医疗、休闲和战争需要的物质产品和基础设施；而新循环经济学认为，还有另一种财富——自然财富，就是人类处于其中的生态系统。人类在创造物质财富的同时，破坏了生态系统，因此修复和维系生态系统也是创造财富，这也是生产的目的。或者说生产有两个和谐的目的：创造社会财富和修复自然财富。

（二）从一变三——社会经济、科学技术和自然生态的大系统

西方经济学主要研究社会经济大系统，把科学技术大系统视为假定条件，不致力于研究其发展变化，把自然生态系统视为“外部”，解决自然生态问题是外部性问题。而新循环经济学研究的是社会经济、科学技术和自然生态 3 个大系统构成的复

杂巨系统，要研究科学技术的发展变化，自然生态也不再是外部，而且要研究3个系统间的相互作用和动态平衡的和谐关系。

（三）从二变三——研究资源循环

西方经济学认为生产有3个要素：劳动、资本和土地（或称资源）。西方经济学对资本循环有充分的研究，取得了巨大的成就，指导了工业经济的发展；对劳动循环也有许多研究和成果，如“8小时工作制”、“最低工资制”和“退休制”等。但是，西方经济学对短缺自然资源的循环却很少研究。新循环经济学认为，面对当今世界资源短缺、环境恶化和生态失衡的现状，经济学应着重研究资源循环，对于经济要素形成全面协调的研究。

（四）从三变四——科学技术是第一生产力

西方经济学的生产函数有3个要素：劳动、资本和资源。新循环经济学认为，在今天高科技迅猛发展、高科技产业化进程加快的时代，应当加入科学技术这一要素，它在已见端倪的知识经济发展中将成为第一要素，改变人类经济。科学技术也是循环经济实施的主要保证。这样才能实现社会经济、科学技术和自然生态3个大系统的和谐。

（五）从旧3R变新3R——合理需求，可再生资源与循环经济体系

新循环经济学是在循环经济的基础上建立的，但有较大的发展。尤其在循环经济著名的清洁生产三原则方面有实质性的发展。

减量化（reduce）：从传统的、自经济活动源头节约资源、减少污染的理念，扩展到降低人对物质产品的需求，使之合理化。新循环经济学认为，应该满足的是需求而不是“欲望”，把传统经济学“理性人”的概念扩展到“知识人”的概念。只有这样，才能做到自然资源供需平衡，人与自然和谐。

再利用（reuse）：从传统的延长产品的使用周期、一物多用的理念，扩展到基础设施与信息资源共享、建立以他处废弃物为原料的“再制造”产业、尽可能利用可再生资源替代短缺资源。只有这样，才能做到当代留给下一代不少于自己的可利用资源，做到代际均衡和谐，真正实现可持续发展。

再循环（recycle）：从传统的生产中的废物被利用为生产原料的理念，扩展到把传统工业经济提取原料——制造产品——排出废物的开放链孤立产业体系，改造为提取原料——制造产品——排出废物——变为另一种产业的原料的循环产业体系。

由此可见，新循环经济学在“生产什么”、“怎么生产”和“为谁生产”的三个经济学主要问题上，与传统西方经济学及其在后工业化时代的延伸——循环经济都有差异与发展，因此，它是一种新的经济学。

三、循环经济理念在经济生产和工程建设中实施的原则

新循环经济理念实施的主体是企业，只有企业实施循环经济，它才能落到实处。企业实施循环经济主要有以下原则。

（一）大系统分析的原则

循环经济是较前更全面地分析投入与产出的经济，它是在人口、资源、环境、经济、社会与科学技术的大系统中研究符合客观规律的经济原则，企业无论大小都应根据自己的能力均衡经济、社会和生态效益，这是企业和工程现代化的标志，也是企业和工程前途所在。其基本工具是应用系统分析，包括信息论、系统论、控制论、生态学和资源系统工程管理等一系列新学科，这些应是现代企业家和工程设计家的必备知识，只以机械、土木工程学为基础，学传统西方经济学已经远远不够了。

（二）循环经济生产的原则

传统经济学把自然生态系统既当作取料场又当作垃圾场，建立在线性经济模式基础上，如许多产业和工程把河流既当作“自来水管”，又当成“下水道”。而循环经济是一种生态型的闭环经济，形成合理的封闭循环，符合生态学食物链。

（三）生态成本总量控制的原则

生态成本也应记入成本，当我们进行经济生产给生态系统带来破坏后，再人为修复所需要的代价就是生态成本。如果修复生态系统投入更大，这一成本不能忽略。

（四）生产中尽可能利用可再生资源原则

太阳能、水电能、受控热核聚变能是可再生能源。2035—2040 年受控热核聚变能将可能商用，极其廉价的能源可以使海水大规模淡化，利用海水这种富有和循环的资源替代短缺的淡水资源。预计 2010 年太阳能电池发电成本下降到 1 元/kW·h，在中国为日益提高的电价的1.6倍左右，随着节能减排政策的实施，将具有商业竞争力。美国预测太阳能发电成本在 2015 年将达到化石能源的水平。

（五）在生产和工程中尽可能利用高科技原则

尽可能以知识投入来替代物质投入，目前称为高技术的信息技术、生物技术、新材料技术、新能源和可再生能源技术及管理科学技术等都是以大大减少物质和能量等自然资源投入为基本特征的。传统企业应考虑技术改造，如在污水处理时采用生物技术；并力争新创高技术产业，如传统钢铁企业生产新材料。

（六）构建生态工业链的原则

不同产业应在国家政策协调下逐步按循环经济的原则构成生态产业链，实现原料和排出废物的循环，并使不同生态产业链间产生耦合效应。例如，炼焦

的废渣可以成为水泥厂的原料，这个生态产业链又可以和热电厂能量循环利用链产生耦合。

（七）把生态系统建设作为基础设施建设的原则

循环经济认为生态系统建设也是基础设施建设，如狠抓“退田还湖”、“退耕还林”、“退牧还草”和“退蓄还流”等生态系统建设。通过这些基础设施的建设来提高生态系统对经济发展的承载能力。各产业和企业根据自己的情况参与修复生态系统是产业和企业在循环经济中的新任务，就是要创造第二财富，生态工程也是工程，它是工程、经济、生态和科技综合手段的新型工程，是目前循环经济最为需要的工程。

（八）建立绿色消费制度的原则

以税收和行政等手段，限制以不可再生资源为原料的一次性产品和豪华包装等生产与消费，促进一次性产品和包装容器的再利用。2008 年 6 月 1 日，限塑令开始实施，在全国范围内禁止生产、销售、使用厚度小于 0.025 mm 的塑料购物袋。

以上八大原则只是循环经济规律的主要部分，作为企业，最为重要的是结合实际，因地制宜地应用这些原则。

第四节　新循环经济学的循环经济方程

第一章讲到写持续发展方程，根据同一原理，新循环经济学也有循环经济方程，新循环经济学的主要创新之处在于循环经济方程。循环经济方程与西方经济学总需求与总供给平衡发展联立，保证了社会经济、科学技术与生态系统的协调发展。

一、循环经济方程的生态影响

循环经济方程反映了社会经济需求和科学技术对生态系统的影响，是政府对市场经济进行宏观调控的依据，其表述如下：

$$\mathrm{Ie} = \frac{\mathrm{Gp} \cdot \mathrm{Al}}{\mathrm{Te} \cdot \mathrm{Pr} \cdot \mathrm{Rr}}$$

式中：Gp 为人均国内生产总值；

Ie 为社会经济和科学技术发展对生态系统的影响度；

Al(apolaus)为人的享受程度系数(0→1)；

Te 为有益于生态技术(eco - sound technologies)的开发与应用程度系数(0→1)；

Pr 为稀缺资源的价格；

Rr 为资源再利用的程度系数(0→1)。

从这个公式可以看出：按西方经济学统计的人均国内生产总值越大，对生态系统的影响越大；人追求物质享受的程度越高，对生态系统的影响越大。有益于生态系统的技术开发和应用程度越高，对生态系统的影响越小；稀缺资源价格越高，对生态系统的影响越小；可再生资源的利用程度越高，对生态系统的影响越小。

（一）人均国内生产总值(Gp)

目前的国内生产总值(GDP)是按西方经济学走传统工业化的道路统计的，统计的只是产品的市场价值，资源的破坏和环境的污染并不计入成本。因此，人均国内生产总值越高，对生态系统的影响越大。

新循环经济学应有自己的国内生产总值统计体系，或者称为绿色 GDP。这个问题比较复杂，将在以后章节中专门讨论。

（二）人的享受程度(Al)

新循环经济学在以人为本方面界定了新理念：生产要满足的是有知识、有理性的人的合理物质需求，而不是“欲望”。有人计算过，使全球人类的物质享受水平都达到今天美国的水平，需要有 4 个地球的资源才够用。以能源为例，如果今天全球人的能耗都达到相对节能的欧盟人（4 t标准煤/人·年）的耗能水平，则全球目前需要 260 亿 t标准煤的能源供应，按 IEA 的预测，这是到 2030 年都达不到的。如果按美国人（8 t标准煤/人）的标准，则要目前 4 个多地球的能源生产才能满足。

所以，传统西方工业化“拼命生产、拼命浪费”，把人的享受程度单纯地理解为与物质消耗程度成正比，是一种缺乏知识和不够理性的观点。

新循环经济学对于人的享受的观点可用下式定性地表述：

$$Al = \frac{Mp \cdot Kp \cdot Hc}{En(Mp)}$$

式中：Al 为人的享受程度；

Mp 为物质产品的消耗；

Kp 为知识产品的使用程度；

Hc 为人际和社会关系的和谐程度；

En 为环境的恶化程度。

En 是传统工业化物质产品生产的函数。也就是说，物质产品生产越多环境越恶化，因此分子变成了分母，其提高人的享受程度的作用可能自相抵消。这就是拼命生产、拼命浪费的后果。

知识产品(Kp)提高人的享受程度的现象已十分普遍，如上网、打游戏机的物质消耗都很少，但给人带来享受。

对消费的取向是人的素质的反映，也是教育兴国的要求，更是人类在循环经济中先进文化前进的方向。

（三）有益于生态技术（Te）的开发和应用

在传统工业化的道路上，传统工业技术的开发和应用的程度越高，对生态系统的负面影响越大。可以用下式表述：

$$Ie = Gp \cdot Al \cdot Tt$$

式中：Ie 为对生态系统的影响；

Gp 为人均国内生产总值；

Al 为人的享受程度；

Tt 为传统工业技术的开发与应用程度。

新循环经济学就是要把技术从传统工业技术（Tt）的分子变成有益于生态的技术（Te）的分母，从而有循环经济方程：

$$Ie = \frac{Gp \cdot Al}{Te \cdot Pr \cdot Rr}$$

高技术都是对生态系统有益的技术。高技术的 8 大类型——信息技术、生物技术、新材料科学技术、新能源可再生能源技术、空间科学技术、海洋科学技术和管理科学技术，都是资源消耗少、污染排放少、技术含量高、附加值高的技术。这些技术的开发和利用正是先进生产力发展的要求，也是科技兴国的要求。

后期的西方经济学已把技术作为边际成本和收益递减规律的条件，但是仍未放到突出的位置，在许多情况下它是第一条件。

（四）稀缺资源的价格（Pr）

一般说来，稀缺资源的价格（Pr）越高，该种资源的消耗越少，对生态系统的影响越小。按西方经济学由市场中“看不见的手”调节，最终可以使需求与供给平衡，在这时出现均衡价格。

但是，随着经济和技术的发展出现了新情况：从 2002 年到 2005 年，石油价格从 26 美元/桶飙升到 60 美元/桶以上，翻了一番还多；但需求反而增加了 10%。在此期间，石油价格的上涨已经对世界经济产生了重大影响，市场调节产生了严重的滞后现象。因此，对于稀缺资源不能听之任之，仅靠市场调节，应实行极限价格（Pe）。

在国际石油市场上，价格应由国际组织协商。当油价高于极限价格（Pe）时应增加生产，保持价格合理，维护稳定的国际经济秩序。

在国际上没有有效措施时，石油进口的发展中大国（可以定义为人口＞1 亿，人均石油进口＞0.1 t/人）应出台政策抑制需求，减少进口，维系国内经济的稳定。当然，这种政策得以实施是建立在国家循环经济体系已经建立的基础之上的。

由此可见，稀缺资源价格（Pr）应当小于其极限价格（Pe），否则影响国家经济系统的稳定，进而会对生态系统产生更大的影响。

二、新资源理论

减小自然资源的利用对环境的影响可以从 4 个方面着手：一是要优化配置自然资源，向该投入的地方投入；二是在制造产品时尽可能减少投入资源；三是尽可能利用产品制造中产生的废物；四是尽可能利用可再生资源。其中，第四点是最为重要的，也是新循环经济的创新和要点。这个概念可以用下式表示：

$$Ro = \frac{Ra \cdot Ru \cdot Re}{R_I}$$

式中：Ro 为自然资源的最佳利用程度；

Ra 为自然资源的优化配置程度；

Ru 为生产中排出废物的再利用程度；

Re 为可再生资源利用所占的比例；

R_I为自然资源的投入量。

这也是生态型生产的原则：

① 优化配置自然资源。把资源用到经济效益最高的地区与产业，而不应投入资源消耗大、污染排放大、技术含量低和产品附加值低的地区与产业。

② 资源投入的减量化。应尽可能减小短缺自然资源如水、能源和材料的投入。

③ 废物再利用。应尽可能循环利用生产中排出的废物，如中水回用、余热利用、废料再制造。

④ 应尽可能利用可再生能源替代短缺资源。如用地表水替代地下水，以太阳能替代煤。

三、传统工业经济方程的新内涵

传统工业经济方程由凯恩斯创立，描述了西方经济学基本的概念、总供给与总需求的平衡。总供给公式为

$$As = Ind1 + Ind2 + Ind3 + Ind4 + Ip$$

式中：Ind1 为第一产业的增加值；

Ind2 为第二产业的增加值；

Ind3 为第三产业的增加值；

Ind4 为第四产业，即高技术产业或称知识产业的增加值；

Ip 为进口。

总需求公式为

$$Ad = Cu + If + Em + Ep$$

式中：Cu 为消费，包括居民和政府消费；

If 为固定资产建设的投入；

Em 为生态系统修复的投入；

Ep 为出口。

其中，Ind4 和 Em 为作者按新循环经济学的观点增加的新项。

总需求＝总供给，即 As＝Ad，则有：

$$\mathrm{Ind1}+\mathrm{Ind2}+\mathrm{Ind3}+\mathrm{Ind4}+\mathrm{Ip}=\mathrm{Cu}+\mathrm{If}+\mathrm{Em}+\mathrm{Ep}$$

此公式即为总供给与总需求平衡方程。

（一）总供给因子的循环经济分析

在 20 世纪 20 年代到 90 年代，存在了近 70 年的计划经济在世界上所占的比例已经微乎其微了。计划经济发展的原则是“有计划，按比例”。新循环经济学认为，“有计划”对于发展中大国是不可能的，因为目前的科学技术不足以支撑制订出经济这个非平衡态超复杂巨系统的、科学的“发展计划”。即便制订了，也是指令性经济，甚至是命令性经济，成为极少数人的、以至个人的行为。他们再有知识，实际上也压抑了广大生产者的积极性，是不科学的。

但是，对计划经济学，正像对西方经济学一样，也不能一概否定。“按比例”是科学的，关键在于这个比例不是人为规定的比例，而是从发达国家发展历史的借鉴和自身发展摸索出来的比例。在第一、第二、第三、第四产业和出口之间应该有一个动态的比例，这就是科学发展观所说的“协调”，或者新循环经济学说的“动态平衡”。它是符合经济学规律的。

1. 第一产业(Ind1)粮食安全的循环经济分析

第一产业发展最重要的问题是粮食安全、面源污染和农民工进城问题。

(1) 保证粮食安全

第一产业是农、林、牧、副和渔业。生产最为重要的目的是保证粮食安全。中国目前有 13 亿人口，人均粮食需求为 37 kg，即年需粮食为 4.8 亿 t。如平均粮食产量能达到 0.3 t/亩，则需要 16 亿亩种粮耕地。以循环经济的观点，为保持社会经济系统的稳定，必须保证上述条件。

我国现有耕地 19 亿亩，原则上中国人口的增加应靠增加单产来解决，耕地面积不应再扩大，而且要在单产低的地方退耕还林，当然也不能用粮田“退耕造林”。农业用水应保持在3 800 亿 m^3 左右，不应再增加，粮食产量的增加应靠节水灌溉来解决。

(2) 面源污染

目前，农业生产的大问题是化肥和农药使用所造成的严重面源污染，应尽可能用绿色肥料——农家肥替代有机肥料，研制高效无公害农药。例如，在江南水乡，历来靠河泥这种农家肥种田。由于化肥的使用，没人再挖河泥，不但废弃了绿色肥料，而且造成了严重的水源本底污染，后果十分严重。

（3）农民工进城

农村过剩劳动力向城市转移是工业化进程中的必然趋势，最为重要的是加强进城务工农民的培训。目前农民工技能低、收入少，为维持全家生活就要有更多的农民工进城。夫妻进城的现象很普遍，孩子无人养护和教育，而孩子就是下一代农民工。这使得城市负担迅速加剧，农民工生活条件很差，形成了恶性循环。从循环经济的观点看，政府必须尽快加大对农民工培训的投入，采取最低工资政策增加他们的收入，减少农民工入城数量，提高他们的生活条件，形成良性循环。如图 2-8 所示。

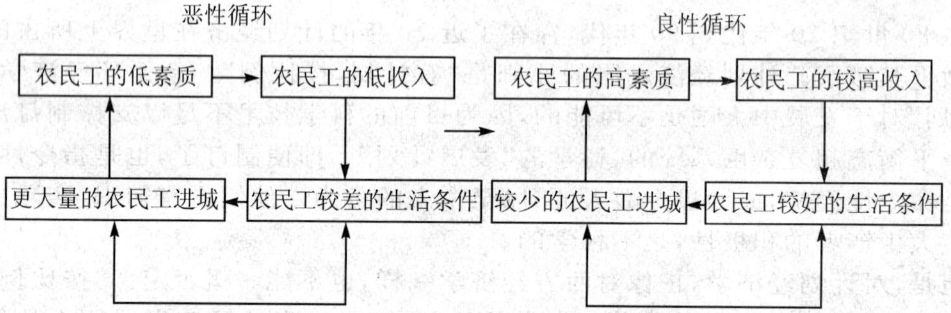

图 2-8　恶性循环与良性循环示意

同时，政府应增加小城镇建设的投入，使农民离土不离乡，按循环经济原理充分利用农村的环境容量、住房条件和家庭与学校的教育资源。

2. 第二产业（Ind2）重型化的循环经济分析

按新循环经济观点，第二产业的发展有按比例和体系构建两大问题：

（1）第二产业自身和在四次产业中保持适当比例

工业化就是第二产业的重型化这种理论是不正确的，中国要工业化需要基本建设，需要交通工具。但是，在今天以与发达国家过去相同的人均数量向地下埋钢铁、地上堆水泥、生产汽车、建造房屋是目前的资源、环境和生态系统所不允许和无法承受的，也是不可能的，甚至只有一半也不可能。因此，第二产业必须在自身的轻重之间和其他三个产业之间保持适当比例。2005 年 1 月，我国重工业占第二产业的 68.6%，显然是过高了，整个经济将不堪重负。

（2）构建第二产业的循环经济体系

传统工业生产，较少考虑资源循环，因而形成了今天的产业结构。其做法是向自然界索取大量原料，同时向自然界排出大量的废物。其实任何废物都是原料，只不过是在错误的时间，以错误的数量，放到了错误的地方，因此在改变产业结构的同时要构建循环经济体系。例如，煤炭工业应构建与资源量匹配的低热值发电业、建材业和化工业，形成循环的循环产业体系。

3. 第三产业（Ind3）的循环经济分析

第三产业是循环经济应大力发展的产业，也是我国国民经济结构调整的重要任务。因为它不但能直接提高人民生活质量，而且是稀缺资源低依赖型产业，可以节约利用资源。

(1) 节约型的第三产业

以循环经济的观点，节约仍然是第三产业的重点。目前餐饮业的粮食浪费和旅馆业的一次性用具浪费已经达到惊人的程度。此外，卧具与毛巾天天更换也浪费了大量的水，高浓度洗涤剂的污水排放又产生了严重污染。

至于餐饮业的浪费，全国每年估计达 3 000 亿元以上。

(2) 旅游业是循环型产业

旅游业是低自然资源依赖型的循环型产业，它将在 2030 年前后成为世界第一大产业，应该科学地大力发展，构成循环型产业。例如，在北京和河北北部地区就可以用“清史游”来形成北京⟶清东陵⟶承德⟶北京的旅游环路，以北京带动河北北部的旅游业发展，同时也增加了旅客在北京住宿的天数。当然，这种旅游的设计是以清史知识及其传播、宣传为基础的。

4. 第四产业(Ind4)——知识产业的循环经济分析

可持续发展方程提出了知识经济学的总需求和总供给概念、知识产业以及知识经济的发展周期规律。

(1) 知识产业的提出

首先定性地讨论一下自然资源依赖型和非自然资源依赖型产业。所谓的自然资源依赖型产业，就是传统的工业经济产业。它是指其产品数量和产值的增加，70%以上依靠稀缺自然资源投入或劳力的相应增加和随之而来的环境污染加剧的产业。可以用产业对稀缺自然资源依赖程度公式表示：

$$\triangle P = e(R_{\mathrm{I}} + L_{\mathrm{I}}) + (1-e)K_{\mathrm{I}}$$

式中：$\triangle P$ 为产品总产值(单价×数量)的增加；

e 为对稀缺自然资源的依赖指数；

R_{I} 为稀缺自然资源的投入；

L_{I} 为劳动力投入；

K_{I} 为知识、智力的投入。

如果大量地使用劳力，劳力的供给需要粮食、水等生活用品，实际上是自然资源的间接投入，而智力投入显然与粮食和水等生活用品的投入不成正比。

当稀缺自然资源指数 $e>0.2$ 时，这种产业就是自然资源依赖型产业；当 $e\leqslant 0.2$ 时，这种产业就是非自然资源依赖型产业，或者叫做知识产业。

知识产业包括高技术开发、教育产业、新闻出版产业、文化产业、咨询产业、软件开发产业等。

(2) 对第一、第二、第三和第四产业的定量分析

国内生产总值(GDP)在传统的工业经济中为第一产业增加值、第二产业增加值以及第三产业增加值之和,即

$$\mathrm{GDP} = \mathrm{Ind1}(L \cdot R \cdot C_p \cdot K) + \mathrm{Ind2}(R \cdot C_p \cdot L \cdot K) + \mathrm{Ind3}(C_p \cdot R \cdot K \cdot L)$$

式中:Ind1、Ind2、Ind3 分别为第一、第二和第三产业;

L 为劳力;

R 为自然资源;

C_p 为资金;

K 为知识。即国内生产总值为第一、第二和第三产业(Ind1、Ind2、Ind3)之和。

新的知识经济的总供给则为

$$\mathrm{GDP} = \mathrm{Ind1}(L \cdot R \cdot C_p \cdot K) + \mathrm{Ind2}(R \cdot C_p \cdot L \cdot K) + \mathrm{Ind3}(C_p \cdot R \cdot K \cdot L) + \mathrm{Ind4}(K \cdot R \cdot C_p \cdot L)$$

其中 Ind4 为第四产业,即前述的知识产业。

在这里第一产业 Ind1 为农业,其产业投入由主至次为 L(劳力)、R(稀缺自然资源)、C_p(资金)和 K(知识)。其稀缺自然资源依赖系数$\geqslant 0.8$,用产业对稀缺自然资源依赖程度公式表示为

$$\text{产品总值的增加} \triangle P = e(L+R)+(1-e)K$$

取稀缺自然资源依赖系数为 0.8,即

$$\triangle P = 0.8(L+R)+0.2K$$

第二产业 Ind2 为工业,其产业投入由主到次为 R(稀缺自然资源)、C_p(资金)、L(劳力)和 K(知识)。其稀缺自然资源依赖系数>0.5,用产业对稀缺自然资源依赖程度公式表示为

$$\triangle P = e(L+R)+(1-e)K$$

取稀缺自然资源依赖系数 0.55,即

$$\triangle P = 0.55(L+R)+0.45K$$

第三产业 Ind3 为服务业,其产业投入由主至次为 C_p(资金)、R(稀缺自然资源)、K(知识)和 L(劳力)。其稀缺自然资源依赖系数<0.5,用产业对稀缺自然资源依赖程度公式表示为

$$\triangle P = e(L+R)+(1-e)K$$

取稀缺自然资源依赖系数 0.45,即

$$\triangle P = 0.45(L+R)+0.55K$$

第四产业 Ind4 为高技术产业,其产业投入由主至次为 K(知识)、R(稀缺自然资源)、C_p(资金)和 L(劳力)。其稀缺自然资源依赖系数<0.2,用产业对稀缺自然资源依赖程度公式表示为

$$\triangle P = e(L+R)+(1-e)K$$

取稀缺自然资源依赖系数 0.2,即

$$\triangle P = 0.2(L + R) + 0.8K$$

因此，在这里对第一、第二、第三和第四产业做了相对定量的新定义，即依对稀缺自然资源依赖程度不同分类的新定义，或者说对知识依赖程度不同分类的新定义。

（二）总需求因子的循环经济分析

总需求因子中的消费因子已经在循环经济方程中的人的享受程度（Al）中分析过了。当然，这里还包括政府消费应本着与人的享受程度的循环经济理念的相同原则，建立“节约型政府机关”的理念。

1. 基本建设投入（If）的循环经济大系统分析

基本建设是工业化的必由之路。无论是传统工业化，还是新型工业化都需要公路、铁路、机场、运河、水库和输油管，但是其指导理念是不同的。

循环经济的理念是对基本建设要做大系统分析。应重视对已有设施进行充分的循环利用和设施共享，而不是为了政绩和地方小系统配套盲目地在各地重复建设。

中国天津本来是九河汇海的水乡，在 20 世纪 50 年代还是泽国，但到了 21 世纪已是中国最缺水的地区之一。主要原因是在人口激增、用水增长的情况下，上游纷纷修水库，使得河流断流，湿地干涸。

目前，这类基本建设还方兴未艾，在北京和天津之间要建两条高速公路，一条轻轨铁路，加上原有的公路和铁路共有 6 条交通线。对这些建设一定要做社会经济——包括人的需求变化，科学技术——包括管理技术的提高和自然生态的前瞻性大系统分析。

目前，在长江上已有 31 座大桥，按已有的规划，到 2030 年要建 100 座桥。长江干流只有3 000 km，平均每 30 km 一座桥，有人做过多少辆汽车在 30 年内多绕 30 km 的耗费和一座桥至少投资 10 亿元人民币之比的大系统分析吗？

2. 出口效益（Ee）的循环经济分析

2004 年我国进出口额总量为 11 548 亿美元，出口超 319.8 亿美元。到 2005 年 6 月底积累了 7 100 亿美元的巨额外汇，估计年底将达 9 000 亿美元，甚至上万亿美元。外汇储备的收益和出口的效益本是西方经济学已经研究得比较透彻的问题，在循环经济中它显得更为重要，过度的出口和外汇储备实际上是以牺牲环境为代价取得的。如果它不能作为维系生态系统的投入，在一定意义上反而有副作用。

可以用出口效益公式来分析：

$$\mathrm{Ee} = \frac{\mathrm{Fc} \cdot \mathrm{Em}}{\mathrm{Rre} \cdot \mathrm{Pl}}$$

式中：Ee 为出口效益；

Fc 为外汇储备收益；

Em 为就业人数；

Rre 为出口产品生产稀缺资源的消耗；

Pl 为出口产品生产的污染排放。

很显然，外汇储备的收益率越高，出口的经济效益越高；就业人数越多，有利于消除贫困和社会各阶层的差别，社会效益越高。但是，稀缺资源消耗和污染排放越大，则生态效益越差。

出口额目前占国内生产总值 36% 的比例，不能再盲目增加，只有在确保出超积累的外汇储备有收益和产生的稀缺资源消耗和环境污染不再增加时才能进一步增加出口，否则就是得不偿失。

目前，我们出口 1 件短袖衫只赚 1 美元，向瑞士出口 1 辆自行车是法国出口同类自行车价格的 1/10，靠的是什么呢？靠的就是稀缺资源的消耗，而不加补偿；就是环境污染的加剧而不加治理；就是珠江三角洲农民工多年不变的不到 100 美元/月的低工资。如此下去，继续增加出口，不但资源耗竭（珠江三角洲已开始缺水），环境恶化（珠江三角洲水污染已十分严重），由于持续的低工资，甚至连在就业方面给社会带来的也是正负参半的作用了。

第三章 资源系统工程管理学

在了解了生态学和循环经济学以后，为了实施生态建设，办好生态工业园还应该有一门交叉学科作为指导。作者在2004年创立了资源系统工程管理学。资源系统工程管理学就是以生态系统中的主要自然资源为研究对象，探讨如何以生态学和循环经济学的理论，在该系统中实施经济生产的科学管理。为此，应首先研究自然资源系统。

第一节 十大自然资源系统

1996年作者在全国人大环境与资源委员会研究室主持《中国资源报告》的撰写，把自然资源分为土地资源、水资源、森林资源、草原资源、矿产资源、能源、海洋资源、物种资源、气候资源和旅游资源十大类，对我国的资源状况进行了分析并提出对策建议。

一、十大自然资源

资源是人类可以利用的自然界物质。目前讲的资源，按国际惯例，是指自然资源，不包括信息资源、技术资源和人力资源等；自然界是指客观世界，而资源则指人可利用的自然界部分。因此，资源将随着人们对自然界利用的广度和深度而发生变化。

（一）自然资源的分类

资源是指人们可以直接从自然生态系统中获得并利用于生产和生活的物质，它是自然生态系统的重要组成部分。1972年，联合国环境规划署对自然环境资源一词解释为："在一定时间内，能够产生经济价值、提高人类当前和未来福利的自然环境因素的总称。"

地球上的自然资源有亿万种，从生态系统的观点来看，可以分为土地资源、水资源、森林资源、草原资源、矿产资源、能源、海洋资源、物种资源、气候资源和旅游资源十大类，或者称为10个生态系统，见表3-1。考虑到各方面的因素，任何一种分类都有其缺陷，这种分类法的问题如下：首先，能源与多种资源互融，但按国际惯例列为一种；其次，旅游资源则包括自然景观和人文景观，在分类上有交叉。同时，从对可持续发展的支持来看，对资源又有一个意义重大的分类，就是可再生资源和不可再生资源。对可再生与不可再生资源的分类又有其相对性、可变性和多重性。相对性表现在如煤、铁和石油等矿产在人类经济发展的长周期内(如10个世纪)是不可再生的。可变性表现在生物资源是可以再生的,而生物资源的根源——物种资源又是不可再生的;然而在未来人类又可能克隆已经灭绝的物种。多重性表现在水资源中的大气水、地表水和浅层地下水是可再生的,而深层地下水又是不可再生的。上述按类别和性质的分类为人类可持续利用资源提供了认识基础。

表3-1 自然资源的分类

资源种类	不可再生	可再生
土地资源	整体的不可两者一性	局部的可再生,如围海,围湖造地
(淡)水资源	深层地下水	空中水、地表水、浅层地下水、海水淡化
海洋资源	海洋矿产资源,海洋物种资源等资源	其余部分
森林资源	森林→草原→荒漠蜕变,在相当长时间内的不可再生性	林木可再生,主要依赖于水资源
草原资源	森林→草原→荒漠蜕变,在相当长时间内的不可再生性	可再生,主要依赖于水资源
矿产资源	不可再生	新材料科学高技术,可能替代材料
能源	煤、石油、天然气、核能	水能、太阳能、风能、潮汐能、地热能和生物能等
物种资源	不可再生	随着高技术发展克隆灭绝特种的可能性
气候资源	生态、环境变化引起的气候变化的不可逆性	可再生
旅游资源	自然与人文景观破坏的不可等价恢复性	综合高技术修复

(二)资源利用的规律

为了更好地利用资源,发展生产,保护好自然资源,必须了解自然生态系统中资源的特性和发展规律。作为自然生态系统中资源的整体,还具有一些共有的特点和规律:

1. 相互联系、相互影响、相互制约

自然资源是自然生态系统的重要组成部分,也是其子系统,各种自然资源系统之间也往往是相互联系,相互制约的。在一定的条件下,便会形成一定的生态系统,而自然界中某一种资源发生变化,便会引起整个生态系统的变化。

2. 资源分布不均,地域性差异明显的不平衡性

由于自然条件的复杂性,生物区系发生迁移的历史因素和人类经营利用的强度与方式不同,各种资源的种类、数量、质量,以及保护管理等方面都会出现明显的地域差异。无论是具有地域性的可再生资源,还是具有非地域性规律的非再生资源,

它们的地区分布都是不平衡的。

3. 资源利用范围的利用率取决于正确的技术政策和先进的科学水平

自然资源的数量有限,但只要依靠正确的技术政策和先进的科学水平,其生产潜力和资源利用率都可不断扩大和提高,使自然资源发挥更多、更大的作用,对自然生态系统的干扰更小。

4. 自然资源与自然生态系统密不可分

从概念上讲,自然资源是从人类利用的角度来理解的自然生态系统因素,而自然生态系统则通常理解为不由人类改变的全部自然生态系统。需要强调的是,自然资源不但是自然生态系统的组成部分,而且,它在组成生态系统整体的结构和功能中具有特定的生态功能。

因此,自然资源的保护是环境和生态保护的一个重要组成方面,自然资源的破坏也就是对自然生态系统的污染和破坏。维护自然的生态平衡即保持基本的生态过程和人类赖以生存的生态系统。随着人口的增长和经济的发展,人类对自然资源的需求量也越来越大。不合理的开发利用不但破坏了自然生态系统,还加速或导致了资源的枯竭。

要达到生态系统持续良好和自然资源持续利用的目标,不仅取决于人们的科学技术程度,有关部门合理规划与管理的科学程度,也与人们的资源保护意识密切相关。资源的开发利用和增值、保护,关系到生产发展的速度和长远的经济利益。保护的目的是为了达到持续利用,过度开发可能取得一定的暂时的利益,但从长远看,势必破坏生产力,阻碍经济的发展。只有做到自然资源的持续利用,人类才能维系自然生态系统。

资源是人类可能利用的自然界的物质;环境则是资源的状态;而生态就是自然界中各种资源之间的相互关系。可持续发展的资源观就是资源的持续利用。通过资源的合理开发、节约使用、防治污染,保护环境,维护生态系统的动平衡,实现可持续发展。

例如,世界上许多国家正面临水资源危机。在人类还没有彻底解决温饱的同时,脏和渴已经成为第二贫困,威胁着人类的生存与发展,粮食安全、水资源和油气资源短缺是21世纪制约可持续发展的三大问题。

对于以上问题既要有忧患意识,又要有科学认识;不能不闻不问,高枕无忧,也不能危言耸听。随着高科技的迅速发展,就长远而言,在世界范围内是不会缺水的,地球上目前所缺的是淡水,它只占人类拥有水资源的2.6%,其中还有2/3难以利用;而其余97.4%是海水,经过淡化是可以利用的,如果太阳能利用效率能够大幅度提高而进入商用,受控热核聚变能实现商用,大量的海水应用就将有可能成为现实。

问题在于我们必须做好21世纪前半叶,至少是2030年以前的水资源优化配置,否则在高技术全面产业化到来之前,就有可能发生水资源短缺以至枯竭,破坏水生态系统，在世界的局部地区出现水资源利用的间断，从而威胁世界以至我国的可持续发展，而且使水生态系统不可恢复，从而影响到草原、森林和河、湖、湿地等各种水相关生态系统，造成生态系统的崩溃。

二、新的资源观

在可持续发展的知识经济时代，我们有可能，也有必要以新的观点来认识资源。

（一）资源的持续利用观

资源是人类可能利用的自然界物质。地球上的自然资源有亿万种，从可持续发展的利用观来看，可以分为土地资源、水资源、森林资源、草原资源、矿产资源、能源、海洋资源、物种资源、气候资源和旅游资源十大类。同时，资源又可分为可再生资源和不可再生资源。决定人类可持续发展的十大资源，大都具有可再生与不可再生两重性。从可持续利用的角度，我们应以如下观点认识资源。

（二）资源的系统观

自然资源千类万种，千变万化，必须把人类已经和可能利用的自然资源看成一个系统，用系统分析的观点来配置资源，使不同类型的资源互补，实现资源的可持续利用。

（三）资源的辩证观

资源既是有限的，又是无限的。传统工业经济所依赖的稀缺自然资源是有限的，而知识经济以智力资源开发的全球自然资源是无限的。既要对目前稀缺自然资源有足够的忧患意识，又要相信人类通过知识创新利用无限自然资源的光明前景。

（四）资源的发展观

资源和任何事物一样，也是可以发展的，资源的发展也是指资源的产生和消亡，可再生资源可以再生和发展，不可再生资源在相对于人类社会发展的周期内不能再生。

（五）资源的量与质统一观

任何一种资源都是量与质的统一，没有量当然谈不上质，没有质也同样谈不上量。目前，在水资源方面这个问题十分突出，例如超五类水，水量再大也不是我们目前可用的资源。

（六）资源的层次观

人对自然资源的利用在层次上是由浅入深的，从大块到小块，从分块到分子，从分子到原子直至原子核。随着技术的发展，提高资源的利用层次是知识经济利用资源的基本出发点，只有这样才能持续利用。

（七）资源总量的动平衡观

资源要利用，也要保护。如何实现利用与保护的统一呢？就是保持总量的平衡。一部分耕地被城市占用，应该相应地开垦荒地；一部分耕地被用来开矿，应该抓紧采矿后的复垦。

（八）资源的开放观

许多资源都是可以在区域之间乃至国际之间交流的。如矿产资源和作为木材的森林资源等，因此树立国内国外两种资源和两个市场的观念是可持续发展所必需的。但也有许多资源是难以或不可能交流的，如水资源和土地资源，对这类资源要立足自有，备加珍惜。

三、自然资源系统的认识

自然资源系统是自然生态系统中人类可以利用的部分，随着人类经济的发展、利用的自然资源越来越多；随着科学研究的发展，人类认识到可用自然资源与非可用自然资源也有千丝万缕联系。所以，目前可以认为前面所讲的自然生态系统的基本规律就是自然资源系统的基本规律，在这里就不再重复了。值得注意的有以下几点：

（一）必须高度重视随着经济社会和科学研究的发展所认识的新资源

例如，直至20世纪人们还不认识物种资源，即生物多样性的重要性，但目前人们认识到生物多样性的减少，可能导致生态系统的严重退化。以前人们对海洋资源的认识主要是航运和捕鱼，而目前认识到海洋是有丰富的矿产资源，而且对气候资源有重要的影响。

（二）必须加强对不可再生资源耗竭的危机感

直至20世纪，人们认为短缺的只是土地资源，随着经济的发展，目前石油还够人类使用45年，天然气、煤和铁也都面临类似的局面。目前的工业社会依赖这些资源，而这些资源是不可再生的，因此只有两个出路，一是尽可能节约现在利用的不可再生资源，尽可能循环使用，这是治标；二是转而依靠可再生资源，这是治本。

（三）必须加强利用新的可再生资源的理念

许多资源面临枯竭，人类怎么办呢？主要解决办法是转而依赖可再生资源。例如能源，石油、煤和天然气都是不可再生能源，但是我们为什么不利用太阳能、风能和受控热核聚变能这些可再生能源呢？如果说我们不会利用，这并不是理由，正如当年我们只会利用木柴，而不会利用石油一样，要靠技术进步来解决这些问题。

（四）必须加强不可再生资源循环利用的理念

人类曾试图制造永动机，这是违反科学而不可能实现的。但是人们要循环利用资源,不仅是可能实现的,是必要的。例如余热利用、废钢利用和废塑料利用等。水是部分可再生资源,也应循环利用,目前北京的再生水利用已超过了地表水的利用。

四、环境、资源与生态系统之间的关系

环境、资源与生态系统是3个不同的名词,应该明确它们的定义和关系,不宜混淆不清、随意使用。

(一) 什么是"环境"

首先应该说明,不管是"生态系统",还是"环境"都是引进的概念。英文的"环境"(environment)原意是"周围的"、"环绕的",谁的"周围"?"环绕"谁呢?都是对人而言的,指人的周围和环绕人的范围,也就是通常说的人们的"生存(或生活)环境"。"生态环境"至今在国内外尚无确切的定义,只是一种约定俗成的叫法。

(二) 什么是"资源"

资源也是对人而言的,人类生活与生产所需要的有机或无机物就是资源。作者在全国人大工作时曾主持编写《全国资源研究报告》,经23个部委同意把自然资源分为土地、淡水、森林、草原、矿产、能源、海洋、气候、物种和旅游十大类资源。其中矿产和能源资源有重叠,援引国际惯例分为两类;旅游资源则分为自然和人文两类,人文旅游资源不属于自然资源,但也是建筑在自然资源基础上的。

(三) 环境、资源与生态系统的关系

"环境"就是人类开发生态系统中对人有用的因素——自然资源以后,自然资源所处的状态。人类开发自然资源的能力越小,自然资源被开发的种类和数量就越少,自然生态系统的改变就越小,人类的生存环境也就越接近自然生态系统;相反,人类开发自然资源的能力越大,自然资源被开发的种类和数量越多,自然生态系统的改变也就越大,人类的生存环境就越不同于自然生态系统。

显而易见,从原始社会到农业社会,再到工业社会,直至传统工业技术高度发达的后工业社会,人类以越来越多的数量开发了几乎上述所有10种资源(向大气排放二氧化碳和氟利昂也是对大气资源的一种掠夺性的开发),从而极大地改变了自然生态系统,人类的生存环境也就越来越远离自然生态系统。知识经济是一种可持续发展的新经济,它以高技术尽可能使自然资源循环使用(生态生产),以高技术尽可能开发富有自然资源来替代稀缺自然资源(如太阳能替代煤),尽可能以高技术用人类的智力资源来替代自然资源(如电视会议代替开会)。

人类的生存环境都是附着,即叠加在一定的自然生态系统之上的,自然生态系统对这个附着系统有一定的承载能力。如果这个附着系统恶性膨胀,超过了自然生态系统的承载能力,则这个自然生态系统就恶性蜕变以至崩溃,人类也就当然不能可持续发展。

一般人类的生存环境都不是一个完整的自然生态系统，但它却附着在一个自然生态系统之上，它非但夺取所在生态系统未附着部分的物质和能量，一般还程度不同地夺取其他生态系统的物质和能量，甚至越洋跨洲，如木材和石油的贩运。但有的资源是无法跨系统取得的，如土地；有的资源是难以跨系统取得的，如淡水；这些资源的开发和利用就更要依靠本生态系统内的平衡。

第二节　资源系统工程管理学

人类与自然生态系统最主要的关系就是利用其中的自然资源，因此实现生态文明，人与自然和谐，转变经济增长方式，建立生态工业园，最重要的就是对自然资源进行科学管理，合理利用，所以，资源系统工程管理新学科的建立就成为当务之急。

一、资源系统工程管理学的内涵

资源系统工程管理学是一门目前没有，但许多人已经做了不少工作，而亟需建立的新学科。

（一）现有的资源与经济发展的相关理论

现有的资源与经济发展的相关理论主要是比较优势与要素禀赋理论，现在看来这种理论出现了问题。

英国经济学家亚当·斯密在《国富论》中认为，市场经济中，在利益驱动下，社会经济主体可以通过市场交易按照自己的特长实行分工和协作，从而实现自利与互利、个体与社会利益的互动关系，斯密的这一定理被称为绝对优势理论。英国古典经济学家大卫·李嘉图则提出比较成本（相对优势）理论，他认为，每个国家不一定要生产各种商品，而应集中力量生产那些利益较大或不利较小的产品，然后通过国际贸易，在资本和劳动力不变的情况下，生产总量将增加，如此形成的国际分工对贸易各国都有利。李嘉图的这一思想被称为相对比较优势理论，是主流经济学所倡导的比较优势理论的核心。相对比较优势理论认为，比较优势分别存在于绝对优势及其对立面劣势之中，既存在于绝对优势的最大优势里，也存在于绝对劣势的最小劣势中。

斯密和李嘉图的理论被广泛应用到国家发展战略及国际贸易领域。斯密的理论解决了国际贸易产生的重要动因，但当一个国家在商品国际贸易中没有任何绝对优势，那么还能否参与国际分工，斯密的理论没有给予解决。李嘉图的相对优势理论解决了斯密绝对优势理论无法回答的问题。在此基础上，瑞典经济学家赫克歇尔-俄林的要素禀赋理论（简称“H－O”理论）又进一步阐述了各国在生产不同产品上的比较成本差异的原因，要素禀赋结构是指一种经济中自然资源、劳动力和资本组成的结构。资源禀赋理论又称为赫克歇尔-俄林模型、H－O模型，它认为各国资源禀赋的不同构成是国际贸易的基础。各国应该生产并出口密集使用相对充裕、价格较为低廉的商品，而进口密集使用供给相对不足，价格较为昂贵的商品，以获得比较利益和更有效地利用本国的生产要素。本书暂不讨论劳动力和资本，这种理论就是目前最重要的经济发展的资源理论。

在当今全球资源短缺的条件下，无论是李嘉图的相对比较优势理论，还是要素禀赋比较优势理论，受他们所在时代的局限，都忽略了自然生态系统的变化。当时还没有不可再生资源的概念，不知道许多自然资源将会耗竭；同时只认识传统工业技术，对技术进步认识不足，不可能预测高技术的出现。因此造成了这种理论的巨大缺陷。首先，某种自然资源丰富的发展中国家不应该、也不可能无尽地利用这种要素禀赋，不能竭泽而渔，而要科学管理这种资源的利用。其次，人类的创新能力是无限的，可以通过技术进步，利用新的、可再生自然资源，人工合成新材料以弥补资源资源的短缺。

（二）学科建立的背景

任何新学科的建立都是在已有科学的基础之上的，资源系统工程管理学的已有科学基础是什么呢？就是各种自然资源本身的学科、生态学和系统工程学。系统工程学又称为应用系统分析学，应用系统分析的主要内容就是常说的“三论”：信息论、系统论和控制论。对系统工程的理解经常有两个误区，一是把什么都叫做“工程”或“系统工程”，实际上并没有按上述科学规律运作；二是偏重土木工程，忽视生态手段的资源工程、经济手段的配置工程和行政手段的管理工程等新型工程。实际上，这些新型工程只要按上述科学规律动作，就都是“工程”，而且是现代的系统工程。资源的“配置、节约、保护”都需要两类工程，缺一不可；过去单打一的土木工程在生态系统和新经济中的缺欠已日益显现。新型工程以传统工程为手段之一，传统工程要为现代管理服务，为生态建设服务，为可持续发展服务，这就是两者的辩证关系。十六大提出的“新型工业化”，就是要走一条新经济的道路，“新”在哪里？一是新在高新技术的应用，第二方面就是生态手段的资源工程、经济手段的配置工程和行政手段的管理工程的建设。

我国科学界在经过长期讨论以后，在中国工程院成立了工程管理学部，为过去的争论画上了句号。它认为“重大技术革新、改造、转型、转轨，与国际接轨中的管理；涉及产业、工程、科技的重大布局，战略发展的研究、管理”都属于工程管理。这种新认识也是国际共识。系统工程科学始用于航天领域，取得了以前人类想都不敢想的成果，今天把它应用于资源管理，也能解决目前的资源短缺问题。

（三）资源系统工程管理学的内涵

资源系统工程管理学就是用系统工程的方法对由农业生态系统和城市生态系统为主的人工生态系统、淡水生态系统和森林生态系统为主的自然生态系统所构成的大系统进行管理，维系其动态平衡，实现可持续发展的学科。

资源系统工程管理学目前的主要对象是自然资源，它把自然资源分为土地、水、能源、海洋、森林、草原、矿产、气候、物种和旅游十大资源子系统。这个自然资源系统就是生态系统，分别研究每个子系统的内在规律和各子系统之间的相互关系；在此基础上，用系统论的方法从调查与评价、开发与利用、管理与配置、安全与储备、两种市场、节约与替代、保护与建设以及法制与政策等八个方面，也就是从政治、经济、技术和生态四大方面对每个子系统和自然资源大系统进行横向研究，以实现对自然资源的符合客观规律的科学利用。

在十大资源系统中，土地资源和淡水资源是基础资源，即这两种资源的配置是其他资源配置的基础，要通过对这两种资源的应用系统分析来实现优化配置，再通过信息反馈建立配置的控制和调节机制。落实到政策上就称为“以供定需”。为什么要“以供定需”呢？从自然规律来看，土地资源和水资源都是基础性资源，在我国又属短缺资源，因此要“以需定供”，基础不牢，是违反科学的。怎么才能实现“以供定需”呢？就要统一管理。从经济规律来看，就不能只靠市场调节，要建立政府宏观调控的不完全市场。

资源系统工程管理建筑在信息论、系统论和控制论的基础上，有一系列科学规律。其实，国际上提出的、已成为我国基本战略的“可持续发展”就是遵循系统论的动平衡准则，即系统是发展变化的，但任何变化都要在其承载能力之内，应该是动平衡的发展。目前，水利界前辈在讨论水利工程建设得失的问题。实际上所有水利工程都是小系统工程，都经过系统分析，是有历史功绩的。现在看来，过去的问题在于把系统划得比较小，可能没有从流域、地质、经济、社会和生态大系统全面考虑问题；投入的知识和信息也不够全面，因为当时有些学科尚未建立，信息采集手段也远不如现在发达。这是个必然的历史发展过程，其他产业也都有类似情况。同时，这也从另一个方面说明所谓“软工程”的重要性，它是一种工程，是“硬工程”的一个必不可少的部分，需要管理，值得重视，否则就会出问题。

二、什么是工程管理

经济生产中有两大问题，一是产品生产，二是工程建设。产品生产已经讨论了很多，以下着重研究工程建设。工程建设也称基本建设。从供需平衡角度讲，产品生产叫做消费，工程建设叫做固定资产投入。生态修复属于工程建设，所以，从这种意义上来看，新循环经济学的概念又可以视为传统经济中基本建设的一部分。但是“生态修复工程”既在传统经济学中被视为产品生产的附加物，又在工程界的许多专家中被认为不是工程，或不是大工程，因此，建立生态修复的独立概念是十分必要的。

（一）什么是工程管理——狭义和广义的工程管理

对于工程管理，几位中国工程院的院士发表了很深刻的见解：其实无论大小，是个工程就要管理，在大工程的小系统意义上的分析、决策和管理是工程师的天职，所以，几乎所有工程师也都是管理师。但是，这只是传统工业经济的工程管理概念，可以称为狭义的工程管理，必须赋予工程管理以社会经济、科学技术和自然生态构成的大系统分析和优化资源配置的新内涵。

目前，我国面临着资源短缺、环境恶化和生态失衡的局面，传统工业经济的工程建设可能加剧资源紧张。如在长江上修建过多的大桥加剧土地资源的紧张；再如超过水资源承载能力建过多的钢铁厂，造成严重的水污染；又如，从某一地区向外过多地调水会引起这一地区的生态失衡。

因此，目前应该建立大系统分析，以资源系统工程管理和生态学为科学基础考虑资源承载能力，建立以可持续利用为目的、广义工程管理的概念。这是政府、企业和学术界应高度重视的。否则非但会出现重复建设，而且会违反新循环经济学的原理，可能破坏生态系统，甚至这一工程根本不可能持续利用，浪费大量的人力、物力和财力。以致有位著名的工程院院士曾说："我是历史的'罪人'。"这当然是过分自责，因为所有工程都是在一定的历史条件下建设的，都在历史上起过一定的作用。但是，这种过分的自责反映了这位院士高度的历史责任感和勇于站在时代前沿的可敬精神，也让我们看到了新循环经济学实施的可能性。

（二）生态修复的工程也是工程

在传统工业经济中，人们只认为大厦、桥梁、铁道、公路和水库是大工程，认为工程必须有标志性水泥建筑物，认为是立起了一座丰碑。这种思想也反映在城市建设中，在城市中也要搞一个标志性建筑物。最近在我国连县城也要建立标志性建筑物，如果没有，甚至在广场中建一个不中不西的雕塑。

什么是标志性建筑物？一类是在相当一段时间内有经济价值、能持续使用，从而有纪念意义的建筑物。如法国巴黎的埃菲尔铁塔、美国纽约的帝国大厦和英国伦敦的大本钟楼，就是这样的传世工程和丰碑；而我国的三门峡大坝则只能是教训的铭刻，以致许多专家提出要予以拆除。另一类是有文化传承的纪念意义。我国是文明古国，每个县都有自己的文化古迹，为什么不保护或修复自己的文物，而要建一个不中不西的标志性建筑物呢？这是先进文物的前进方向吗？其实，在前言中作者就写过，中国经济的高速发展，中华悠久的传统文化使得世界华人认祖归宗、全力向家乡投资，是重要原因之一。从新循环经济学的观点来看，修复文物也是有经济意义的。

生态工程大多没有标志性水泥建筑物，但是它是工程，有巨大的效益。修复生态系统，创造了巨大的生态效益——第二财富；同时，也使系统中的社会财富——第一财富保持价格、增加价值。作者曾主持制定《21世纪初期（2001—2005年）首都水资源可持续利用规划》、《黑河流域近期治理规划》和《塔里木河流域近期综合治理规划》三个规划，分别投资220亿元人民币、23亿元人民币和108亿元人民币，是大型工程。但是，它们是按新循环经济学指导思想建立的系列工程组合，没有一个是标志性工程，因为要建的不是石头的丰碑，而是新经济思想的丰碑。这三个规划将在下一章详述。

（三）综合手段的系统工程也是工程

传统工业经济的工程只是单一手段，就是用机械、土木或化学工程的手段，并以这些学科的知识为支撑。而循环经济的生态修复应该用工程的、生态的、经济的和高科技的综合手段，这也是工程，且是更为复杂的、真正意义上的系统工程。这种综合手段的系统工程是生态文明的新工程，也是生态文明的支柱。

制订综合手段工程的规划，进行综合手段工程的设计，实施综合手段工程的施工，进行综合手段工程的管理，就需要有多方面的知识基础。除了传统工业经济工程所需要的数学、物理、化学、机械、土木、水文、地质和管理等方面的知识以外，还需要生物、生态、水资源、能源、生态、系统工程和资源系统工程管理等方面的新知识。新老工程师都要学习新知识、掌握新理念，要用新知识和新手段进行规划、设计、施工和管理。

三、生态文明工程管理

对于循环经济中的工程，或者说是新型工业化的生态文明工程，必须进行大系统分析，使之创造经济与生态两种财富，取得社会、经济和生态三种效益。这样的工程才是成功的工程，这样的标志性工程建筑才有必要，才能成为丰碑。

（一）三门峡水库的教训——水资源

号称“万里黄河第一坝”的三门峡大坝位于黄河、渭河、北洛河交汇处，是新中国成立后在黄河干流上修建的第一座以防洪、防凌、供水、灌溉、发电为目标的综合大型水利枢纽，也是建国后治黄规划中确定的第一期重点项目。1954年4月，国家编制黄河流域规划，决定将三门峡枢纽大坝和水电站委托苏联设计。水库自1960年建成后40多年来，为黄河下游防洪安全、沿黄河城市工业和农业用水、下游河道及河口地区生态平衡等作出了巨大贡献。

但在建造三门峡水库时的分析系统不够大，没有考虑排沙，泥沙淤积的问题日益突显，而且没有考虑不同意见。三门峡大坝上游渭河的泥沙下不来，渭河的河床抬高，造成渭河、洛河、黄河淤积连锁反应。1960年工程蓄水，到1962年2月，水库就淤积了15亿t泥沙，把潼关河床抬高了4.5 m，弄得从来无水患的渭河两岸也不得不修起了防洪堤，甚至成为“悬河”，严重危害着关中平原的安全。1973年河道淤积延至临潼以上，距西安只有 14 km，又威胁到西安的安全。

2003 年 8 月 24 日，一场特大洪灾降临陕西渭河流域。据统计，陕西全省有 1 080万亩农作物受灾，225 万亩绝收，受灾人口 515 万人，直接经济损失达 82.9 亿元，是渭河流域 50 多年来最为严重的洪水灾害。但此次渭河洪峰最高流量仅 3 700 m^3/s，只相当于 5 年一遇的洪水，却形成了 50 年不遇的洪灾，其中的最重要原因是其下游 100 km 处的三门峡大坝。

三门峡水库带来的损失还不只这些，直接经济损失有：高坝工程低坝运用，两次改建浪费了大量人力、物力、财力；淹没和毁坏了耕地；先后带来了 45 万人口迁移；在两岸建堤和防护工程；抬高水位引起的良田盐碱化而导致的减产。这些损失最保守的估计，不下百亿。同时产生了严重的环境破坏：由于水库周围的地下水位提高，造成耕地盐碱化 50 多万亩；由于水库蓄水导致塌岸，损失了耕地，也破坏了许多文化古迹。

如果不修三门峡水库，不建这个传统工程，不建标志性建筑物，而把这些人力、物力和财力投入修复生态系统，今天的黄河面貌会有较大的改变。当然，任何事件的发生都有其历史条件。但是，今天分析这些教训是与时俱进。创新思想是绝对必要的，至少不能再建类似的工程。

（二）珠江三角洲有必要建 7 个国际级机场吗？——土地资源

自 20 世纪 70 年代以来，在 10 000 km^2 的珠江三角洲，共建了 7 个国际级的机场(广州、香港各 2 个，深圳、珠海和澳门各 1 个)，而荷兰有 40 000 km^2 却只建了阿姆斯特丹一个国际机场。

在荷兰不要政府投资的、建新机场的多次提议都被政府与议会否决，原因是：荷兰是国土资源短缺的国家，围海造地会影响近海生态系统；现有的希波尔(Shipol)国际机场并没有最充分地利用。反对建机场的另一个论据是：已经用了这么多的土地在荷兰全国建了一个完善的高速公路系统，使得任何一户荷兰居民在正常情况下都可以在 1.5 h 内到达机场，因此完全没有必要再建机场、浪费土地。这可能是一个大系统分析的典范。我国大陆的机场基本上都没有做到循环利用，没有夜间航班；而国外连土耳其、埃及都有减价的夜航班次，充分利用机场满足不同层次的人的需要。

（三）在长江上要建多少座桥——水资源

自古以来，长江一直是陆路交通的一大障碍。1957 年 10 月，首座长江大桥——武汉长江大桥建成通车，天堑变通途。1995 年，当时长江上的铁路、公路和公铁两用桥加起来不过 8 座。而 2000 年已达到 31 座，到 2010 年，长江上将有 60 座特大桥。其中重庆市辖区 23 座，湖北 18 座(武汉 6 座)，长江下游的江苏 8 座(南京 4 座)，为长江干线建桥密度最高的 3 个区段。届时，万里长江上，平均不到 50 km 就有1座特大桥，其桥梁数量、密度在世界任何一条大江大河上都是绝无仅有的。最近，有报道说，到2020年长江大桥很可能将突破100座，3 000 km的长江干流上，平均30 km就有一座桥。长江两岸建桥，短期内促进了两岸经济发展，但进行大系统分析也发现了大量的问题。

1. 影响航运

长江沿岸建有数十座5 000吨级外贸码头，但受桥梁高度影响，这些码头投产后基本无外轮靠泊。一些对外轮开放的港口绝大部分时间闲置，严重影响了对外贸易往来。这样，不但浪费了码头基础设施，而且浪费了黄金水道的航运资源。

2. 影响防洪

桥墩过多、过密不仅导致泥沙淤积和河床变浅，还使得洪水期间其附近水位至少提高0.03 m左右，从而形成一方面加高加固长江大堤，一方面大量修桥抵消其部分作用的怪现象。

3. 从长远看有没有必要建这么多桥

先不说沿长江干流建100座桥的考虑，仅说现在落实的60座桥。在3 000 km的长江干流，50 km就有一座桥，而每座桥投资至少10亿元人民币，大大高于在20年内所有车辆绕行50 km的费用。更何况是否能满通量运行，是否有相应的公路配套使车辆真能少走50 km都是问题。况且，在建桥密度高的地区绕行距离还远没有50 km。占用大量土地在生态上不合理不说，在经济也是不合理的。

建桥还引起船桥相撞的事故增加，迄今已达120多起。至于一些地方借建设大桥搞政绩工程，而不是根据实际需要进行选型、定种类、定跨度，则更应在进行大系统分析后受到工程管理专家和工程师的抵制。

（四）京津之间要修多少条路——土地资源

京津高速公路1993年9月建成通车。近15年来，流量年平均增长在20%以上。1993年，全路交通流量约430万辆，到2001年已升至约1 400万辆。目前，京津高速公路车流已趋于饱和，一旦遇有交通事故，救援、疏散都很困难。

目前，已初步确定未来京津间将有三条高速公路，共达24条高速车道相连。修建、改建计划为先建北通道，然后拓宽改造京津塘高速公路，最后修建南通道。

2005年6月16日开工建设的京津塘高速公路二线（俗称北通道）为全新高速公路，从北京朝阳区西坝河至塘沽区北塘镇，全长177.8 km。其中天津杨村至北京为双向8车道，设计交通流量为每天10万辆；2005年6月开始建设，2007年底前完成主体工程，2008年奥运会前全线通车。

现有的京津塘高速公路也将全面拓宽改造，其中北京到天津间将由现在的双向4车道拓宽至双向8车道。

规划中的京津塘第三条高速公路位于京津塘高速公路南部（俗称南通道），从北京四环到宁港工业区。其中新修路段逾100 km，从北京到当城立交桥70 km为双向 8 车道。

京津之间除了规划的 3 条高速公路外，还建设一条城际轨道。城际轨道于 2008 年 8 月北京奥运会前开通运营。营业里程全长 115 km，项目建设总投资 123.4 亿元，北京、天津间全程直达运行时间为 0.5 h 左右。

2010 年上述道路全部完成，北京至天津将有 3 条共 24 车道的高速公路、1 条轻轨、1 条铁路和 1 条普通公路共 6 条道路。

据作者亲历考察，美国的纽约到费城，英国的伦敦到伯明翰，法国的巴黎到里尔，德国的柏林到汉堡，日本的大阪到名古屋的车流量都不比北京到天津的少多少，但没有一处有 3 条以上的公路加铁路。目前北京和天津之间年车流量为 1 600 万辆，3 条高速公路建成后，提高管理水平将超过 1 600 万辆/年的通行能力。但是，如考虑城际轨道交通和原有铁路提速，车流量在 2005—2008 年略升后趋降，因此，第 3 条高速公路建成后的利用率和大量占地值得分析，3 条高速公路的计划值得再考虑。

第三节　从资源系统工程管理学看水资源系统工程管理

从资源系统工程管理学来看缺水，其目的就是要提高水资源可持续利用，保障可持续发展的综合决策水平，因此要从自然资源的大系统来看问题。

一、水资源及其与其他资源的关系

从水资源本身来看水资源短缺问题，要从流域来分析。例如世界上绝大部分城市都是缺水的，由于城市人口集中，经济发达，用水量大，排污量大，因此城市本身就是缺水的，所以从流域来解决城市水问题，包括在上游修水库等做法，理论是科学的。但是修水库必须考虑到全流域，流域中不仅有城市居民，还有乡镇和农村居民，而且这些乡镇还可能发展成小城市，中等城市以至大城市。在我国的珠江三角洲和长江三角洲这种现象已经很普遍，珠江三角洲的深圳已经发展成为大城市，小小的东莞县城已经发展成中等城市，长江三角洲江苏苏州的盛泽镇已经是个小城市的规划。

（一）土地资源与水

地表水、土壤水和部分地下水都附着在土上，水土是不可分的，土地资源的良好状况是水资源存在的保证。

我们常说的“水土流失”就很能说明问题。水的流失造成了土壤流失，土壤流失又造成了更大的水流失，形成恶性循环；相反，水的保持就保住了土，保住的土进而含蓄保持了水分，形成了良性循环，这就是“水土保持”。

水在土中有个水位，称为地下水位，或地下水埋深，俗话说就是打多深就能出水。地下水埋深是当地水资源状况的标志，只有保住了地下水位，才能保住地表水，地下水位下降，就造成了湿地干涸、湖泊萎缩、河流断流，以至荒漠化。

（二）森林资源与水

人们现在争论，一棵树到底是一个小水库，还是一台抽水机。这一争论说明人们对森林资源和水资源的关系认识还不很清楚。水资源是森林资源形成的先决条件，水是生命之源，没有水就没有绿，更没有森林，森林要在降雨足够，一般是 500 mm 以上的地区才能形成。反过来，已经形成的森林通过根系和枯枝落叶层对水资源有巨大的含蓄作用，同时较大面积的森林又能形成小气候环境，使得这一地区易于降雨。

因此，在降雨量不够的土地造林是违反科学的做法，因为降雨不足以使树木成活，树木就深扎根吸收地下水，造成地下水位的降低。地下水位降低到一定程度，为了树木成活，在远离河湖的地区，人们就不得不抽地下水浇树，而越抽地下水就会使地下水位更进一步降低，因此就要抽更多的地下水，形成了恶性循环。最终使得植林死亡，或者形成了稀稀疏疏的“小老树”——永远长不大的树群。这种现象在我国西北并不鲜见，从而加剧了这一地区缺水。

（三）草原资源与水

草原一般表土很浅，草扎根也很浅，因此草原的生成与维系主要靠天然降水，地下水起补充作用。降雨量在 300 mm 以上的地区才能形成草原。与森林一样，草原在形成以后，有水土保持作用，如果由于开垦成农田或过度放牧造成了草原的退化或消亡，薄薄的表土将被风吹走，不仅形成沙尘暴，而且使草原荒漠化。失去表土以后，不能涵养水分，即便依然降雨，草原也无法恢复，只能是杂草丛生的半荒漠。

20 世纪 60 年代末至 70 年代初，作者在新疆做过拖拉机手，对此深有体会。对草原地带的“开荒”，实际是破坏荒漠与绿洲之间的过渡保护带的错误做法。把草原犁掉、靠融化的雪水种粮食，有些收成，但第二年融化的雪水较少无法灌溉时，耕作过的土地由于作物吸收使地下水位降低，如果第二年降雨又偏少，就连草也不长了，大风吹走表土层，很快就荒漠化。

（四）海洋资源与水

水资源虽然指的是淡水资源，但是，如前所述，淡水资源与海洋中的咸水资源通过蒸发——大气环流——降水形成了自然循环。因此，海水与淡水是互为因果，互相补充的。

目前，由于陆地淡水的缺乏，人们开始从事海水淡化以补陆地淡水的不足，像沙特阿拉伯和阿拉伯联合酋长国这些淡水极端缺乏的国家，海水淡化已成为其水资源的主要来源。

同时，也应该考虑海水不淡化而替代淡水资源的办法。如把热力发电厂建在海边，冷却水就可以直接利用海水，目前的主要问题是海生藻类缠绕机器部件。再如发展海水养殖，包括动物与植物，成为食品，来替代生产这些食品所用的淡水，目前的主要问题是造成海滩污染。

（五）气候资源与水

气候资源是直接与水有关的。大气中含有大量水蒸气，由于温度和气流的变化而成雨，是目前淡水的主要来源。降雨形成的淡水资源是可再生资源。但是问题在于地域、年际和年内分布都不均匀，在许多情况下与人类社会经济发展不相匹配，这里就有一个人类发展是"改造自然"为主还是适应自然为主的问题。

同时，高山积雪也是淡水资源，而雪水融化的多少又与气温有关。近年来温室效应造成的气温升高也与水资源密切相关。

（六）能源与水资源

水资源本身就含水能，因此也是能源，如水力发电站就把水变成了能源。

与此同时，能源还可以增加淡水资源。如海水淡化就利用电能把海水资源变成了淡水资源，目前的问题是成本太高，但如果到2040年受控热核聚变能达到商用，极其廉价的热核聚变能源就可以使海水大规模淡化成为可能，从而大量补充淡水资源。

同样污染处理也需要能源，处理后的中水回用又使水资源循环利用，增加了可用的水资源。

（七）旅游资源与水资源

俗话说"游山玩水"，自然的旅游资源从来就与水联系，人文的旅游资源也多傍水。因此，水量和水质直接影响了旅游资源的质量，如2000年河北承德避暑山庄内湖泊的干涸，就使当年游客大减，而旅游景观用水的水质应达到Ⅳ类，才能使游客感受到水美。

所以，旅游收入应当有一部分用来保护水资源，才能使旅游成为一种可持续发展的产业。

二、水资源管理学的基本原理

建筑在生态学、知识经济学和现代管理学基础之上的水资源管理学应建立如下基本概念，为我们在以后章节的讨论打下基础。

① 世界经济发展到今天，全球的淡水资源已经成为一种短缺资源，尽管有的国家水资源十分充沛，有的国家的某些地区水资源十分充沛，但从全世界来看水资源已经成为严重制约可持续发展的因素。这一点已经被2002年8月在南非约翰内斯堡召开的可持续发展世界首脑会议所确认。

② 在局部地区，存在着居民缺乏足够或合格的饮用水和卫生用水的情况，这一

情况正在发展,如不从现在着手,有力地解决这一问题,到21世纪中叶将威胁1/3的人类生存。可持续发展,最根本的是人的可持续发展,因此这一问题的解决是全球可持续发展的关键之一。

③ 陆地水生态系统的蜕变,从可持续发展的观点来看,已成为比制约经济发展更严重的、对人类生存环境的威胁,使人类失去合格的经济发展和生活用水来源。水生态系统保护和建设已经成为当务之急。

④ 从知识经济学的观点来看,必须改变传统工业经济发展中水的供求关系,不能以总需求决定总供给,因为就总体而言,至少在我国,不存在总供给过剩的问题。水资源经济学表现出与一般市场经济学不同的自身特点,必须用总供给制约总需求,在特别缺水的地区要以供定需。

⑤ 应该提倡建立节水型社会的新型水消费观,以科学用水来提高人类的生活质量,彻底改变以用水多少来衡量生活水平高低的陈旧消费观念。

⑥ 对水资源要以流域生态系统为基础,进行建筑在应用系统分析基础上的现代管理,统一解决水的开发、利用、治理、配置、节约和保护问题。

⑦ 水是一种不完全商品或半公共用品,水资源的利用有经济、社会和生态效益,其生态效益基本是传统市场经济的盲区,要建立、保障人民生活和生态系统的国家宏观调控的不完全市场,优化配置水资源,促进水资源的开发、利用、节约和保护。

⑧ 在上述认识的基础上,通过水资源保护、水权分配、取水许可、节约用水及新型水务管理体制的建立,水资源的参与管理,保证水资源的供需平衡,建立水市场和合理的水价机制等一系列手段来进行科学的、全面的、系统的管理。

三、用资源系统工程管理学指导调水

以调水为例,说明资源系统工程管理运用生态文明工程解决具体问题的方法。“配置、节约、保护”是水资源管理的核心内容,从理论上来说,节约是配置的前提,对于资源,尤其是短缺资源来说,没有节约就谈不到优化配置。“先节水,后调水”,就是这个意思;但是,节约不是口号,只有从大系统摸清了配置,才能有科学、定量、可操作的节约措施,二者是相辅相成的。土地资源的节约、能源的节约都是如此,只有这样,不同的资源管理部门之间、资源管理部门和生产管理部门之间才能达成共识。例如中国的水资源短缺问题,多少靠调水解决,多少靠节水解决;城市防洪问题如何统筹考虑堤防建设和避水而建;农业节水问题如何统筹考虑粮食安全、食物结构变化和生物技术;城市供水问题如何统筹考虑调水和控制城市规模。其他领域也类似,中国的石油短缺问题多少靠进口解决,多少靠节约解决,多少靠替代解决;中国的交通问题如何在考虑土地资源短缺、生态系统保护的基础上优化配置铁路、公路、机场和水运。这些都是我国可持续发展和全面小康社会的根本性问题,不科学地解决,老百姓不会长远受益,发展也不可能持续。

客水是与主水对应的概念：主水是指由研究区当地降水产生的水资源量，客水是由其他地区的降水形成径流后进入研究区的水量。主水由于产自本区，其开发利用完全取决于所在地区的用水需求、投资与技术发展水平，在制订水资源规划或水资源配置方案时，可以在不同用户间进行配置。而客水由于产自上游地区的降水量，其数量取决于上游地区对水资源的开发利用水平，其质量取决于上游地区的污染防治程度，因此这部分水量是不可持续的，不能完全作为本区可利用资源量进行配置，除非全流域已经有不同地区间水量分配协议，而上游地区又严格遵守这些协议。

（一）调水的原理

在节水、水资源保护、加强统一管理和调整产业结构的基础上，向人均水资源量短缺和自然水生态不平衡的地区实行跨流域科学地调来客水，是水资源优化配置的十分重要的措施，因此南水北调势在必行。但调水工程必须慎重进行。目前，调水工程除投资巨大和工程浩大外，最重要的就是生态问题。生态系统是非平衡态超复杂巨系统，迄今为止计算机无解，也就是说准确的生态系统平衡尚无科学解析。虽然生态的破坏对人类的影响是祸是福也不能一概而论（如冲积平原就是缓慢的生态蜕变，但目前看来对人类有利），但有一点是可以肯定的，就是对生态系统的强扰动对人类是极为不利的。

1. 调水的原则

科学调水应综合考虑调出地区人均水资源量应高于 1 700～2 000 m^3 的警戒线，调水量为调出生态系统水资源量的 10%左右较为适宜，不应高于 20%。调水还要综合考虑全球气候变迁，调出地区的经济社会发展，对调出地区的生态与环境的影响，调入和调出地区水资源分布在时间上的匹配程度，调水在工程和经济上的可行性，调入地区各类用户对水价的承受能力，调水沿线的地质情况，调水工程建成后的运行机制，调水沿途对水质、水量保护的代价和可能性等因素。在节水到位、治污到位、生态考虑到位、水价到位“四到位”的前提下，精心设计，科学选比，尽早确定方案，尽快付诸实施。

对于区域水资源不能维持生态平衡地区，若确有需要利用，如发现了大石油矿等，水资源供需平衡问题只能靠调水解决。对于区域水资源量仅能维持原始自然生态平衡，而人类几千年经济活动已形成巨大人口压力的地区，只靠节水是不行的，也应考虑调水。根据上面的分析，调水的原则如下：

① 对水资源不能维持自然生态平衡或历史形成的人口压力使水资源不能维持生态平衡的地区，应该调水。更为重要的是，不要再人为制造新的这类地区。

② 科学系统地分析调出水量地区水资源的自然生态平衡，分析由于调水可能发生的变化。同时考虑这些地区未来人口增长与经济发展的需求，不要拆东墙补西墙。

③ 调水与否的最重要判据之一是该地区水价能否提高到拟调来水的水价。

④ 科学地分析目前日益明显的全球气候变迁，保证在足够长的时期内有水可调。

⑤ 考虑到调入地区雨季或水灾时调水的去处。

⑥ 科学分析、比较调水和进一步节水的经济效益，如调水水价是否能为调入地区所承受(即便工程由国家投入，水价起码要保证工程运行经济自持)。

对于上述因素及工程、地质等诸因素进行全面的系统分析，才能形成调水的科学决策。国际跨流域长距离大量调水成功的不多，最长的是美国加利福尼亚州在20世纪30年代末完成的北水南调"中央河谷工程，输水长900 km，年调水45亿 m^3。调水量最大的是巴基斯坦的西水东调工程，年调水148亿 m^3，而美国得克萨斯1968年从密西西比河调水100亿 m^3 的规划则胎死腹中，至今美国没有大调水的新规划。

2. 虚拟调水

对于人口密集区，进行产业结构调整，也是间接调水。把耗水企业从缺水地区迁到丰水地区；本地区压缩耗水作物的种植，从外地区调运粮食、蔬菜和水果等措施，实际上就是调水，是在可能条件下更为科学的调水——虚拟调水。

3. 调　人

为什么要调水呢？主要是人需要水，所以换一个思路，不能调人吗？实际上对于生活在缺水偏远山区或荒漠中的少量人口，可以采取调人的办法，进行生态移民。

(二) 南水北调工程要调多少水

1999年作者主持制订《21世纪初期首都水资源可持续利用规划》，经过详细的调查和计算，得出北京用水人口上限为1 800万(注意是用水人口，而不是户籍人口)，要达到持续的水资源供需平衡，需从外流域调入10亿 m^3/年的结论。2000年南水北调规划也进入了定量讨论阶段。南水北调要真正成为循环经济的生态修复工程需满足哪些条件呢？作者的看法如下。

① 南水北调要遵循循环经济调水的基本原则。

② 南水北调只能解决城市缺水和地下水回补，不能改变生态系统。从生态学原理来看，南水北调只能解决沿途和终点城市的缺水和地下水回补，而不可能改变黄河、海河流域的生态系统。仅以北京为例，北京面积为1.68万 km^2，近年年均降水量为590 mm，水资源总量折合地表径流深240 mm。如果通过调水提高到300 mm，生态系统较20世纪50年代的水平有所改善，但需水10亿 m^3，已达到北京的需求总量。而河北要达到径流深与北京同样的水平300 mm，来改善生态系统，生态需水330亿 m^3，是南水北调中线总量的2.5倍，因此，无法满足。这里还没有考虑同样缺水的河南。

③ 按目前南水北调规划，到 2050 年东、中、西线调水共 448 亿 m^3，工程总投资近 5 000 亿元，平均 10 元投入获得 1 m^3 水的持续供水能力。但这还不包括全部的治污费用，而南水北调的成败在于治污。如果采用节水的办法，获得 1 m^3 水的持续供应能力（包括中水回用）仅需3～4元。

④ 由此可见，南水北调工程的作用只是解决在节约型社会未建成之前的沿线城市供水问题，加快地下水的回补，避免生态系统的过度恶化。而大规模地修复生态系统是不可能的。

因此，南水北调应在一期工程（2010 年东线调水 89 亿 m^3，中线调水 95 亿 m^3）目标基础上“摸着石头过河”，视节水型社会建设的进度、全球气候变迁等情况的变化，进行复杂巨系统分析，实行滚动目标。

从上面的 6 个例子可以看出，循环经济的现代工程应该是经得起时间考验的可持续利用的工程，否则设计得再好、管理得再好也难以实现其价值，不能使人民与生态受益。只有从大系统做前瞻性分析，用综合规划做大管理，才有可能让工程有社会、经济和生态效应，这就是循环经济的“广义管理”，是现代的工程管理。

（三）调水的畅想与实践

水问题是公众最关心的问题，因此，也提出了许多调水的畅想。同时水资源配置问题又是一个研究时间很短、研究深度不够的问题，因此加强对调水真正的科学研究是个十分值得重视的问题。仅举一个例子说明现在有关方面的研究状况。

1. 调水与申奥

从实践来看，以资源系统工程管理思想为指导于 2000 年主持编制了《21 世纪初期首都水资源可持续利用规划》，流域内水资源优化配置与南水北调相衔接，以工程、生态和管理手段从根本解决北京缺水问题。该规划得到诸多院士的一致好评，在 2001 年 2 月 7 日国务院总理专题办公会上通过，后经国务院批准实施，已取得成效。

这种指导思想也直接用于北京申奥。以前，国际舆论认为北京申奥的两大问题是“气”与“水”，作为 2000 年北京奥申委主席特别助理，作者用资源系统工程分析的方法制订了《北京申办 2008 年奥运会报告》的“环境与气象部分”工程规划，以对资源管理的科学见解说服国际奥林匹克界，使评估团在北京评估和国际奥委会莫斯科表决时，对北京水问题未提质疑。这些实际成果都说明了资源系统工程管理新学科建立的必要性。

2. 能炸开喜马拉雅山给我国增加降雨吗

关于调水有许多设想，就总体而言南水北调，以丰补歉，按上述原则开发来利用水资源是十分必要的。但调水很不同于调粮，水是一种难以调配的资源，不但工程浩大，而且有重大的生态影响，因此必须经过认真的分析研究科学调水。

对广义的水资源调配，各界提出了许多宏大的建议，人们对于水资源短缺的忧虑可以理解，但建议应该形成正式的方案，而任何方案必须经过科学论证。以下仅举一例说明有关问题。

一种说法是把喜马拉雅山炸开一个缺口，让印度洋的水汽进入，改变青藏高原和西北地区的面貌。首先，青藏高原之所以成为荒原，有两个原因，一个是高寒，另一个是缺水，第一个是主要原因，至于水汽能否到达我国西北，应该进行科学计算。其次，无放射性污染的氢核武器，其主要威力在于热辐射和冲击波，爆破能力并不强，能否炸开也要进行科学论证。再次，假设喜马拉雅山被炸开，水汽到达青藏高原及以远，必须注意到世界上北纬 20°～30°一线，从非洲的撒哈拉到美洲的秘鲁高原都是荒漠地带，唯有我国的湖广和福建例外，这正是由于喜马拉雅山挡住了印度洋的水汽，把降雨叠加在我国的湖广和福建。最后，炸喜马拉雅山是对现有生态系统的大扰动，其生态和国际问题是非常复杂的。这个说法可能并不是一个具有科学性的建议，用这个例子主要是说明水资源调配是一个以生态学和经济学为基础的多学科综合研究。

四、水资源问题的解决

世界水资源问题的最终解决在于从受控热核聚变获得廉价能源。在 2002 年 8 月于南非约翰内斯堡举行的可持续发展世界首脑会议上宣布的联合国环境署等有关组织的统计，目前世界上有 80 个国家占世界人口的 40％的 24 亿人面临严重缺水，如果这一趋势得不到遏制，这一数字将在 2025 年到 2035 年增加到世界人口的 55％。

而这些人口中的 70％以上处于临海或距海不远的地区，可以通过海水淡化来解决这一问题；其余 30％的缺水人口则可以得到临海地区的水资源转让，从而全面地解决世界的水资源短缺问题。

（一）海水直接利用

目前，日本、美国、意大利、法国、以色列和沙特阿拉伯等国都已直接大量利用海水。美国工业用水的 30％ 靠海水解决，日本的工业冷却水海水用量已超过 50％。目前，随着技术进步，海水的直接利用正在与年俱增。

（二）海水淡化

海水淡化技术，尤其是反渗透法发展很快。目前国际上海水淡化处理成本已达到 0.6 美元/m^3 的水平，其中约 40％以上是处理过程中的电力消耗，约 30％是反渗透膜的成本。如果到 2050 年上述受控热核聚变能实现商用，电力成本可下降 3/4；而以现在新材料科学技术的发展速度，到 2050 年反渗透膜的成本下降和寿命延长可以使膜成本降低 50％是完全可以实现的。届时，海水淡化的成本将降低 55％，达到低于 0.27 美元/m^3，即 1.7 元人民币的水平，这个价格已经与从水源地取水和南水北调的运行维持费的水平相当,因此可以解决世界的水资源缺乏问题。

（三）中水回用

目前,在我国广泛存在、在世界某些国家也有的污水处理厂半开半停或少开多停的现象的主要原因是电力消耗。如果电价下降 3/4,则使污水处理和中水回用成本大大降低,从而能够正常进行,又补充了再生水源。

综上所述,通过海水直接利用、海水淡化和中水回用,在世界绝大部分地区人类将能彻底解决水资源短缺的问题。对于个别地区,可以采取把水调入或把人调出的办法解决。

第四节 从资源系统工程管理学看能源系统工程管理

能源是人类不可或缺的另一种短缺资源,目前主要是不可再生能源,即化石能源,如煤、石油和天然气,因此目前的经济也可称为高碳经济。本节将讨论如何以资源系统工程管理的理论来解决能源问题。

一、不可再生资源的半衰期理论

资源短缺是循环经济体系建立的主要原因和目的,仅以水资源和石油资源为例分析。我国在 2020 年以前将达到水资源供应短缺的最高峰,其后需求递减。据联合国有关组织 2005 年预测,考虑到石油的节约和新储量的探明,石油资源将在 2050 年以前枯竭。作者提出半衰期理论:即以探明的短缺自然资源储量预测,在剩余仅为总量 1/2 时,这种短缺自然资源的产量应该达到最高峰,其后递减。如果市场调节的趋势符合这一规律,则说明市场调节有效,如不符合则说明市场调节不同程度地失灵,应以政策宏观调控到符合规律的产量,只有这样才能以该种资源的尽可能持续利用保障可持续发展。当然,如果由于探测技术进步、勘察事业测发展,则半衰期可以延长。如图 3-1 所示。

也就是说世界石油供应将在 2025 年前后达到高峰,以后将递减,因此,我们必须在此之前形成太阳能、风能和生物能占相当组分的资源循环利用经济体系,否则我国的能源供应将是不安全的。前一阶段,国内外有些专家认为“在可以预见的未来石油不会短缺”,但在 2008 年石油价格曾达到 150 美元/桶,也就是大大超过牛奶制成品的价格。尽管目前受国际经济危机影响,需求减少,价格波动极大,但估计在 2015 年前会达到 200 美元/桶。如果到 2025 年以后石油供应真的递减,根据“物以稀为贵”的市场规律,那时的油价,哪个国家可以承受?所以目前连控制世界石油资源主体的美国前总统布什都要建立一种不依赖石油的经济。

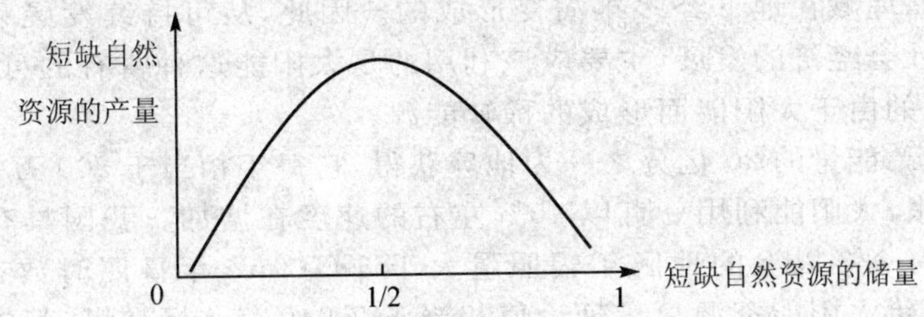

图 3－1　短缺自然资源的产量与储量曲线图

当然，能源中太阳能、风能和生物能的组分增加只是应对石油组分递减的一个过渡，在这个过程中保证能源安全，实现可持续发展。能源和水资源问题的最终解决主要还是靠受控热核聚变能的利用及用它进行的海水淡化。目前看来，如果世界发达国家的政治决策者们能顺应人类可持续发展的大潮流，支持这项在一定意义上决定可持续发展、划时代的科学研究，使 2005 年 6 月 28 日欧盟、日本、美国、俄罗斯、韩国和中国签署的 ITER 国际受控热核聚变研究计划顺利进行，受控热核聚变能在 2030—2040 年商用的科学可能性是存在的。届时，人类将进入一个以高技术获得取之不尽、用之不竭的热核能源的、知识经济新时代，摆脱必须依赖而又日益短缺的碳氢能源制约，真正实现可持续发展。

二、人类能以可再生资源彻底解决能源问题

人类能彻底解决能源与水资源这两种生活和经济发展所必需的资源的短缺问题吗？按新循环经济学的观点完全可以解决。靠什么呢？靠的是科技进步、高技术的产业化、开发可再生能源和富有资源来替代稀缺资源。但是，这能够做到吗？又在什么时候做到呢？我们不妨看看 20 世纪初科技并不发达的日本对 20 世纪将科技进步变成现实的预言。

100 多年以前，即 1901 年 1 月 2 日和 3 日，《报知新闻》以《20 世纪的预言》为题刊载了 23 项预言。其中，18 项预言如今全部或部分变成现实，占预言总数的 78％。其中完全变成现实的预言包括：写真电话（即现在的可视电话）；人类 7 天可以环绕世界一周；能调节寒暑、送出适宜空气的机械（即现在的空调）；无线电信及电话；远程照片传送；借助电力培养植物；声音远距离传输；电力普及；高速铁路；城市高架铁路和地铁；汽车普及；电力传输。

现在我们不妨再对 40 年以后，也就是 2050 年科技进步做一个预测，相信成功率应该更高。

（一）太阳能

实际上，太阳能是地球上所有能量的来源，有机物都是靠太阳能生长的，煤和石

油都是有机物，埋藏在地下经多年演变形成的。因此，从可持续发展和循环经济的观点看，人要社会经济的发展，主要应该利用的是太阳能这种富有的可再生能源，而不是耗竭现成的由于太阳能而形成的稀缺能源。

太阳辐射总能量的20亿分之一为地球获得，它每年相当于200万亿t烟煤的热量。近10年来，太阳能利用一直以40%左右的速度在增加。我国具有丰富的太阳能资源，全国有2/3以上的地区年辐照量大于6 GJ/m^2，年日照时数在2 200 h以上。我国陆地年太阳能资源总量理论值相当于7 949亿t标准煤，其中可采量相当于3 964亿t标准煤，约为我国2000年生产能源总量的363倍。

现阶段我国太阳能的利用以太阳能热水器和太阳灶为主，由于技术问题，导致成本过高，利用率很低。我国拥有太阳能热水器的家庭不到5%，而日本拥有太阳能热水器的家庭达20%之多。

表3－2显示的是我国从1995—2020年各年度太阳能利用成本。

表3－2 各年度太阳能利用成本

年 度	1995	2000	2002	2010	2020
太阳电池成本/(美元・Wp^{-1})	6.5	5.0	3.0	2.0	1.0
太阳能发电成本/(美分・kWh^{-1})	25	20	11	6	5.3

如表3－2所列，2020年晶体硅太阳电池的价格将下降到1.0美元/Wp，太阳能发电成本5.3美分/kWh，达到与其他发电方式相当的水平。如果薄膜电池技术能够有所突破，太阳电池成本有可能更大幅度地下降，因此，太阳能的利用率能得到充分的提高，太阳能在能源消费中的比重也将逐渐上升。

国际能源机构预测，在发达国家到2020年太阳能将占到能源总消耗的11%。如果我国充分考虑到目前能源结构的不合理，以循环经济的观点充分利用太阳能，加大投入开发太阳能技术，不断降低太阳能利用的成本，到2020年太阳能利用在能源总消耗中的比例应不低于5%，可达到1.3亿t标准煤。

(二) 受控热核聚变

受控热核聚变利用的是氢或其同位素，核聚变所释放的能量，实际上就是太阳释放能量的反应，所以又被称为“人造太阳”。目前实验反应利用的是氢的同位素氘(D)和氚(T)在特定的高温和约束条件下进行的可以控制的核聚变反应，聚合成较重的He原子核并释放出巨大的能量，反应简式如下：

$$D+T=He+能量$$

1 kg氘和氚的混合物进行热核聚变反应可以释放出相当于9 000 t汽油燃烧的能量，是相同质量的铀进行核裂变反应释放能量的大约5倍。氘和氚与铀等稀有重金属不同，是富有资源，可以取自海水，1 kg海水中可以提取34 mg氘。也就是说，

1 L海水可以相当于300 L汽油，这就是所谓“海水变汽油”。世界上的海水至少可以提取23万亿t氘，以目前的世界能源消耗来计算，可供人类使用100亿年以上，是取之不尽、用之不竭的富有能源。同时，热核聚变不产生放射性污染，它是一种清洁能源；氢及其同位素广泛地蕴藏于海水和各种矿物、生物之中，可以循环再生，所以它还是可再生能源。

受控热核聚变的实验研究始于20世纪60年代，由于耗资很大和技术困难，在很长时期内被认为是基础研究。同时，发达国家由于各种原因，对于人、物和财力的投入长期举棋不定，时起时落，使人们对这项研究的应用前景产生了悲观的论调。

自20世纪90年代以来，受控热核聚变的研究取得了突破性的进展。1991年11月9日建在英国牛津郡卡拉姆实验室的欧洲受控热核聚变研究中心的欧洲大环(JET)在实验中取得了功率输出，从实验上证明了热核聚变能量可控、可利用的可能性。这次反应的温度达到了2×10^8℃，为太阳表面温度的10倍，并且首次获得了2 MW(2×10^6 W)的功率输出。1994年1月5日，普林斯顿实验室再次创造了功率输出10.7 MW的纪录，这一输出相当于一个小型电站的功率，输出功率与输入功率之比为28%。

1997年10月31日夜，在欧洲受控热核聚变研究中心的环状受控热核聚变实验器——(JET)上做出了16.1 MW输出功率的世界纪录，输出功率和输入功率之比达到了65%，在不到4年的时间内把世界纪录翻了一番。到1997年为止，发展前景乐观。

目前，世界三大Tokamak受控热核聚变装置JET、JT-60(日本)和TFTR(美国)都做到了正功率输出，即热核聚变能量略大于加热到聚变条件所需能量。目前只有JET和JT-60仍在运行，而TFTR由于美国国会削减预算已于1998年终止。

1976年，美国曾做出计划于2000年以前实现聚变示范电厂联网，并于1980年10月7日写入《磁聚变能量工程法》，当时美国正值能源危机末期。但后来由于一些原因(主要是政治上的原因)并未执行，预算不断削减(见表3-3)。此后又在科学上受到质疑，于20世纪90年代把计划修改为2025年建成第一个示范电厂，此后该计划又被搁置。

表3-3 美国对受控热核聚变投入递减的状况

年 份	1995	1996	1997
预算/亿美元	3.65	2.4	2.25

由于国际的共同努力，1985年，欧盟、日本、俄罗斯及美国制订了新的受控热核

聚变点火实验装置 ITER(international thermonuclear experimental reactor)计划,输出功率大于 150 万 kW/s。1998 年美国退出,2003 年重新加入。

2003 年 2 月 18 日,在俄罗斯圣彼得堡召开的"ITER 第八次政府间谈判会"上,中国宣布作为全权独立成员加入 ITER 计划谈判。这意味着中国承诺承担 ITER 工程总造价 46 亿美元的 10%,并享受全部知识产权。韩国也于 2005 年正式加入 ITER 计划。

2005 年 6 月 28 日,包括中国在内的 ITER 国际计划六大伙伴国在莫斯科签署联合声明,正式确认 ITER 将落户在法国罗纳河口省的卡达哈什(Cadarache)。该计划预计 8～10 年完成,目前已完成物理、工程设计。

作者从事过 10 年受控热核聚变研究,为 JET 设计了中性注入器的真空装置。1995 年,作者在外交学院讲课时正式预测 2030 年受控热核聚变可以商用(发表于《中国高新技术企业评价》1995 年第 4 期),后来被联合国有关的权威预测机构认同。目前看来,如果不受到国际政治的干扰,有关国家通力合作,在 2030—2040 年受控热核聚变可以商用。

尽管受控热核聚变能源的商用还有 30 年的长周期,但它是最终解决人类能源问题的途径,届时,它将根本改变人类经济。我们不能只知 Intel,不知 ITER,必须未雨绸缪,紧密跟踪这项关于人类可持续发展前途的高技术研究,适时加大投入。这是以循环经济理念解决我国能源问题的根本途径。

(三) 风能发电前景

风能是十大自然资源中气候资源中的一种可用能量,风能发电具有可再生、对生态系统破坏小等优点,对修复生态系统。尤其是减少温室气体排放有重要作用,因此具有广阔的发展前景。

1. 风电产业发展现状

(1) 全球风电产业发展现状

近年来风能发电发展迅速,2006 年全球风能发电装机容量增长幅度为 31%,2007 年又增长 26.9%。图 3-2 显示了自 1997—2007 年世界风电新增装机和累计装机的变化情况。

风电装机超过 1 百万 kW 国家到 2006 年已有 13 个,其中 8 个欧洲国家(德国、西班牙、意大利、丹麦、英国、荷兰、葡萄牙和法国)、3 个亚洲国家(印度、中国、日本)和 2 个美洲国家(美国、加拿大)。表 3-4、表 3-5 所列为 2006 年新增装机及 2007 年世界累计风电装机排名前 10 位的国家。

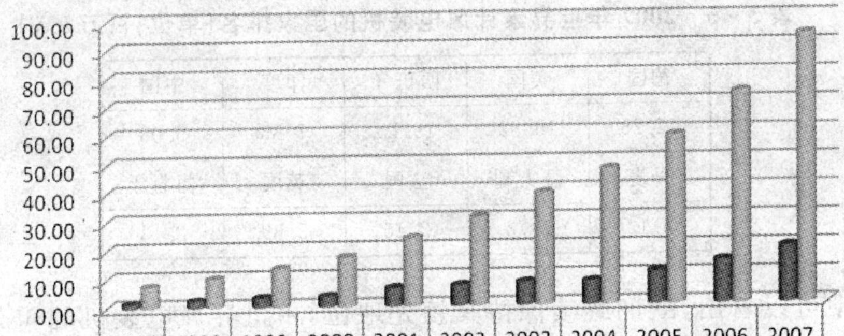

	1997	1998	1999	2000	2001	2002	2003	2004	2005	2006	2007
新增装机	1.53	2.52	3.44	3.76	6.50	7.27	8.13	8.21	11.53	15.20	19.99
累计装机	7.6	10.2	13.6	17.4	23.9	31.1	39.41	47.62	59.09	74.22	94.25

新增装机　累计装机

图 3-2　1997—2007 年世界风电新增装机和累计装机变化情况(百万 kW)

表 3-4　2006 年世界新增风电装机的国家排名(单位:百万 kW)

国　家	新增容量	市场份额(%)
美国	2.45	16.1
德国	2.23	14.7
印度	1.84	12.1
西班牙	1.58	10.4
中国	1.34	8.9
法国	0.81	5.3
加拿大	0.78	5.1
葡萄牙	0.69	4.6
英国	0.63	4.2
意大利	0.42	2.7
前十位总计	12.79	84.2
其他国家总计	2.41	15.8
全球总计	15.20	100.0

表 3-5 2007 年世界累计风电装机的国家排名(单位:百万 kW)

德国	美国	西班牙	印度	中国
22.25	16.82	15.15	7.85	6.03
丹麦	意大利	法国	英国	葡萄牙
3.13	2.73	2.46	2.39	2.13

从表中可以看出,欧洲继续保持其领先地位,占世界风电装机的 65.4%,并且在 2007 年世界风电装机最多的 10 个国家中占有 8 席。亚洲正成为全球风电产业发展的新生力量,印度和中国是亚洲风电发展的主要推动者,两国占亚太地区风电装机的 84.1%,2007 年累计风电装机总量分别达到 7.85 百万 kW 和 6.03 百万 kW,总量还很小,长江三峡设计装机总容量为 22.4 百万 kW。

从中期来看,全球风能产业的前景相当乐观(见表 3-6),各国政府不断出台可再生能源鼓励政策,为该产业未来几年的迅速发展提供了巨大动力。

表 3-6 世界风电现状及预测汇总表

年 份	2007		2010		2020	
世界风电	累计装机总量(百万 kW)	占世界发电总量的比重(%)	预计累计装机总量(百万 kW)	预计将占世界发电总量的比重(%)	预计累计装机总量(百万 kW)	预计将占世界发电总量的比重(%)
	94.25	0.8	136.54	2.2	560.45	8.6

(2) 我国风能利用的基本状况及对风能利用的规划

我国风能资源丰富,主要分布在东部沿海及附近岛屿、西北、东北和华北等地区。在 20 世纪 80 年代后期和 2004—2005 年,中国气象局分别组织了第二次和第三次全国风能资源普查,得出我国陆地 10 m 高度层风能资源的理论值,技术可开发量分别为 253 和 297 百万 kW 的结论。

2003—2005 年联合国环境规划署组织国际研究机构,采用数值模拟方法开展了风能资源评价研究,得出我国陆地上离地面 50 m 高度层风能资源技术可开发量可以达到 1 400 百万 kW 的结论。

2006 年国家气候中心也采用数值模拟方法对我国风能资源进行评价,在不考虑青藏高原的情况下,全国陆地上离地面 10 m 高度层风能资源技术可开发量为 2 548 百万 kW,居世界首位。

作者认为后两种数据的数学模型值得探讨,要汲取美国金融危机以抽象数学模型制造不科学金融产品和我国大跃进时以吸收太阳能来计算粮食亩产量的教训。

但即便以第三次全国普查的数据，也是我国2020年风能发电规划的10倍，风能发电还是大有前途的。

我国2010年有望突破20百万kW，初步设想在2020年前建成6个10百万kW级的大风电基地：包括甘肃12百万kW、新疆哈密20百万kW、内蒙西部20百万kW、内蒙东部30百万kW、河北10百万kW和江苏10百万kW。同时，重点建设甘肃河西走廊、苏北沿海和内蒙古3个10百万kW级的大风场，打造"风电三峡工程"。这样风能发电总装机容量可超过1 200万kW，将5倍于长江三峡总量，在我国发电中占重要地位。

2. 风能发电存在的问题

尽管我国近几年风力发电年增长都在50%左右，但装机容量仅占全国电力装机的0.21%，装备制造水平与装机总容量与发达国家也有较大差距。主要问题如下。

(1) 基础理论问题

在风力发电的基础理论方面我们的研究投入很少，缺乏相应的专业人才，特别是空气动力学、流体力学和新材料等方面的人才；更缺乏能把各个有关风能发电的基础学科综合的研究机构。

(2) 技术问题

目前国内大部分风电设备制造厂家采用购买国外的设计图纸和生产许可证来生产。核心技术是国外的，关键零部件（如轴承、变流系统）大部分还依靠进口，自己不具备开发研制具有自主知识产权的风力发电机组、新机型的能力。这不但会增加国内机组运行、维护的成本，而且还会有需要国外核心技术持续支持的风险。

(3) 规划问题

东部沿海地区是电力负荷中心，能够接受大容量的风电，但风资源不佳。内蒙、甘肃和新疆风能资源丰富、可利用土地面积辽阔，电力负荷却较小，现有输电能力弱。总体上，中国风能资源与电力负荷的分布不匹配，风电场的场址多在电网末端，需要新建输电线路和变电站等设施，接入系统的规划和投资往往落后于风电项目的实施。所以，应考虑"大规模非并网风电系统"的解决方案。

(4) 上电网的问题

目前电网企业对风力的并网以及技术要求尚不规范。风电的随机性给电网的稳定运行带来影响，需要电网企业提供附加服务，从而增加其成本；另外对于局部地区规模比较大的风电场接入方案、运行调度、与常规电源的利益分摊和全额收购风电电量规定的落实等问题还有待进一步研究和解决。

此外，随着风电场规模越来越大，附近薄弱的电网结构很难及时有效地向外送出电力。我国已出现风电场被大面积限电的情况，如新疆电网没有和内地联网就严重地制约了对新疆丰富风力资源的开发利用，相反内蒙就是因为有良好的主电网构架支撑了内蒙风电的超速发展。

(5) 企业投入的问题

大量中小企业全力以赴地购买良莠不齐的"生产许可证"，盲目进行风电装机，虽然解决了目前的风电设备短缺问题，却制约了企业对技术原创力的投入，始终是处在一个产品跟随阶段，由于技术不成熟，也为今后爆发规模性的产品质量问题埋下了隐患，很有可能波及将来整个行业的健康发展。

运营企业从风能资源到上网销售电量均预测不准。从测风数据收集、风能资源评估到项目未来 20 年运行期上网电量的预测准确度均不高。已建风电场实际的年上网电量与可行性研究阶段的预测值对比，普遍要低 20%，这对投资者就是很大的风险。

(6) 电价的问题

我国风电场每千瓦造价 8 000～9 000 元，风电场的风能年利用小时数一般为 2 700～3 200 h，发电成本约为 0.35～0.6 元/度。但与常规的火力、水力发电相比，电价仍然偏高(见表 3－7)。

表 3－7 三种发电方式比较

电源类别	2007 年平均发电时数/h	2007 年发电平均成本/(元/度)
火电	3 778	0.32
水电	2 856	0.37
风电	2 730	0.40

在传统的竞价上网制度下，风力发电并不受青睐。近期风电特许权招标改革开始，改变了低价最佳的传统观念，使得风电的竞争力得到大幅提高。

(7) 环境问题

风电场占地面积较大、有噪声、破坏景观(有人可能认为是一种视觉污染)，如影响候鸟的迁徙，(海上风电厂可能)影响鱼类的栖息，则在一定程度上对生物的活动造成影响。

对于这些问题应该进行科学分析。

① 就我国目前情况来看，这些影响都在可控范围之内，因为我国风电机组多建于偏远的、人口分散的山地、戈壁、草原和海岸上，离居民定居点都比较远。

② 风力发电不排放任何污染物质，特别是在减排 CO_2 气体方面能起重要作用，综合考虑，风能的开发与利用对于保护生态系统是有积极意义的。

③ 对于环境和生态的影响应有系统分析的科学观念，而不应采取生态至上的唯心观念，重要的是维系人类发展与生态系统的动平衡，两害相权取其轻，沿海风电建设对鸟

和鱼的影响并不致命，当然也应该尽量避免，不过究竟有多大的影响要做认真的科学研究，不是想象可以决定的。

3. 前景分析

在风能、太阳能、生物质能这 3 大可再生清洁能源中，风能是最经济、可用的新能源。我国火电的平均发电成本约为 0.32 元/度（假定煤炭均价 625 元/t），风电的平均发电成本是 0.40 元/度（随着零部件瓶颈的消除，2012 年有望下降到 0.35 元/度）。随着风电设备国产化率的提高、规模经济效应显现以及技术进步带来的成本继续降低，风电有望在不远的将来率先摆脱对政府补贴的依赖，直接同传统能源展开竞争。

就目前来看，我国风能等可再生能源利用在整个电源结构中还只占相当小的比重（见表3－8）。2005 年国家发改委调整初定风能发展规划目标，计划在 2020 年实现全国风电装机总量累计达到 30 百万 kW（见表 3－8）。

表 3－8　中国发电量结构及规划目标

电源类别	2007 年在电源中所占比例(%)	预计 2010 年在电源中所占比例(%)	预计 2020 年在电源中所占比例(%)
火电	74.03	64.81	40.87
水电	24.24	30.45（规划 190 百万 kW）	39.36（规划 300 百万 kW）
风电	0.21	1.24（规划 5 百万 kW，预计 2009 年底完成）	7.5（规划 30 百万 kW）
其他	1.52	3.5	12.27

（1）外部成本低

上述比较只计算了风电和化石燃料发电的内部成本，尚未将社会承担的环境污染等外部成本计算在内，如果把环境和健康有关的外部成本计算在内，来自煤或石油的发电成本会增加一倍，来自天然气的发电成本会增加 30%。核裂变电站的外部成本更大，如核污染、核废料和电厂退役等。而风电的外部成本最小，与现行价格相比，其成本可以忽略不计。

（2）拉动就业大

美国的一项研究表明，生产同样的电力，风电比煤炭发电多创造 27%的就业，比天然气联合循环发电多创造 66%的就业。在美国，每生产 1 百万 kW 的风力发电机，可产生的就业人数为：制造业 3 000 人，安装 700 人，运行维护 600 人。在中国风电行业的发展所能带来的潜在就业要明显高于美国。2020 年如果我国建成 30 百万～40 百万 kW 的风力发电，至少可以提供 15 万～20 万个新的工作岗位。

（3）改变贫困地区面貌

除东南沿海外，风能资源丰富的地区一般情况下都是自然条件比较恶劣的地区，发展经济的条件很差，风力发电可能成为当地脱贫致富的有效手段。例如，内蒙古辉腾锡勒风电场所在地的县财政收入 70％来自于风力发电。

第五节 生态修复的原理与规划

资源系统工程管理学与其他资源科学最重要的区别就在于，它不仅考虑资源的优化配置、合理利用，还考虑资源的补偿和恢复，因此它是生态的资源学。资源系统工程管理学认为人类所有可用自然资源均来自自然生态系统，人类对自然资源的利用不仅改变了自己的生存环境，也改变了自然生态系统，在大多数情况下使之退化。因此，对资源系统管理的重要内容是以生态工程修复自然生态系统，使之对自然资源开发利用有可持续的承载能力，这就是人与自然和谐的生态文明理念。

一、生态修复和生态工程的提出

在 1984 年，马世骏先生就提出了生态工程的定义："生态工程是应用生态系统中物种共生与物质循环再生原理、结构与功能协调原则，结合系统工程的最优化方法，设计的分层多级利用物质的生产工艺系统。"这个定义仅在生产范畴内，可称为生产型生态工程。

1985 年英国学者阿伯尔（Aber）和约丹（Jordan）提出了恢复（restoration）生态的概念，意指研究生态系统退化的原因，恢复与建设退化生态系统。

生态工程还有另一个范畴就是修复生态系统，即修复型生态工程，作者将其定义为"生态工程是应用生态系统中物种共生、能量与物质循环再生与系统动平衡原理，以应用系统分析进行多学科交叉研究，以政策、经济、生态和技术的综合手段，尽可能把退化生态系统恢复到原动平衡被破坏前的、良性或更优的循环过程的工程"。

二、生态修复的基本原理

生态修复的原理各种研究已经谈了很多，其基本原理应是在符合生态规律的前提下以人为本，做到人与自然和谐。此外，还有如下基本原理在研究中很少提及，特别是前 5 条。

（一）纯人工生态系统不存在原理

如前所述，迄今为止，一定规模的纯人工生态系统至今尚不存在，因此生态修复主要是修复，而不是再造。所以生态修复的目标就是把退化系统尽可能恢复到可知的原有状态或退化程度较低的同类生态系统的现有状态。

（二）生态退化不可逆原理

要认识到生态系统是变化且不可逆的，修复退化生态系统，不可能复原，所谓“修复”是指将系统的动态平衡和良性循环恢复到以前的水平。

（三）生态系统再生原理

生态系统本身有自恢复和再生功能。在生态修复中最为重要的是要修复生态系统的自恢复能力，如把人工蓄水变成活水，即所谓“流水不腐”，修复其自恢复能力，利用自然再生水的能力。

（四）生态承载力原理

生态承载力原理是生态修复的基本原理。如果修复沙漠绿洲，不考虑在人增多和生产发展下用水激增和当地水生态系统的承载力，而主观恢复新疆楼兰古国绿洲，其结果必然是事与愿违，即便存在短期效果，最终也必然回归沙漠。

（五）维系系统动平衡原理

在修复退化生态系统时，最重要的是在过程中持续不断地维系系统的动平衡。如在植树的同时种草；抽地下水浇灌时注意地下水回补；在上游蓄水的同时向下游放流。

（六）生态位原理

在一个生态系统中种群都有自己的生态位，其反映了种群对资源的占有程度以及种群的生态适应特征。自然群落一般由多个种群组成，它们的生态位是不同的，但也有重叠，这有利于相互补偿，充分利用各种资源，以达到最大的群落生产力。

在退化生态系统重建中，考虑各种群的生态位，选取最佳的植物组合，是非常重要的。如在森林系统中“乔、灌、草”结合，就是按照不同植物种群地上地下部分的分层布局，充分利用多层次空间生态位，使有限的光、气、热、水和肥等资源得到合理利用，同时又可产生为动物、植物和低等生物生活的适宜生态位，最大限度地减少资源浪费，增加生物产量，从而形成一个完整稳定的复合生态系统。

（七）食物链原理

生态系统中被生物贮存的能量和物质，常以一系列吃与被吃的过程传递。各种生物按其食物关系而排列的顺序称为食物链。在生态系统中，食物链之间又相互连接，形成了一个十分复杂的“食物网”。

例如，在南美阿根廷的潘帕斯草原，将原来的落叶林和灌丛生态系统改造为草原，破坏了原来的食物链。后来，在牧场上间种大豆和玉米，就丰富了食物网，一定程度修复了原来的生态系统，部分恢复了其功能。

（八）物种多样性原理

自然生态系统是一个非平衡态超复杂巨系统，它是稳定的。其稳定在于非平衡态和复杂，越复杂的生态系统越稳定，而其复杂性的重要表现就在于物种的多样性。

纯人工生态系统之所以至今尚不存在，主要原因在于无法复制物种的多样性。因此，生态系统修复的最重要工作在于保护生物多样性。

（九）耗散结构原理

耗散结构理论指出，一个开放系统，它的有序性来自非平衡态，也就是说，在一定的条件下，在系统处于某种非平衡态时，它能够产生维持有序性的自组织，不断和系统外进行物质与能量的交换。该系统尽管不断产生熵，但能向环境输出熵，使系统保留熵值呈减少的趋势，即维持其有序性。

生态系统各组分不断与外部系统进行物质和能量的交换，在产生相当熵的同时又不断向外界环境输出熵，是耗散结构系统。外力干扰会使系统内部产生变化，对一定限度的外力干扰，系统可以进行自我调整。而当外力干扰超过一定限度时，系统就能从一个状态向新的有序状态变化。生态工程的目的就是修复和增强其抗干扰和自组织能力，建造耗散型生态系统结构。如向缺水的生态系统注水，就增强水生态系统的抗污染和自净能力。

（十）最小风险原理

生态系统修复要遵循最小风险与最大效益原理。最小风险主要在于如下 3 个方面：

① 不超出生态承载能力，如不能过度恢复沙漠中的绿洲。

② 尽可能恢复退化生态系统原貌，即尽可能减少新人造部分。

③ 尽可能少地引入外来物种，以免打破生态平衡。

三、生态修复规划

早在 1864 年美国地理学家马施（G. P. Marsh）就首次提出要合理规划人类活动，使之与自然协调，而不是破坏自然。1898 年英国生态学家霍伍德（E. H. Howard）提出的“田园运动”就是最早期的生态规划。20 世纪 80 年代我国提出的“山水田林路综合规划的小流域综合治理规划”是更为具体的生态规划。生态系统修复是一个系统工程，因此必须制订规划。

生态修复规划的制订有如下程序和内容。

（一）确定规划的范围

任何生态系统修复都是在一定范围内进行的，因此首先要确定范围、划定边界。在边界划定时，尤其要注意地下水、大气和物种这些隐形和不易查清因素的边界划分。范围的划定主要依生态学原理进行，如基本以河流流域划界。

（二）地区经济、社会、环境和生态状况的综合调研

一个地区的生态恢复规划取决于以下几个方面：

① 经济：经济发展程度；

② 社会：城乡状况和人口分布；

③ 环境：环境污染状况、程度；

④ 生态：生态系统退化的状况和程度。

只有在这种综合调查、系统分析的基础上才能制订科学合理的生态恢复工程规划。

（三）地区生态史和世界同类生态系统的研究

如前所述，目前生态系统只能修复而不能再造，因此必须了解退化到一定程度以前该生态系统的状况。在这类资料难以获得时，要研究世界上同类较好生态系统，作为参照确定修复目标。

（四）确定规划的目标

确定规划的目标就是以目标体系描绘预计被恢复生态系统的形象，根据地区经济、社会、环境和生态调研的结果来确定指标。

恢复生态系统的指标一定要简单、易测和易于定量化，否则规划无法落实。同时，要高度重视各自指标体系之间的平衡。

（五）使规划与周边相协调

在制订出规划的目标体系后，应高度重视并具体校核该目标体系与周边环境或周边同类规划的协调，进行必要的修订，否则该规划将难以实施，或完成后也达不到预期效果。

（六）规划要做到四有

目前的生态修复规划多如牛毛，甚至市、县一级都制订了相应的规划，在生态文明的今天，造成了生态规划已成为“规划规划，墙上挂挂”的典型。这种可悲状况仍在继续。且不说过小范围的生态修复规划本身就不符合生态学原理，而且目前生态规划大多处于无投资、无进度、无责任人和无监督机制的状态。应此把生态规划由“四无”变成“四有”已经成为生态建设的当务之急。

1. 有投资

生态修复是工程建设，要有投资是最简单的道理，不论来自中央还是地方，都要

有资金来源的数量。作者于1999年主持制订的《21世纪初期首都水资源可持续利用规划(2001—2005)》就由国务院批准220亿投资,其中70亿由中央投入。

2. 有进度

生态修复虽然不是一朝一夕能见效的,但工程的完成是要有进度的。作者于1999年主持制订的《塔里木河流域综合治理规划》就明确规定到2005年,塔里木河下水到达尾闾合特马湖,形成水面。

3. 有责任

生态修复规划像任何工程建设一样是有责任的,规划制订者要负有大楼设计者同样的责任,被修复生态系统如果没有修复、反而像大楼坍塌一样崩溃,规划制订者要负法律责任。作者于2000年主持制订的《黑河流域近期综合治理规划》就在实施地酒泉市,从市、县到乡逐级规定了责任人。

4. 有监督

生态修复规划明确了责任而无人监督也是一纸空文,《21世纪初期首都水资源可持续利用规划(2001—2005)》就由国务院于2001年批准成立了实施协调小组,由作者任常务副组长负责规划的协调、组织和监督检查,保证了规划的实施和效果。

第二篇　30 年全球百国生态考察

本篇记述了作者自 1979—2009 年整整 30 年间对 100 个国家和地区的主要河流、湖泊、湿地、森林、草原和海岛的考察和研究，也记述了对人类改变自然生态系统的大型电站、水库和供水工程及水资源利用管理体制的考察和研究，可以说是一次人类生态文明的历史和现状的考察。

第四章　世界河流多面临断流

河流是陆地表面上经常或间歇有水流动的线形天然水道，是人类用水的主要来源，不仅饮用，还要灌溉，解决人类最基本的饮食问题，而且自古以来航运就解决人类的交通问题，近代以来又以水力发电来解决人类的能源问题，可以说解决了人类除居住外的几乎所有主要问题。河流对人的重要性是不言自语、人尽皆知的。

年水资源量的概念就是每年可更替的水，也即河流入大海的年水量。2009 年瑞士达沃斯世界经济论坛年会发布报告说全球 70% 的河流面临水源枯竭，全球“许多地方”正处在水破产边缘。可见河流年径流量减少，除用水增加外，重要原因还是降雨减少，但是全球气候变暖应该导致水蒸发总量增大，降雨总量增加，为什么在全球气候变暖日渐被确认的情况下，陆地变得更为干旱了呢？作者在世界水论坛大会上请教了 8 个世界级专家，都没有给出答案。后来在英国遇到一个对此有长期研究的专家，他说蒸发总量是增大了，但海洋上空湿度大，易于成雨，因此多数雨都降到海里去了，全球气候变暖推动了一场把淡水变成咸水的自然运动。究竟对不对呢？也值得深入研究。后来，2005 年作者又与诺贝尔化学奖获得者大气臭氧层破坏机制的发现者克鲁岑教授探讨，他认为大气污染造成的悬浮颗粒使水汽不易凝结，也促使雨降到大气污染较少的海面上空。由此可见生态学之不成熟，而且必须走实地考察和多学科综合研究的学科发展道路。

第一节 亚马孙河

在联合国有关系统中有句话叫做："没到过中国不知道人多，没到过苏联不知道地多，没到过美国不知道钱多，没到过巴西不知道水多。"而巴西的水集中在亚马孙河。

巴西的水资源总量高达 6.95 亿 m^3，居世界第一位。其中地表水 5.19 亿 m^3，占 75%；另有瓜拉尼（Guarani）这个世界最大的含水层——地下水库，地下水共占 25%。其人均水资源量高达 40 880 m^3/人，仅次于加拿大而居世界第 2 位，是我国的 19 倍之多，因此说巴西是世界上最丰水的国家是毫不为过的。巴西水资源总量折合地表径流深为 822 mm，是全境维系良好生态系统阈值的 3 倍，因此森林覆盖率高达 52%。

巴西年供水 566 亿 m^3，其中农业占 68%，城镇居民生活占 18%，工业占 14%。万美元国内生产总值用水为 1 116.4 m^3，万元人民币国内生产总值用水为 135 m^3，约为我国的 1/4，是相当节水的，当然这与巴西雨量充沛，农业用水少有关。

但是，即使在巴西这样丰水的国度里也有缺水的地区。巴西的东北部，降雨量不足 200 mm，人均水资源量不足 1 000 m^3，属于重度缺水地区，其中个别地区人均水资源量甚至不足 500 m^3。此外，圣保罗和里约热内卢地区因人口高度集中，人均水资源量也不足 1 000 m^3。看来，水再多，不对经济社会发展与水资源分布做合理配置，也还要缺水，这就怪不得老天爷了。

一、亚马孙河马瑙斯段

国际上说世界有四大自然奇迹：中国的西藏高原、美国和加拿大之间的尼亚加拉大瀑布、东非大裂谷和美国的科罗拉多大峡谷。这四大奇迹作者都曾到过，西藏高原堪为其首，那真是另一个世界。据作者的了解亚马孙热带雨林堪称第五，而我国横断山的三江并流则是第六了。

（一）世界第一大河——亚马孙河

亚马孙河是世界第一大河，全长 6 751 km；平均年径流量 6.9 万亿 m^3，为我国水资源总量的 2.4 倍；流域包括巴西、哥伦比亚、玻利维亚、厄瓜多尔、委内瑞拉、苏里南、圭亚那和秘鲁 8 国，总面积 692.6 万 km^2；三项均居世界第一位。亚马孙河平均流速为 2.5 m/s；年平均水位变化为 10.55 m；由于沿河植被好，携沙量为 7 亿～8 亿吨/年，仅为黄河的 1/2。

在整个巴西亚马孙河流域仅有 1 207 万居民，平均 1.93 人/km^2，地旷人稀，每平方千米的居民低于 2 人，人类活动对生态系统影响不大，甚至达到了一般自然保护区核心区的要求。

（二）考察亚马孙河马瑙斯段

我们于2004年7月7～8日考察了亚马孙河巴西境内的马瑙斯段，马瑙斯段是亚马孙河最典型的河段，也是最便于深入考察的河段。我们在马瑙斯乘船上溯下驶考察了支干流约60 km的河段，并进入了河边热带雨林。

马瑙斯城是整个亚马孙河流域最大的城市。我们在晚上抵达马瑙斯，从飞机上看马瑙斯是亚马孙河流域莽莽无人区的一颗明珠，在乌黑一片的大地上，分不出河流、森林和湿地，只有马瑙斯像一颗宝石镶嵌在墨色的地表，十分神秘，是一个奇景。而离开马瑙斯时是白天，从飞机上看得十分清楚，绿成一片的大地，中间有黑水和白水的河流；细看连森林和湿地也分得出来，黑绿的是森林，翠绿的是湿地。只有马瑙斯是这个大自然中的人造物，像小孩用泥土垒的一小片假房子，在自然面前，人的力量是这样渺小。

马瑙斯有140万人口，占巴西亚马孙河流域人口的12%，除去该城，亚马孙河流域仅为1.2人/ km^2，接近特殊自然保护区的标准。因此马瑙斯城的污染对亚马孙河至关重要。巴西亚马孙河流域的总用水量为60亿 m^3，废污水处理率仅为5%；由于亚马孙河在枯水期流量也很大，废污水排放远在水生态系统的自净能力1/40的范围之内。

较严重的污染是巴西为了利用邻国委内瑞拉和哥伦比亚的石油，在马瑙斯建了炼油厂，但是，马瑙斯对炼油厂的污水处理、达标排放采取了有力措施，实行了以国家水资源署为主，包括环境部等多个相关部门的互相协作的统一治理，由国家水资源署统一管理，严格监测督察，收到了预期的效果。

实际上在马瑙斯以上，亚马孙河有两条支流。一条是发源于哥伦比亚安第斯山，经马瑙斯的内格罗（Negro）河，由于原始森林腐叶入水和土壤含铁，水呈黑色，被称为“黑河”。另一条是作为主源、发源于秘鲁安第斯山的苏里曼（Solimoes）河，因水清被称为“白河”，但现在由于水土流失加剧，使水呈黄色。两河在马瑙斯以东约20 km处相汇，成为亚马孙河干流，交汇点上黄水、黑水分明，连绵数千米，是一奇观。

内格罗河年平均径流量9 600亿 m^3，相当于长江；苏里曼河年均径流量27 600亿 m^3，相当于中国的水资源量；两河汇合，始称亚马孙河，再向东约90 km汇入发源于玻利维亚安第斯山的马代拉（Madeira）河，其年均径流量14 720亿 m^3，相当于半个中国的水资源量。三河相汇后形成亚马孙河干流直至入海，占亚马孙河年径流量的79%，相当于近两个中国的水资源量，巴西水之多可见一斑。

二、进入亚马孙热带雨林

我们先乘巴西国家水资源署包租的大船从马瑙斯港口下水，进入亚马孙河的第一大支流——内格罗河。巴西国家水资源署是实力强大的国家水管单位，但并不养船，他们认为一年用不了几次，要全年保证船舶保养和人员工资，很不经济。

内格罗河又称“黑河”，以水黑而得名，下河后看得更真切，水的确微黑。内格罗河发源于哥伦比亚的安第斯山西麓，从北侧流来，经过的是除种罂粟者和毒贩子外人迹罕至的无人区，流入巴西后更是真正的无人区。这里原始森林保护得很好，因此大水冲刷原始森林的枯枝腐叶入水，分解后成黑色；此外，大概和土壤含铁也有关。

内格罗河江面宽阔，有 3～4 km 宽，与我国长江一样；水量浩瀚，年均径流量高达 9 600 亿 m^3，恰与长江相等。行船在由内格罗河上，天高地远，仿佛驶在大海上一样，丝毫不亚于在长江上航行的气势。亚马孙不过是巴西的一条河，内格罗河不过是其一条支流，巴西的水资源又一次让我们吃惊。

驶出内格罗河就到了与主流苏里曼河的汇合处，苏里曼河俗称“白河”，因水清而得名，它发源于秘鲁的安第斯山西麓，上游地势较高，植被情况不如内格罗河，因此枯枝落叶较少，所以水流较清。与内格罗河相比苏里曼河上游城镇较多，对原始森林有一定程度的破坏，所以水土流失，水开始变黄，“白河”变成了“黄河”。在两河交汇处形成了黑水白水泾渭分明的奇迹。黑黄分明的界限犬牙交错、延绵不断、随波逐流、时起时伏，达几千米，人人争相在这一自然奇迹前摄影留念。苏里曼河与内格罗河交汇后，干流形成，始称亚马孙河，浩浩荡荡向西流去，成为世界最大的水奇迹。

过了交汇处，我们又返回内格罗河上溯，向世界著名的亚马孙热带雨林驶去。实际上过马瑙斯以后内格罗河两岸就都是热带雨林，不过隔岸观火，看不出所以然罢了。亚马孙河年均水位差 10.5 m，7 月旱季刚开始。从船上望去，树长在水中，大树少半棵树都泡在水里，小树则只有树冠，那灌木就只露个头，好像是水草，小草则全泡在水里了。一眼望去层林叠嶂，其不知多深多浅，越发增添了亚马孙雨林的神秘，激起人们进入探险的强烈欲望。

我们换快艇进入河岔的热带雨林，就看到了原著民印第安人的房子，是木板和树干扎的高脚楼。看来亚马孙河的最高水位比较稳定，原著民积累多年的经验对最高水位的预测也相当有把握。木板墙上刷有白粉，估计是防虫的药液，已经大半脱落，墙变成灰色。门前坐着个印第安老人，平静地望着我们的快艇打扰他宁静的生活。

这里原著民——印第安人共约有 10 余万人，现在有些印第安人也开始脱离原始生活，开始兴建旅游点。我们的快艇停靠了一个旅游点。这是一个小商店，也是木板的高脚楼，有点规模，一半卖旅游纪念品，另一半可以喝茶就餐。大部分旅游纪念品是从外面购进的，也有少量自制的，如用鳄鱼牙和野果核做的项链和手链。商店的主人是一个矮壮的印第安人，圆脸、双眼皮，鼻子较高，脸不太平，脸型和中国人十分相像，和蒙古人差异较大。他头发略有点卷，肤色古铜，会讲英语，还和作者热情地招呼。作者一表示，他就热情地与作者合影留念。他的家就住在旁边，家中池里养着鳄鱼，小鱼也在池中游弋。后来，我们转回时又到过另一边的一家旅游点，情况和这里类似，只不过主人和他的女儿更矮更壮，略有些像印度尼西亚人。他们不会讲英语，也不与客人招呼，但我们买了他们自制的项链和手链，他们可能刚接触外界，冷漠地表示不二价。

热带雨林的深处，真像西藏高原，是另一个世界，一个我们从未到过的世界。它像河北的白洋淀，但比白洋淀面积大得多，丛林密得多，水深得多，曲折要多得多，危险更是大得多。真是"树重水复疑无路，林暗荷明又一潭"。

向雨林深处驶去，林越来越密，小艇几乎是绕着巨树前进。大木棉树根部呈四棱状，有七八米粗，要四人合围才能抱过来，仿佛只有这样的力学结构才能支撑它巨大的身躯，当然，大概没人敢下船去围一下。大木棉挺立水中，如果不抬头，只见其大，不知其高，一抬头才知道它高达 20～30 m，不知有没有游客由于惊诧而不慎落入水中。据说木棉树是印第安人的"手机"，如小船在水林中迷了路，用木棒以特殊的节奏敲击树干，就会有人赶来救援。印第安人保持淳朴的民风，不顾夜深雨急，多么危险，见死不救的情况是没有的。

雨林渐疏，又出现了一片露天的沼泽，成片的大王莲浮在水面，像千百只圆形的小船。一只大约 1 m 长的鳄鱼，静静地爬在一只直径达 3 m 的大王莲上，一动也不动，仿佛在考验大王莲的牢固。

在我们回程的路上，看到几个小孩自己驾着小船在水中的树上玩耍，女孩抱着小猴子，男孩拿着水蛇，那种与自然和谐的情趣，真让我们羡慕。但是，这是我们要的生活吗？看来，我们既不要光唱"与自然和谐"的高调，行主宰安排自然之实；也不可能返璞归真，像印第安人一样生活。

我们离开了神秘的热带雨林。白天的热带雨林，艳阳之下，那密林中的阴森仍阵阵向我们袭来。真不知入夜，当黑暗笼罩大地，猿猴从树顶降落，水蛇在水面盘旋，秃鹰在树梢飞翔，鳄鱼从水中潜出时，林中又是一种什么景象。那时，这里是动物世界，印第安人呢？他们一定在木板高脚屋中熄灯隐火，等待天明。如果大雨滂沱，阴风怒嚎，浊浪升空，日星隐约，万物潜行，那热带雨林中又如何呢？作者进入了热带雨林，而且在巴西主人的热情安排下，达到了旅游者不可能到的深入。但是，进入后才体会到，没有在滂沱的大雨中于热带雨林中过夜的人，不算真正进了热带雨林；印第安的原著民是热带雨林中的英雄，真正的主人。

三、亚马孙河的生态系统

"亚马孙"是古希腊一个部族的名字，当年白人探险队在河边恍忽看见了一支原著民部落，其斗士都是高大的白种女人，好像是古希腊亚马孙部落的女兵，河流因而得名。人们原以为亚马孙河发源自秘鲁的安第斯山麓，1996 年一支国际科考队经过千辛万苦的考察，才证实其发源于秘鲁安第斯山脚下阿巴查特大裂谷万丈深渊的地下冰河。

巴西境内亚马孙河流域降雨量达 2 000 mm 以上，使得历史上热带雨林占流域的 82%，水土保持很好，因此，其携沙量仅为黄河的 1/2。同时，其总水量为黄河的 120 倍，因此冲沙能力强大，淤积很少，河道健康。亚马孙河流域有大片的湿地蓄滞洪区，因此有巨大的洪水蓄滞能力，加之居民极少，所以洪水并不为患。

亚马孙河生态系统遭遇到日趋严重的破坏，但目前仍保持了原生态系统，这是我们进入热带雨林后的结论。历史上亚马孙河的原著民——印第安人的生活是完全依附在自然生态系统的循环之上的，对其基本不构成破坏。1542 年葡萄牙探险者发现了亚马孙河，亚马孙河的开发始自 1870 年英国人在那里采种橡胶，直至 1978 年；在 100 年中，毁林 0.51 万 km^2，占森林面积的 2.6%。但近年来逐年加剧，其中 1999 年毁林 4.46 万 km^2，2000 年毁林 4.83 万 km^2，至今原始森林被毁已达 15%，到了维持原生生态系统的极限。

亚马孙流域有丰富的物种资源。原本有鳄鱼、河马和树獭等 1 200 多种哺乳动物；巨嘴鸟、鹦鹉和鹭鸟等 950 多种鸟；淡水黄鱼、金龙鱼和食人鱼等 1 000 多种鱼，其中库拉鱼长达 2 m，体重 125 kg；至于昆虫，仅蝴蝶就有 700 多种，还有世界罕见的蓝蝴蝶；木棉树、大王莲和芦苇等 150 多万种植物。目前已经有 117 种动物灭绝，占动物种总数的 10%；有 108 种鸟类灭绝，占鸟类总数的 11%；也就是说森林面积减少 15%，大约就有 10%依附其存在的动物物种灭绝，相应的植物物种灭绝的比例可能更高一些。现在已经在全球传播、中国市场上已有的瓜拉那饮料，就是由热带雨林中一种叫“瓜拉那”的、有提神作用却不含兴奋剂的植物提炼而成的。其物种资源不仅有生物学意义，还有巨大的潜在经济意义。

亚马孙河流域是“地球之肺”，这里形成了世界上最大的热带雨林，总面积达 320 万 km^2，占全世界热带雨林的 1/3。充沛的雨量和长时间的强日照所产生的氧气量占全球总量的 20%；3/4 的水分蒸发到空中，是地球云层的重大组成部分，对地球生态平衡和气候变化有重大影响。

目前，亚马孙河干流上没有坝，没有水库，也没有桥，仅有有限的航运，我们一路在宽阔的河面上只看到两艘大船和几艘小艇。这里的人类活动很少，与俄罗斯的西伯利亚一起是世界上仅有的两个适于人类居住的、超过 100 万 km^2 的巨大原生生态系统。但是，如不及时加大保护力度，这个宝贵的自然遗产——地球之肺将在 70～80 年内被彻底摧毁。

在热带雨林中还有另一个发现。雨林中也有我很熟悉的、在我国肆虐的水葫芦，学名叫做凤眼莲，但它在亚马孙河并不疯长。据说水葫芦就是在“文革”动乱中，由缺乏知识的掌权人忽发奇想引入中国的，想利用夏天闲置的河道长这些速生的水草喂猪，初衷未必不好，但太无知了，如今形成生态灾害。为什么水葫芦在条件更好的雨林反而不疯长呢？原来这里有一种昆虫是它的天敌。真想捞一棵水葫芦，看看上面有没有这种虫子，但想起食人鱼的警告而作罢。不过后来作者在里约热内卢的供水水库中又看到水葫芦，就比较多了，大概是那里这种昆虫不多的缘故。

第二节　从印度、尼泊尔和孟加拉国考察恒河全流域

一、印度的恒河上游水资源缺乏

恒河是南亚第一大河，发源于喜马拉雅山南麓，经印度入孟加拉国从世界上最大的三角洲——恒河三角洲从孟加拉湾，有几条支流从尼泊尔注入恒河。恒河长 2 580 km，流域面积 90.5 万 km^2，年径流量 1.1 亿 m^3，略大于长江。恒河是印度教的圣河，三角洲达 5.7 万 km^2，但平均海拔仅 10 m，所以水患频繁。

恒河有两个源头，都在喜马拉雅山南坡，北面的为恒河，南面的为亚穆尔河，两条河几乎平行自西北向东南流，到汇河处长短也差不多，很难分出哪条是主流，我们沿亚穆纳河前进，也是恒河流域。

恒河在印度有如黄河在中国，恒河是印度的母亲河，印度教徒称恒河为圣河，印度是世界人类文明的四大发源地之一，在大约公元前 3000 年，也就是距今 5 000 年前在恒河(Ganges)流域就出现了光辉灿烂的文明，这是作者久已神往的地方，1997 年终于有机会亲身游历了这个地方。我到的还不是恒河，而是恒河最大的支流亚穆尔(Amur)河。亚穆尔河在印度中北部和恒河并行，相距不过四五百千米，并行达六七百千米，恒河文明的发源地就在恒河与亚穆尔河之间。

作者旅行的一段是从新德里(New Delhi)到亚格拉(Agra)，驱车前往，行程 220 km。什么事都是百闻不如一见，作者对恒河流域是有了解的，不但看过书，而且在各国博物馆看过许多油画，画得都是植被茂盛，郁郁葱葱的亚热带丛林。因此无论如何也不能相信，见到的竟是过度垦殖，不堪人口重负的赤地，绿色仅仅属于村边的几棵树和耕地上的作物，整个区域一片土黄，近乎一块荒漠，和我国新疆的农垦区差不多。

这一地域处于北纬 27°上下，相当于我国从重庆沿长江下泸州的区域，北有喜马拉雅山挡风，周围河流纵横，本该是植被茂盛、郁郁葱葱、春江水满、池塘密布的“江南水乡”，否则五千年前的印度人也就不会选择这片地方来世代居住、繁衍子孙了。而现在映入我们眼帘的，的确触目惊心，贫瘠的土地裸露着，低产的农田密布，土地泛出一片黄色。广阔的大地上孤零零地立着几棵树，好像荒山上的草，其实树又高又大，枝叶茂密，说明这里是可以长大树的，不过同伴早已被砍伐了。我们就在距河几千米的公路上前进，但几乎看不到水，一条沟带已经稀疏地种上了麦子，大概是断

流的古河道；一片洼地也零星地种上了玉米，大概是干涸的小湖。好不容易见到一个小池塘，水已成为泥浆，真不知它在这百里赤地能存在多久。没有绿色的植被，也没有清澈的流水，只有火辣辣的红太阳和热滚滚的黄土地，好像被太阳晒得要冒烟。

看到这里，在这片土地上人民的生活状况就可想而知了。身着彩衣的印度妇女用头顶运输，或是大铜壶，或是大水罐，有的身材矮小的少女还顶着七八十厘米高、足有她身材一半的、装满柴草的大布袋，少说也有二三十斤。在赤日炎炎的 32 ℃高温下，健壮的汉子空手走路已经汗流浃背，娇小的少女负几十斤重物又是什么感觉，像作者这样在农场劳动过的人是很能体会的。农民都住在"干打垒"(泥顶土坯房)中，条件相当简陋。间或有一栋富人的砖房，已经败落遗弃，大概是富人已移居城里，不堪在这种条件下生活了。村边也只有孤零零的几棵树，几个儿童在塘边玩耍，仿佛不觉得水脏，可能因为从小没见过清水；也不觉得太热，可能认为生来就该忍受这种让人难以忍受的气候。但是他们的健康呢？他们长大了呢？还会安于这种生活吗？

这里没有果树、没有鱼塘，连家禽也很少见，农民的零用钱从哪里来呢？大约只能来自沿公路卖茶水的微薄收入。茶水店分几级：最低一级的是破布篷茶水站。"破布"可谓名符其实，已经洗不出来，呈灰色的布篷上打着补丁——这种茶水站大概是卖给赶路的穷苦农民的；高一级的是破泥棚，是在篱笆上糊泥搭成的棚子，遮阳较好，可以在阴凉地里喝上一杯，大概是给骑自行车赶路的小康农民开的；较高级的是简陋的泥屋，尽管还赶不上"阿庆嫂的春来茶馆"，总算是个茶馆了，大概是开给骑摩托车而过的富裕农民和城里汽车司机的；最高级的是墙上涂着美国饮料公司百事可乐(Pepsi)红蓝大字的饮料店，尽管也是泥房，但气派多了，这大概不是农民开得起的，是否合资就不得而知了。显而易见，中低级茶水店供的就是塘里的水。

泰姬陵背靠亚穆尔河而建。亚穆尔河是紧靠恒河的支流，位于恒河流域的中心。恒河意为"由天堂而来"，水为圣水，每个印度教徒梦寐以求的就是到恒河中沐浴，我看到的有关图片和电影都是成群的教徒在充沛的河水中洗浴。但我看到的亚穆尔河，已经成为大河谷中的小溪流，像一片河滩地，已没有"河"的样子，只能洗脚，而无法沐浴了。主支流如此，恒河的前景如何呢？

如果完全用"赤地百里"来形容从德里到亚格拉这片地区也是不符合实际的。沿途比较起来，亚格拉郊区生态系统破坏严重，可能因为当年是古都，而今天又没有修复所致。在亚格拉和德里之间，有的地区垦殖还不算太过度，保留了小片树林，有树就有水，草长得密，庄稼也长得好，形成了一块"绿洲"，和周围对照鲜明。可见不懂生态系统的依存原理，过度垦殖，滥伐森林，地是多了，但水土保持不住了，大片耕地低产，实在是得不偿失。靠近德里郊区，绿色又多起来，"野田禾稻半枯焦"的感觉少了，大概是印度政府和人民努力恢复生态平衡的结果。

忆古思今，思今溯古，过度垦殖破坏了生态平衡，大概是古印度衰亡的一个十分重要的原因吧！其实何止印度的恒河流域，1987年，作者到过巴基斯坦的印度河下游；1983年，作者到过中国河南的黄河流域。这些地区都是古代人类文明的摇篮，其情景和恒河流域真可说是难兄难弟。好在今天中国的河南、山东和印度河下游都取得了不小的进步，恒河流域也已经起步。

二、尼泊尔的恒河中游——卡拉尼流域生态变迁

世界屋脊喜马拉雅山矗立在尼泊尔北界，因此尼泊尔的流域几乎都是从北向南流，而恒河在尼泊尔南是一条从东向西流的河流，因此，尼泊尔的河流几乎全是恒河的支流。尼泊尔共分4个流域，中部是卡拉尼(Karani)流域，河流都流向恒河，其中纳拉亚尼河(Narayani)是尼泊尔第二条大河。

作者对尼泊尔中游河流的考察是从加德满都谷地出发的，出了谷地在西部狭长的山谷，就见到了翠苏里(Trisuli)河，翠苏里河现在已是尼泊尔旅游的著名漂流河流，从这里漂流而下可以去世界自然遗产奇特旺国家森林公园和除加德满都谷地外的另一个旅游点博卡拉。

作者乘车考察了翠苏里河。在枯水季节，深谷中的翠苏里河水也不多，大概只够漂流，但污染源少，所以水还是很清的。浅蓝的河水在落差达几百米的蜿蜒河谷中奔流而下，山谷并没有我国怒江和澜沧江的山谷那样陡峭、险峻和深邃，也没有我国台湾太鲁阁立雾溪那样秀美、幽静和神秘，但仍不失为一条山谷中的美丽河流。

两岸本应是茂密的原始森林已经砍伐殆尽，稀疏的小树立在山崖，让山保持绿色的主要是灌木。原始森林必要的乔木、灌木、草和枯枝落叶层系统当然更不存在了，山间间或有癞痢头——采石后的黄斑，这样清幽的山谷居然好像蒙上了一层灰土。这还是比较好的地方，更为触目惊心的是梯田，我国退耕还林的政策是40°以上的陡坡还林，而这里70°的陡坡还在开垦，在那几乎直上直下的崖上，层层梯田如斧劈刀削的刻痕，由于是冬天，庄稼已被收割，剩下土黄一片，清谷云云，杳不可寻。山上不断出现一两家破旧的农舍，也不知居民从什么地方取水。

村水和丰水是自然现象，但是翠苏里河守着的是浩瀚连绵的喜马拉雅山，水源之充沛在世界上也数一数二，尽管尼泊尔没有积下水文资料，100年前的枯水季节绝不会只剩下这点水。水到哪里去了呢？问题太简单了，就是失去了原始森林这个含蓄水源的天然水库，河中的水只能靠夏天降雨和喜马拉雅山的雪水融化，水自然少多了。而万年积累形成的原始森林系统已经被伐木和梯田垦殖彻底破坏了，连喜马拉麓也保不住一片净土了，的确令人吃惊。

山间有一个小村，村中开了一个小餐馆，开在公路旁的陡坡上，小店依山势分三级，下面是小卖部，给行车人卖水；中间是茶座，可以停下来休息；上面是饭馆，还有尼泊尔式自助餐。司机按印度习俗，不用筷子和刀叉，以手抓着吃。作者和小店老板攀谈了几句，他是一个活水文站，他说："我在这里住了半个世纪，看着河中的水一

年比一年少，如果断流了，小村子里的人就没水喝了，我们就要离乡背井去城里打工了，这是我们祖祖辈辈生活的地方啊！”然后他凄凉地看着脚下的河谷，仿佛说不下去了。

在那兰卡特市，翠苏里河向西流去，而那兰西尼河从东流来。在那兰西尼河上我们看到了小店主的担忧已经成为现实，桥下宽阔的河床中几乎无水，尼泊尔这个靠近亚热带的山国的第二大河居然像沙滩上的涓涓细流，由于这里人口稠密，污染源较多，就这涓涓细流已经混浊，村妇在河中洗衣，让人生出能否洗干净的疑问。“小河有水大河满，小河无水大河干。”这句人类已经知道几千年，各民族都有的谚语在这里应验了。

尼泊尔人口急剧增长，作者读中学时地理课本中 800 万人口的国家，已接近 2 500万，在半个世纪中增加了两倍。人民生活水平要提高，尼泊尔要现代化；不伐木、不开梯田，怎么办呢？有办法，就是像与尼泊尔自然条件近似的瑞士那样，开发山地生态旅游业。尼泊尔比瑞士还多了一个条件，除自然风景外还有这么多的人文遗产。现在尼泊尔每年国外游客只有 29 万，不到瑞士的 6%。由于旅游设施差，服务质量低，收入也少；如果旅游收入能达到瑞士的1/3，有 33 亿美元，就超过了国内生产总值的 1/2。随着中国和印度的发展，这是完全可以做到的，问题是如何稳定近年来动荡的政治局面和提高人民的文化素质。

三、孟加拉国的恒河下游——老恒河污染严重

看孟加拉国地图会有一个奇特的发现，孟加拉国海岸线大部分都叫恒河口，不计里出外进的折线，直线距离也超过 300 km，如此之大的河口在世界上也屈指可数。孟加拉国实际只有两条大河，一条是西自印度而来的恒河，另一条是北自上游为中国雅鲁藏布江的布拉马普特拉河，在孟加拉国首都东汇合入海。孟加拉国的大部分土地都属于两河冲积形成的、广袤的恒河三角洲，孟加拉国的海岸线大部属于恒河河口。

作者从达卡乘飞机去尼泊尔首都加德满都，有幸从飞机上十分清楚地鸟瞰了布拉马普特拉河和恒河这居于亚洲前 10 位的两大河，而且是前 10 大河中在亚热带附近 4 条中的两条，看到的景象与想象大相径庭，触目惊心。看到的不是两岸苍翠、洪流滚滚那种亚热带河流的景象；而是宽阔的河床中的涓涓细流，仿佛谁在沙滩上浇了点水。数十千米宽的黄沙滩好像是大沙漠，你要仔细分辨，去找那细水长流，仿佛太阳一出就会被蒸干似的。这就是人类文明发源地——印度的母亲河吗？相比之下，布拉马普特拉河稍好，但是，在我国提出穿山凿洞引雅鲁藏布江水的建议者到这里来实地考察过吗？当然，雅鲁藏布江是中国的河流，不过整条河流是一个生态系统，唇亡齿寒是生态学的基本原理。

在陆上，作者先到了孟加拉国吉大港区，布拉马普特拉河的支流，这里是恒河三

角洲，正像长江三角洲一样，本来是河网密布的地方，但有5条大河，自半个世纪以前上游修水库，4条河都没了水，只有一条河也几乎成了一潭死水。我们到时，惨状更真让人不敢目睹。由于水几乎停滞，上面长满了水葫芦，像一片菜地，有人在钓鱼，下到水边，在隆冬季节还发出刺鼻的腥味。旁边就是圣雄甘地的庙，当年甘地常到这里来沐浴。这里是印度教圣地之一，历史上每逢圣日，都有成千上万的印度教徒来河中洗浴净身，祈求福祉。询问村民："这样的水还怎么洗浴？"答："平常已不能洗了，夏天水大可以把水葫芦冲走。"问："水再减少，污染再重，即便夏天的大水也冲不走了怎么办？我在非洲就见过这种情况。"答："真的吗？那怎么办？圣河啊！圣河。"老人几乎要哭出来了。

随后作者来到了现恒河的支流老恒河(Bariganga)，这条河就从达卡市边经过。如同中国的黄河不断改道一样，老恒河曾是恒河的入海主流，现在成了支流。在码头我们又看到码头上人头攒动，河岩边船舶成排，河流中水流乌黑，小船如织，这就是恒河。

"不入虎穴，焉得虎子。"为了照相，我们租了一只宽3 m，长10 m的大机动木船，下到了老恒河，这段河宽300～500 m，很有气势。港口上布满了人，船工、乘客和看热闹的，上船要从人丛中蛇形前进；港边船与船之间挤满了飘浮物，水比日本的大酱汤还浓，在不到20 ℃的温度下还散发出腥臭味。

下得船来，驶入河去就是水的世界，船的世界。河中心水质并不稍好，肯定是劣五类水，颜色乌黑、水草和鱼都看不见，仿佛进了一条"墨河"。像达卡的街上有各种车一样，河上有各种船，小木船、大木船、机动木船、小铁壳船和轮船，最小的木船不到1 m宽，4 m长，只能坐6个人，大的轮船则有几百吨。这些船有渡客的、拉货的、远行的、住家的，干什么的都有，就是没有游艇。大小船上的孟加拉人都向我们这十里江面上仅有的游客招手致意，其热情友好在我们的世界考察中亦不多见。

走了不远就看到岸上的鱼市，鱼从船上搬到岸上的鱼市中，烂鱼和鱼的内脏则从市中搬下来倒在水中。还有菜市，各种各样的蔬菜从船中搬到岸上的菜市，烂菜叶则从市中搬下来倒在水中。更有甚者，岸上不断出现五颜六色的地方，宽达50～60 m，驶近一看，原来是沿岸垃圾堆，下面的垃圾则流入河中。许多段岸边长满水葫芦，如此水量充沛的大河中也有水葫芦，在世界上确不多见。但船工发明对水葫芦的妙用，大概也是世界级的"创造"，把编好的竹排放在水葫芦群上，这里就成了河中"人工岛"，如走平地，可以存放工具，可以晒鱼，还是小孩的运动场，真是"污染物利用"。

河岸边有男人在洗澡，女人在洗衣。女人穿着红、绿、紫各色的彩色裙，在蓝天白云下，乌黑的河水之中认真地洗衣，十分卖力地搓，一遍又一遍地冲，是洗得更干净了，还是更脏了呢？这要生物学家来分析了。一群孩子在水中嬉戏，他们的父辈为什么留给了他们这样的游乐场呢？

河中还有一个小岛，叫卡马兰吉(Kamarangi)岛，长 2.5 km，宽 200 m。在距入海口还有 200 km 的地方，这个冲积岛已经很大了，说明恒河的水量之大；而且岛还在逐年成长，说明上游的水土流失。岛上还有居民区和小楼，本该郁郁葱葱的岛上，灰蒙蒙的一片，只有几株椰树在随风摇摆，据说这 0.5 km^2 的弹丸小岛也住了几千人，真不知这污水河中的居民的生活感受该如何呢？

导游告诉我们，老恒河水量还算充沛，是由于它的水源在孟加拉国境内，上游没修水库，但污染成了大问题。我们看到的鱼肠堆、烂菜叶堆和垃圾堆还是小巫，而自 20 世纪末新开的纺织厂、印染厂和制革厂这些重污染企业才是大巫，以前只是麻织厂。以前不但水比现在大，而且清，在河中就可捕到大鱼，现在河里几乎捕不到鱼了，只有下游才能捕到，鱼也是越来越小。我们看到河中船上的鱼，多是小"猫鱼"(喂猫的鱼)，我们的机帆船手从船上送给朋友几条海口捕到的不到 2 斤的鱼，小船上的朋友已是喜笑颜开。

河水的干涸和污染，也严重地影响了陆上生态系统，三角洲已很难见到森林不说，如大熊猫一样珍贵的、世界闻名的孟加拉虎，在河口附近再也见不到了，而在 20 世纪 50 年代会游泳的孟加拉虎还在沿海出现。孟加拉国还有一种身长只有 1.2 m，叫希塔(Shita)的小虎，在这一带也见不到了，就连遍布沿海地带的鹿也十分少见了。

导游在哀叹恒河三角洲生态系统严重蜕变，说 20 世纪 50 年前他是孩子的时候，老恒河一年四季波涛滚滚，水是清的，大鱼很容易抓到；三角洲地是绿地，原始森林还残存，不但鹿很多，还可以看到野猪，甚至可以见到孟加拉虎；短短 50 年，天移地转，旧景不再。不过他说，政府已经开始注意到这个问题，2006 年已经出了法令，年产值在 1 000 万塔卡(约合 17 万美元)以上的企业，要办排污许可证，必须建污水处理设施，使排放达标。总算开始保护恒河了，但是执法如何呢，多如牛毛的年产值低于 17 万美元的企业怎么办呢？老恒河如再不治理，其与日俱增的河流本底、即河床淤泥的污染将成为不治之症。

四、调雅鲁藏布江水的国际和科学问题

关于解决中国的水资源问题，有一种说法是调雅鲁藏布江水。从上面的实地考察中可以看出，雅鲁藏布江是在孟加拉湾入海的布拉马普特拉河的上游，而印度的恒河在孟加拉国首都达卡西北汇入布拉马普特拉河。如果这些专家做一下实地考察，知道在达卡的东南布拉马普特拉河都发生断流，那么调水会发生国际问题的考虑将会使调水的畅想更为现实。因为，维系整条河流的健康是生态学的基本原理。

由此可见，没有实地考察，只凭畅想，会出现许多不符合生态规律的奇想，只是说说倒还罢了，如果实施将会带来生态灾难，甚至引起国际冲突。

第三节　澜沧——湄公河全流域六国考察

湄公河发源于中国，流经缅甸、老挝、泰国、柬埔寨和越南共 6 国，在中国境内称澜沧江，长 1 873 km；中国境外长 2 888 km，若加澜沧江则总长为 4 761 km。它是亚洲第四大河，世界第七大河，是沿岸 6 国人民的衣食父母，又如一衣带水的纽带，把 6 个国家联结在一起，6 国人民的当务之急是如何同心协力、优势互补、统筹规划，使这条河流的水资源可持续利用，以支持该地域的可持续发展。

一、中国澜沧江考察

湄公河发源于中国青海省唐古拉山北麓，源头说法不一，过去以为是扎西奇娃湖，1999 年 7 月科考认定正源为海拔 5 224 m 的贡则木杂山，并定下石碑，名为澜沧江。途经青海和西藏东部，向南直贯云南省；流至云南西双版纳中国、缅甸、老挝三国交界处，即称湄公河，出国境处多年平均径流量 672 亿 m^3。它继续南下，流经泰国、柬埔寨和越南，最终注入南海。该河因流经多国，还有石头河、大江河和九龙河等其他名称。

湄公河源自冰天雪地的青藏高原唐古拉山脉，下至酷热潮湿的东南亚低地，总长 4 761 km，流域总面积 81 万 km^2，仅次于长江、黄河和鄂毕—额尔齐斯河为亚洲第四大河；若只算湄公河，则长 2 888 km，流域面积 63 万 km^2，为世界第七大河。

澜沧—湄公是一条河。在中国境内的上游叫澜沧江，长度占全河的 39%，流域面积占全河的 22%。作者到过云南永平—保山一带的澜沧江，三江并流已列入联合国教科文组织的《世界自然遗产名录》，堪称世界奇迹。此后，只有金沙江远去，怒江仍与澜沧江并行。在横断山切割的深谷中，江水奔腾而下，与两岸有千米以上的落差，高山几乎终年积雪。河岸的山崖从嫩绿的草地到浓雾的深绿森林，裸露的山间黑色岩山，再到近河处乔冠草交织、郁郁葱葱的混交林，阶梯差异十分明显，植被保护得很好，但也间或有几处施工的痕迹。而河谷九曲十折，河水充沛湍急，咆哮奔腾而来，夺路向下游驰去，有如千军万马，气势磅礴，让人叹为观止。我们曾下到岸边，看到流水十分清澈，几乎没有污染。与美国大峡谷的科罗拉多河相比，气势不减，又比美国大峡谷单调的黄色平添了丰富的色彩。更为让人称奇的是沿河的高速公路，已代替了第二次世界大战时的土路，汽车在岸上飞驰，上面是蓝天雪山，下面是绿林深谷，若有闪失肯定粉身碎骨，尽管车和路都已现代化，但经过一次仍然惊险十分，荡气回肠。

从保山以下地势渐缓，澜沧江一直向南往西双版纳流去，在热带的密林中澜沧江犹如一条飞龙，游刃有余地向前游去，在这里我们看到由于森林的砍伐河水较浑浊，卷入酸性红土，呈黄色。密林以外又是山区，中缅边境崇山峻岭，水文站的职工就在这山上丛林的艰苦环境中工作，过了最后一个水文站就是缅甸了。密林障眼，一片苍翠，近在咫尺，却看不到边界，分不清哪里是中国的土，哪里是缅甸的土；水流不断，一样地发黄，就在眼前，也看不到边界，分不清哪处是中国的水，哪处是缅甸的水；正所谓一衣带水，山水相依。

综观湄公河上游中国澜沧江的情况，总体状况是良好的，水流稳定出境，水质较好，但应该注意保持沿河、尤其是西双版纳的水土，减少入河泥沙。从科学数据上分析，每年澜沧江出境流量仅为 672 亿 m^3，占湄公河全年径流量的不到 15%，因此，即便出境水量有所波动，对下游生态系统影响很小，水质微变，下游也有足够的自净能力，由于各段的气候条件决定澜沧—湄公基本是一条各段靠本地积雨的河流。

我们在河流的湄公段也明显地看到这种情况，河流在老挝万象附近几乎断流，而在柬埔寨的金边附近却水流充沛，基本上是各自为源。至于中国在上游建电站，目前漫湾电站已经建成；大朝山电站正在建设；其余尚属规划阶段。规划最大的是小湾电站，装机 400 万 kW，坝高 292 m，将成为世界第一高坝，但是只要按照生态规划、生态设计、生态施工和生态管理的原则，保证上游植被和枯水期出境水量，则对下游不会有损害。

更为重要的是沿河各国应共同研究、制订规划对湄公河进行保护性开发，保护河流水质，界定枯水期出境水量，统筹规划国际航运，这样对湄公河的开发就完全有可能成为可持续发展，造福流域各国人民。

湄公河出中国景洪地界后，沿缅甸边界而过，河南岸边就是原来种毒贩毒猖獗的“金三角”。这里毒品泛滥达半个世纪之久，直至 21 世纪由于中缅老三国政府和国际努力，已开始禁种鸦片，铲除毒品。

湄公河沿缅甸和老挝边境下流后，便向东折入老挝境内，又向南，再次向东折时，便变成老挝与泰国的漫长的界河。

二、兴建生态水库的国际理念创新

美国发行量第二大报《华尔街日报》记者问作者：“你们组织的桂林漓江水系规划的生态水库是世界第一个吗?”作者回答说：“这样规模的、以生态系统修复为目标的水库据我所知是世界第一个。瑞士有，目标不太明确，而且规模小。”

我们在 2004 年 1 月漓江水系规划中提出生态修复、防洪和发展旅游业多目标体系，但生态修复是第一位的。而且第一次提出建大坝修水库的“以生态效益为目标，在科学发展观的循环经济思想指导下，生态规划、生态设计、生态施工、生态运行”的“五生”原则。

当前，国际上不少人都把大坝、水库与破坏生态几乎画上了等号，因此，讨论什么是生态和有没有生态水库是十分必要的。

什么是生态系统？我们说的生态，国际共识指的是“生态系统”。自 1866 年德国的海克尔(E. H. Haeckel,1834—1999)提出生态学(ecology);1935 年英国的坦斯莱(A. G. Tansley,1807—1955)提出生态系统(ecological system);20 世纪 70 年代初联合国组织提出“人与生物圈”(Man and Biosphere)以来,生态系统的定义为“人与其他生物及其所处的有机与无机环境所构成的系统”也已经是国际共识。

我们指的“生态”观点已经发生变化:

首先,19 世纪海克尔提出的生态学,演变到今天已经从少人系统,发展到多人系统。在世界上人口已从 10 多亿增加到 65 亿,平均每平方千米已达 44 人,在人类可能居住地区的平均值已达到近百人,增加了 5 倍以上。在这种情况下,人与生态系统的关系和有人生态系统的研究已成为主流。

其次,生态系统研究的目的就是系统中人、其他生物和无机环境的动态平衡,从而实现系统协调的可持续发展。这个平衡是函数的、复杂的、周期和动态的平衡,而不是算术的、简单的、瞬时的和静态的平衡。随着人类科学技术日新月异的发展,我们已经有可能趋利避害地解决问题。

自然生态系统严重失衡后断续发展的现象是存在的,如冰河时期;但是这种剧变的周期的长度从几万年到几十万年。我们目前处在自然可持续发展的周期,这正是人类得以产生和发展的根本原因。在自然可持续发展的周期内,人类的活动都应该以高科技的手段控制在自然生态系统的自修复能力之内。

无论是自然还是人类的活动引起生态系统的变化,都既可能对其动平衡有利,又可能有害。如河流形成入海口三角洲冲积平原这一自然变化,适于人类居住、生产,大大提高生态系统对人口的承载能力,对大系统的平衡有利。其实在最古老猿人头骨发现地——肯尼亚的东非大裂谷,正是由于森林面积锐减,猿人需要直立行走和劳动取食,才从猿到人的,显然,这一地区恢复原有森林面积,反而是破坏了今天的生态平衡。

修水库一定会改变生态系统,但并不一定不利于生态系统的动平衡和可持续发展,反之,完全可能有利于这一动平衡和可持续发展,关键在你以什么样的指导思想、在什么地方、以什么样的方式,修什么样的水库。完全可能出现“生态水库”。

我们在桂林漓江修的水库就是要生态规划、生态设计、生态施工、生态运行,从而产生生态效益,因此它是生态水库。

2004 年 11 月作者应邀参加在摩洛哥马拉喀什举行的国际水协(IWA)世界大会——国际淡水资源统一管理会议,并在世界上首先正式提出了“中国可以不缺水”的观点,得到与会者的认同。在讲演中作者说明了什么是“生态水库”。我们可以在全流域进行规划,适当设计库容,使得蓄水后下游地下水位不致有大的降低,即蓄水不应超过断面年径流量的 40%,这就叫做“生态规划”。其次是水库设计时要修下泄通道,保证旱季仍能有一定的下流量,不致使下游在旱季干涸,同时要考虑到洄游鱼类的保护,也就是设计鱼道,日本许多水库都已经考虑到这个问题,这就叫做“生态设计”。再次是水库施工时要尽量缩小作业面，不破坏植被；施工道路尽量利用原有公路，尽可能不建新路，不再扩大植被破坏；此外施工还包括清理库底、不使库底的树木和杂物在蓄水后产生有害物质和气体；这就叫做“生态施工”。最后是在运行时要调节水量保证下泄，观察洄游鱼类的下游情况，严格监视入库的污染物，这就叫做“生态运行”。有了“生态规划”、“生态设计”、“生态施工”和“生态运行”，这样的水库就可以叫做“生态水库”。这一观点被与会者一致认为是新的理念并且可行。会上作者被提名为国际水协的最高奖——国际水协大奖的最后两个候选人之一，尽管由于选举的某些不尽合国际惯例等原因，功亏一篑，但已充分显示了国际水利界对中国水利专家的成果和创新的认可。

三、湄公河万象段的生态

湄公河在中南半岛可分为上游、中游、下游和三角洲。上游，从中国、缅甸、老挝三国边界到老挝的万象市，长 1 053 km，流经的绝大部分地区海拔为 200～1 500 m，地形起伏较大，主要是亚热带山林，沿途受到山脉的阻拦，转过几道大弯，山重水复，河谷宽窄不断变化，河床坡度下降比较陡，有浅滩和急流，地势崎岖，丛山密林，尚未开发，万象和其对岸的泰国廊开是湄公河两岸一对重要的渡口城镇。

湄公河这个名字出自泰语，音为“迈公”，意思是“众水汇聚之河”或“众水之母”。老挝几乎全境以及泰国东半部的所有河流，全都从不同方向下注湄公河，是这里人民的衣食父母。

由万象市经沙湾纳吉到巴色市，长 724 km，是湄公河的中游。这一段河水流经呵叻高原和富良山脉的山脚丘陵之间，由西北方向折向东南方向，大部分地面海拔 100～200 m，起伏不大。但自沙湾拿吉以下，河床坡度陡然下降，河水奔腾湍急。

由于万象濒临湄公河，水路交通主要依靠这条在老挝被称作“万物之母”的河流，从万象北上琅勃拉邦，南下沙湾纳吉，全年可以通航，湄公河在万象地区的支流南额姆河、南滕河和南布昂河，是当地居民自古以来行驶大小木船的主要航道。

万象段的湄公河十分宽阔，已有大河的气势，我们在万象郊区看到丰富的农产都得益于湄公河的灌溉，这里的稻谷、甘蔗和蔬菜，在雨季靠降雨，在旱季靠湄公河了，我们在万象考察了两段湄公河。

一段在万象市区，这里是万象的观光区，有露天咖啡座，由于正值枯水期，天气又炎热，游客不多，不过桌边还是稀稀落落有几个外国游客。这里河很宽，河谷也比较深，可以想见雨季水满的时节。不过我们去时，400 m 宽的河床中水流已不到 100 m，两边的河床已成黄沙地，人们可以从 100 m 宽的临时浮桥走向对岸。对岸就是泰国的边境城市廊开，那里树木郁郁葱葱，生态状况显然好很多。这里地势平缓，水流又小，仿佛是个湖水不动一般。湄公河平均流量达 1.4 万 m^3/s，而在这里不过几百 m^3/s 可见枯丰之差。尽管已是枯河细流，湄公河的傍晚还是很美的，红、橙、黄色的晚霞挂在天空，宽阔的湄公河在静静地流淌，晚霞的倒影投在河上，人们在浮桥上行走，仿佛在晚霞中前进。

另一段湄公河在万象东北，如果不知有河，会误以为是没有草的牧场，距市区不到 50 km，湄公河已经断流，地处亚热带的湄公河会断流，不亲眼见是难以相信的，而且刚才还有几百 m^3 的流量，这里居然只剩了小水塘，就更不可思议了，河水不见，两岸茫茫，没有绿色，只有黄土，土壤已经开始沙化，生态状况令人担忧。说完全没有保护也不对，河床边缘的岸上都有低矮的铁网，但是河流都没水了，拦网又能有多大作用呢？

当作者问老挝朋友时，他们说，一是上游由日本援建了一个电站，电站是可以修的，但在枯水季节一定要放生态水啊！二是引水造了一个小湖搞旅游了，湄公河不是最好的旅游区吗？为什么让湄公断流，再去画蛇添足修什么人工湖搞旅游呢？看来生态水库、循环经济和人与自然和谐的理念在老挝、在亚洲深入人心还要花很大力量啊！

四、金边市里看湄公

从老挝的巴色到柬埔寨的金边，长 559 km，是湄公河的下游，其地势平坦，海拔不到 100 m，河身宽阔，多岔流。但也偶有一些险滩急流。例如在老挝南部一个康瀑布，宽达 10 km，高 20 m，是东南亚著名瀑布。

河流向南流到金边，与源头为洞里萨湖的洞里萨河相汇，湄公河又分叉出前江（又称下湄公河），形成著名的、四水相汇的“四臂湾”，金边市就势建在“四臂湾”的西侧，可谓近水楼台先得月。

我们站在金边沿洞里萨河的沿江大道上看到，同是涸水的 3 月，这里却与湄公河的万象段大不相同。洞里萨河宽度大约有 600 m，春江水满；远望湄公河河面更宽，由于离开一段距离遥望，有海一样的感觉，湄公河真是条怪河，各走各的船，各用各的水。几百千米以上还涓涓细流，这里又浩浩荡荡。

不过我们仍看到生态系统被严重地破坏，这里是北纬 12°的热带地区，又加上四河相汇，过去一定是丛林密布，遮天蔽日，水在林中流。但昨日走在岸边，东岸已建成城市，西岸的破地上则是一望无际的草地，几乎没有树，仿佛到了蒙古大草原，和作者印象中的热带自然景象大相径庭。看来植被的破坏不仅无法含蓄水分，造成不少河段干涸，而且在有水的河段没有森林吸收水分和遮拦，如遇洪水将一泻千里。从景观上看，如果两岸都是密林，那湄公河又是一番什么景象，该多美啊！

晚上，我们又到了湄公河畔，在一个新开的、庞大的凉棚式餐馆就餐，所谓凉棚式，就是餐馆是个大棚子，只有顶而没有墙。大棚中可容上千人就餐，有歌舞表演，在如此炎热的气候下千人聚餐，再好的表演也难吸引人。好在于大棚就餐并不是唯一的选择，为了避开“人造暖气”，我们找了一个紧靠江边的小凉亭就餐，果然凉爽了许多。随着夜幕降临,湄公河的水面由来变黑,以至成为墨色,水天一色,但那习习的凉风,让人知道是在水边。这里的旅游业还不发达,河上没有夜间游船,有几只渔船亮着灯火,仿佛河中巨鲸的眼睛,湄公河把小船向南送去,仿佛在如注如诉地倾说,她见证了千年历史,尤其是近30年的历史,湄公河畔如何从森林密布、巨水长流,变成了一片旷野,时而断流。人们对湄公河生态系统的破坏,不仅大大改变了自己的生活条件,而且向自然欠下了巨债。这巨债被夜幕掩盖,但一到天明就裸露无遗,欠债总是要还的,欠自然的债也不例外,这笔债要还多久,至少是40年,两代人的时间,如果不从现在及时还起,后果将更为严重,就不仅是个还债问题了。

五、湄公河口九龙入海

从金边以下到河口,湄公河长332 km,属于湄公河三角洲范围,三角洲非常大,河道分支也特别多。自金边形成的上、下湄公河,也就是前江和后江往东南流,进入越南南方,陆续分成6支,最后由9个海口入海,所以越南称三角洲上的湄公河为九龙江。这使作者不禁想起,中国天津附近的海河入海三角洲,本来也是河流纵横,天津也有九河汇海之称。而且像游历湄公河三角洲一样,作者在20世纪60年代也到过这个三角洲,亲历过这个泽园水乡。但仅仅40年过去,这片水乡泽园已经不复存在,天津成了中国最缺水的大城市之一,这一历史的经验教训实在值得认真总结。

湄公河新三角洲的面积有44 000 km^2,是东南亚最大的河口三角洲,地势平坦,平均海拔不到2 m。形成近5万km^2的湄公河湿地,在这里江河纵横、湖泽成片,分不清哪里是江,哪里是河,哪里是湖,哪里是泽,是真正的水乡泽园,大片的稻田、鱼塘和果园一望无际,也是富饶的鱼米之乡。

我们的越南导游家就住在湄公河入越南的柬埔寨与越南边境地,那里距湄公河入海口达200 km。她说她的家乡仍是河道纵横、湖泽相连,由于水水相通,即便在当年战争时期,边界上两国亲戚来往也不断,因为总不能把每条小河都封住吧?这真是泽园给反对战争的百姓带来的非外交豁免特惠了。

三角洲降雨充沛,湄公河流域年降雨量最大可达2 500～3 750 mm,中下游及三角洲沿河两岸年降雨量为1 500～2 000 mm。同时,上源澜沧江也带来大量的雪山水源,结果使湄公河年平均流量达4 600多亿m^3/年,是黄河的10倍,为长江的1/2,是亚洲水量第二大河。

胡志明市虽然在湄公河三角洲和湿地范围,但已处于北缘,临同奈河,并不靠湄公河。我们从胡志明市向西南,经过堤岸、新安后才至湄公河畔的美萩市。这里湄公河宽达3 km,浩瀚如海,河上船如穿梭,可以看到水面上漂浮物较多,水浑、水质不好。显然是由于两岸排污和河中过多的船只来往所致。我们乘坐的游船是老旧的游艇,开起来烟在水上走,溢油水面飘。

两岸较金边段有较多的灌木,树不多,林更少。河中有不少小岛,现在多已开辟为旅游点，岛上郁郁葱葱植被保护较好，远远望去好像宽阔江面上的一簇大水草。岛边的红树木三大成簇，显然为旅游已被砍了很多，这不仅造成海水倒灌，也损失了这种盐水树木强大的净水功能，岛上游客并不多，这点旅游开发显然是以生态损失为代价的。

综观湄公河，水量足以支持人类活动，澜沧江流域的中国云南人均水资源量高达 5 425 m^3，属于丰水，是中国第二丰水省份；至于湄公河流域的老挝、泰国、柬埔寨和越南（流经缅甸的一段很短）人均水资源量分别为 33 570 m^3、6 750 m^3、9 030 m^3、4 513 m^3和 3 386 m^3，都是丰水国家。全流域水资源量折合地表径流深高达 568 mm，是维系地表植被系统最低值 150 mm的将近 4 倍，从水资源看可以保持良好的热带雨林系统。

尽管湄公河流域有较好的自然条件支持人类可持续发展，但在各国段落中也或多或少存在着问题。

中国澜沧江段，水质较好，水量较充沛，关键问题在于水能资源的开发，筑坝修库应按照建设生态水库的原则；但植被保护和水土保持应加大力度；此外，水污染的隐患也应防患于未然。

湄公河老挝段在枯水期出现的断流是严重问题，这将严重破坏河流的水生态系统，也将加剧水污染，甚至直接影响人民生活。在这里森林系统的破坏和断流互为因果，如果再引水造湖，加之传统水库的修建和运行不加改变的路，上述危机将日益加剧。

湄公河柬埔寨段水量充沛，但流域森林生态系统破坏十分严重，这不但使这段水流缓慢的平原河道淤积日益严重，还会造成水量减少、自净能力削弱等一系列恶果。尽快恢复植被是这段河流的当务之急，旅游开发也应对污染防患于未然。

湄公河越南南方段是澜沧—湄公河人口最稠密的地区，人口密度高达近千人/km^2，是上游地区的 10 余倍，因此，人类活动造成的水污染已远远超出了河流的自净能力，必须在沿岸和河面加强水污染防治，沿江城市修建污水处理厂，否则这段水域将削弱甚至毁坏支撑地区可持续发展的能力。同时，入海口的生态系统保护、尤其是红树林的保护也值得高度重视。

第四节　多瑙河

多瑙河（Danube）是欧洲第二大河，源出德国西南部巴登符腾堡州的黑林山，向东流经德国巴伐利亚州、奥地利维也纳市、斯洛伐克布拉迪斯拉发市，匈牙利塞尔维亚先为塞尔维亚与克罗地亚的界河，后经贝尔格莱德、布达佩斯，在保加利亚和罗马尼亚之间成为界河，在距布加勒斯特不远处向北拐，成为罗马尼亚和乌克兰的界河，在罗马尼亚苏利纳附近注入黑海。

沿途共9个国家和5个重要城市，其中除塞尔维亚和贝尔格莱德外，作者都到过了，可以说是全流域考察，不仅考察了生态的现状也实地研究了历史，多瑙河是条美丽的河，正如《蓝色的多瑙河》的美妙旋律；多瑙河又是条多灾多难的河，两次世界大战的导火索都在多瑙河流域。

一、多瑙河流域简介

多瑙河全长2 850 km，流域面积81.6万km^2，年径流量2 016亿m^3，相当于4条黄河。有大小支流300多条，重要的有因河、德拉瓦河、萨瓦河和蒂萨河等。

多瑙河发源于德国南部接近法国的黑林山东麓，黑林山是莱茵河与多瑙河的分水岭。接近源头的最大城市是多瑙埃兴根，自此，从黑林山到拜恩林山，多瑙河切割了整个南德山地，把以慕尼黑为中心的巴伐利亚高原与德国的其他部分分割开来，形成巴伐利亚的自然分界。多瑙河上游从河源至西喀尔巴阡山脉的匈牙利门；中游从匈牙利门至罗马尼亚的铁门；下游从铁门至入海口。

上源布雷格河和布里加赫河从德国林木茂密、水源丰富的黑林山东坡流出后，于多瑙埃兴根汇流，沿施瓦本山、弗兰克侏罗山南翼和巴伐利亚高原北缘向东北流，经雷根斯堡后折向东南，进入奥地利，流过波斯米亚的森林山谷，经维也纳再过斯洛伐克的布拉迪斯拉发然后进入匈牙利。上游长约966 km，经山区，河床坡度大，水位季节变化显著，夏季高，冬季低。支流有伊勒河、莱布河、伊萨尔河、因河、特劳恩河和恩斯河。

中游从马扎尔古堡东流再经瓦茨转向南流，进入匈牙利平原，经布达佩斯，河谷宽广，地势低平。从这里可以看出当年马扎尔人——西匈奴入欧洲的进军路线，在多瑙河平原上驰骋，但到了上游山地即建堡固守，此后流入塞尔维亚和克罗地亚，先后汇入作为匈牙利与克罗地亚界河的德拉瓦河、纵贯匈牙利的蒂萨河和作为克罗地亚与波斯尼亚和黑塞格维那界河的萨瓦河三大支流，使干流水量猛增一倍半，含沙量也大增。春季因积雪融化，水位最高。夏末秋初，蒸发旺盛，水位明显下降，冬季水位最低。第一次世界大战导火索所在地波斯尼亚和黑塞哥维那首都萨拉热窝就在多瑙河主支流——萨瓦河的支流波斯尼亚河上。在贝尔格莱德折向东流至铁门这段，有长达60 km的峡谷，最窄处宽仅100 m，水流湍急，水力资源丰富。中游长约900 km，河床展宽同时淤浅，坡度平缓，流速减慢，沉积作用的泥沙形成沙洲、土岗，水流被分成多条汊道。

下游左岸为罗马尼亚的瓦拉几亚平原，右岸为保加利亚的多瑙河平原。河谷宽而浅，河道中有沙洲群。春汛6月水位逐渐升高，最低水位在9～10月间。冬季稍冷时河水结冰。东流至罗马尼亚的斯雷伯尔纳湿地自然保护区转向北流，至罗马尼亚加拉茨又折向东流，有罗马尼亚与摩尔达维亚的界河——普鲁特河汇入。自罗马尼亚的加拉茨成为罗马尼亚与乌克兰的界河，在距黑海80 km处的罗马尼亚图尔恰附近进入三角洲。干流分3段：北支基利亚河，水量占67%；中支苏利纳河，水量占

9%;南支圣格奥尔基河,水量占24%。苏利纳河经疏浚后水深7 m,长63 km,为通航干道。多瑙河携带大量泥沙,在河口沉积,形成三角洲,面积4 300 km^2,并且每年不断向海伸展。三角盛产芦苇,罗马尼亚的芦苇产量占世界总产量的1/3,为造纸工业、纺织纤维工业提供丰富的原料。

二、多瑙河的航运与港口

在2 000年以前,历史上由于多瑙河流经许多民族地域和国家,当年是"各人自扫门前雪",所以最初连源头都搞不清。直到古罗马时代,统一了大半个流域,不断追本溯源,才确立多瑙河发源于德国巴登符腾堡州679 m高的黑林山上流下的两条清澈的小溪。

多瑙河现在是重要的国际河流。莱茵—美茵—多瑙河运河建成后,把多瑙河和莱茵河两大水系连接起来,组成欧洲中部稠密的水上交通运输网。多瑙河主要港口有德国的雷根斯堡、奥地利的林茨和维也纳、斯洛伐克的布拉迪斯拉发、匈牙利的布达佩斯、南斯拉夫的诺维萨德和贝尔格莱德、保加利亚的鲁塞、罗马尼亚的布勒伊拉和加拉茨及乌克兰的伊兹梅尔。这些港口都是串在多瑙河上的明珠,其中以维也纳、布达佩斯和布拉迪斯拉发历史悠久、最为著名,对这些城市作者都做过考察。多瑙河水能资源丰富,干流上建有多座水力发电站,其中罗马尼亚的铁门水电站最著名,尽管水电站已引起争议,但至少在20世纪,它还算串在河上的小珠吧。

自上游数起,从历史上看,德国的巴伐利亚之所以在德意志邦联中强大,得益于多瑙河和乌尔姆、雷根斯堡港口;而奥地利公国之所以强大更得益于横贯公国的多瑙河和林茨、维也纳两大港口;公元5世纪斯洛伐克的兴起自西部始,更是由于多瑙河和港口布拉迪斯拉发;至于匈牙利,公元前1世纪的罗马人、3世纪的日耳曼人和5世纪的匈奴人最早进入的都是纵贯匈牙利多瑙河段南部的潘诺尼亚地区;公元6世纪罗马尼亚的兴起也是沿多瑙河的瓦拉几亚地区;至于保加利亚人的形成更是公元7世纪在多瑙河河口的比萨拉比亚地区。所以,多瑙河当之无愧的是沿岸国家的母亲,多瑙河的乳汁孕育了这些民族的形成和国家的兴起。

多瑙河是条奇特的河流,如果说它是串了这些珠子的水线的话,那有的地方是断了线的珠子。在多瑙河上游的德国地段,河流明暗流交错,有时流入地下,河道成为暗流,一会儿又流出地面,成为明流。水量也很不均匀,有的地方几近干涸,山谷中水深又可超过50 m;峡谷中水面宽不到百米,平原淤浅河段又阔达3 000 m之遥。

多瑙河之曲折也是著名的,从发源地到入海口的直线距离是1 700 km,但河长有2 980 km,从欧洲中部千回百转流入黑海,孕育了许多国家。当年的奥匈帝国就是要建立以多瑙河为内河的国家,以流域为统一体,虽然符合自然规律,却是不能以武力强求的,奥匈帝国还没有打到出海口,自己却先灭亡了。今天的欧盟经济统一体,倒是有望在吸收罗马尼亚和保加利亚以后,真正把多瑙河变成内河了。

三、多瑙河生态考察

多瑙河发源于德国的巴登符腾堡州，这个州作者到过。多瑙河经过的第一个城市就是乌尔姆，是个历史古城，有著名的蒙斯特塔，是高达 161 m 的哥特式尖塔。乌尔姆以下的多瑙河上游地段我到过，任何一个南去慕尼黑的人都要渡多瑙河。这一段多瑙河在巴伐利亚的山地中流过，河道不过几十米宽，流水清澈，几乎没有污染，保住了巴伐利亚秀美的湖光山色，一直流向雷根斯堡，是多瑙河的第一个大港口。

过了雷根斯堡的上游地段就是《蓝色的多瑙河》的来源，想当年 19 世纪初老施特劳斯创作乐曲的时候，多瑙河一定是清澈得发蓝的。但是，后来这里成了德国和奥地利的化学工业区，到 20 世纪中成了欧洲酸雨最严重的地方。1985 年我来时，维也纳的多瑙河已经过了 20～30 年的治理，但也已不再是蓝的，而是灰黄，让人想起酸雨。23 年后的 2008 年作者再来时，水已灰蓝，可见治理的成效。这段河道有 200～300 m宽，终年通航，有直达布拉迪斯拉发的班船，只需不到 4 h，到布达佩斯要 1 天。在维也纳以前，这一段仍然山区崎岖，河道狭窄，两岸悬崖峭壁，河谷深幽曲折，水流湍急，主要靠雪水融化补给。

维也纳以西就是斯洛伐克的首都布拉迪斯拉发，作者在 2008 年到达，河面变宽，约有 300～400 m。从码头下到水面仔细观察，河水与维也纳没有明显差别，略显浑浊，也有少量飘浮物。看来，尽管斯洛伐克已加入欧盟，但治污的水平与奥地利的差异还是看得出来。布拉迪斯拉发也有班船西上维也纳，东下布达佩斯，但我们到时正值假日，没有游船，无法舟游多瑙河，河岸边防洪堤都被围墙圈起，只得找码头才能下到水面，但要越过拦挡的铁链，所以实物查看水质还费了点周折。

从布拉迪斯拉发河流向西去布达佩斯，进入中游，河道变宽。作者是 1994 年去的布达佩斯，这里被誉为多瑙河上的明珠，多瑙河从城中穿过，西岸叫布达，东岸叫佩斯，1849 年建的布达佩斯链桥把两个城市连成一体，奥匈帝国建立后两个城市于 1873 年合并，称布达佩斯，帝国的好大喜功也留下了今天的布达佩斯。这里河面宽处近 1 000 m，河水比较清澈，大约是劣Ⅲ类，我们在河面上泛舟，尽赏两岸美景，布达佩斯的多瑙河段，河上碧波荡漾，两岸古典建筑林立，头上蓝天白云，构成立体的美景，让人陶醉。过布达佩斯后进入匈牙利平原，河道变宽，接纳了德拉瓦河、蒂萨河和萨瓦河等支流，水量猛增，含沙量也增大，河床由淤积而变浅。

河流在作为界河经过克罗地亚和塞尔维亚后过贝尔格莱德，此后切割喀尔巴阡山形成了著名的铁门。入门前河宽 600 m，入门后仅 100 m，落差达 30 m，河深从 4 m 增至 50 m，陡壁挺立，悬崖高耸，河水奔腾，咆哮而下，是著名天险，也蕴藏着丰富的水力资源，1972 年罗马尼亚和南斯拉夫（现为塞尔维亚）合作建成铁门水电站，装机容量 210 万 kW。多瑙河中游平原，是匈牙利、克罗地亚和塞尔维亚三国的农业区，我们在匈牙利和克罗地亚都看到了那多瑙河水孕育的农区景色，金黄色的麦田一望无边，孤单的大树仿佛孤悬，不多的农舍显得陈旧，殷实的谷仓让人垂涎。

过了铁门就到了多瑙河的下游，前半段是罗马尼亚和保加利亚的边界，从距布加勒斯特南不到 40 kW 处流过。作者看布加勒斯特的多瑙河是在 1985 年，可能是污染最严重的时候。河面已经结冰，银白一片，但可能两岸的工业都向河中直排，岸边雪融处河水灰黑，肯定在Ⅳ类。多瑙河仿佛一条银色的巨蟒分开了罗马尼亚和保加利亚，本来是多瑙河的另一种美，但岸边的黑带刹了风景，更与《蓝色的多瑙河》无法联系在一起了。此后，我再未去过罗马尼亚，但 2008 年到了乌克兰，而且到了与多瑙河相距不足 80 kW 的德涅斯特河，都是芦苇湿地，地貌特征类似，但作者看到的情况，要比当年的罗马尼亚和保加利亚段好不少，现在多瑙河的这一段也一定大有改观了吧?

河流过布加勒斯特后北流，河床宽阔与两岸湿地相连有 10 km 之宽，到了三角洲地带又折向东，冲击形成 4 300 km^2 的扇形三角洲。可惜作者没到过多瑙河三角洲，但考察过相距 100 kW 的德涅斯特河三角洲，两个三角洲都是 2/3 以上的面积为湿地，一望无际的芦苇呈青绿色，与天际相连，有几只候鸟飞出，这里是鸟类的天堂，至今这里尚未围垦造田，好像多瑙河三角洲也是这样。在多瑙河口还建了黑海自然保护区。

多瑙河这条欧洲第二的大河，是奥地利、斯洛伐克、匈牙利、塞尔维亚和罗马尼亚 5 国之母，也滋润着德国南部、克罗地亚东部、保加利亚北部和乌克兰东南部共 9 个国家，再考虑支流还包括了捷克、波斯尼亚和黑塞哥维那和摩尔多瓦，共 12 个国家，是与莱茵河同样重要的欧洲国际大河，目前正在通过欧盟的协调，进一步加强全流域污染的科学治理和水资源的科学开发。

四、多瑙河的水质与经济分析

从上游到入海，多瑙河流经 6 个国家：德国、奥地利、匈牙利、塞尔维亚和黑山共和国、保加利亚和罗马尼亚，最后入罗马尼亚入海，其中作者到过 4 个国家，从上中下游都见到过多瑙河，靠口尝和目测观察过它的水质，发现它的水质与当地的经济发展程度成正比。如表 4－1 所列。

表 4－1　4 国人均 GDP、水质比较情况

国　家	人均 GDP/美元	流经段多瑙河水质(一眼观察)
德国	26 900	Ⅱ类
奥地利	26 000	劣Ⅱ类
匈牙利	5 950	Ⅲ类
罗马尼亚	2 120	劣Ⅲ类

从上表中可以看出：

① 河段的水质基本随国家的人均 GDP 的减少而下降。“先发展后治理”的道理是不对的，我们要有认识，并尽可能避免；但是，发展还是硬道理，只有发展了才有实力、有技术治污，也才可能有对污染防治更实际的认识，世界的情况都说明了这一点。

② 奥地利与德国的经济发展水平是相近的，奥地利段水质较差是由于奥地利段有大批化工厂，尽管对污染治理有较大投入，影响仍然不小，20 世纪 90 年代奥地利的酸雨也是这些工厂排硫所致。这也说明，即便是发达国家污染治理也仍有许多工作要做。

③ 下游保加利亚和罗马尼亚水质较差，积累效应是存在的。但是数据分析表明主要是自身排污的问题。

目前，匈牙利和罗马尼亚在争取加入欧盟的过程中按欧盟的要求加大了治理力度，上下游各国还要建立共同监测，联合治污的机制。国与国之间都能做到的事，在我们国内难道还有什么克服不了的障碍吗？

第五节　德国的易北河全流域考察

1999 年 9 月，作者作为德国政府的客人全线考察了易北河流域。作为改革开放后的第一批出国访问学者，30 年中作者到过世界上 100 个国家的百余条河流，但是从来没有从头到尾地考察过一条河，所以这次特地提出考察易北河流域。主人也欣然接受了作者的要求，不但在沿途做了妥善安排，还专门派了全程陪同，使作者得以看到两德统一后 10 年来易北河水质的巨大变化，感触颇多。

德国人均水资源量 2 167 m^3，比我国略多，所以德国也是接近中度缺水线的国家，但是我们在德国到处看不到缺水的迹象，这不能不说是由于多年来德国对水资源优化配置、合理利用和循环使用的结果。德国水资源量折合地表径流深达 560 mm，大大超过全境维系良好生态系统的标准，加之德国污水处理率将近 100%，所以我们看到的德国处处是青山绿水。

一、易北河一览

如果说在国外对某一条河有较多兴趣的话，那么除了巴黎的塞纳河畔作者住过 6 年，美国西南的格兰德河专门考察过以外，易北河也得算上一条了。我们以易北河入海口汉堡为起点上溯，直至捷克共和国西部山区的易北河发源地。

易北河全长 1 100 km，是欧洲的大河之一。易北河发源于捷克的中欧山地，经布拉格北郊向北入德国；流过德国东部重镇德累斯顿后向西流入汉堡；汉堡市大部分在河北，第二次世界大战中英军就是从河南仰攻汉堡，渡过易北河从而最终击溃西线德军的；它从汉堡再向西 150 km 流入茫茫的北海。易北河全流域 14.8 万 km^2，是德国的第二大河。莱茵河虽然是德国的第一大河，但流域的大部分和入海口都不在德国。而易北河流域的绝大部分在德国，入海口就在世界闻名的汉堡港。

多少人游汉堡只看船，不看水，其实没有水，哪里来的船呢？水能载舟，亦能覆舟。在 21 世纪的可持续发展中，水对人的影响就不仅仅是倾覆舟船的风浪；也不仅仅是 1962 年夺去汉堡 360 人生命的洪水；还要加上水资源的质量与数量的保证。水资源的短缺和水污染问题的解决，已经成为世界上许多地方的当务之急。汉堡并不缺水，但 10 年前水污染十分严重，集腋成裘，从上游的捷克经前民主德国的萨克森州和萨克森—哈特州，再经前联邦德国的下萨克森州到汉堡入海时，生活、农业和煤、铁及重金属等工业污染已经使水质达到了Ⅳ至Ⅴ类。河水黑浑，河边都有臭味，河中只剩下一些人们不肯吃的小鱼，大马哈鱼已经绝迹。如果人们只顾自己，把河流当成一条污水沟，那么大自然做出的大鱼不游来、海鸥不飞过的惩罚显然是轻的。

自 1989 年两德统一以来，到作者考察的 10 年中，德国政府采取了企业限排、排放达标、污水处理、河道整治和湿地修复等一系列措施，在考察之中乘船看得清清楚楚，更为重要的是流域统一管理和全河监测，监测站和点一个连着一个，多为无人自动监测，在当时捷克不是欧共体成员国的时候，装在水泥柱中的自动检测仪已经立到了上游捷克境内，工作力度可见一斑。但百密也有一疏，中途作者停下来在一个乡村餐馆就餐，顺便到河边看看，看到后厨的污水就顺势直排入河中。作者问老板："您的后厨没有污水处理设备吧？"老板闹了个大红脸说："真没想到您比环保局查得还仔细。"

今天汉堡城段的易北河水虽然没有清澈见底，但已经变成灰色，清多了。不但大马哈鱼已经游回来，鱼的种类已和 19 世纪末相同，而且海鸥在追逐游艇，河水的水质达到了Ⅲ类，在不到 10 年的时间里提高了一类半。作者坐在游艇上已经闻不到河水的臭味，水面上一阵阵清风袭来，沁人心脾；河中万吨巨轮驶过，白色游艇穿梭。遥看两岸风景如画，河北岸是有 800 年历史的汉堡老城，由于汉堡市禁建高楼，最高的只有 6 层，古建筑尽收眼底。河南岸是新城、码头和工业区，船只来自世界各地，其中一艘排水达 5 万 t 的巨轮停泊岸边；长过 200 m 的造船台已经改作修船厂。两岸绿树成林，鲜花成丛。工地上吊车林立，汉堡城充满活力，然而毫不嘈杂，易北河畔静悄悄。如万年之前，易北河水在静静地流淌，而在世纪之交，德国变了，易北河也变了。

二、勃兰登堡州和尼德菲诺船闸

勃兰登堡（Brandenburg）州和柏林的关系正如中国河北省与北京市的关系，勃兰登堡州把柏林围绕起来，不但给柏林提供对外通路和农副产品，还给柏林提供水源。与河北省一样，勃兰登堡州本身也是缺水地区，所以也有舍自己保首都的任务。

勃兰登堡州的首府就是举世闻名的波茨坦，第二次世界大战结束《波茨坦协定》的签约地，那里有在德国极负盛名的、普鲁士国王的“无忧宫”。

这次来勃兰登堡州是参观尼德菲诺(Niederfinow)船闸。尼德菲诺船闸位于柏林东北，临近波兰边界的5万人口小城——埃伯斯瓦尔德(Eberswalde)郊外，在流经柏林的哈威尔(Havel)河与德波边界的奥德河之间的运河上。运河早在1791年就已建成，哈威尔河是易北河的支流，它的海拔高，而奥德河海拔低，相差36 m，之间距离又很短，修一条倾斜的运河不仅费工，行船不便，还容易发生洪灾，因此采取了修船闸，用升降机提升船只的办法来解决航运问题。

到了尼德菲诺，豁然开朗，阳光明媚，碧绿的草地前运河像一条蓝色的带子，草地上鲜花盛开，游艇荡漾河中，仿佛到了童话国。尼德菲诺船闸长94 m，宽27 m，高达60 m，像一个巨大的钢铁脚手架矗立河边。船闸始建于1927年，落成于1934年，通过升降机用长85 m、宽27 m、高20 m的大钢箱把开入其中的船升高36 m，从奥德河升入哈威尔河；或降36 m，从哈威尔河落入奥德河。

大箱载重达4 300 t，也就是可容10条约400 t的中型船只，升降的有运废钢铁或煤的货船、夫妻小游艇，还有单人小划艇，也有旅游船；大船收票，小划艇不要钱。升降过程十分壮观，巨大钢绳启动，卷扬机发出轰轰声响，箱中之船如盆中之鱼，船主人就只能像在鱼腹之中了，高架上游客俯视观看，巨箱中船员翘首以待，每当巨箱到位时，架上、箱中的看客、旅客一阵欢呼，这的确是件乐事。据说同类船闸中，目前这一个仍是世界上最大的，每年吸引30万人前来观看升降表演。

船闸显然改变了河流的水生态系统，在德国，过去修了，今天也没有拆。看来这还是有道理的，因为80年后河流已经形成新的生态系统，变回去不是折腾吗？而现在要建更大的，就真正要生态规划了，在发达国家、以至强调环保举世闻名的德国也存在这样的问题，说和做难以统一。人类要发展，不仅是自然保护，发达国家也一样，但关键是要有坚定的生态科学信念和实用的生态分析方法。

在船闸负责人陪同下登上船之顶，极目四望。勃兰登堡州东部的森林处于丘陵地带，山地起伏，河流纵横。向东望去，不到20 km远的地方就是德国与波兰之间的边界——奥德河，它被掩映在密林之中，这里正是几百年来争战之地，是两次世界大战的前线。现在，夕阳之下，这里异常宁静，林中没有风，河中没有浪，使人难以想象那炮火连天的情景。人类之间厮杀不已的一个千年已经过去了，人类掠夺和破坏自然的一千年也已经过去。人类应该深省这一个千年，只有这样才能迎接好未来的千年。

第五章　世界湖泊的污染

湖泊是水生态系统的一个典型，湖泊和冰川一起保有地球上的非年际更替水资源。世界湖泊水资源总量为 12 万亿 m^3，相当于 12 个长江的年径流量，是世界年际更替水资源量——河流总年径流量的 60%。湖泊是水系的重要组成部分，有蓄水防洪、水土涵养和物种维系等重要作用。绝大部分湖泊的水是由河流补给的。

世界第一大湖是北美洲美国和加拿大交界的苏必利尔湖，面积 8.24 万 km^2；第二大湖就是非洲的维多利亚湖，有 6.94 万 km^2。关于世界第一大湖，在北美和加拿大交界处的湖泊有五大湖之称，即苏必利尔湖 8.24 万 km^2，最大水深 394 m；休伦湖 5.96 万 km^2，最大水深 228 m；密歇根湖 5.80 万 km^2，最大水深 281 m；伊利湖 2.57 万 km^2，最大水深 174 m；安大略湖 1.95 万 km^2，最大水深 237 m。其中最小的安大略湖都比北京大，世界最大的尼亚加拉大瀑布就是伊利湖的水源。这 5 大湖总面积达 24.5 万 km^2，和英国一样大，是世界上最大的一片淡水水域。但是，这 5 个湖，除苏必利尔湖在苏圣玛丽与休伦湖有仅几千米的极窄湖峡相连、密歇根湖在麦基诺城与休伦湖仅有几千米的极窄湖峡相连外，完全是相互隔绝的 5 个湖，后来被人工运河连在了一起。所以五大湖的概念不是自然湖的概念，而维多利亚湖是与苏必利尔湖平起平坐的世界第二大淡水湖。

第一节　世界第二大湖——维多利亚湖水葫芦成灾

维多利亚湖是第二大淡水湖，在非洲东部坦桑尼亚、乌干达和肯尼亚三国交界的地方，南北长 337 km，东西宽 240 km，有 6.95 万 km^2，有 4 个北京市大。属于肯尼亚的领域主要是卡维龙多湾，占湖面的 7%，也有近 0.5 万 km^2，也就是说和我国最大淡水湖面积差不多。

维多利亚湖是高原湖，平均海拔 1 100 m，平均水深 40 m，最深处 82 m，蓄水量为 2.8 万亿 m^3，相当于我国全年的可更替水资源量，即全国所有的河流都注入维多利亚湖，整整一年才能灌满。湖周边年降雨量在 1 150～2 000 mm。湖集雨面积为 24 万 km^2，相当于一个英国，卡盖拉河和马拉河等充足的水量流水从北岸流出时形成欧文瀑布，流量 600 m^3/s，仅这一条瀑布就相当于黄河年径流量的 40%。

维多利亚湖是白尼罗河的源头，湖岸曲折达 7 000 km，过去湖区风景如画，岸边多良港，基苏木就是其中之一，是一个依水而建的美丽小城。湖中和湖边物产丰富，盛产非洲鲫鱼、棉花、水稻、甘蔗、香蕉及咖啡，英国殖民者占领肯尼亚全境后，立即修建蒙马萨到基苏木的铁路，就是为了运出这里丰富的资源。

一、东北部湖面水葫芦成灾

今天的维多利亚湖怎么样了呢？我们不妨从3个角度看看维多利亚湖的肯尼亚区域。

第一角度是作者在基苏木所住旅馆的大落地窗，可谓"凭楼远眺"。当住入旅馆，度过了一夜以后，第二天早晨刚打开窗子就让人看到一幅令人豁然开朗、愁云顿消的图景：旅馆大楼就矗立在湖边，陆上的丛林深入湖内形成绿洲，湖面水平如镜，湖的尽头上丛林密布，朵朵白云从山上飘过，七色彩虹从湖面升起，这是作者平生看到的最完整、最高大、持续时间最长、色彩最为鲜艳的彩虹。湖边岸上巨大的仙人掌和棕榈遮日，剑麻和灌木丛生，绿茵铺地。树上一只红嘴蓝鹦鹉在跳跃，天空一只鲜黄色的小鸟掠过，蒙蒙细雨打在芭蕉上，大小鹧鸪叫在树丛中，有动有静，有声有色，真是美不胜收。远远有一艘船开来，艰难地在湖面的绿萍中前进，仿佛破冰船在推开坚冰，不知是无法前进，还是缓行观景，悠然自得呢？

第二个角度是下到维多利亚湖畔。我们沿基苏木城南败落的道路下到了维多利亚湖畔的基苏木火车站，车站好像已经停用，车站大门关闭，我们的陪同下了车才叫开门。车站内道路泥泞，我们走到了货车站台，货舱门紧闭，看不到工人，看热闹的倒不少。走到湖边才看到靠岸的水边全是水生植物——水葫芦，学名凤眼莲，以盖地之势铺满湖面，湖面由蓝色变成绿色，让人几乎看不到这世界第二大湖，好像一片耕作的绿地。作者在旅馆中看到的那艘船正是在水葫芦中前进，举步维艰。就是在水面开阔的地方，也卧着一簇簇水葫芦，好像黑色的怪物，准备吞噬这剩余的湖面，远处工厂冒出的一缕缕浓烟直冲云霄，美丽的维多利亚湖的卡维龙多湾，好像一口藏污纳垢的池塘。基苏木工业发展很迅速，又多是制革、化工、印染、食品和水泥等污染严重的行业，只求利润，不治污染，虽然得到了一时繁荣，但破坏了环境，造成了这样的恶果。水葫芦已经使航运停顿，一年只有9个月通航。在码头上，一艘巨型货轮被围在水葫芦里，四周飘满垃圾，不知停泊了多久。油漆已经斑驳脱落，船舷上已经锈蚀斑斑，真有些惨不忍睹。因此，火车站败落了，港口败落了，基苏木的南郊败落了，接下去是哪里呢？人们真不敢想下去了。世界上什么灾都有，水葫芦灾已经成为一种，在中国水葫芦已经在南方到处成灾。这些水葫芦自何而来呢？是人"种"的，引自南美。在南美为什么不成灾呢？因为有一种昆虫是天敌，抑制了它的生长。可见随便引入外来物种破坏生态系统平衡是会成灾的。再引进那种昆虫吗？那真会天下大乱了。

在维多利亚湖周围，也包括基苏木的人们向湖中排放工厂废水、农田积水和生活污水，使湖水富营养化，从而促使水葫芦无尽地生长。湖水的富营养化和污染的后果还远不只是水葫芦滋生，湖中的鱼类和各种水产都在减少，美丽的维多利亚湖的一角正在逐渐变成一湾脏水坑。

第三个角度是到了维多利亚湖的另一处湖畔，是一个旅游点，这里是城东南的别墅住宅区，环境优美，污染也较少。一家印度人开的旅游餐馆依湖而建，露天餐厅就在湖边的浓荫之下；这里湖边也有水葫芦，但尚未成灾，只占了湖边大约 50 m 的地带。远处是湛蓝的湖面，和蔚蓝的天空相连，雪白的云朵撒向湖面，遥远的对岸隐约可见，显得天高地远湖面广阔无边。维多利亚湖的壮观在这里才能展现。维多利亚湖真有海一样的气魄，虽然近看碧波鳞鳞，但远望湖面风平浪静，才使人想到这里是非洲大陆的腹地。湖边园中树木茂盛，花草多姿，恬静俊秀，凉风习习，让人心旷神怡。我们还在这里和陪同共进午餐，吃了些三明治和非洲饭，每人大约合人民币 60 元，这里是旅游点，当然不便宜。非洲饭是 4 美元一份的非洲鲫鱼配饭团。饭团叫哥嘎尼(Gogani)，用手抓吃，味道还可以。不知是不是因为污染，在世界闻名的旅游点——维多利亚湖，我们只遇到了一对来自南非的旅行结婚旅客。但毕竟还有一对，未来的前景是游客蜂拥而至呢，还是踪迹全无呢？这里会不会再变成一个死角呢？全凭肯尼亚政府对污染的治理和环境的保护了。

从这 3 个角度看维多利亚湖说明了几个问题：一是要认识一个地方，登楼观景是不行的。二是维多利亚湖肯尼亚区域的污染让人触目惊心，已经影响了经济发展和人民生活。这样的情况并不只在肯尼亚，昆明的滇池也已开始。三是人们只要下决心，污染还是可以治理的。我们的陪同说肯尼亚政府已下决心治理污染，恢复生态平衡，并采取了具体的措施。我们在湖畔参观的一个小林场很能说明问题，政府每年除工资外向这个小林场投资 120 万先令，培养非洲桑树等 15 种树苗用于造林，因为多种树种组成的混交林保持水土、恢复生态的功能比单一树种的人工林强许多倍。

二、维多利亚湖一瞥

到维多利亚湖边，如同大海一样，气势磅礴，变幻无穷。站在湖畔，湖面波光云影，白帆片片；极目远眺，隐约可见湖对岸连绵起伏的群山，依稀可见缕缕上升的炊烟，满湖烟雾腾腾，浪花飞溅，就像置身于海边。湖岸曲折，有 7 000 km，我们在湖岸散步，真是“维多利亚浩如海，八千里路云和月；自古东非多神秘，既是水源又人源”。人源指现代人从这一带走出。落日西坠时，湖面浮光闪烁，仿佛有千万条银鱼跃出湖面。

维多利亚湖沿岸景色秀丽，气候宜人，热带雨林葱葱茏茏，野生动物时隐时现，这里是考察野生动、植物的天然实验室。湖中多鳄鱼和河马，周围有大象、羚羊、狮子和长颈鹿等非洲的特有动物。湖中鱼类和水鸟种类繁多，是良好的天然渔场和鸟类栖息之地。

湖中水产资源十分丰富，仅鱼类就有 300 多种。大鱼长达几米，有一种名叫恩达加拉的小鱼，长仅 8 cm，重约 8 g，但肉质细嫩，味道鲜美，是沿湖居民爱吃的佳肴。可惜走前未查资料，所以我们在湖滨餐馆就餐时未点这种鱼，吃了一种长约 20 cm 的银鳞鱼，味道也十分鲜美。

维多利亚湖上鸟类不仅数量多，而且种类也很多，有白胸鸦、红喉雀、斑鸠、白鹭、黄莺、灰鹳及鹦鹉等，被人们称为鸟的王国。我们看到湖边的白鹭和灰鹳此起彼伏，白鹭有如一缕白烟升天，灰鹳有如一片灰云落湖。湖边还有一种蓝鸟，很小，作者是后来在博物馆才看到标本的，蓝鸟羽毛晶亮瓦蓝的颜色和谐犹如奇葩，真是任何人工颜色所不能比拟的，最美的还是大自然。难怪巴黎的时髦女郎穿衣要按鸟羽来配色，日本丰田公司把名牌汽车命名为蓝鸟。

坦噶尼喀湖四周地区森林茂盛，各种热带树木交混成林。最引人注目的是香蕉林郁郁葱葱、连绵不断，那一串串沉甸甸的香蕉令人垂涎。我们在路上看到当地卖香蕉的方法十分奇特。一根高高的木杆立在路边，顶上不是电线，而是一片木板钉成的桌面，上面放着香蕉和芒果，我们上不去，只能望杆兴叹，也找不到小贩。正在百思不得其解之时，发现地上有节木棍，立刻醒悟了玄机，用木棍一敲木杆，"嘭嘭"作响。一个黑人男孩不知从哪里钻了出来，猴子一样地爬上杆去，脚勾木杆，手抓木排，立刻扔下来几串香蕉、一堆芒果，让我们任选。我们选好后他已站在我们身边，收了钱后，一转眼又消失在灌木丛中。这就是东非公路边的无人水果零售店。在那茫茫的旷野里显得十分神秘。这大概不是乌干达人当成主食的饭蕉，和一般香蕉的味道没有什么差别。

湖边多剑麻，剑麻又被人称为西沙尔麻，最初产于墨西哥，主要是通过墨西哥的西沙尔港出口的，所以叫西沙尔麻，1845 年传入东非。这是一种多年生植物，叶子粗壮肥大，有 1 m 多长，笔直地向四面伸展，尖端带刺，像一把把锐利的宝剑，故称为剑麻。种植剑麻一般要经过先育苗后栽种的过程，先让幼苗在苗圃里生长一年左右，待长到一尺多高时再移植到田里，两年后便长出一片片肥壮的叶子，这时便可以收割了。剑麻适应性强，生长也很快，单株成熟后可连续收割 10 年左右，每株可收割 300 多片叶子。将收割后的剑麻进行加工，得到一种乳白色的纤维，这种纤维长 1 m以上，拉力极强，抗腐蚀，耐水浸，在有塑料绳以前，是制作缆绳的最好原料，现在仍比一般的塑料绳更方便、耐用，广泛用于航海业。纤维也可以用来制作上等的纸张、绝缘板和麻袋等。用这种纤维织成的衣料柔软、通风、吸水强，是理想的夏季服装。制纤维后剩下的废液可提取合成肾上腺皮质激素（可的松）的主要原料海柯吉宁；那些余下的叶还可用来制作肥皂、酒精、酸类、果胶、农药、炸药、饲料和肥料等。剑麻真是全身是宝，难怪维多利亚湖畔已经成了剑麻林，但是为了开剑麻田，热带雨林的大量砍伐，已经使维多利亚湖的东北岸水土难以保持。

第二节 贝加尔湖和拉多加湖

俄罗斯是世界上水资源最丰富的国家，总量达 4.5 万亿 m^3，仅次于巴西居世界第二位；人均达 3 万 m^3，仅次于加拿大和巴西居世界第三位，几乎是我国的 15 倍。但是俄罗斯幅员辽阔，水资源量折合地表径流深只有 327 mm，不过也已超过维系良好生态系统 270 mm 的标准，所以即便是在西伯利亚，作者看到的也是茂密的白桦林。但是对俄罗斯水资源的认识，还远不是看数字所能达到的。看俄罗斯的水资源要看两个湖，一个是亚洲西伯利亚的贝加尔湖，一个湖的储水量就相当于中国水资源量的 80% 以上；另一个是欧洲圣彼得堡附近的拉多加湖，一个湖的储水量就达长江的年径流量。

一、湛蓝的贝加尔湖储存世界 1/5 的非年际更新淡水

从蒙古进入俄罗斯后的第一个城市是乌兰乌德(Ulan Ude)，地名看来是蒙古语。到了乌兰乌德就到了贝加尔湖(Baykal)，火车绕着贝加尔湖整整走了一个白天。这个蕴有全球 1/5 非年际更新淡水的、世界最深的湖泊风光旖旎。迎着晨光，远远望去，贝加尔湖像一块被白桦林和黑松林环抱的深蓝色玉石；近看，清澈见底，堤岸是水泥砌的，真像个大游泳池，而那拍击堤岸的汹涌波涛，又使你觉得它像个海。贝加尔湖的胜景真是变幻莫测。

贝加尔湖东西长 636 km，平均宽 48 km，面积 3.15 万 km^2，只比我国台湾地区略小一些；平均深度达 730 m，中间最深处有 1 620 m，差不多与泰山一样；有大小 336 条河注入，蓄水 2.3 万亿 m^3，相当全世界非年际更新淡水的 1/5，而且水质非常好，为优Ⅰ类。这里又有一个水资源的概念。水资源是指河川入海的年径流量，是年际更新的，而冰山、湖泊和湿地的水则不随年际更新。这种水地球上大约有 12 万亿 m^3，贝加尔湖占了 1/5。贝加尔湖中有大小岛屿 27 个，最大的是奥利霍岛，面积 730 km^2，相当于北京五环以内城市规划区的 2/3，建个小城绰绰有余。水中有鲟鱼、鲑鱼等各种名贵鱼种，因此有许多人慕名而来钓鱼。

看到贝加尔湖，作者不由得想起苏武牧羊的故事。公元前 100 年，汉武帝派中郎将苏武出使匈奴，由于副使与汉降将密谋，苏武被扣押，匈奴百般诱降，苏武坚毅不屈，只得让他在当时称为北海的贝加尔湖牧羊，整整放了 19 年羊，到公元前 81 年匈奴与汉朝和好时才放他回去。作者到了贝加尔湖才真正地体会到苏武的伟大，在这样天寒地冻、渺无人烟、野兽出没的地方放羊，不用说 19 年，就是 19 天，不是矢志不渝也难以办到。

为了防浪，不少地方都在岸边安放了巨大的异形水泥块，好像一群怪物沉在海底。其实防浪完全不必建堤，或扩大堤脚，堆些异形石块和水泥块是最好的办法，可

以有效地用缝隙间的内耗来抵消浪的冲击力，符合流体力学原理，比我们动不动就加固堤脚是科学多了。避风处，还有不少人垂钓，他们戴着皮帽子，穿着厚棉衣，坐着小马扎，手执长竿，全然不睬轰然而过的火车，聚精会神地盯着浮漂，看来不是闲情逸致所致，真有点像外星人。周围未见汽车，他们是怎么来的？在这空旷的荒野上，在这刺骨的寒风里钓鱼，还真要有点勇气和坚毅。

沿岸偶尔也有几家农舍，房屋很旧，多数没有油漆。庭院里没有花圃，也没有通到屋门的水泥路，只见树枝和木材杂乱地堆在院子里，和西欧农舍的差别真太大了。围绕贝加尔湖的密林不断被一些窄小的谷地所切割，谷底有水量充足的小溪，一齐汇入湖中。不由得记起 20 世纪 50 年代作者念中学的时候，曾看过的不少苏联油画，俄罗斯大画家列宾的作品把这景色再现得惟妙惟肖，让我们明白了佳作可以传世的道理。列宾没有画出的是湖对岸的群山，大概 100 年前在这片熊和野猪等野兽出没的丛林里，远走登高是不安全的。现在，只有在最高的路基上，对岸起伏的山峦才尽收眼底，苍翠的松柏好像给这些山峰穿上了一件绿衣。火车开到湖的西南端，这壮阔的画卷才收了尾。此时，红日已经偏西，向那无尽的白桦林中缓缓沉去。

火车从早晨到达贝加尔湖边，直到晚上才驶离贝加尔湖，整整一天，那一望无际的湛蓝水资源一直在你的右手边，直到太阳落山，贝加尔湖才逐渐消失在黑暗之中，不由得使人感慨，没到过贝加尔湖，就没见过最浩瀚的水资源。

解决我国北方的水资源问题，有人提出引贝加尔湖的水，这真是一个全然不顾生态规律、典型的人定胜天的畅想。其中引起的三国间的国际问题暂且不谈，提出者大概没有实地考察。首先，贝加尔湖距我国北方远达 1 300 km，远于南水北调的距离，地质情况更复杂的多，是明渠，还是管道？要有多大投资？其次，沿途冰冻期长达 6 个月，只能半年输水。再次，输水是什么价格，有没有节水便宜？这些问题都否定了这一提议。

二、圣彼得堡旁的拉多加湖水量相当于长江年径流量

拉多加(Ladoga)湖，面积为 1.81 万 km^2，是我国最大的洞庭湖的 4.5 倍，但在世界上仅居第 17 位。湖的最深处达 230 m，所以蓄水达 9 080 亿 m^3，比 20 个太湖还多，使得附近的圣彼得堡成为世界上少有的不缺水城市之一。拉多加湖的水量相当于长江的年径流量，也就是说，日夜奔流的长江流 1 年，才能充满拉多加湖，这一个湖就容了中国水资源量的 1/3。拉多加湖和贝加尔湖的水资源量之和为 3.2 万亿 m^3，占俄罗斯水资源量的 70%以上，占世界水资源量的 8%，超过了我国的总水资源量，不仅说明两湖水资源量之充沛，也说明俄罗斯巨大的水资源。

拉多加湖水通过涅瓦河冲向波罗的海。著名的涅瓦河横贯圣彼得堡城，长度不过 70 km，但如果看年径流量与河长比，高居世界第一，因为它不靠自身积雨面积，而是靠拉多加这个水量如海的大湖。涅瓦河另一世界闻名的原因就是 1917 年发出

人类历史上社会主义革命第一声炮响的，停在涅瓦河上的阿芙乐尔巡洋舰。今天这艘军舰仍停在河边，已经成了博物馆，供人参观。80 多年过去了，涅瓦河依旧静静流淌，而阿芙乐尔巡洋舰和圣彼得堡市已经几度换了人间。

在俄罗斯朋友陪伴下，我们乘船沿涅瓦河出海，涅瓦河水量充沛，波澜不惊，在蓝天白云下，如茵绿地之中向波罗的海流去，波罗的海敞开胸怀迎接我们的一叶白舟，构成了绝佳的河海天一色的自然美景。俄罗斯朋友说入海 10 km 海水还是淡的，我们乘船在 5 km 处尝了尝，海水的确不咸。入海的水可以把浩瀚的大海冲淡，在世界上除了亚马孙河、长江和尼罗河也不多见。正是涅瓦河的充沛水量，使得圣彼得堡的地下水位很高，因此在第二次世界大战中圣彼得堡(当时叫做列宁格勒)得以被围 900 天而屹然挺立。如果不能就地打井，断了水源，军民再不怕牺牲和坚忍不拔也只能撤离。

三、莫斯科是水资源短缺的地区

当然，俄罗斯也不是处处丰水，在这个幅员辽阔的国家里也有不少地方缺水，例如中亚地区和里海沿岸，实际上莫斯科周围就是中度缺水的地区。

莫斯科近处只有莫斯科河流过，水资源相对短缺。20 世纪 30 年代初，苏联政府为了保证首都的水供应，决定修建莫斯科运河，从水资源丰富的伏尔加河上游调水，而拉多加湖是伏尔加河重要的水源，莫斯科运河自 1932 年底开工，到 1937 年 5 月份竣工。到 1952 年，苏联又修建了连接伏尔加河和顿河，长 101 km 的列宁运河。这些运河通过调水保证了莫斯科的用水。同时，这条运河与其他运河成网，还把莫斯科与白海、波罗的海、黑海、亚速海和里海连接起来，使内陆城市莫斯科五海通航，大大加速了莫斯科的发展。可以与苏伊士运河和巴拿马运河并列，成为世界上修得最成功的运河之一。

向莫斯科调水，得益最大的是生态系统，使得苏联能够环莫斯科建了纵深达 10 km的 5 圈防风林，极大地改变了莫斯科周围的小气候。经过了 1 个半世纪，莫斯科周围已经从 1812 年拿破仑攻入时干风呼啸、光秃秃的原野，变成了《莫斯科郊外的晚上》这首名曲中 20 世纪 60 个代风和日丽、空气湿润的树林。

此外，苏联还在莫斯科西北修了伊斯拉水库，东北修了乌恰水库保障给莫斯科供水。经过 30 多年的努力，在莫斯科周围种植了达 20 km 纵深的防护林带，不但挡住了西伯利亚的寒风，而且使降雨增加，明显地改变了莫斯科的小气候。防护林带易于成雨，使莫斯科降雨增加，增加的降雨又维系了防护林带，形成了生态的良性循环。

然而，莫斯科的水并不完全是喜讯，近年来由于人口增加，经济发展，用水量增大，莫斯科又面临缺水，而且由于排污量大增，而污水处理设施建设跟不上，所以莫斯科河日益变脏。1983 年作者访问莫斯科时对水资源刚有概念，所以留意观察了莫斯科河，那时水的确十分清澈，回忆起来达到Ⅲ类是没问题的。18年后，作者于2001年再到莫斯科申奥时，对水质的判断有了更多的知识和经验，莫斯科河已经明显浑浊，在盛夏的7月的丰水时节水质也就是Ⅳ类，作者特地下到河边，已经看不见鱼。俄罗斯朋友已经注意到这个问题，他们说："莫斯科河的水越来越脏，如果保不住莫斯科河，莫斯科就不是莫斯科了！"有如此深刻的认识，相信莫斯科人是会解决这个问题的。

第三节　日本琵琶湖的污染治理

琵琶湖面积仅681 km^2，虽然不大，却是日本的第一大湖。

一、琵琶湖污染治理

美丽的琵琶湖也经历过一番水污染的劫难。面对今天的琵琶湖，谁能想象得到就在20世纪70年代，这里水质污染，鱼虾绝迹，腥臭之气远飘岸上十里之外，这个全日本最大湖泊的近岸处几乎成了臭水坑。从1972年起，通过日本政府的巨大投入和不懈努力，用了20年时间才使琵琶湖的面貌基本复原，自1992年起，又对琵琶湖进行了全面的综合管理。为恢复旧貌，每平方千米湖面的投入是个天文数字，实在值得我们引以为训，在21世纪再不能走先污染后治理的传统工业发展老路了。不用说我国在今后三四十年内也不大可能做出日本同样的投入，即使可以，也治不了太湖和滇池。因为琵琶湖平均水深41 m，生态容量很大，自修复能力很强，日本的巨额投入也不过是助力而已；而我国的太湖和滇池的平均水深不过3 m左右，自修复能力太弱，弄脏了再想还清，就难上加难了。

二、琵琶湖畔的感想

在琵琶湖畔的滋贺王子饭店住了两天，早晚与琵琶湖做伴，近看远看，高看低看琵琶湖，尽情欣赏了琵琶湖之美。滋贺王子饭店的明信片的说明上这样形容琵琶湖：清晨是戏剧性的；上午是阳光的；傍晚是浪漫的；夜景是梦境的。住在饭店的24层，在37层吃早饭，作者在湖边散步，以不同的高度和距离看了两天琵琶湖。

琵琶湖的清晨的确是"戏剧性的"，随着黎明的曙光冲破长夜的黑暗，太阳一下子跳上山巅，琵琶湖顷刻间从乌黑一片变成金色阳光下的橘红色，一切都变化得那样突然，真像一场戏开启了大幕。

琵琶湖的上午说是"阳光的"，不大确切，因为对清晨、傍晚和夜景的形容都是人的抽象感觉，不如说是"真实"的。在阳光下我们才看到了琵琶湖的真面目，站在38层楼的百余米高处，琵琶湖的美景一览无余，从高处看琵琶湖并不大，尽管实际面积与北京的密云水库差不太多，但因曲折更多，显得还不如密云水库大。远处乌黑的山在迷雾中，像披了一层灰色的纱，湖面一平如镜，湖上只有一个航标，两三只小船和三五只海鸥，尽管都显得蚂蚁般大小，却那样清楚，仿佛是一张浅蓝色的大纸上的几个白点和黑点。在大津市郊有一座跨湖桥像是拉在水面上的一条黄线，也是湖面这张蓝纸上的点缀。走到楼下，沿湖散步，虽然视野不如楼上开阔，但是看得更为真切。近岸有的地方水还是深绿色的，富营养化依然存在，这样一个大湖的彻底治理谈何容易。

琵琶湖的傍晚是"浪漫的"很为贴切。落日的余晖把偌大的琵琶湖整个涂成了淡紫色，琵琶湖成了一个着紫衣的少女，远山和近岸像给这紫色的纱裙镶上了宽窄不一的黑边，那早开的灯光像给黑边缀上晶莹的宝石。在傍晚散步时，看到了远近的几对恋人，有没有少女真着和湖色一样的晚装呢，如果有，那真该叫琵琶女郎了。如果没有，时装界该推出这样的时装。

哪里的夜都是"梦境的"，琵琶湖的夜自然也是梦境的，夜幕中湖边的点点灯光，把琵琶湖变得更神秘，把大津市变得更美丽。每个人在琵琶湖边都有自己的梦，作者在琵琶湖畔也做了一个梦，就是中日友好的梦。作为水资源专家，太了解琵琶湖的治理历史了。30 年前，美丽的琵琶湖几乎变成了污水坑，日本人民做了巨大的投入，经过了 20 年的奋斗，才使琵琶湖这个美女逐步恢复，至今没有还原旧貌，还有些斑点。

人为什么要这样做呢？为了自己的富裕破坏了自然，破坏了自己生活的地方，不知道自己的最大财富实际是自己赖以生长的生态系统，为什么这么没知识呢？等有了知识又来花几倍的代价修复，要知道，如果琵琶湖的生态修复再迟 10 年，这个生态系统可能就不可逆转，换句话说，就永远修复不了了。经过几千年，人类在 20 世纪终于认识了战争的灾难，认识到它不是解决问题的手段；经过几百年，人类在 21 世纪应该真正认识传统工业化的发展，认识到它不是人类可以持续发展的途径。

第六章 认识湿地

作者对湿地的兴趣始自1991年，当时担任中国常驻联合国教科文组织官职，负责科技、文化和体育事务，受委托与国内配合，对湿地进行调研，以决定我国是否加入《国际重要湿地公约》。调研使作者真正认识了俗称“烂泥塘”的湿地，并协助政府做出了加入“关于特别是作为水禽栖息地的决策”，并参加了加入《国际重要湿地公约》的签字仪式，自此，就与湿地结下了不解之缘。

第一节 作者与湿地

作者与湿地还有一段特别的渊源，在联合国教科文组织任中国代表团参赞时主管环境，参与了中国政府是否签署《关于特别是作为水禽栖息地的国际重要湿地公约》的决策，据国内有关部门通知：研究湿地的专家很难找，让作者自己准备研究材料。作者勉为其难地进行了3个月仔细研究，这段我国第一次按国际要求的湿地研究似乎有点传奇，但这就是当时的现实。

一、作者的湿地调研

以前作者对湿地——沼泽地仅有的知识是“烂泥塘”，根据国内的要求，作者查阅了许多联合国文献和外交书籍才对“湿地”有所了解。湿地俗话说就是烂泥塘，但实际上还是有科学定义的，《国际湿地公约》指出“为本公约的目的，湿地是指天然或人工、长久或暂时的沼泽、泥炭和滩涂等水域，低潮时水深不超过6 m的地带。”也就是说公约中所指的湿地是特别作为水禽栖息地的湿地，是一种特殊的湿地。什么是湿地呢？可以定义为：自然形成的，常年或季节性的，其低潮时水深不超过6 m，季节或年际水深变化超过1/3的水域，如沼泽地、湿原、泥炭地、滩渚地或其他积水地带。

这个定义强调了两个问题。一是湿地水不深，如低潮超过6 m就不是湿地，而是海或湖了。二是湿地水位要变化，如太湖平均水深仅3 m，但水深变化很小，所以是湖，而不是湿地；新疆的艾比湖局部水深达10 m以上，但年际变化很大，就是湿地，而不是湖。作者所到过的波兰东部的湿地这些特征也都很明显。水浅和水位变化决定了湿地的特殊生态功能是湿地的自然规律。一般来说，湿地就是干干湿湿、不断变化的一片积水地带。其不同于湖泊的特点：一是水最多时不超过6 m；二是水位变化很大，一般年际变化在水深的1/3以上，否则就是湖或海，而不是湿地了，所以说许多情况下湿地干涸是正常情况，但能自恢复；三是湿地有特有的浅水林木和芦苇等水生动植物系统。实际上我国的洞庭湖、鄱阳湖和太湖都是湖泊和湿地结合的混成生态系统，即边缘是湿地，中心是湖泊，所以在利用和修复时必须认识其湿地部分的生态特性。

二、参与代表中国签订湿地公约

在调研中亲历的明斯克湿地给作者以实际的印象。湿地有3大作用，一是净化水源，水在沼泽地里积存，许多有害物质氧化分解，实际上起到了自来水厂净水池的作用，被称为"自然之肾"，这就是为什么许多野生动物都到沼泽中饮水的原因；二是作为水域和陆地的过渡带，它起到保护水域的作用，否则由于风沙等原因，陆地将侵蚀水域；三是作为水禽栖息地，多种水禽要在湿地栖息、繁衍，其他多种水生动植物都容纳于湿地生态系统，破坏湿地，就破坏了生物多样性。

看来保护湿地有百利而无一害，签约有什么问题呢？最大的问题出在有一些跨国往返的候鸟的身上，会不会有外国指责中国没有保护好自己的湿地，影响了他国候鸟的生存而引起国际纠纷呢？这种看法既略显过分，又不无道理。作者分析的结果是：一是公约是提倡性的，并没有国际监测的条款，因此不会依条约而产生侵犯国家主权的行为；二是条约是互益的，我国也有候鸟飞向他国；三是中国的改革开放政策决定中国应该融入世界大生态系统，积极参加保护生态的国际事务。

1992年3月31日作者和驻法大使蔡方柏向联合国教科文总干事马约尔和助理总干事扎尼古递交了中国加入《关于特别是作为水禽栖息地的国际重要湿地公约》的加入书，蔡方柏大使在文本上签字。签字后大家高兴地祝酒合影，马约尔总干事对作者说："谢谢您！"扎尼古助理总干事对作者说："我最清楚您积极、有效的贡献。"虽然已经28年过去，但在世界上，每当考察和研究湿地时，就回忆起当时的情景，恍如昨日。

三、世界的湿地

湿地被称为地球之肾，全世界的自然湿地约有514万km^2，占陆地总面积的3.4%（不包括人工湿地）。加拿大居第一位，有127万km^2，占全球的24%；美国居第二位，有111万km^2；俄罗斯居第三位。中国居第四位，湿地面积38.5万km^2，占全国面积3.8%，维系着2.7万亿淡水资源，相当于3条长江的年径流量。

高原湿地被称作"世界水塔"，仅以亚洲为例，8大河中的5大河长江、黄河、恒河、印度河和湄公河都发源自青藏高原的湿地，而这些河流流域居住着人类的1/6。

湿地分3大类型：木本湿地、草本湿地和苔藓湿地。木本湿地多在温带，一般在森林边缘，湿地中有稀疏的树木，如白俄罗斯的湿地和日本的钏路湿地。草本湿地一般在偏北的温带和地势较高的地区，如我国大兴安岭的扎龙湿地、如作者考察过的红果区的著名四川若尔盖湿地——草地、西伯利亚靠近黑龙江的湿地。苔藓湿地则多在温带的高海拔地带和寒带，如西藏高原的湿地，西伯利亚北部的湿地和加拿大北部的湿地。

第二节　探险钏路湿地

钏路湿地位于北海道东部，是日本最大的湿地。距今 6 000 年前，这里是一片大海，大约 3 000年前，形成了目前的湿地。钏路川是湿地的水源，湿地南北长约 36 km，东西宽约 25 km，面积曾达 300 km^2，随着不停的开发，2000 年已经缩减到 194 km^2，占日本全国 200 多个湿地总面积的 60%。湿地上嫩草伸展好像一片绿色地毯，秋季发黄的芦苇好像给绿地毯绣上了金花，这是在照片上见到的，而我们在初春到来，这里仍是一片白色的世界。

一、丹顶鹤的栖息地

钏路湿地以丹顶鹤的栖息地闻名世界。1935 年将湿地中央部分的 27 km^2 划定为丹顶鹤繁殖地。1980 年成为日本世界湿地公约注册的第一个湿地，1987 年成为日本第 28 个国立公园。

登上被称为细岗的小丘瞭望台，湿地在白雪的覆盖之下，是一片白茫茫的平原。近 200 km^2 的湿地，镜面一样的清洁，死一般的寂静。但在这清洁和寂静之下掩盖着无数生灵。湿地中物种非常丰富，80%的地面上长着芦苇，目前确认的植物约有 600 种，昆虫类 1 150 种，鱼类 38 种，两栖爬虫 9 种，鸟类 170 种，哺乳类动物 26 种。其中一些植物如钏路花葱；昆虫如白蜻蜓、蓝郭公虫；两栖类如北娃娃鱼等，据说是冰川期的生物，都是稀有物种，具有非常重要的学术价值。此外，还有 55 处丹顶鹤的栖息地。在湿地的入口处，住着一位日本妇女，养了几十只丹顶鹤，是一个鹤园，那位日本妇女则被称为“鹤婆婆”。在湿地深处，还有一个鹤居村，有2 654名居民，料想他们生活得像游云野鹤一样自在，能认识一下一定十分有趣，可惜因时间关系没有造访。

我们穿上了防寒服，带上了手套，登上了高腰胶靴，开始了湿地探险。湿地边的树林也被白雪覆盖，看不出路径，我们在日本朋友带领下，深一脚，浅一脚地跋涉。作者不由想起当年在长白山上的抗联亲友，70 年过去，真是换了人间，当年是日本兵进中国的山，在大雪中搜寻他们；今天是日本同行领我们在日本的雪原上考察，让人引起无尽的联想……一个鸟巢打断了思绪。芦苇和菅丛生的地方有鹤用嘴一根一根割取芦苇，筑成直径达 1 m、高 50 cm 的巢；在桤木林中，鹭将巢架在桤木相互交叉的树枝上；岸边的芦苇丛中野鸭在抚养幼雏，到处生机盎然。

二、在湿地中漂流

到湿地来，最为重要的节目是钏路川漂流，我们全副装备，在钏路川的一个游船码头登船，在湿原和密林中向下游漂去。红色的小船，绿色的座位，在小河的清波中格外醒目。作者的划船技术是20世纪50年代在北海公园学的，当然不精，我们的船渐渐落在了后面。这并不影响我们欣赏钏路川的盛景，钏路川不过30～40 m宽，但春江水满，河水清沏，一片枯枝横在水面，偶有一丛芦苇丛生的浅滩，使小船绕行。岸上近处枯草叠岸，远处林木茂盛，林后雪山在阳光下放着银光。偶有一个水利工作人员走过，或是游人垂钓，都像是山野中的幽灵，吸引了我们的目光。由于是顺流而下，尽管我们划术不佳，也在1 h内，连划带漂了9 km，相当于跑步的速度，这也是作者一生最长的一段划船经历。

由于垦殖取水和水利工程的修建，钏路湿地从历史上的300 km^2萎缩到1980年的225 km^2，目前只剩194 km^2，而且还在萎缩。生态系统真是一个目前我们还远未认识清楚的神秘系统，像市场经济系统一样，属于计算机尚无解的非平衡态超复杂巨系统。钏路湿地萎缩的一个成因大概是所有人始料未及的。为了防洪，在20世纪70年代当地政府把我们漂流经过的一段4 km的河道裁弯取直，这样大大增加了泄洪能力，大大降低了河水泛滥的影响。但是，万万没有想到，河水流速的加快，影响了地下水的渗透，使地下水位降低；湿地长出了树，树又需要更多的地下水，使地下水位进一步降低，从而湿地干涸，土地已经开始了沙化，处于恶性水循环的树也要枯死。原来优美的湿地生态系统将被摧毁，而且大大增加了河流泥沙，当然对湿地动植物的影响就更大了。真是始料未及啊！这就是大自然对人类自作聪明的惩罚。

现在日本政府正采取措施，要恢复河流蜿蜒弯曲的形态，提高地下水位。目前已经开始建设缓冲带，要花5年时间进行旧河道的恢复试验，真有点“自作自受”。我们做的这种事少吗？现在北海道政府首先要稳定湿地面积，再花20～30年把湿地面积恢复到1980年225 km^2的水平，当地政府“痛改前非”的决定还是值得称赞的。河流泛滥怎么办呢？应该说泛区，本来就是蓄滞洪区，是河水应该拥有的地方，这才是“人与自然和谐”。

三、支笏湖和千岁川的大马哈鱼

支笏湖在札幌市西南的大山中，尽管只有54 km^2，却不仅在北海道很有名，而且在全日本闻名。因为它是个火山喷口湖，而且是日本最北的不冻湖，风光秀丽，是有名的度假圣地。我们来到湖畔，的确是山清水秀，风景迷人，岸边停着几只五颜六色的游艇，格外醒目。四周是带着白顶的密林，北岸的惠庭岳和南岸的风不死岳都倒映在湖中，湖上一片山林，湖中一片山林，相映成趣。据说山林里，有斑鸠，有画眉，有黄鹂，有鹰；有鹿，有野兔，有黑熊，还有狐狸。我们当然什么都没看到，只听到几声黄鹂清脆的鸣叫。我们从笕桥走入湖中，湖水清澈见底，在寒冷的早春，湖面腾起一片温和的水雾，让人嗅到大自然的清新气息。支笏湖有情有景，有声有色，还有迷人的气息，让人陶醉。

岸上也有旅游设施，不过建得还算得当，十分整齐集中，像一个小村落。有几家卖旅游纪念品的商店，卖得最多的是有关狐狸的纪念品，狐狸钥匙链、狐狸温度计，札幌也有2002年世界足球锦标赛赛场，因此还有木雕狐狸踢足球的钥匙链，可见当地狐狸之多。只有一家高档的旅游饭店，完全是西式的，没有日式炕桌。还有几家小饭店，有卖西式快餐的，也有卖日式饭菜的，体现了层次消费。由于是早春三月，饭店和商店都冷冷清清，我们几乎是仅有的游人。

札幌周围像日本本州岛的以大阪为中心的关西、以名古屋为中心的关中和以东京为中心的关东一样，是一片平原。平原上有从山里流出的石狩川，有从支笏湖流出的千岁川，沿河建了以札幌市为首的都市群。其中比较有名的城市还有江别市和千岁市。江别市有12.4万人口，是这一带的第二大市，由于地势较低，防洪特别重要，我们沿途看了防洪设施。

值得记述的是参观了上川丸博物馆，其全部内容就是一艘今天看来再普通不过的木船。船建造于1889年，北海道开发才20年这里就有了造船工业，还可以造长25 m，宽6 m，载货60 t及航速14 km/h的大木船，其成就不亚于我们改革开放后造出10万t的巨轮。上川丸在今天看来也是一艘现代的船只，驾驶室、船长室、客舱及货舱一应俱全，还有阅览室，比10年后清朝洋务派张之洞造的船还好。更为重要的是，从照片上看，60名船员都按现代的编制，早脱了和服穿上制服，仅从这一件小事看，后来清朝留着辫子的北洋水师在甲午战争中一败涂地也就不足为怪了。

千岁川河发源自支笏湖，长108 km，两边是山，流域很小，仅为1 246 km^2。千岁市沿千岁川而建，也是港口，有9万人口，札幌机场就建在千岁。千岁市最为著名的景点之一是鲑鱼故乡馆。鲑鱼即大马哈鱼，也就是世界名鱼三文鱼。大马哈鱼是海鱼，但游回内陆河产卵，孵化，长大后再游回海中成鱼。世界著名的鲑鱼产地有北海道、加拿大太平洋沿岸和中国的黑龙江。由于北海道的开发和千岁川的污染，鲑鱼于1954年绝迹，北海道政府采取了一系列措施，直至1979年鲑鱼才又回游千岁川。

建在千岁市的千岁鲑鱼故乡馆是一个很值得记述的生态科学知识普及馆。纪念馆不大，但以实物、模型和声像栩栩如生地描绘了自然生态系统对大马哈鱼一生的影响。支笏湖温暖的水质和众多的浮游生物吸引鲑鱼来此产卵，鱼卵孵化后，幼鱼在千岁川上游的浅水中以浮游生物为食，清新的水质和适宜的水温使小鱼迅速成长。而成鱼则在产卵后耗尽精力和体力，死在河边的石缝之中。小鱼游回大海，一个新陈代谢的生命周期就完成了；它们在俄罗斯和加拿大的太平洋岸边游弋成长，4 年之后长成，又向千岁川游去，周而复始地开始了新周期。

谁也不能解释，鲑鱼为什么能在几千千米以外辨别方向游回千岁川。候鸟还可以解释，它们在高空飞翔，可以认识路径，而鱼在水中游，至多可以看出几百米远，为什么能准确无误地返回故乡呢？自然界是一个神秘的生态系统，人类真是不要太自作聪明。

在鲑鱼故乡馆中，我们看着鲑鱼卵孵化和小鲑鱼游弋的录像，看着巨大玻璃箱中的鲑鱼，看着老鲑鱼死后的骨架标本，还亲手放生了小鲑鱼，看到它们进入小水沟得到自由以后，摇头摆尾的欢跃，真是上了一堂生动的生态课。

第三节　白俄罗斯的湿地

火车进入白俄罗斯后仍沿第聂伯河前进，再西行 70 km，过了白俄罗斯东部重镇奥尔沙(Orsha)，第聂伯河拐弯南下，火车继续西行则进入了明斯克东的湿地。到了这片湿地你才能体会白俄罗斯这个千湖之国，河流连着湖泊，湖泊连着湿地，湿地连着沼泽。清澈的河流在潺潺流淌，平静的湖泊泛着粼光，湿地上的水鸟时飞时降，沼泽上的芦苇在随风摇曳，在蓝天白云之下，在夕阳西下之中，构成了一副十分美妙的风景画。

一、百里明斯克湿地

在第聂伯河以西和鲍里索夫城以东的这片湿地宽达 100 km，长也有近 50 km，面积达 5 000 km^2的这片湿地保护得很好，从车窗向外望去，没有任何围湖造田的痕迹。明斯克的湿地是十分典型的湿地，森林、浅滩、湖泊和岛屿犬牙交错，唇亡齿寒。水少时就是陆地，正常时就是湿地，水多时就是湖泊，湿地的命脉是水，水使地变幻莫测。其实“烂泥塘”也很漂亮，尤其是在夕阳之下，水浅露泥的地方黑红，浅水的地方橘红，深水的地方淡红，与橙色的晚霞相接，湿地是橘色的世界，突然飞起一只白鸟，好像画家掉的一滴白彩。

也是有缘，18 年后作者在国内管水资源，其实，不但黑龙江的扎龙是湿地，原 800 里洞庭的外缘，20 世纪 70 年代消失的新疆罗布泊和岌岌可危的艾比湖都是湿地，只有科学地认识它们，才能合理、有效地恢复它们。

二、湿地没能救明斯克于战祸

过了湿地就到了明斯克，早在公元 1067 年明斯克已经建城，14 世纪属于立陶宛公国，16 世纪属于波兰，1793 年并入俄罗斯。19 世纪横跨欧亚的大铁路建成，明斯克更成为交通和商业重镇。这样历史悠久的一个城市，在我们路过时几乎看不到古迹，看到的只是千篇一律的苏联式的火柴盒楼，颜色也是一律灰色，城市像蒙上了一层尘土。不是因为火车不经过市中心，火车实际上穿城而过，而是因为明斯克在20世纪26年之内6次惨遭战祸，所以明斯克实际是座新城，湿地的自然屏障并未能使明斯克免于战祸。

看来，人类不仅破坏自然生态系统，也破坏自己建立的文明。第一次世界大战中，1918年2月21日德军占领明斯克，苏维埃俄罗斯与德国签订了《布列斯特和约》，德军占领白俄罗斯全境。1918年11月德国战败投降，苏俄政府废除和约，红军占领白俄罗斯。1919年8月波兰攻下明斯克，1920年7月苏俄红军又再一次收复明斯克。一代人时间，23年以后，1941年6月，第二次世界大战中德军重新攻下明斯克，城市几乎夷为平地，直到1944年7月，苏联红军再次解放了明斯克与白俄罗斯。这6次攻守争夺战给明斯克带来的灾难和对文物的破坏是可想而知的。

第七章 世界草原的变迁

草原是一种生态系统，一般在水资源折合地表径流深不足 250 mm、降雨量年内分布比较均匀的比较平坦的干旱地域，这里难以维持森林生态系统，但对需水较少的草构成的生态系统则可以支持。但是，草本植物扎根较浅，难以吸收较深的地下水，所以草原生态系统又需要有较均匀的降雨量。

草原又分热带草原和温带草原两大类型；实际上热带草原上有较多的树，如东非的肯尼亚草原，而温带草原则树极少，所以狭义的草原是指温带草原。

世界的草原、草甸(meadow)、森林区次生草原和可利用的稀疏矮灌丛草地共 5 000万 km^2，占陆地面积的 33.5%。我国草地面积 400 万 km^2，占国土面积 41%，是我国面积最大的陆地生态系统。草地不仅是畜牧的基地，而且经常是森林与荒漠的过渡带，有防止水土流失和土壤沙化的重要作用。

作者看到目前世界上的北起加拿大南至墨西哥的北美大草原，已严重退化，牧民已极少；南非和莱索托草原也严重退化，除莱索托还有零星牧民外，南非几乎见不到牧民；从乌克兰到阿尔泰山的欧亚大草原则只有两端退化还不太严重，有人放牧。所以世界的大草原已经只剩下面将记述的 3 个了。

世界上有 3 个超 50 万 km^2 以上的大草原。俄罗斯和乌克兰的顿河草原属温带草甸草原，其水源是伏尔加河、顿河和第聂伯河；呼伦贝尔草原属温带草甸草原和温带典型草原，其水源是黑龙江的上流额尔古纳河、呼伦湖和贝尔湖，呼伦贝尔大草原横跨中国、蒙古，其核心在中蒙边界，仅 10 余万 km^2。潘帕斯草原属亚热带禾草草原，其主水源是拉普拉塔河网、萨拉多河和科罗拉多河，其中以拉普拉塔河网为主。伏尔加河、顿河和第聂伯河 3 条河的年径流量在 3 330 亿 m^3，草原在中下游，所以过顿河草原的流量大约在 2 500 亿 m^3；黑龙江年径流量为 3 940 亿 m^3，但草原在上游，所以过呼伦贝尔草原的流量大约在 2 000 亿 m^3 左右；而拉普拉塔一条河的年径流量就在 4 690 亿 m^3，尽管在草原东边一侧，再加上萨拉多河和科罗拉多河，潘帕斯草原的年径流量也在 3 000 亿 m^3 以上。因此，维系这 3 个 50 万 km^2 以上的大草原的水量之差就显而易见了。“有水才有草，有草才有牧场”，所以三大草原的质量和载畜量也就清楚了。

在考察世界三大草原以后，作者的一个深刻体会就是对生态系统的改造必须与自然和谐，如对草原的改造就是要量力而行。乌克兰草原的大部已改为农田，潘帕斯草原也在牧场中间生产了大量的大豆，呼伦贝尔大草原照说仍是牧场，没有改变，但是过度放牧。

中国也进行了大规模的生态系统人工改造，中国的华北北部和内蒙古南部就是个典型的例子。就在120年前，即1890年以前，华北的农区实际上都是牧区，以长城为界，长城以外基本不种粮食，长城以内直到北京为界种粮也很少；长城以北更全是牧区。而自1890年以后清朝政府的控制力日渐减弱，俸禄也逐渐减少，蒙古王爷开始出卖土地，一些牧场被垦为农田。辛亥革命以后，蒙古王爷干脆断了俸禄，于是大规模出卖牧场；民国后，军阀割据的局面也结束了南粮北调，迫使北方种粮。因此，长城以北的优质牧场几乎尽数辟为农田，至此，在华北北部和内蒙南部就出现了恶性的生态循环。

近120年来把上述优质牧场地区开辟成大片农田，但因草本植物根浅，腐殖质层浅，土地不够肥沃；同时，地区降雨量不足以维持农作物生长。因此，必须引黄河水灌溉，造成黄河流域水资源量不衔需求，以至到20世纪70年代黄河开始断流。作为补充的方法就是抽地下水灌溉，造成本来就不充裕的地下水位降低，从而破坏了良性水循环，更降低了水生态系统的承载能力。从而，使华北北部和内蒙北部地区成为不适于农业发展的地区。

而牧区被迁到了内蒙北部的不适于放牧的劣质草场，以至载畜量大大降低，形成过度放牧，不但使牧业难以发展，而且进一步破坏草场，致使不少草场地面裸露，甚至形成沙尘暴，造成了严重恶果。作者曾乘火车横穿内外蒙古，蒙古一侧的草场与内蒙草场连成一片，本来质量也不高，但由于载畜量低，看起来明显好于内蒙的草场。

由此可见，我国在120年来客观上人工改造了华北北部和内蒙的生态系统，把优质牧区改成了低质农区，而把干旱地带改成了低质牧区，造成了华北水资源严重缺失，生态系统破坏，农区竭泽而渔，水资源和土地肥力却日益降低，牧区过度放牧，草原蜕化的严重后果。新西兰北岛从森林生态系统改变为草原生态系统几乎在同时，由于人口密度低得多，恶果尚不明显。长远结果如何还有待观察，一个生态系统的变化是否对人有利，大概要200年才能得出比较科学的结论。

因此，考察世界三大草原后的结论是：应该修复我国北方草原生态系统，退耕还牧，有限放牧，大大减少这一地区水用量，将黄河恢复为健康河流，在南方丰水地区增加种植面积，提高单位面积产量，这才是真正的生态系统修复，人与自然和谐。至于恢复的经费，国际金融危机发生后数十万亿的投入正是时机。

第一节 潘帕斯草原

阿根廷西北部的潘帕斯大草原是世界著名的三大草原之一，在布宜诺斯艾利斯以西，巴拉那河以东直至安第斯山；北起阿根廷与玻利维亚和巴拉圭的边界，南至科罗拉多河。在这片广袤的土地上湿地连着草原，草原连着大豆田，蜿蜒的萨拉多河和清冽的奇基塔湖滋润着草原，面积76万km^2，年降雨量在1 000～2 500 mm。

潘帕斯大草原不仅盛产畜产，而且在草原上间作大豆、小麦和玉米，成为阿根廷的主要农区。阿根廷年产大豆3 500 t左右，使得阿根廷成为世界最重要大豆出口国之一。潘帕斯这个远在天边的草原今天与我国竟也有密切的联系。自2007年来，它影响着中国豆油的价格和供应，2008年中国超市里大豆油的缺货与这片草原密切相关。

阿根廷与美国和巴西一起是中国的三大大豆进口国之一，由于国际上将大豆作为生物燃料的原料，使大豆市场涨价，再加上潘帕斯草原大豆的减产，阿根廷提高了大豆的关税。自2007年11月大豆出口关税从27.5％提高到35％，豆油关税从24％提高到32％；2008年3月19日再度将大豆出口关税提高到46％，并全部实施累进制出口关税，即当出口价格上涨时，出口关税也随之上调，而且此政策为4年，看来直到2010年潘帕斯草原还要影响中国豆油的供应和价格。

一、潘帕斯草原的历史

阿根廷的畜牧业有80％集中在潘帕斯大草原，阿根廷作为畜牧业大国，来阿根廷而不见潘帕斯，那真是白来了。潘帕斯大草原的牛存栏数大约4 000万头，羊存栏数近1 000万头，对于潘帕斯约100万的农牧业人口来说，合每人50头牛羊，此外还有为数可观的马。2004年宰牛量为1 200万头，平均每3个阿根廷人杀1头牛，每年光吃潘帕斯的牛肉就有余。牛奶产量为80亿L，合阿根廷每人每年240 L，大人小孩每人每天喝半升奶还喝不完。其余羊肉和皮革等产品也都是全阿根廷人用不完的。

潘帕斯大草原以拉潘帕省、布宜诺斯艾利斯省西部，科尔多瓦省、内格罗河省、门多萨省、圣路易斯省和内乌肯省为主，在100万km^2的土地上，大约100万农牧民在牧耕。在潘帕斯大草原，约每人拥有1 km^2，也就是1 500亩土地，人人都是“大地主”，有足够的生态足迹。

潘帕斯草原平均年降雨量在1 000 mm以上，气候温和，当年是个森林生态系统，一颗大榕树可以作证。在布宜诺斯艾利斯圣马丁广场不远还有一棵500年的榕树，是阿根廷最大的榕树，作者用脚量了一下，遮阴的半径为26 m，遮阴面积为2 160 m^2，即3.3亩地，可谓一树成园，但比起我国云南一树成林的辐射根榕树还是小巫见大巫。从这棵大榕树也可以看出，当年的布宜诺斯艾利斯是森林生态系统，变成了草原是人工伐树的结果。

今天看潘帕斯草原，最好不过在飞机上看，因为大草原有上百万平方千米，任何一个局部都难以反映它的全部。从飞机上鸟瞰潘帕斯草原，下面是一片由土黄、嫩绿和草绿组成的颜色奇特的平原，其间有白色和蓝色的系带，还镶嵌着蓝色的宝石。

大草原上土黄、嫩绿和草绿色都构成线条整齐的长方块，依次相间，原来是草原的轮牧。土黄色是被吃光的草场，嫩绿是正在生长的草场，而草绿是正在放牧的草场，这种三元轮作法使得潘帕斯草原成为了世界三大牧场中保护得最好的牧场，因此也是畜产最多的牧场。农田可以轮作，牧场为什么不轮作呢？其他牧场都应该借鉴。

牧场中白色的系带是公路，蓝色的飘带是河流，镶嵌的蓝宝石是湿地、湖泊和水库。潘帕斯草原东部多河流和湿地，北部也有湿地和湖泊，西部有安第斯山的雪水，南部相对缺水，就建造了罗斯科罗拉多斯水库和梅西亚水库来保证草原的用水。蓝色的宝石也各不相同，湿地看起来是浅蓝色的宝石镶着树林的绿边，与湖泊和水库有明显的区别；而水库较深，所以比湖泊更蓝。这在飞机上都可以看得清清楚楚。

17 世纪初有 200 个西班牙家族陆续移入潘帕斯大草原，经过大约 200 年的伐木引水，把原来森林和草原相间的潘帕斯改造成了今天的潘帕斯草原生态系统，至今已经有 200 年之久，200～300 年是人工新生态系统形成的周期，今天已完全构成了人工改造的新生态系统。

作者在飞机上俯视多彩多姿的潘帕斯草原，看不到多少树，人们要单纯地为了提高森林覆盖率而植树造林吗？阿根廷的森林覆盖率只有 13%，只相当于联合国教科文组织制订的温带地区的 25%的森林覆盖率的 1/2，而且这里有充足的水源，有大规模造林的条件。但是阿根廷人没有这样做，政府也没有强求。看来阿根廷人民和政府是懂得生态的：一个被改造的生态系统经过 200～300 年就形成了新的生态系统，复原会带来新的生态不平衡，产生难以预见的后果。如果没有发现改造系统的严重弊病，还是不动为好；即便出现了严重问题，也一定要经过长期地认真地科学研究，然后再行动，否则很可能适得其反。

二、潘帕斯草原的依托——拉普拉塔河网

拉普拉塔河口的河网地带有 1.5 万 km^2，差不多 1 个北京大，在这个地区密布着 4 000 条小河，是比我国的江南更密的水乡河网。我们从布宜诺斯艾利斯乘汽车到河口，再乘火车到东北 40 km 联邦首都区达米亚县的老虎镇(Tiger)。一路上浏览了阿根廷的农村风光：如茵的草地，稀疏的绿林，纵横的小河，墙上长满爬藤的乡间别墅，在蓝天和阳光之下显得分外美丽，空气清新，环境安静，这里已经成为世界富人竞相来养老的地方。中国也开始有富豪来这里买地产，环境是好，但是不懂语言如何养老呢？真正与邻居“老死不相往来”吗？

在火车上遇到一个阿根廷姑娘，她是一家公司的编辑，要出版一部介绍这里的电视短片，让世界更多的人了解这里，来投资购地。她也关心地问起北京奥运会，认为自己前去观看是一种达不到的奢侈。车上还有一队中学生欢声吵

得车厢里说话都听不清，是学校组织去老虎镇春游，所以作者也就没和那位女编辑多聊。

老虎镇是个只有 1 km^2、4 000 人的小镇，有码头在这里可以乘船上溯乌拉圭河，码头很小，不过是一排遮阴的木棚，乘客可以在这里等船。天蓬边有一座粉红顶的高大房屋，门前立着木牌——"老虎镇市政府"，这里就是小小老虎镇的中心。

游艇也都不大，但漆得五颜六色，在春江水满的河上显得十分鲜艳，好像五彩的大鱼在游弋。我们上船才领略到拉普拉塔河网的气势，河挨着河，河连着河，仿佛是大城市中的路，船可以拐向任何一个方向，再绕回来。一般在河流中航行是很难迷路的，直来直去，但在这里驾船，对生人来说不迷路很难。到了这里，才知道为什么西班牙人于 1536 年上岸 5 年后又离开这里，到上游的巴拉圭定居。迷魂阵一样的河网，丛林中的老虎，水中的鳄鱼，林中的蛇虫，的确让人难有立足之地。当年老虎多，也说明这里是森林，因为虎是不在草原上生活的。

我们上溯的河流是拉普拉塔河的支流乌拉圭河，河大约 30～40 m 宽，水满得好像要溢到岸上，两岸的绿树仿佛生在水中，岸边有松树，也有柳树，有芦苇，也有棕榈。树间就是一座座岸边别墅，别墅有大有小，有穷有富。富的房屋高大，有玻璃阳台、大花园、篮球场，还有人工的河边小沙滩游泳场。而小的别墅只有几间板房，衣服就晒在门前的绳子上。但是无论穷富，家家都有个小码头，码头深入水中的栈桥上还都有个小邮箱。我们乘的游船兼做邮船，到站时邮差踏上船舷把信塞入邮箱，还是个高难度动作。我们还看到有一家是狗来取邮件，狗用嘴例行公事地把信叼走，轻而易举地摇头摆尾而去，好像完成了什么壮举似的。

还有更穷的家庭在岸上没地，就住在水边的高脚屋中，没有码头，船就系在屋边，邮箱也挂在那里。不论穷富，家家都没有污水处理设施，通过管道向河中直接排污。但是，拉普拉塔河的水量太大，有 10 个黄河的水量之多，所以完全在其自净能力之内，因此，河流水质大约维持在Ⅱ～Ⅲ类，达到饮用水的标准。

河上像公路上一样有水上加油站，是深入水中的高脚屋。屋边吊着许多旧轮胎，初看以为店主不及时清理，驶近才知是为避免船撞屋的缓冲之用，真是废物妙用。岸边也有别墅挂牌出售，才 6 万～7 万美元，合人民币不到 50 万元一幢，真不能算贵，也说明阿根廷经济仍不景气。

我们在一个叫布朗休(Blanco)的小岛上岸，这里距乌拉圭才几千米远，岛上有一个旅游饭店，包括我国领导人在内的多国领导人曾来这里游览就餐。餐厅外就是一个大花园，多数餐桌摆在临河的露天木架上，吃着烤肉，看着游艇，让人们就餐时尽情欣赏拉普拉塔河网地区美丽的大自然。

餐厅花园在密林前的一片草坪上，密林过去就是乌拉圭了。真想花两个小时钻过去看看，不过没这个时间。在这个花园中有长满红花的高大木棉，有长满紫花的不知名树木，有低矮的柏树，也有如柳条的灌木。餐厅实际就是一个小岛，四面都是河，除了我们乘船来的是大河外，两边都是只有 10 m 宽的小河，有如小路，河边都停着船，有如路边停着车。

我们在河边的露天餐桌上尽情地品尝了阿根廷的烧烤，先上的蔬菜沙拉，然后是烤红肠，接下来就是烤牛肉、烤羊肉、烤鸡肉和烤鱼，烤得鲜嫩合适，佐料也味道可口。我们在温暖的春风里，在草香、花香和肉香的气味中度过了一个暖洋洋，酒足肉足的温饱中午。不知不觉睡意袭来，但已到了返程的时候，我们只得在未能尽兴的情况下登上了返程，走的路和来的路全然不同，又逛了拉普拉塔河网地区的另一部分。

第二节 乌克兰草原的生态变迁

世界上有三大草原，即在中国内蒙西部和蒙古东部以黑龙江的上游额尔古纳河、呼伦湖和克鲁伦河为中心的呼伦贝尔大草原和在阿根廷和乌拉圭以巴拉那河的上游巴拉圭河和萨拉多河为中心的潘帕斯大草原作者都已考察过，剩下的就是乌克兰大草原了。

叫乌克兰大草原并不确切，它是在俄罗斯的顿河、乌克兰的顿涅茨河和第聂伯河之间的广袤的顿河—第聂伯河大草原，有 60 万 km^2 之广。其中第聂伯(Dnepr)河是欧洲第 4 大河，发源于俄罗斯瓦尔代丘陵，经白俄罗斯入乌克兰，长 2 200 km，流域面积 50 万 km^2，年径流量 526 亿 m^3，比黄河还大，中游河谷就宽达 6 km，第聂伯河是乌克兰的象征。顿河是欧洲第 5 大河，长 1 870 km，流域面积 42 万 km^2，年径流量 284 亿 m^3，比黄河年径流量的 1/2 还大。历史上著名的哥萨克就是在这一大草原兴起和成名的。

一、乌克兰草原的变迁

作者考察了大草原的西部，在从敖德萨到基辅的 470 km，即近千里的地段进行的，中间有第聂伯河沿岸高地，不是一马平川，但在如此广袤的平原上，从驱车来看只是起伏而已，看不出明显的高地。

今天的乌克兰大草原只能看到零星的痕迹，大部分地区已被开垦成农田。农田并不稀奇，但如此浩瀚的农田却很罕见，连中国著名的北大荒也比不上。浩瀚的田野上，有青黄、花黄、褐黄、油黑、乌黑、灰褐、黄绿、嫩绿和青绿等 10 种颜色的地域。每一种颜色都一望无际，要驱车几分钟，即走 10 km 以上才能看到尽头，真是世界奇迹。可惜未从空中察看，那一定是一种壮丽的景色。

其中，青黄色的是玉米田，青色的包叶，浅褐的须穗，一望无边。花黄色的是油菜田，无边无垠的黄花伸向天边。褐黄色的是小麦，麦田已收，浅褐的麦秆一片狼藉，滚向白云。油黑的是犁过的土地，黑的流油，流向天际。乌黑的是烧荒的痕迹，处处过火，好像经过了一场大战。灰褐色的是清走秸秆的表土，在太阳暴晒下成了灰褐色的裸地，也没有尽头。黄绿色的是向日葵田，仿佛从天上撒下的笑脸，从云边一直滚到了路边。

嫩绿色的是一年生草原，不是原生的草原，而是轮作中歇息农田里长出的新草，绿油油地像铺上了一层地毯。真正的草原是青绿色，不到我们走过路途的1/10，乌克兰草原已经都被开垦成农田。现有的草地、青绿色的草有30～40 cm高，比呼伦贝尔大草原的草要好，茫茫的草原上长着丛丛灌木，这大概就是原生态乌克兰草原的特征。草原上有一群群牛在低头吃草，是这草原上精妙的点缀。

乌克兰水资源量折合地表径流深为85 mm，仅为在温带维系森林生态系统最低水资源量的57%，所以，在历史上这里就是一个草原生态系统，草肥水美，养得好马，正如呼伦贝尔大草原孕育了蒙古骑兵一样，这里孕育了哥萨克。可惜哥萨克比蒙古骑兵晚了3个世纪，否则两者在乌克兰大草原上一战，还真难料胜负。

自1861年俄国废除农奴制以来，解放的农奴开始到草原开荒，尤其是俄国十月革命以后，集体农场的机械化开垦，如此经过了1个世纪，已经使乌克兰西部的草原几乎荡然无存。也许人们说，多种些粮食再养猪不是很好吗？留下草原有什么用呢？但我们在路上问了在路边卖水果的农民，其中73岁的萨莎说，从他孩提时到现在，河流的水在减少，而地下水是越来越难抽上来了。这就是生态恶果，无节制地垦荒是要受到自然的惩罚的。开垦才100多年，再过100年呢？会不会逐渐荒漠化呢？乌克兰有1 400万农民，耕地近60万 km^2，合每人有4 hm^2 地，即近60亩，而我国农民每人不到两亩地，又将如何耗竭水资源和土地的肥力呢？

二、乌克兰草原中的森林

乌克兰大草原也不是没有森林，在我们驱车前进时，大约几十千米就有一片森林，看来在土地开垦时森林还是尽量保留的。萨莎的朋友——一个52岁的壮年，对卫国战争那段历史还熟悉，说当年抗击德国的游击队在这一马平川的地方无法存身，所以都隐蔽在森林里。他还说："不能说斯大林不好，没有斯大林卫国战争不能胜利。""现在当然比苏联时代自由，但是什么事都没人管了，汽油可以随意涨价。"而且"苏联时代虽然不让干许多事情，但是可以偷偷地干"。完全是一个苏联时代的共产党员的观点。

从生态上看，原生态的乌克兰平原降雨少，河不多，尽管上游使地下水较丰富，但仍然只能维持一个在低地有小片树林、平地有许多灌木丛的草原生态系统。所以人工地改变成农田，从系统分析来说，对人是利是弊，现在还不好下结论，但是问题已出，绝不能再开垦那残存的树林和"碍事"的灌木。

乌克兰大草原上也有山地，在从敖德萨去基辅的路上，我们去了距基辅大约

220 km的乌曼市(Vman)索菲娅花园,花园在第聂伯河沿岸高地的中央,是大约200 m高的小山,山上布满温带密林。花园依山谷深处的湖泊和森林而建,构思巧妙,充沛利用自然风景。公园为1794年始建,是波兰—立陶宛王国斯坦斯拉夫二世为其王后所建,没有想到第二年、即1795年,王国就被俄国、普鲁士和奥地利瓜分,斯坦斯拉夫二世退位,公国所在地归属俄罗斯,此后叶卡捷琳娜二世和亚历山大一世继续建设花园,至1802年花园落成。

第三节 英国的草原生态系统和水环境

到过英国的人会认为英伦三岛是一个十分优美的生态系统,水资源充沛。其实英国的人均水资源量只有2 460 m^3,只比我国多20%,是一个轻度缺水的岛屿。历史上英国曾是一个森林生态系统,在工业化进程中也大肆砍伐森林、破坏植被,使森林生态系统严重退化。但是英国在恢复的过程中实事求是、因地制宜,根据地少人多、水资源承载能力低的实际情况,修复、建设了一个现有水资源量可以维系的草原生态系统。尽管英国水资源折合地表径流深达498 mm,足以维系森林植被生态系统,但由于降雨偏少,恢复千年形成的森林生态系统是困难的,而且由于人口众多,经济发达,用水太多,所以英国并没有大规模植树,至今森林覆盖率只有10.7%。而这个适应现在英国社会经济发展的草原生态系统得到了国际专家的普遍称赞。

一、泰晤士河的治理

泰晤士河是英格兰南部的一条河流,它的长度为346 km,流域面积13 000 km^2左右,流域不大,但泰晤士河流域居住着1 200万人口,占英国人口的1/5,其中一半住在伦敦及其郊区。平均年降雨量大约是920 mm,只相当于北京的一倍半,但全年分布相当均匀。泰晤士河年径流量为24亿m^3,有360个污水处理厂向其中排放。

泰晤士河的中上游让人饱享了英国的田园风光,英国的草场美得就像精心制作的绿丝绒地毯,我们开始很纳闷,城里的草地有人维护,这荒郊野外谁来修剪呢?原来,这种草是耗费巨资,花了几十年的时间培育出来的,并不用修剪。泰晤士河在这里不过四五十米宽,一望无际,碧绿如茵的草场上纵横着小河,都是泰晤士河的支流,就更窄了,草地与河只有一线之隔,没有坡岸。泰晤士河春江水满,水流清澈,河中漂浮着五颜六色的游艇,岸上有五色缤纷的鲜花,把泰晤士河上游风景区埃兵顿描绘成了一幅艳丽的图画。泰晤士河上游的保护给下游的治理打下了坚实的基础。

英国建设以草原为主的生态系统,并不仅是牧业发达的经济需求,目前牧业并不是英国的支柱产业。草原生态系统建设也完全符合自然规律,英国降雨量并不很大，但是时间分布十分均匀，恰恰符合草根浅无法吸地下水，仅能靠降雨吸水的特性。因此，英国维系草原的决策取得了经济发展，物种特性和气候规律三者的协调，也就是人与自然的协调发展。

泰晤士河的下游在伦敦，河面开阔，有 300 m 宽，水量很大，是一条大河。从伦敦向西沿泰晤士河走去，建于 18～19 世纪的国立画廊、议会大厦、大本钟和威斯敏斯特大教堂就展现在眼前。像巴黎的名胜是沿着塞纳河自西向东展开的一样，伦敦的古迹也是沿着泰晤士河由东而西分布的。20 世纪中泰晤士河因工业污染，把鱼成群毒死，成了一条“死”河，鱼鸟绝迹。自 20 世纪 50 年代，投入巨额资金，经过近半个世纪的治理，流水清了，水质可以保持Ⅲ～Ⅳ类，但至今鱼仍很少，先污染后治理的工业化道路的代价实在太大了。岸边安了许多长椅，供人观河赏景。但是，不知道为什么，总感觉泰晤士河没有塞纳河那么美，向西岸望去，使人不无抑郁之感，也许是沿河工厂太多，建筑物色调太暗的缘故吧。巴黎的塞纳河虽然污染较轻，当沿河走去，若有所寻的时候，不时有衣冠楚楚的先生和太太停下来彬彬有礼地问：“我能帮您做点什么吗？”因此感到这个礼仪之邦的情谊似乎比泰晤士河更清、更美。

二、苏格兰的水 91.7% 达到Ⅰ～Ⅱ类

2000 年年初，作者到英国访问时去了苏格兰，苏格兰山清水秀早就闻名于世，不少联合国的高级官员都把退休后在苏格兰买幢房子安度晚年作为自己的心愿。尽管苏格兰的青山绿水历历在目，但当苏格兰环境保护局的同行向我们介绍整个苏格兰的水体 91.7%以上的水达到Ⅰ～Ⅱ(即优或良)类时，还是使我们大吃一惊，这在世界上都是个奇迹。在已经工业化的苏格兰，如何能使水体水质达到如此之高的标准呢？

与中国相比，苏格兰确实非常小，人口只有 500 万，总面积约 78 783 km^2，65%以上为山区，超过 914 m 高的山峰就有 280 座，包括英国最高峰——本尼维斯山，它的高度为 1 344 m。水是苏格兰环境中尤为重要的因子。在苏格兰有超过 30 000 个大小湖泊，6 620 多条河流(不包括岛屿中的河流)，总河长超过了 48 000 km。有岛屿 800 余座，主要分布在苏格兰的西部和北部沿海地区，苏格兰的海岸线长度约 10 000 km。

在如此复杂的河湖情况下，苏格兰的水环境保护为什么如此成功呢？第一，水环境保护或改善的标准看似不高，但非常切合实际，使之保证能够达到。比如，在苏格兰 3 个污染较严重的湖泊中，苏格兰环境保护局决定从 2000—2005 年，改善一个污染湖泊的水质。目标的确定既符合湖泊自然净化改善的客观规律，又能够在州政府的财力支撑范围内完成。第二，苏格兰环境保护局保护水环境值得我们借鉴的地方是除了点源外，对来自面源和地下水污染源的深入细致调查。这些调查项目明确

和具体，易于操作。比如对来自苏格兰废旧矿井对地表水、地下水水质的影响调查；对来自农村牧场的污水调查，同时还分析了来自农牧场废水难以得到彻底治理的原因。

苏格兰环境保护局还对改善水环境提出了几项基本原则：

① 与有关机构协调合作，统一建立一个相互协调的、符合社会和经济需要的改善环境的目标。

② 环保局对污染问题和环境危害逐一排序，以保证治理投资的优先顺序和最大效益。

③ 环保局通过修改和制订法规，严格执法，保护环境。

④ 环保局对义务承担人按法律框架规定要求达标或进一步减少排污，予以奖励。

苏格兰的确山清水秀，在依稀的迷雾中，潺潺而过的清流，清澈见底的湖泊，仿佛没有人居住过，披上了一层神秘的色彩，让游客流连忘返，让居民心旷神怡。所以能取得这样的成绩和苏格兰当局一系列的法律、体制、管理和经济上的得力措施是分不开的。

第八章　人类从森林走出

森林是陆地生态系统的主体，人类起源自森林。目前世界森林面积为 3 861.1 万 km^2，占地球表面积（南极洲除外）的 29.7%。森林是被人类破坏的最严重的生态系统之一，自人类建造房屋以来，木材就是主要原料，木炭就是取暖和煮饭的燃料，乱砍滥伐使森林的破坏率高于生长率，破坏了森林生态系统的平衡，从而破坏了它在维系地球生态系统所需的碳、氮和氧循环中的关键作用。影响了降雨和气候，造成水土流失，吸收二氧化碳能力降低，林中物种减少，尽管据研究从温带到热带森林覆盖率从 25%～30%可基本满足人类需要和系统平衡。但现在森林被破坏后分布不均，人烟稀少的西伯利亚和亚马孙的大片原始森林距人类聚居区太远，生态功能大打折扣，而在人类聚居区的森林覆盖率远低于上述要求。

仅仅 3 个世纪以前，森林面积还占 60%以上。现在，世界已有 50%的热带雨林被破坏，其中 8%是近 40 年破坏的。而目前森林还以 20 万 km^2/年的速度被破坏，如不及时制止，再过两个世纪世界上将见不到森林。同时，在树种方面，最近 10 年中消失的数量比过去 100 年中消失的还多。世界 10 大森林的面积情况如表 8－1 所列。

表 8－1　世界 10 大森林

国　家	森林总面积/万 km^2	占国家领土面积/%	森林名称
俄罗斯	851.4	50.4	西伯利亚大森林
巴西	543.5	64.3	亚马孙热带雨林
加拿大	244.6	26.5	落基山温带混交森林
美国	226.0	24.7	落基山温带混交森林
中国	136.1	14.6	青藏高原森林
印度尼西亚	105.1	58.0	加里曼丹热带雨林
刚果（金）	135.2	59.6	刚果河热带雨林
秘鲁	65.2	50.0	安第斯高原森林
印度	64.1	21.6	德干高原热带混交林
墨西哥	55.2	28.9	西马德里山热带混交林

在上述 10 大森林中，作者到过俄罗斯的西伯利亚大森林、巴西的亚马孙热带雨林、加拿大温哥华附近的落基山温带混交林、美国加利福尼亚的落基山温带混交林、

中国的青藏高原森林、印度尼西亚的加里曼丹热带雨林和秘鲁的安第斯高原森林共7个。以下着重记述文莱的坦布荣国家森林公园(属加里曼丹森林的一部分),横贯过的俄罗斯西伯利亚大森林和与刚果河热带雨林类似、但被人为破坏了的非洲贝宁湾沿岸热带雨林。

森林是人类的起源,人类的前身就是只能在气候温暖、食物丰富的热带雨林中生活的类人猿。由于气候干旱,森林退化为草原,部分类人猿可以直立行走,而且需要寻找食物,才变成了人。作者在东非森林和草原的交接处,亲眼看到了这种产生人类的生态系统。

世界上保护得好的原始森林有3类:一类在热带,一类在高原,一类在寒带,都在人类难以生存的地方,可见破坏原始森林的元凶是人。热带原始森林由于毒蛇猛兽和虫菌瘟疫的侵扰和几乎所有热带国家都是发展中国家、开发能力较低,所以深山中的原始森林得以保留,如亚马孙河流域、刚果和加里曼丹岛等地。高原则因为缺氧和难以耕作所以人口密度较低,而且,几乎所有高原地区都是发展中国家,开发能力较低,所以原始森林得以保留,如吉尔吉斯斯坦、秘鲁和中国的西藏等地。寒带则主要是由于人口密度低,如西伯利亚和加拿大北部等地。

第一节 文莱的尤鲁·坦布荣国家森林公园

文莱有多处国家森林公园,或者称为自然保护区,都达到了核心区1人/km^2、过渡区3人/km^2及外围区7~10人/km^2的标准。其实这个标准是对温带地区适用的,对于文莱这样的纬度仅为5°的标准热带雨林地区,由于生态系统承载力高,人类的生态足迹小,其实长期居留人数的限制可以降低,即住略多的人。在文莱的这些森林公园中,最大的、也是保护得最好的就是尤鲁·坦布荣国家森林公园。

一、进入加里曼丹岛热带雨林

从斯里巴加湾市出发,过了属于马拉西亚的文莱湾,则进入淡布伦河,沿河上溯就开向尤鲁·坦布荣国家森林公园。森林公园面积为500 km^2,占了淡布伦区面积的38%,即包括了整个区的南部,再向南就已经到了世界上保护得最好的原始森林之一——加里曼丹原始森林的腹地。那里是崇山峻岭,在文莱境内高于1 000 m的山峰就有3座,其中巴干山高1 850 m,是文莱的最高峰。

从邦阿小镇乘车,约5 000 m就到了淡布伦河的码头,这个小码头实际上就是旅游点一座小木屋前的几阶石梯。小河又窄又深,从屋内到河面要下5~6 m。做到了在自然保护区固陋就简、不大兴大建,尽可能保护自然。

小河大部分只有20~30 m宽,两岸陡峭,上面又长满茂密的原始森林,所以我们好像在深谷中航行。除了近处林中有两三座木屋和树上的旅游屋以外,向前航行就再也见不到人迹了。自然倾倒的古树粗干躺在河边,小的树会至少也有百年,而枝杈早已冲走,浸没的大树干远看像化石一样,可能已有几百至上千年,而后面的密林中好像隐着千年的故事。没有人为的破坏,植被也不见得保护完好,我们看到一大片山体滑坡,留下一片裸露的黄土,在绿色的世界中好像一块秃斑,但是估计这片滑坡不过几年,经过十几年是会恢复为绿色的。

越向上游河流变浅,船工灵巧地避开浅滩和礁石,那黑色的礁岩和白色的鹅卵石像河中镶嵌的珍珠。忽然,天上出现一架横贯两岸的天桥,才给这密林小河添了点人气,但还是看不到一个人。原始森林中的河流并不如想象中的清澈见底,水是发灰的,因为有枯枝落叶入水分解所致,但水质是好的,肯定在Ⅰ类。

我们陶醉在大自然中,时间过得真快,1 h 内 25 km 的航程转眼即逝,我们又到了一个中间站,在这里淡布伦河分叉。码头又是一间高脚木屋,我们在这里吃了午饭。下一个节目就是上山。

山上全是铺上铁网的木板阶梯,我们在遮天蔽日的密林中登山。木梯分两段。第一段共有 1 226 阶,高 455 m,每阶 30 cm 多,对于登高来说已是费力的高台阶。在闷热的森林中登得我们挥汗如雨,到了平台,休息片刻时衣服已经像水洗一般。我们登上北京香山香炉峰的高度,但并不太累,不知是空气清新还是探险欲望所致。在这个高度上,仍在密林之中,什么也看不到,连阳光也是一缕一缕的。第二段有 200 阶,又登了一个北京的景山的高度,除了照样出汗以外已不觉累。

很奇怪的是,山上不但没有走兽爬虫,就是连鸟也看不到。树林虽不透光,但并不是密不透风,没有满地的枯枝落叶和满树的爬藤,这显然是修木梯登山道造成的。这一条登山线已经不是原始森林,枯枝落叶层已由于施工而不存在,所以地上只有一些草,灌木已很稀疏,爬藤自然也就由于断了生物链而失去了生存条件。只要有路,只要有旅游设施,那密不透风、毒蛇猛兽的加里曼丹原始森林就看不到了。大概在世界上任何地方都是如此,说明生态系统一旦被破坏,受到人类活动的干扰以后,是多么难以恢复。看原始生态,旅游是办不到的,只有像我们在亚马孙河一样,去探险了。

二、600 m 高程眺望加里曼丹热带雨林

又爬了 30 m 之多的土路,我们又见到了人类的设施。一个高耸达 50 m 的铁架桥,两边各是一座高达 50 m 的铁塔,中间是铁板桥,为的是能在海拔 585 m 的高度鸟瞰森林公园,远眺边境加里曼丹中部的高山。

在连续攀爬了 500 m 以后,再登 50 m 高的铁塔。在国内为了看水,作者在大兴安岭等多处都上过这种铁塔,比这座塔结构更危险,主要是楼梯边没有铁网,也是心理作用,许多人是不敢上去的。而在大兴安岭登塔见到的也远没有这里壮观,尽管树冠遮度不大,但树种的单一,树龄的长短还是一目了然的。文莱的这座塔好在梯

周都装有铁网，人好像在笼子里爬，很有安全感，其实铁网只是安慰，主要是铁塔结构，如果整个倾倒，有没有网不是一样吗？但恐惧感的消除可以防止心脏病复发，还是有点实际作用的。作者鼓足余力，又登了一个北京的景山，在塔顶的天桥上“一览众山小”。

登高看林的确像海，所以才有“林海”的叫法。尤鲁·坦布荣林海真像一片海，无边无垠，加里曼丹起伏的森林好像大海的波涛。蓝天白云之下，灰黑的山峦起伏，看来平缓的山峰也在 800 m 以上，顶峰就有千米之上了，真是“欲穷千里目，更上一层楼”。正像大海中有无尽的宝藏一样，这密林中又隐着多少毒蛇猛兽和珍奇动物。我们在林中看到的灵芝，可能不止千万朵吧。

三、500 m 长无名小河流域考察

从高塔上下来，就是最后一个节目——去探一条小河的源头。作者到过多少大河的源头，但到一条长仅 500 m 的、无名小河的源头还是第一次。我们又乘上小汽艇，停在一片石滩上，穿着拖鞋又进了密林。迎面而来就是一条流淌的小河，小河的水宽约有 10 m，深只有 30～80 cm，就不用船了，我们卷起裤腿上溯。小河流水十分清澈，因为河短，所以其中的枯枝落叶很少。

小河两岸大树参天，枝叶茂盛，仿佛给小河搭了凉棚。小河中有石滩，还有小岛，真是一条河的大模型，是做河流生态实验的好地方。河中枯木上长着青苔和白木耳，有一段枯木上还开着黄花。但是周围没有虫，没有鸟，河中也没有鱼，因为这里已经是固定的“旅游河”了。小河的旅游刚刚开发，原生态十分明显，尽管乔灌草的热带雨林特征俱在，但地表枯枝落叶层却不厚，原因是雨多流急，不断冲刷，难以积存。

我们走到了河的源头，原来是一段黑色的悬崖，高约 20 m，上面有一条宽 5～6 m 的瀑布，飞流而下，在崖下形成直径 20 m 的小水潭，小潭就是这条小河的源头。站在源头，看着林中透过的阳光，飞流而下的天水，洁净透明的水潭，潺潺细流的小河，枝繁叶茂的密林，忘记了涉水的艰难和疲劳，尽情地呼吸着那清新的空气，坦布荣森林公园让人陶醉。

坦布荣森林公园保护得很好，但整个加里曼丹岛的热带雨林就保护得没有这么好，南部的印度尼西亚部分遭到乱砍滥伐。南美亚马孙、南亚加里曼丹和非洲刚果这 3 大 60 万 km^2 以上、吸碳量大、放氧量大的热带雨林是地球的三叶肺，作者都到过边缘，其人类破坏的痕迹都很明显，加强保护刻不容缓。

第二节 吴哥消失之谜

吴哥(Angor)这座曾达 60 km^2 的、百万人口千年古城居然消失在热带雨林中

420 年之久，这的确是个谜。

第一个谜在于上千座建筑，几乎每个建筑上的每块石头上都有精美的雕刻，城市比古罗马大，真是不亚于金字塔和万里长城的工作量。以当时的吴哥王朝，即便是包括了现在的柬埔寨、老挝、泰国的东部和越南中南部的人力和财力也与古埃及和秦王朝无法比拟，吴哥王朝何以有如此雄厚的实力，其富庶程度是个谜。

第二个谜在于吴哥古迹的面积很大，建筑占地超过 10 km^2，集中地分布在 60 km^2 的森林之中，其中有许多高耸的建筑，最高达 100 m。而原来的吴哥则是占地近 120 km^2 的大城市，大约有两个北京内外城大，虽无历史记载，说当年有上百万人口是可信的。在被遗弃后的 4 个多世纪内居然没有被任何人发现，可见环绕其森林之广袤和茂密，应该有不下几千平方千米，看到今天不过百平方千米的森林，而且稀稀落落，150 年来这里的森林生态系统真能有如此之大的变化吗？

第三个谜是柬埔寨的历史肯定会有记载，为什么在这 400 多年中没有柬埔寨人，也没有泰国人和越南人去探索一下呢？在吴哥失踪后，在泰国、越南以至柬埔寨都出现过强大的国家。

一、进入吴哥

从暹粒省会暹粒驱车，西行约半小时就可以到达至今掩在莽莽丛林之中的吴哥。吴哥古迹是柬埔寨的古典文化建筑艺术的集中代表，是柬埔寨人民宝贵的历史财富与智慧的结晶，也是人类古代文明的灿烂瑰宝。“吴哥”这个名字出自梵语，是“首都之城”的意思。它位于柬埔寨西北部暹粒省境内洞里萨湖（金边湖）畔，在首都金边西北约 240 km，始建于公元 802 年，完成于 1201 年，建设前后历时 400 年之久。公元 802—1432 年为柬埔寨王都，其中大部分为吴哥王朝的苏利耶跋摩二世在位期间（1113—1150）所建，当时是王朝最为强大的时期，疆域及整个中南半岛的东南部。最盛时人口达数十万，一说上百万。

后来吴哥几次遭受外族入侵，1177 年于现越南中部的占婆（Cham）国攻占吴哥，后被收复。1352 年吴哥城被暹罗（今泰国）攻占，遭到很大破坏；1432 年再次被暹罗人攻占，几乎是洗劫一空，吴哥王朝就此终结，柬埔寨王国迁都金边。自此以后吴哥逐渐销声匿迹，湮没在莽林荒野之中，成为一座鬼城，直至 1861 年才被发现，经历了 420 多年的沧桑。

发现吴哥的是法国汉学家和考古学家穆奥（Hemi. Mouhot），1860 年他在中国游历，无意中发现了《真腊风土记》一书，此后他就只身进入原始森林按图索骥，开始了寻找吴哥的探险，历尽艰难，终于在 1861 年 1 月 23 日发现了吴哥。他在日记中写道：“如此迷人的景象一下子浮现在我们的眼前，作者忘记了旅途的疲劳，内心充满了仰慕之情，使人犹如在荒凉的沙漠中，仿佛看到了一片绿洲。

“在看到这些塔尖的一刹那，我感到心在战栗，此时，除了怀着敬慕的心情默默地凝视外，你没有办法再组合一个词去赞美这建筑史上奇妙的景物了。我观赏着，在持续增长的心醉神迷的状态中，展现在面前的也许是几个世纪建筑史上最好的建筑，在一个偏僻的丛林中，变成了一堆废墟。而且，在这荒凉的野地里，到处是人和野兽战斗后留下的痕迹。所有这些，都令人激动不已。”他的发现震惊了世界，犹如一个世纪后的中国西安发现了兵马俑。

今天，吴哥的大部分建筑倒塌成墟，但是吴哥古迹规模之宏伟壮观，其遗存建筑之璀璨夺目，依然令人惊叹。考古学家把它与我国的长城、埃及的金字塔和印度尼西亚的婆罗浮屠并称为东方四大奇迹。

吴哥古迹共有 600 多处，散落在约 60 km^2 的森林里，主要部分为吴哥城（又称大吴哥）和吴哥窟（又称小吴哥）两大部分，其中有许多佛寺和宝塔，蔚为壮观。据说当年所有建筑的内墙上都镶有珍宝和宝石，但在吴哥被暹罗占领后洗劫一空。我们看着墙面和顶上的大孔小洞，如今无一幸存，真不知当年有多少珍宝，吴哥不仅有精美的建筑，当年还是个宝库，吴哥真是个稀世珍宝。

塔普伦寺（Ta Prohm）远离吴哥城，四周一片荒草，是继位时已过 50 岁的阇耶跋摩七世为纪念他母亲所建。这座佛寺最大的特点是树包塔、树入墙，这当然不是当年的景象，经过 400 年的荒芜，无数树籽入寺、入墙，以顽强的生命力成长，向下找水的根入土，向上求光的枝叶不断壮大，形成了插在墙上的树，包在塔上的树，三四百年的巨树与千年的高墙、尖塔融成一体，真是人文与自然遗产最和谐的结合。人们不仅感叹植物无比强大的生命力，而且也赞叹吴哥建筑的精密坚实，树塔真是世界仅有的奇观。

巴莱湖（Baray），现称巴莱杜特拉水库，在吴哥城西郊外，与吴哥紧紧相连，东边是绿地，西边是湖，绿地较吴哥城略小，原有 6 km^2；湖长 4 000 m 之多，宽约 2 000 m，原有近 10 km^2，比吴哥城略大，是昆明湖的 4 倍多。为在公元 9～10 世纪时所挖的人工湖。就主体建设而言，吴哥比北京早了 200 多年，吴哥的城比北京城小，但吴哥的宫殿却比北京的紫禁城大，且都为石雕，工程量比紫禁城的木结构建筑更大得多。巴莱湖的位置恰似北京的昆明湖，但大得多，而且近在城边，说明吴哥水源之丰富。这个巴莱湖只是西巴莱湖，原来在吴哥城东与西巴莱湖对称的位置（略偏北），还有一个同样大小的东巴莱湖，但现已干涸，荡然无存，变成了农田和公路。所以当年的吴哥全貌是在长 21 km、宽 6 km，面积 120 km^2，有北京内外城两个大的范围内布满城池、寺庙、湖泊和园林的一个巨大的城市，不仅其精致，就是其规模也是世界奇迹。

看今天万寿山苍翠依然，而巴莱湖畔的绿地杂草丛生一片荒芜；昆明湖尽管也缺水，但作者主持制订的《21 世纪初期首都水资源可持续利用规划》的实施还是保证了昆明湖水满；而看眼前的巴莱湖，尽管在地图上标出一片蓝色，但作者在旱季看时甚至没有昆明湖大，只在中心有一汪水，也很浑浊，四周的地区都被农民种上了稻子。

看过女王宫和巴莱湖后人们自然会想，吴哥范围如此之大，怎么会在4个多世纪中无人发现呢？在这里我们也解开了这个谜。在洞里萨湖畔，至今流传着这样一种说法：在那片莽莽森林中，有天神的宫殿和魔鬼的巢穴，凡人如果贸然闯进，胆敢搅乱天神的安宁、破坏魔鬼的酣梦，就会大难临头。当地的猎人和樵夫，偶尔也隐隐绰绰见过这里建筑的奇观，误认为是天宫，都望而生畏，不敢近前一步，得以让吴哥沉睡了400多年。

历史的沧桑的确让人深思，没到吴哥，人们甚至不相信吴哥有比北京故宫更大的宫殿，有比北京昆明湖更大的人工湖，说明历史的无知。但是在今天，创造了吴哥奇迹的人们又在千年之内毁掉了自己创造的奇迹，这其中有多少经验和教训值得柬埔寨人、中国人和世界人民研究和汲取啊！当然，说北京故宫是迄今保存最完整的最大古代宫殿建筑群是对的，阿房宫已荡然无存，吴哥已成废墟。

看到了今天森林根本遮掩不住的吴哥和可能要干涸的洞里萨湖，心想柬埔寨其他地方生态状况会好些吧！抱着这种渴望踏上了暹粒到金边的行程。

二、洞里萨湖考察

暹粒省虽然拥有吴哥密林和洞里萨湖的主要部分，但生态状况也与作者的想象大相径庭，沿途几乎看不到森林，农舍的前后有小树林，也不过几十棵树。与我国的广东差不多，无法与自然条件差得多的德国农村相比。农户周围的小树林有椰树和棕榈，芭蕉在林下长得很茂盛，正值旱季许多河流断流，村边的小塘水已不多，让人看不出这里是热带雨林。耕地还是用牛，偶然有一辆拖拉机开过，才让人想起已经是21世纪。

柬埔寨磅湛以南，地面海拔不到10 m。这里过去原来是海湾，由于地壳上升，湄公河及沿岸溪流的泥沙长期沉积，形成了古三角洲，最后剩下的水体就是现在的洞里萨湖（TonleSap，又称金边湖），由洞里萨江与湄公河沟通。如果以目前的速度继续淤积下去，不到200年，金边湖就将完全被淤积成陆地而消失。

洞里萨湖是东南亚第一大湖，也是亚洲第二大淡水湖，常年蓄水，面积2 500 km^2，水深约2 m，储水量达500亿 m^3，是柬埔寨年用水量的10倍；而且在雨季涨水时，湄公河及其支流灌入，湖面最大可增到1万 km^2，水最深处可达10 m。水位变化很大，湖周实际上是一片湿地，是天然的蓄水池，是良好的水产天然养殖场，也是世界著名的淡水鱼产区之一。湖中有黑鲤鱼、黑斑鱼和名贵的“坐鲈”等著名渔产。汛期中平均每平方米的水面可产鱼500 g，枯水时鱼群挤在浅滩树丛中可用篮子拾取，所以洞里萨湖又被称为鱼湖。

我们驱车前往洞里萨湖，尽管作者是第一次来，这个柬埔寨的母亲湖肯定已经旧貌不再，沿途没有森林，最大的只是富户家边的小树林；就连草已覆盖不了大地，许多地方露出了黄土；没有一条水量充沛的河流，湿地和池塘也只剩踪迹。可以肯定，目前洞里萨湖的旱季蓄水远没有500亿m^3，周边地下水位已经大大降低，否则周围的植被不可能如此凋零。

洞里萨湖畔通往乘船处的路是作者在世界上见到的最为凄惨的贫民窟。这里根本没有什么房子，只是几根树干扎成架子，四周挡些秸秆，顶上铺些稻草，只能避晒，难遮风雨，一船是一家七八口人住在里面，见不到老人，家家有五六个孩子，当然“房里”只是睡觉，小孩都在门外的垃圾堆旁做游戏和在泥泞的稻田引水沟里洗澡，如果能有合人民币1元的糖果，那就是一家五六个小孩最大的欢乐了，作者本想给一个小孩点钱，但又怕其他小孩会蜂拥而至，只得作罢。家徒四壁、破烂不堪，家家如此。但这些棚户中还有咖啡店，不过是在大一点的棚中卖饮料；还有饭馆，是更大的棚子中铺了席，可以吃几个菜。

我们到了湖的芦苇荡，荡边的土居然也是黄沙，吹得绿了的芦苇荡蒙上了一层黄尘。荡边有渔民的“旅游船码头”，说是码头只是一片小土埂，上面垃圾成堆，让人不敢靠近。看到我们来芦苇荡，忽地钻出几只小船来抢生意，每个船上都两三个人，一个是船老板，另两个是十来岁的少年，他们都身材瘦小，肤色黝黑，尽管只着背心、裤衩，但仍乌灰不洁。他们热情地把我们招呼上船，小孩熟练地用竹篙把船撑出泊位。

向湖中划去，我们看不到游艇，原来都是乘这种小船出去才能换乘大船，由于洞里萨湖逐渐干涸，大船都不能靠岸，原来的码头也不能用了。究竟200年后洞里萨湖能不能干涸，作者还没有计算，但大船不能靠岸已是亲眼所见了。这里的孩子显然是失学的，走了不远我们就看到“水上学校”，所谓水上学校就是联合国组织、日本出资，定购了一些大平板船，船上有教室，还有小小的篮球场，只有1/4个篮球场大，但立起4 m高的铁网，否则球就打到水里去了。学校里没有人，既没有学生，也没有老师，不知是下学了，还是这些孩子根本不来上学，这些设施都在闲置。

再向湖中走，我们看到了水中奇景，无数只船连成一片，仿佛安营扎寨一样构成水城，住的都是贫苦渔民，据说有不少还是从越南跑来，由于洞里萨湖的萎缩，他们只能住在船上，水通人进，继续这仅有的谋生手段——渔民生活，现在鱼大大减少，他们已打不到鱼了，所以不少人来接旅游者，我们的船就是其中之一。号称“鱼湖”的洞里萨湖该是有大鱼可打的，但作者见到水寨中的渔民晒的干鱼都不到20 cm长，或许他们把大鱼吃了？或许湖里有大鱼吧。

水寨一带的水，大约只有1 m深，刚刚能把船浮起。船边水上废弃的杂物成片，水脏得看不见水下，而且发着一种气味，水质大约是Ⅴ类，小孩只能在水边游泳，而小小孩则只能在甲板上了。船上晒着五颜六色的衣服，主妇在无奈地看着湖面，苍蝇和蚊子在周围飞舞，仿佛水面升起了一团烟。

我们再向深水驶去，看到了现代化的大船，却制成平台状，有水上饭店、水上舞厅、水上咖啡馆，还有水上别墅，水上理发店，一句话陆上有什么水上就有什么。我们的小船登上了一家水上饭店，这才知道湖中起码是在旱季没有大鱼，要了一盘炸鱼，也只有 20 cm 长，为了鉴别水质，作者连污水都敢尝，但实在吃不下去这盘鱼。几个小孩在船边游泳要钱，这种水上乞丐还是第一次见到，从小孩踩水的情况看，这里的水也不过 1.5 m 深，水质也只有Ⅳ类，下面什么都看不见，但可以肯定几乎没有鱼。

在我们返程时，夕阳西下，天色逐渐变暗，水面上反而美丽起来。水面上出现橘红的晚霞，掩盖了它的浑浊；小船构成的水寨轮廓模糊起来，已看不清它的破旧；船上年轻渔妇脸上被风雨刻出的皱纹和那惆怅的表情就更看不到了，消失在夜幕之中，昏暗真是一道幕，能掩盖真实。

洞里萨湖会否在 200 年内干涸呢？作者没有做数据测量，但亲临其境还是有个估计。洞里萨湖略显长方形，长年有水范围长大约 100 km，宽约 25 km。我们刚好从长方形湖的上端下水，从周边的湿地变干地，湖泊变湿地的状况来看，以 1975 年为开始计，在 30 年内长宽至少各萎缩了 4 km，洞里萨湖已至少失去了 500 km^2 的长年有水面积。如果萎缩速度不增加，以现有速度继续萎缩下去，大约 120 年干涸。当然越向湖心水越深，萎缩越慢，但洞里萨湖是个平底湖——碟子湖，湖边与湖心的深度差别不大，这一点并不显著，而且，所余面积越小，萎缩速度越快，所以如果不采取有效措施，洞里萨湖将用不了 200 年，会在 100 多年内干涸。

从当年层林环绕的吴哥城，烟波浩瀚的洞里萨湖；到今天稀落树林难以遮住的吴哥窟，浑水浅滩的洞里萨湖；我们不难解吴哥被遗弃之谜，420 年后吴哥是被自然生态系统自修复了，难道我们今天还要重演这段历史，让吴哥地区再荒几百年吗？人类是进步了，还是周而复始地进行错误的循环呢？至少在物质生产方面是进步，但至少在生态维系方面是退步了，人类要不断进步，可持续发展，不维系生态系统，保护生态平衡，不仅不能实现，还将受到自然的惩罚。

第三节　西伯利亚大森林

西伯利亚并不像想象中那么冷。已经 10 月底了，草地上还都泛着绿，森林中也是黄绿相间的颜色。只是在夜晚，当火车停在荒凉的小站上，穿着密匝线棉袄，蒙着花格头巾的、健壮的俄罗斯妇女给火车加水、上煤的时刻，从她们呼出的白色气体里，你才会有两个感觉，一个是“多么勤劳的苏联妇女啊”！另一个则是“西伯利亚的夜还真是冷啊”！

一、西伯利亚大森林概貌

西伯利亚是一片辽阔的土地，从乌拉尔拉以西的俄罗斯都称为西伯利亚，大约有1 276万km^2土地，比世界第二大国加拿大还大，占俄罗斯的74%，也就是3/4的面积。但是，现在在这样的广袤的土地上，只居住着2 000万人，比1992年少了1/3，平均每平方千米只居住1.6个人，而且大部分人都住在城市中。所以在临北冰洋的萨哈（雅库尔）自治共和国310万km^2，即比印度还稍大的浩瀚土地上只居住着104万人，每3 km^2才住1个人，而印度的土地上住着10亿人，人口密度是这里的1 000倍。

西伯利亚分3个部分：西西伯利亚平原，介于乌拉尔山和叶尼塞河之间，地势地平，平均海拔120 m，湖沼密布。中西伯利亚高原，西起普托拉纳山，东至勒拿河，平均海拔300～500 m，地势起伏较大。南部是东西伯利亚山地，包括切尔斯基山、贝加尔山、东西萨彦岭和阿尔泰山等山脉。以上3部分占西伯利亚的比例大致是1∶3∶6。作者在1983年乘火车横穿了中西伯利亚高原和西西伯利亚高原的南部，1999年又到了东西伯利亚的布拉戈维申斯克，算是到全了西伯利亚。

西伯利亚除北部太严寒是苔原和部分地区是草原或森林草原外，大部分平原、高原和山地都布满森林，森林覆盖率高达60%，所以西伯利亚森林是世界上最大的森林，面积达760万km^2，接近我国国土面积的4/5。西部是寒温带常绿针叶林、东部是寒温带针叶落叶林、南部是落叶阔叶林。除南部阿尔泰山降雨高达1 000～2 000 mm外，西伯利亚大森林平均降雨量600 mm左右。尽管降雨不多，但蒸发量小，转化为地表径流的比例高；且其中降雪比例大，可以充分渗透，所以土壤含水量高；因此，地表径流深大，从而维系了很好的森林系统。

广袤的西伯利亚从西到东有鄂毕河、叶尼塞河和勒拿河3条大河，东南部还有黑龙江。其中黑龙江为亚洲第三大河，长4 350 km，流域184.3万km^2，年径流量3 780亿m^3；勒拿河为亚洲第四大河，长4 320 km，流域241.8万km^2，年径流量3 938亿m^3；叶尼塞河为第五大河，长4 130 km，流域面积270.7万km^2，年径流量5 166亿m^3；鄂毕河为亚洲第六大河，长4 070 km，流域面积242.5万km^2，年径流量3 970亿m^3。其中黑龙江和勒拿河分列世界大河的第九、第十位。

以上几条大河几乎覆盖了西伯利亚，除黑龙江一半流域在中国外，总流域面积达844万km^2，基本上是大森林的面积，总水资源量为15 000亿m^3。该水资源量折合地表径流深达180 mm，仅可以维系针叶森林生态系统。这一森林生态系统是千万年形成的，如果森林一旦被摧毁，则在几百年至上千年的周期内无法再生。

二、横穿西伯利亚

火车到了蒙古小站苏赫巴托尔，就出了蒙古边界，到了俄罗斯。进入俄罗斯就是贝加尔山地，我们绕着贝加尔湖走了几乎一天，贝加尔山地有两种森林，一种是以红松为主的针叶林，另一种是以白桦为主的混交林，是哪种森林取决于地势。在高岗上的是针叶林，因为地下水埋层较深，而且气候更冷。在低处的是白桦林，因为近贝加尔湖地下水埋深浅，而且有高岗挡风，气候温和。这里距我国东北的大兴安岭不过 1 000 km，所以植被十分相像。不同的是大兴安岭没有贝加尔湖，水资源量较小。更令人痛心的是大兴安岭几乎被砍伐殆尽，基本上都是再植的次生林，像一根根火柴立在地面，不能给人以茂密森林的感觉。贝加尔湖高岗和低地的森林都投影在湛蓝的湖面上，真是一幅绝佳的风景画。

西伯利亚是富饶的。到了伊尔库兹克，就过了贝加尔山地森林，村落逐渐增多，大片的被开垦的土地展现在眼前。收获季节已过，肥沃的田野袒露着黑色的胸怀，让人看到发展农业的无穷潜力。不过其中也有问题，所经营作物的品种太单一。这一带的农舍很稠密，房子比较漂亮，不少后院还停着卡车。然而，无论是出入庭院的，还是出入村庄的全是泥路。汽车一开，轮子后面就翻起黑浪，仿佛是在一片黑色的海洋中穿行。那无边无沿的黑土地是世界上最大的黑土地，是个奇迹。这些黑土地都是砍伐森林后，裸露的枯枝落叶层水蚀风化形成的，等于在整个地表施了一层厚厚的有机肥，土地怎么能不肥得流油呢？

到了新西伯利亚，就进入西西伯利亚平原，这里的景色几乎与我国黑龙江的三江平原一模一样，森林连着湿地，湿地连着农田，三种景色撒在广阔的原野上，是 20 世纪 40 年代以前出生的国人都不陌生的、典型的俄罗斯风景油画。密密的白桦林中有小小的池沼，作者到时正值深秋，树叶是橘黄或橘红色的，仿佛森林被火烤过一般。我们在西西伯利亚平原的密林中又走了一天，无穷无尽、无边无沿，让人体会到西伯利亚森林真像海一样走不到边。

三、西伯利亚大森林与我国东北的生态比较

横穿西伯利亚大森林给作者以生动的、实际的生态认识，尤其是与我国东北的比较。历史上的我国清朝的发源地东北地区包括内蒙古自治区的一部分，总面积达 100 万 km^2，在 1644 年清兵入关前人口约 400 多万，即 4 人/km^2，达到自然保护区过渡区标准，比 1992 年西伯利亚的平均人口密度还高 1 倍。但在东北直到 19 世纪末，由于清政府的禁垦政策，居住人口没有增加，森林基本保持了原始生态，让作者不可想象的是今天的东北与 120 年前相比已经起了天翻地覆的变化。上面写的西伯利亚森林只是东北留在空间中的影像。

实际上原始森林的科学概念并不如一般人所想，并不是长着自古以来的树木。在台湾阿里山见到的桧木林是作者在世界上见到的最古老的树林，说是树林，实际上只是间距很大的几十株，其余都被当年的日本占领者伐去建了靖国神社等大建筑去了，所余年代最久的一棵桧树是 8 000 年。

如果说，当年的东北与今天的西伯利亚一样，全境布满森林，怕是没人相信。而

实际上当年东北的森林比西伯利亚的森林更茂密富饶，因为这里距海较近，降雨量大；位置靠南，气候不那么严寒，所以应该是质量更高的原始森林，有更丰富的食物链，从当年东北虎大都在东北可以证明，而今天东北虎在东北几乎绝迹，都跑到黑龙江对岸的西伯利亚去了。

为什么在不到100年的时间，基本上到1990年就发生了如此巨大的变化呢？显然不是气候变化，而是人为的。原东北地区现在有1.1亿人口，达110人/km^2，虽然在中国还是低的，但已是当年的28倍，人类活动罚尽了森林，小丘上已是秃山；耗尽了黑土地的腐殖质，收割后的裸地已经变黄；大片的湿地已被抽水填平，变成城市和农田。那种无边无沿、无穷无尽、浩瀚无比、盘根错节、灌草丛生、遮天蔽日的森林景象在绝大部分地区已经再也见不到了。

第四节 贝宁弯沿岸热带雨林千里行

非洲，尤其是西非沿海靠近赤道的地方，凭海临风，雨量充沛。人们提起它一定会想到那里有无比茂密的热带雨林，数不胜数的动植物种，但当从尼日利亚的拉各斯启程，经贝宁和多哥到达加纳，远不如想象，一路上作者只见到不多的热带雨林，它似乎已成为历史，真让人触目惊心。

一、原始热带雨林

西非临几内亚湾，几内亚湾的中部有个小湾，就是贝宁湾。南临贝宁湾的有尼日利亚的西部、贝宁、多哥、加纳和科特迪瓦共5国，沿岸长约500 km。这片地域东起非洲第三大河——尼日尔河，西止于沃尔特河，现在下游已经建成了巨大的沃尔特水库。这一带面临大海，在北纬17°左右，气候湿润，物产丰富。

16世纪以前，自此直到海岸都是茂密的热带常绿阔叶雨林，毒蛇猛兽出没的地方，岸边是高大、茂密的森林。部落民不敢到海边居住，而是住在热带森林与热带草原的过渡带，距海岸大约200 km的地方。

1471年葡萄牙殖民者在加纳沿海登陆，发现了丰富的黄金，1482年建立了第一个殖民居点——埃尔米纳，加纳一带被称为“黄金海岸”，自此开始了黄金掠夺，沿海的森林遭到了大规模的破坏。1475年葡萄牙殖民者在科特迪瓦登陆，发现此处盛产象牙，又把这里称为“象牙海岸”，同样大肆破坏沿海热带雨林，开始了象牙的掠夺贸易。大规模的黄金与象牙的掠夺持续了1个世纪之久。

15世纪70～80年代这里开始了奴隶贸易，贝宁和多哥则被称为“奴隶海岸”，殖民者开始大砍大伐近海的树木，在海边建立奴隶囤积点，自那时起，才开始有人长期在海边居住。至17世纪末，贝宁、多哥和尼日利亚西部成为非洲奴隶输出最重要的地区，奴隶贸易持续了3个世纪。

二、改种油棕榈

19 世纪下半叶开始在尼日利亚种油棕榈，殖民者开始了大规模的输出棕榈油的贸易，也在贝宁湾开始了木材贸易，这一次不再是给黄金和象牙贸易开辟商站和给奴隶贸易建囤积点的小打小闹，而是毁灭性的席卷热带雨林，开荒种上了油棕榈，使这一带的热带森林所剩无几。

20 世纪 60 年代，在尼日利亚的伊巴丹一带发现了石油，毁林建成了大片的油田。从农村涌来的务工农民，再加上尼日利亚、贝宁、多哥和加纳人口激增，人们不断向海岸垦殖，热带雨林遂被砍伐殆尽。

5 个多世纪以来，黄金、象牙、奴隶、棕榈油和石油的贸易和开发接踵而来，一波未平一波又起，从未间断，甚至是几事并行，都集中到对热带雨林的破坏上来，再有多大面积的热带雨林，再有多好的易生树种，也经不住人类这样的无尽摧毁啊！

作者从拉各斯出发，在经过了拉各斯大而乱的郊区以后，汽车在原野上行驶。路两边是绿成一片，但主要是草，不但没有树林，连树也很少，灌木都不多。这里好像并不在赤道的西非海岸，竟和在 2006 年春访问北欧的立陶宛原野差不多。越向西走越远离城市，也越接近贝宁，树木开始变得茂密起来，间或可以看到几片小树林，主要是芒果树。

到了贝宁植被明显地好了起来，有小片的芒果树、椰树林和棕榈林，当然，更大片的是 3 m 高上下的油棕榈林，让人看到了错落有致的、立体的绿色世界。从贝宁到多哥，植被又急剧变坏，大约是当年多哥这狭窄的海岸进行了太多的奴隶贸易，乱砍滥伐，而后来这里没有广种油棕榈的缘故。颇有点赤地千里的感觉，只有几棵孤零零的椰树在海边摇曳，仿佛在海风中回顾那密林的历史。不过由七色的海岸和众多的泻湖给光秃秃的海岸遮了不少羞。

从多哥西行就到了加纳，加纳的植被保护又明显地变好，到处郁郁葱葱，开始看出些热带雨林的痕迹，植被是 4 个国家中最好的。正因为加纳的植被保存得比较好，所以加纳、科特迪瓦和布基纳法索北部还存在着原始森林，还有大象，甚至还有象牙筷子和象牙雕品出产。

统计数据也证明了我们的观察，沿途 4 个国家的森林覆盖率分别是尼日利亚 17%、贝宁 27%、多哥 9%及加纳 28%，贝宁森林覆盖率高是种油棕林的缘故。考察证明，在 100 年内，如果不保护，足以在不经意间摧毁一个热带雨林生态系统，尽管在那种气候条件下，你想让草不长也难。4 国比较表见表 8－2 所列。

表 8-2 西非贝宁湾 4 国比较表

国 家	尼日利亚	贝宁	多哥	加纳
土地面积/万 km^2	92.4	11.3	5.7	23.9
人口/万人	13 300	675	515	2 100
人口密度/(人·km^{-2})	144	60	90	88
GDP/亿美元	528.0	41.4	21.8	75.0
人均 GDP/(美元/人)	460	610	42.3	359
日收入少于 1 美元人口/万人	70	33	32	40
人均水资源量/(m^3/人)	2 100	3 940	2 520	1 451
水资源折合地表径流深/mm	302	235	442	127
森林覆盖率/%	17.0	27.0	9.4	27.9
文盲率/%	37	60	40	27
伊斯兰教/%	50	15	10	12
基督教/%	40	20	30	43
原始宗教/%	10	65	60	38
官方语言	英语	法语	法语	英语

作者的千里行在西非沿贝宁湾的平原，从尼日利亚的拉各斯以东到加纳的科福里比亚面积原有 12 万 km^2 森林，而今天已经不到 2 万 km^2，仅仅 1 个世纪被毁就达 93%。这里变成了一片油棕榈田，油棕榈这种人工生态系统当然也是植被，也有生态功能，而且有经济价值，但是它的生态功能和原始热带雨林是不能比拟的。

① 水土保持保持功能大大降低。首先是由于树种大大减少，不像热带雨林那样各种树盘根错节；而且，同一树种平行的根系有时反而促进大雨水流走，我们走过的河都是“黄河”，可见泥土带走之多，而作者见到的热带雨林中流出的水都是清澈见底的。其次是油棕榈低矮且树冠小，遮阴度大大降低，促进蒸发。

② 乔灌草的热带雨林系统遭到破坏，油棕榈田中立着一棵棵小冠光杆树，灌木和杂草很少，不仅破坏了保持水土的能力，还破坏了生物多样性。

③ 生物多样性遭到巨大破坏。现在我们在油棕榈林中穿行，一只动物也未见到，因为他们的食物链断裂。远不是想象中的毒蛇猛兽出没，连蛇虫都少见。

作者看到密密的油棕榈林中，只有在小村旁才保存下来一小丛原始树木，全合欢庞大的树冠，椰树累累的果树，人们居住在这里，可见这个环境适于居住，其实把均有经济价值的多树种原始林保留下来，在今天经济价值反而更高。实际上对于一个国际贸易发达的世界，毁林开荒在经济上也不合算。

可见，西非热带雨林被破坏的后果是十分严重的，虽然得到了暂时的些许经济利益，但从可持续发展来看损失巨大，难以弥补。

以表上的数据分析，以水资源的自然植被承载力排序，由高到低是贝宁、多哥、尼日利亚和加纳；而从水资源的人口承载力来看，由高至低则是多哥、尼日利亚、贝宁和加纳，但是，以作者的实地考察来看，按植被由好到差的排列则是加纳、贝宁、尼日利亚和多哥。200 年来贝宁湾沿岸热带雨林都遭到了毁灭性的破坏，而今天为什么有这样的不一致呢？有以下几个原因，一是作者看的只是贝宁湾沿岸，不是全境，总体条件差的国家可能在这一范围内自然条件好。二是同样的自然条件也事在人为，加纳修了沃尔特大水库蓄水，改变了自然环境，显然对这一区域的植被有利，所以该修的水库还得修。三是保护生态系统和改变自然条件都与经济发展有关，多哥近年来政治不稳定，经济下滑，尽管人均 GDP 不算最低，政府的公共建设能力却大大降低，也是多哥植被差的重要原因。

第九章 世界的荒漠和沙漠有生态系统吗？

有人以为荒漠没有生态系统，实际上，荒漠是一种特殊的生态系统，即生物很少或极少的生态系统。荒漠地区生物很少，以最耐旱的灌木和半灌为主。荒漠地区的降雨量一般在 50～200 mm。沙漠地区降雨量在 50 mm 以下，几乎看不到生物，但那是你没有深入沙漠，沙漠有沙生植物，作者在新疆准噶尔盆地的古尔班通古特沙漠的南部边缘——昌吉回族自治州的呼图壁县芳草湖农场工作过两年半，多次深入沙漠。实际上沙漠的中心地带也有生物，如红柳、梭梭草等沙生植物，还有田鼠等动物，它们为什么能生存呢？因为有地下水，地下水埋深浅、扎根很深很广的沙生植物得以存活。而有的地方还有小水泡，在茫茫沙海中居然千年长存，因为周围有沙生植物系统固沙，所以动物可以存活，即“有水就有生命，就有绿，就有生态系统”。

作者到过世界上的大多数荒漠，这是一个并不值得羡慕的经历。20 世纪 60 年代末至 70 年代初，还曾在新疆我国第二大沙漠准噶尔盆地古尔班通古特沙漠 13 万 km^2的边缘生活过两年多，从那里一直向北就到了哈萨克斯坦（当时还是苏联）。在广袤的戈壁滩上，除了胡杨、红柳、芨芨草、罗布麻和梭梭草外就见不到任何生灵：在绿洲的田野里，除了作者开的拖拉机上的犁手，见不到任何人；除了这台机器在轰鸣，听不到任何声音，让人真正体会什么是“荒凉”；40 年过去，其情其景，仍然记忆犹新。那种地方虽不令人神往，却也让你终生难忘，作者在这中亚大漠边缘渡过了一千多个日日夜夜。在这千日考察中作者有一个深刻的认识：新疆已经几乎无荒可开。作者曾作为拖拉机手开荒，当天山的雪水充沛的一年，开垦了千亩处女地，收获颇丰。但第二年天山雪水减少，无法浇灌，已耕作的农田又成荒地，但千年形成的固沙植物生态系统已被摧毁，再连续一年不种，土壤就沙化，进而变成了沙漠，可见这些荒地有重要的生态功能，是绿洲和沙漠之间的过渡带和绿洲的保护带，而不是“荒地”。作者总管我国水资源时又提出，我国基本无荒可开，开一亩荒漠，可能就要减少一亩绿洲，始料不及地得到大多数专家的认同。20 世纪 80 年代末，作者去埃及，来到了北非撒哈拉大沙漠的边缘，领略了这个有 960 万 km^2 和中国一样大的世界第一大沙漠的气势。20 世纪 90 年代末，作者已年过 50，已不是探险的年龄，来到全世界最富有的美国，却又有机会看到了美国西部的荒漠。1997 年到了澳大利亚的维多利亚大沙漠 68 万 km^2，2009 年到了阿拉伯半岛的鲁卜哈利沙漠 65 万 km^2，连同 2002 年到的我国的塔克拉玛干大沙漠 32.4 万 km^2，算是到遍了世界上 4 个百万 km^2 以上的大沙漠，算把世界的大荒漠看全了。

综观世界的沙漠，北半球主要沙漠区北非、阿拉伯半岛和墨西哥的沙漠都在北纬 30°左右，而南半球主要沙漠区澳大利亚和智利的沙漠都在南纬 30°左右。降雨是大气环流决定的，但究竟为什么南北纬 30°线降雨少，不知气象界是否研究过，这是对生态大系统研究应该考虑的课题。

第一节　美国西部开发采取“宜荒则荒”的政策

作者于 1999 年作为参加第二届中美环境与发展论坛的中国代表团成员在会上作了首席发言，并得以考察了缺水的美国西部。

美国是世界上仅次于我国的水资源总量第五大国，多年平均值为 24 780 亿 m^3；人均水资源量为 8 200 m^3，是我国的 4 倍。水资源总量折合地表径流深 271 mm，刚好超过维系良好生态系统的 250 mm 标准，与我国相近，所以在美国看到的植被与我国类似。而且美国也有与我国相似的问题，水资源空间分布十分不均，中西部缺水，部分西部地区严重缺水。美国西部缺水地区的开发及其水资源配置，对于我们的西北部开发和水资源配置是有借鉴意义的。表 9－1 所列为美国内华达等 4 州资源数据比较表。

表 9－1　美国 4 州资源数据比较

国家或地区	土地面积/万 km^2	荒漠面积/万 km^2	水资源折合地表径流深/mm	人均淡水量/m^3	水资源总量/亿 m^3	森林覆盖率/%	总人口/(2007 年，百万人)	GDP/(2007 年，亿美元)	人均 GDP/(2007 年，美元)
亚利桑那州	29.5	5.37	85	3 916	252	9.8	6.5	2 320	35 692
新墨西哥州	31.5	4.54	95	15 321	297	15.3	1.9	762	40 105
科罗拉多州	26.9	9.86	92	5 124	246	8.6	4.9	2 300	46 939
内华达州	28.6	9.44	87	8 936	250	14.1	2.6	1 170	45 000

一、亚利桑那州

亚利桑那州(Arizona)在美国的西南部和墨西哥毗邻的地方。亚利桑那州有近 30 万 km^2 的土地，为甘肃省的 3/4；而人口却只有 650 万，是甘肃省(2 300 万)的 1/3。亚利桑那是比甘肃省荒凉得多的地方。在美国“亚利桑那”几乎就是“荒凉”的同义语。

亚利桑那州就在美国西南和墨西哥北部的北美大荒漠的中心地带，从洛杉矶乘飞机东行不远就开始进入浩瀚无边的北美大荒漠。先映入眼帘的是索尔顿湖(Salton Sea)，英文原意是“咸海”。索尔顿湖周围是黄绿相间的地貌，黄的是荒漠，绿的是人工营造的树林，远处的黑色山峦上还有墨绿色的稀疏植被，墨色的岩石与墨绿的旱地植物连成一片。

山顶的水库像一块巨大的淡绿色的宝石，水库边有一块翠绿的草地，周围是紫褐色的山石，寸草不生。加利福尼亚州南部有高山，山顶积雪，时已早春，雪开始融化，好像在山顶上不均匀地撒了许多白面。索尔顿湖是一片灰绿色的水池，由于水很浅，有的地方已呈灰色，无数条小河像弯曲的小灰蛇一样游入索尔顿湖，不少小河已经干涸，像蛇脱了一层皮留在荒漠上。过了索尔顿湖，其荒凉就更可想而知了。

看到这与 19 世纪末美国西部大开发前几乎没有多大差别的景象，人们不禁要问，开发了 100 多年，为什么大部分地区还是这样，以美国的财力和技术，为什么不改造沙漠？这恐怕更是一些中国专家的感慨。美国为什么采取了“宜荒则荒”的西部开发政策，它是不是科学的，让我们在后面的章节来深入探讨吧。

（一）远近闻名的凤凰城

飞过了索尔顿湖，就是亚利桑那州西南和墨西哥北部的大沙漠，南部有世界闻名的全美国最大的武器试验场——尤马武器实验场（Yuma Proving Ground），可见这一带荒凉至极，实验什么武器也打不着人。从飞机上望去一片黄色的荒漠，平地上呈浅黄色，山坡背光的地方沿山梁形成褐色的皱褶。向西朝菲尼克斯（Phoenix）飞去，开始有了人烟，地面像一幅黄绿相间的地毯，绿色的是牧场或农田，黄色的则是荒原，公路像一条条带子形成牧场和农田图案的边线。黑色的山峦之下，不知有多少小镇，不仅是人，连植被都全靠取地下水或引雪山雪水浇灌，这里的水利工程也是世界上的一个奇迹。

临近有较多华人居住的凤凰城——菲尼克斯，又出现了绿色的谷地，被笔直的道路切成方形的牧场，水源全靠旁边的一条线一样细的小河，仿佛一阵风就能把它吞噬。这些小内陆河不知从何处来，也不知在哪里断，时隐时现，看来江河断流在这里已经是很常见了。在凤凰城附近，从飞机上已经看得出沙地骆驼刺。骆驼刺是一种极耐旱的灌木，它虽然不成风景，却对固沙起着极大的作用，使风吹不走沙，不会形成不断游离的沙丘来吞没城镇和绿洲。这里非常像我国的柴达木盆地内的荒漠，但在柴达木因修公路缺燃料，砍了沿线几千米的梭梭草（一种固沙的植物），周围已经形成了沙丘，不断向路边移动，这种杀鸡取卵的办法，修的路不是也要在若干年后被沙埋掉吗？看来最大的问题还不在扩大开发，而在于以什么方式开发，是不是符合生态的原则，是不是真正的生态建设。

飞机在凤凰城降落。这座大漠中的孤城很像蒙古首都乌兰巴托，城中高楼边上有人工种植的稀疏矮小的耐旱树木，城外就是一望无际的荒漠，整个城市很像沙盘中的一个模型。

凤凰城因凤凰而得名，城市的象征是“凤凰”，机场上也到处有卖凤凰的纪念品，既然这里当年有“凤凰”，想必不是太荒芜的地方。不知是这里的原始居民印第安人过度垦殖把它变荒了，还是后来的美国人过度开发把它“开发”荒了？就不去追究了，好在亚利桑那向荒原夺田，变荒漠为绿洲的工作的确是卓有成效的，从飞机上看这里已出现块块“绿洲”。到图森后，我们又驱车北上来到靠近凤凰城的卡萨格兰德小镇（Casa Grande），这里有美国农业部的实验农场，上千公顷的玉米地只有十来个人耕作管理。旁边就是印第安人的保留地，也在耕作，不过是粗放耕作，远比不上实验农场的精耕细作，印第安人还把土地租给农场做泵站，他们住的房子也看不出和农场员工的有太大差别。很遗憾，由于时间仓促无法进门造访一家，但我们毕竟踏上了印第安人的保留地。离开了凤凰城又是一片荒漠，间或出现绿斑。

（二）亚利桑那处女地

亚利桑那的州花是仙人掌花，仙人掌绿色的刺棒上开出的红心粉瓣的花，非常美丽。在一望无际的黄色荒原上，这三色颜色都是难以见到的，仙人掌花不仅给荒原增加了鲜艳、奇异的色彩，还给人带来无限生机。

1539 年，西班牙探险者德·尼扎因第一次来亚利桑那以后，自 1541 年起就有欧洲人来此地居地。1846 年爆发了美国和墨西哥之间的战争，1848 年墨西哥战败又割让了新墨西哥、亚利桑那和加利福尼亚，共 100 万 km^2 土地，而迟到 1913 年新墨西哥才成为美国的第 47 个州，亚利桑那成为美国的第 48 个州。美国真正有规划的西部开发，大概要从这个时候算起。

“亚利桑那”是西班牙文，是西班牙拓荒者起的地名，尽管由印第安人、西班牙人和美国人在亚利桑那先后几次开发，今天的亚利桑那依然荒凉。首府菲尼克斯有 78 万人，图森有 68 万人，两个城市的人口就占了全州人口的 1/4 以上，其他地方人烟就真稀少到自然保护区的标准了。

作者在亚利桑那的荒原上奔驰，路上几乎没有过往车辆，当然更没有行人；荒原上没有人来耕作，连房屋也几十千米才能看到一间。荒原上没有树，连在沙地上顽强生长的骆驼刺也没有几棵。天地之间的荒凉给人一种苍茫的感觉，中间带几分悲切。我们的有些专家到了这里不知会不会提出改造沙漠的建议，但美国人没有这样做，是缺乏开创精神，还是尊重自然规律？让历史去评说吧。

二、新墨西哥州

从凤凰城向东飞，山势雄伟，山的东面是大片荒漠，荒漠之中有宽阔的绿谷，这是人类在开发濒于荒漠化的谷地。越向新墨西哥州飞，水土流失越严重，较之我国西北的黄土高原有过之而无不及。山上怪石嶙峋，原上千沟万壑，断流河流的谷地像在黄色的荒原上爬行的长蛇。如果说亚利桑那还是“绿漠”的话，那新墨西哥州则真是黄沙千里，浩瀚无边了。

新墨西哥（New Mexico），顾名思义就是从墨西哥来的土地，有 31.5 万 km^2 土地，仅有 190 万人，每平方千米仅 6 人的大荒漠州。

进入新墨西哥，就是一大片真正的沙漠，只有棵棵骆驼刺在沙漠中顽强不屈地挺立，随风摇曳。偶然也看见一小片绿色实验田，仿佛在沙漠中挖了一个小洞。荒漠中突然出现一座小城，小城过后，山势雄伟，山后又是荒漠，难怪美国最著名的核试验室洛斯阿拉莫斯（Los Alamos）设在新墨西哥州了。新墨西哥是一片比亚利桑那更为荒凉的土地。然而在这一片荒原之中，也偶尔出现一片绿谷，就像无际荒原上的童话国。这就是我们在空中看到的新墨西哥州。

印第安人司机驾驶大轿车，沿格兰德河行了不过 30 km，我们就又从得克萨斯州回到了新墨西哥。沿途的格兰德河并不宽阔，宽处也就像北京郊区的潮白河，有人把格兰德河比作黄河，大概是由于其上游类似黄土高原的缘故，从大小来说无法比拟。然而对格兰德河的走访，却给我们留下深刻的印象，格兰德河管理得比黄河好得多。在干旱地区的格兰德河却有春江水满的景象，两岸树木成行，支、干渠纵横交错，渠侧并不一定要用水泥衬砌，长年流水形成的细砂层就能起到防渗的作用。沿着渠网是大片的农田，平整得有如球场，田间有着式样不一、多姿多彩的农舍，如果不看远处光秃秃的黑山和山下黄漫漫的荒原，还真有些中国江南的味道。

格兰德河的科学管理得益于法制。早在 90 多年前，1906 年老罗斯福时代，美国就立法确立了在该河与墨西哥的国际分水方案，根据两国在流域内耕种的农田面积进行分水，美国在上游为 57%，墨西哥在下游为 43%，这一分水方案顺利地执行了 93 年，依同样原则建立的新墨西哥州与得克萨斯州的分水方案也执行了 64 年。这其中要靠分水的具体手段——配套水利工程的建设，包括水库、取水口、引水渠等；还要靠实际分水的监测——一系列的监测站点和成套的设备；但是更要靠完备的、定量的法律体系和严肃守法、严格执法的精神。上面分的只是水量，不管水质，实际分的应该是保证质量的水才真正合理，如果下游只用污水怎么行呢？目前，美、墨两国和新、得两州又开始着手解决这个问题。

沿途我们看到了世界上最大的一片山核桃林，在 16 km^2 的土地上有 18 万棵山核桃树，高大山核桃树在浓荫下绿草如茵，笔直的公路从林中穿过。置身其中，仿佛在热带丛林，全然没有在荒原之上的感觉，人类改造世界的力量真是无穷无尽的。路旁有个小商店，店里当然卖山核桃，像大腰果一样，据说是种补品，不过价值不菲。店里还卖明信片，画片中有夏季葱绿的景色，也有秋季青黄的景色，给人留下深刻的印象。

在新墨西哥的原野上奔驰，那一望无际的荒野，那怪石嶙峋的大山，形成了荒原的基调。格兰德河从科罗拉多高原流来，纵横新墨西哥州，沿得克萨斯作为美国和墨西哥的界河向墨西哥湾流去，全长 2 000 多 km，是这荒原的救命水。它平静的流淌，以自己并不丰沛的水量给人以生机，那成片的山核桃林，那茁壮的玉米地都靠这点水。然而对这点水的分配是靠巧取豪夺，靠战争，还是靠科学分配，靠法制管理，这就不是格兰德河，而是人的事了。

和其他美国城市相比，埃尔帕索是个比较寂静的城市，城也不大，开车很快就出了城。城外的圣·安东尼小镇，就像个西部片的外景地，街道很宽，行人很少，两边都是两层楼房，多为红色、黄色或白色，商业广告不多，不过少不了得克萨斯石油公司的广告。出了小镇就是得克萨斯州的原野，蓝天之下是浓密的绿荫，红褐色的乳牛在低头吞噬紫色的苜蓿，近处是一种开着白花的绿草，广阔的原野很像一幅农家乐的油画。当然这只是城市近郊，再向前走就到了得克萨斯旷野了。

三、美国西部大开发的经验

美国 100 年前，在与我国西北自然状况十分相似的西部的大开发是有很多经验值得我们借鉴的。

① 对于任何一个地区的开发都要有一个科学的社会经济发展与自然生态相协调的综合规划，对于缺水等生态系统脆弱地区的规划更为重要，其科学性尤为重要。

② 缺水地区的基础设施建设必须建筑在生态建设的基础之上，生态建设是基础的基础，先有生态建设规划，再有基础设施建设规划，两者相互协调，互相补充，融为一体，不能搞成两张皮。

③ 缺水地区的开发应以中心城市为主，量水而行，向外辐射，不能盲目扩大，遍地开花，各自为战，急功近利，在水资源总量没有增加的情况下，造人工绿洲或盲目扩大绿洲，必然会造成另一处自然绿洲或过渡带的覆灭，最终新绿洲也将会被沙海再吞没。其指导原则是以维护原有自然生态为主，“宜林则林，宜灌则灌，宜草则草，宜荒则荒”。

④ 荒漠地区开发更要充分利用生命科学和生态科学知识，要有所创新。例如美国上述几个州都从全世界引进适宜的耐旱树、草和灌木种，取得了很好的效果，现在更大力开发转基因耐旱物种，同时，必须进行引进物种生态影响的前期研究，保证不产生负面影响。借鉴这些经验，将使我国的西北部开发，比美国一个世纪前的西部开发高一个层次。

⑤ 水权是在开发时必须解决的问题。

早在 19 世纪末，以淘金热为先导的美国西部大开发带动了农业在这片原本荒芜的土地上的发展。在当时看来，这里的土地是无尽的，缺的是水，只要有水就可以开荒种田。但是水是谁的呢？这就带来了水权的问题。1922 年 11 月科罗拉多河上游的科罗拉多、怀俄明、犹他和新墨西哥 4 个州和内华达、加利福尼亚、亚利桑那 3 个州在联邦政府商务部长的主持下经过 15 天的 17 轮谈判，最后达成具有历史意义的《科罗拉多河协议》。上游 4 个州共分约 92.5 亿 m^3 水，下游 3 个州也分得 92.5 亿 m^3 的水，与格兰德河上下游美国和墨西哥按农田面积分水的原则不同，采取了上下游等分的原则，这也是迄今为止世界通行的两个分水原则。实际上签字的只有 6 个州，亚利桑那州的利益未得到满足，拖到 22 年之后，1944 年才由联邦政府协调签字，可见水权之争夺绝不亚于地权。

随着生产的发展，1963 年下游 3 个州又不得不再次明晰水权，结果加利福尼亚州为 54.3 亿 m^3,亚利桑那州为 34.5 亿 m^3,内华达州为 13.7 亿 m^3,基本上是按农田面积分水。

当然,只有分水是不够的,人口、经济和农田都在发生变化,初始水权分配后要形成水市场,通过交易重新配置。后来经济和城市迅速发展,人口超过 1 000 万的加利福尼亚州的洛杉矶就提出帮助英皮里尔县的帝国灌区以水渠加水泥防漏层节水,投资 2.33 亿美元,每年节水 1.36 亿 m^3,达成协议在 35 年内这 1.36 亿 m^3 水权归洛杉矶。最近圣迭戈市又与灌区达成类似协议,水市场正在逐渐形成。

第二节 埃及撒哈拉沙漠中宏大的绿洲计划

埃及处于严重干旱的撒哈拉大沙漠东缘,绝大部分地区年降雨量低于 20 mm,大部分地区处于撒哈拉沙漠,几乎无降雨。全国人均水资源量只有 47 m^3,自产水资源总量不到 30 亿 m^3,严重干旱缺水,大大低于极度缺水的 300 m^3/人标准的下限。水资源量折合地表径流深仅为 59 mm,仅为维持全境有植被生态系统最低标准 150 mm的 1/3。因此,我们在埃及看到的除沿尼罗河 10 km 左右的绿洲外,绝大部分地区就是无边无垠的黄色沙漠了。目前,埃及实际年用水量高达 550 亿 m^3,95%都通过尼罗河依靠上游苏丹的青尼罗河(80%)和埃塞俄比亚的白尼罗河(20%)下水。

一、世界第一沙漠——撒哈拉沙漠

撒哈拉沙漠是世界上最大的沙漠,西起大西洋、东濒红海,跨北非 11 国,东西长 5 600 km,南北宽 1 500~2 000 km,面积 960 万 km^2,和我国一样大,占非洲的 1/3。撒哈拉沙漠北至地中海是平原,南部有一系列山脉,最高的库西山海拔 3 415 m,在埃及西北部的盖特拉瓦低地于海平面以下 133 m,大沙漠中年降雨量仅 50 mm,但蒸发量高达 2 000 mm 以上。我在埃及西部和摩洛哥北部两处考察过撒哈拉大沙漠,在摩洛哥还亲历罕见的沙漠雨,估计降雨量超过 20 mm。

作者在长达 14 年的时间里先后 3 次考察过撒哈拉大沙漠,1988 年和 2000 年是在东端的埃及,世界著名的金字塔就在开罗西的吉萨市,登上金字塔远眺,现在已经与沙漠连成一片,只是周围采取了固沙措施,游览区才得以保存。金字塔所以被沙漠掩埋千年,到 19 世纪才又重新发现,被国际认识,就是由于绿洲的丧失,沙丘的移动。6 000 年前附近的盖特拉瓦洼地应该是一片绿洲,正如我国新疆的吐鲁番盆地是绿洲一样,否则法老是不会在这里建墓的,不可能在沙漠中建金字塔而等待被埋。而为什么绿洲消失了?显然是人类用水过度,就像中国新疆消失的楼兰、尼雅古国一样,绿洲变成了沙漠。其他地方的沙化还可以想象,海平面以下 133 m 的低地为什么也沙化了呢?水不是往低处流吗?地表水没有了,不是有整个地下水层吗?原因很简单,就是水资源枯竭,这才能让人们认识到什么是"水资源枯竭"。璀璨埃及后文明的衰落，水资源枯竭，附近绿洲的沙漠显然是重要原因之一。

2004年作者参加国际水协（IWA）第四届世界大会，又从撒哈拉大沙漠的西端摩洛哥考察了大沙漠。大会在摩洛哥的历史名城、今天的旅游和国际会议中心马拉喀什召开，在历史上马拉喀什就是穿越撒哈拉大沙漠去非洲南部的入口。摩洛哥是一个缺水的国家，人均水资源量为1 058 m^3，水资源量折合地表径流深为67 mm，只能维系一个半荒漠生态系统，因此森林覆盖率只有11%。在摩洛哥旅行，看到的是一片黄色，哪里有水，哪里就有绿色，哪里就有生机。马拉喀什著名文物1195年建造的库图比亚清真寺高塔就一物三用：清真寺、哨卡和沙漠旅者的灯塔。

看到浩瀚的世界第一沙漠，作者不禁想起穿越沙漠的遇难者：20世纪80年代的彭加木和20世纪90年代的余纯顺，他们为考察沙漠而牺牲了生命。作者在新疆当拖拉机手时也有近似的经历：迷路后向沙漠中心走去，先是马不行了，后来人也走不动了，实际却离绿洲越来越远，结果只有一个——死亡，作者有幸走出来了。为什么久经锻炼、准备充分、信心十足的人也会在旁人难以理解的情况下迷路呢？作者也有体会，那就是真正进入海一样的漫漫黄沙以后，孤立无援的恐惧而产生的幻觉，或许看到了海市蜃楼，从而不按地图和路标走上迷途，给人带来无尽的哀思。

作者还思考另一个问题，撒哈拉大沙漠三面环海，水汽充足，为什么会形成沙漠呢？可见降雨与是否近海关系不大，而是按大气环流的规律运行的，所以越来越多的雨降入海中，而大陆干旱是完全可能的。

二、埃及宏大的“水平扩张计划”

可能正是由于阿斯旺水坝修建后上述结果的影响，埃及政府做出了一个更为宏大的“水平扩张计划”。这个雄心勃勃的计划要到2020年把埃及的居住区（包括农业区）从目前占国土面积的5%扩大到25%。在撒哈拉沙漠、西奈半岛、尼罗河河谷和尼罗河三角洲等地的漫漫黄沙中都大规模地扩大居住区，其中主要在撒哈拉大沙漠埃及部分的西南部，要在浩渺的黄沙中人造一个广阔的茵茵绿洲，计划的确十分诱人。该计划主要是在纳赛尔水库西北再修一个大坝，利用低地再蓄水1 200亿 m^3（现已有水数百亿立方米），向沙漠输水，改造沙漠，同时辅以节水和中水回用等措施，以这些水源扩大20万 km^2 的绿洲。

目前这一大工程的一部分自纳赛尔水库到埃及西南沙漠腹地的图什卡运河工程已经开工，包括21个提水站、50 km干渠和长达数百千米的支渠，预计耗资13亿美元。到2003年第一期工程已经完成包括两个大提水站和50 km的干渠。

这样的计划可行吗？有什么问题呢？扩大蓄水计划有如下问题：

① 纳赛尔水库蓄水量已达1 690亿 m^3，是尼罗河年径流量，也就是全年总水量850亿 m^3 的2倍，而我国三峡水库蓄水量不到长江年径流量的1/20。应该说纳赛尔水库的生态影响已到临界状态，正常的蓄水和引水一般不应超过河流总水量的

20%。在 1 690 亿 m^3 蓄水的基础上，再加 1 200 亿 m^3 蓄水，将达 3 个半尼罗河的年径流量，即使水库是多年调节、不断积累，从生态学来看也是不合理的。

② 尼罗河是国际河流，而且水量 95%来自苏丹和埃塞俄比亚，修如此之大的水库的确有与上游国家协商的问题。

③ 新建水库与纳赛尔水库不同，不是上游尼罗河峡谷中的山谷水库，而是平原水库，又在撒哈拉大沙漠之中，蒸发量极大，仿佛火炉上的一个浅砂锅中的一锅底水，能维护多久呢？可以预见，水库效率极低。

④ 埃及法老王国已有 6 000 余年历史，是迄今为止发现的人类最早的古文明，从修建金字塔可以看出，早在 6 000 年前已有极强大的工程和技术力量。但是，根据有记载的历史可以看出，埃及人一直生活在尼罗河谷和三角洲 4 万～6 万 km^2（即今天埃及国土的 4%～6%）的范围内，只建了一个美利斯水库，开了一片拜哈里耶绿洲。为什么没有大肆"扩张"？应该仔细研究。由于埃及有文化间断的历史，法老王国没有持续发展，像中国的楼兰古国和墨西哥的玛雅帝国一样，在干旱地区盲目扩张居住区，因水源不济最后导致灭亡也可能是原因之一。前车之鉴，不能不借。

⑤ 在撒哈拉沙漠扩大约 15 万 km^2 的新居住区，从水资源量上来看也是不合理的。改造这样大面积的沙漠，按联合国教科文组织的参考标准粗略估算，要在 10～20 年的时间内，每年耗水上千亿立方米，是埃及全国现用水资源量的 2 倍，再加上上游苏丹和埃塞俄比亚用水，要用去尼罗河全年平均径流量，可能造成尼罗河断流。由此看来这个宏大的计划可能是纯理论计算出来的，对现实情况考虑不足。同时，计划也没有考虑全球气候变化，尼罗河枯水时年径流量仅为 420 亿 m^3，如果连续干旱，将无法支付改造沙漠用水，如连续多年，将前功尽弃。

同时，在尼罗河谷、尼罗河三角洲和西奈半岛等 3 个地区扩大居民区（共约 5 万 km^2）是有根据的。因历史上尼罗河不断泛滥，并在三角洲改道，因此这些地区只是表土沙化，下层是较肥沃的土壤。我们驱车路过时就看到了表土被翻开后下面黑油油的沃土，对它的改造不需要大量水资源；而且西奈半岛北部降雨量达 160 mm，提供了维持水源，有可能对沙化土壤实现改造。

以上是作者的观察和分析，埃及政府制订这个计划，想必是有道理的，从理论上计算也是有可能性的，我们实地观察、初步分析、进而深入研究这个问题，可能对我国水资源的配置还是有些借鉴作用的。

第三节 澳大利亚的维多利亚大沙漠

大洋洲是个缺水的大洲，澳大利亚是个缺水的国家，全境沙漠很多，以中西部的维多利亚大沙漠为最大。1997 年作者作为国际科技园区协会（IASP）珀斯世界大会组织委员会的副主席得以接触到这个沙漠的边缘。

一、澳大利亚的水

澳大利亚的人均水资源量高达 18 730 m^3，是人均丰水标准 3 000 m^3 的 6 倍，但这并不能说明澳大利亚丰水。这种情况充分表明，衡量一个地区的水资源，除了人均量以外，还应有另外一个标准，即是水资源总量折合地表径流深。人均水资源量是生活和生产用水的标准，而水资源总量折合地表径流是生态用水标准，也就是说在一个地区，即使不住人，也要拥有一定的水资源量来维持水生态平衡，否则这里就要变成一片荒漠。生活和生产用水是人类生存必不可少的，而生态用水也同样是人们赖以生存的基础，否则把水吃光用光，人类所拥有的最后一滴水就真是人的眼泪了。澳大利亚地广人稀，所以人均水资源量大，而地均水资源量少。也就是 4 934 亿 m^3 的水资源总量，在 768 万 km^2 的土地上平均，水资源总量折合地表径流深只有 64 mm，只及自然生态缺水线 150 mm 的 43%，因此无法维系有植被的生态系统。澳大利亚全境年均降水量仅为 470 mm，属半干旱地区，而且分布极不均匀，在南部塔斯马尼亚（Tasmania）岛山区高达3 600 mm；大部分地区都属于干旱地区，而在中南部的北艾尔（North Eyre）湖，仅为 125 mm。因此澳大利亚是一个十分缺水的国家。

澳大利亚大陆几乎有 2/3 是荒漠，从西北向东南，大沙（Great Sandy）沙漠、吉布森（ Gibson）沙漠、维多利亚（Great Victoria）沙漠和辛普森（ Simpson）沙漠，真是沙漠连着沙漠，戈壁连着戈壁，从飞机上望去，正像地图上画的黄黄的一片。只有在四周沿海地区，才看得到绿色，澳大利亚的东南部绿洲的范围最大，澳大利亚的首都和大城市堪培拉（ Canberra）、悉尼（ Sydney）、墨尔本（Melbourne）、布里斯班（ Brisbane）和阿德莱德（Adelaide）都集中在这里，百万人以上的大城市只有珀斯（Perth）在西海岸，那里有另一片绿洲。

二、维多利亚大沙漠

维多利亚大沙漠西起澳大利亚西海岸达令山，东至格雷岭，北自吉布森沙漠，南抵大澳大利亚湾纳拉伯平原，跨西澳大利亚和南澳大利亚两个洲，面积约 100 万 km^2，接近我国西藏自治区的面积，几近占澳大利亚的 1/8，是世界上次于北非撒哈拉大沙漠和阿拉伯半岛鲁卜哈利沙漠的第三大沙漠。

中国新疆塔里木盆地的塔克拉玛干沙漠是世界第四大沙漠，也是世界上仅有的百万平方千米的大沙漠之一。但它与前 3 大沙漠有根本的不同，前 3 大沙漠都临海洋，沙漠就在海岸边，而塔克拉玛干是唯一的内陆大沙漠，因此，降雨量最少，气候最为干燥，如果沙漠生态系统被摧毁，恢复的可能性也最小。

地图上的维多利亚大沙漠西缘止于达令山，但实际上小片的沙漠一直延伸到印度洋边。作者在西澳大利亚首府珀斯郊区的海滨看到，这里海边的沙滩实际上是沙漠的一部分，绝不存在有些海滨浴场还要从别处运沙的问题。沙丘与沙滩连成一片，在沙丘上长着在中国新疆叫芨芨的固沙植物，使欧洲黄金海岸和美国迈阿密海滩的常客一定会以为是人为布置的。

与撒哈拉沙漠海滩的不同是，沙丘只是一片，并不与大沙漠相连，在沙丘后还有绿洲。这大概是因为维多利亚大沙漠没有撒哈拉大沙漠那样大，风也小，从而使靠海的绿洲还能残存，不是黄沙的一统天下。这里的沙滩不但连着沙丘，游客也少，从而给人以荒凉的印象，有时产生幻觉，不知究竟是在沙漠，还是在海滩。不知沙漠是海市蜃楼，还是大海是沙中幻影，真是十分奇妙。

西澳大利亚并没有致力于消灭海岸边绿洲中的沙丘，这是澳大利亚的财力能够做到的。为什么呢？大概还是基于"对生态系统保护的最好办法是维系"的这种理论。澳大利亚水资源量有限，但是有钱，有钱就有水吗？即便以巨大的投入暂时形成绿洲，又能够长久维持吗？应该认为澳大利亚人无所作为是有道理的。

三、桉树种植问题

目前在我国的两广地区，尤其是广西，大面积地种植桉树，原因是马来西亚的公司投资种植，而且在 3 年后成才定向收购，作为原料造纸。据作者的考察这样每亩地会有 400～500 元的收入，而且利用的都是荒地，因此，当地农民和政府积极都很高。

但是，决策者们可能没有到桉树的原产地——澳大利亚考察过。桉树产自澳大利亚的荒漠边缘地带、年降水量低于 500 mm 的地区，由于枝叶稀疏，蒸发小，根系深，它有极强的抗旱能力，喜光，生长很快，易于成才。因此在英国占领澳大利亚后引种世界各地，但是据作者的考察现在继续引进的国家寥寥无几，而且澳大利亚以来极少国家仍保有大片的桉树林。

这是为什么呢？首先，桉树喜光，生长很快，因此剥夺了所有生长慢的植物的日照度，使其无法或难以生长；其次，桉树根系极发达，剥夺根系浅植物的吸水；此外桉树汁含单宁，侵蚀土壤，使多种植物难以生长。所以桉树实际上是良性森林生态系统的破坏者。

作者在澳大利亚见到的，桉树林都在荒漠边缘，而且都是单一树种的树林，下面没有灌木，也很少有草，构不成良性森林生态系统，林中也几乎没有其他动物，只有考拉这种活动力和生命力都差的特有动物，说明食物链单一。但是桉树适应干旱的气候，在荒漠边固沙，保护绿洲，而且毕竟是地表植被，改善了区域生态系统。

仅作者见到的情况，广西公路边种的桉树已经使原来灌草丛生的热带雨林退化，枝叶稀疏的桉树像"三毛"一样挺立，树下灌木和草的密度大大降低。仅从对温室气体二氧化碳的吸收和氧气释放来看，其功能已大大降低。所以这种各国已弃种，在马来西亚和印度尼西亚已不再扩大种植的树种在我国大面积扩种是值得认真研究的，至少减少吸收二氧化碳的损失，如果使温室气体排放收费的话，大概已经超过了 3 年 400～500 元/亩的收益。

第十章 三大洋中看海岛

海岛生态系统是一个独特的边界清楚的独立生态系统，一般来说 10～100 km^2 以上的海岛就构成了人类可以生存的生态系统。所谓 10～100 km^2 的大小，则取决于海岛所在的纬度、土层的厚度和附近的渔业资源。鉴于海岛的独特性，大多数海岛国家（包括澳大利亚）都有极其严格的外来物种进入限制措施以维系独立生态系统的平衡。

世界的小岛不计其数，岛屿生态系统的具体研究主要集中于大岛，或者说 10 万 km^2 以上的大岛，还要考虑岛国的情况。在欧洲有英国的大不列颠岛、冰岛，在亚洲有日本的本州岛和北海道岛、菲律宾的吕宋岛，印度尼西亚的爪哇岛和印尼、马来西亚、文莱的加里曼丹岛，在澳洲有新西兰的北岛，在非洲有马达加斯加岛，在美洲就是古巴岛了。这些岛屿中除了冰岛和马达加斯加岛以外作者都曾考察过。

当然小岛也有小岛的生态特征，如欧洲瑞典的厄兰岛、意大利的西西里岛、非洲属于葡萄牙的马德拉岛、亚洲韩国的济州岛和新加坡岛，尤其是中国的台湾、海南和舟山三大岛，这些岛屿作者也都做过考察。

在以上海岛生态系统中情况不一。日本的本州岛多山，尽管农耕开发历史悠久，仍保持了温带森林生态系统；而北海岛自上个世纪才开始开发，所以保持了寒带生态系统。菲律宾的吕宋岛尽管开发早，但人口密度一直不高，目前是半农耕、半热带雨林生态系统。印度尼西亚、马来西亚和文莱的加里曼丹岛至今没有大规模开发，保持了热带雨林系统。新加坡岛人口密度高达 6 200 人/km^2，是完全由人改造的城市生态系统。英国的大不列颠岛气候温和，降雨天数多，但实际雨量并不大，且人口众多，人均水资源量只为 2 400 m^3，属轻度缺水，不足以维持一个森林生态系统，在历史上，英国人也就因地制宜地利用这一系统发展畜业。至于澳洲的新西兰北岛，原始生态是森林系统，英国移民把自己的畜牧传统带到岛上，伐光树木，移植牧草，生生把一个温带森林生态系统改造成了人工草原生态系统。在非洲的葡萄牙的马德拉，岛很小，开发也迟，保持了丛山的温带森林系统，目前全力开发旅游业。

第一节 古巴岛

古巴岛有 11.1 万 km^2，与我国江苏省差不多大，处于北纬 20°～24°，与我国广东省的纬度差不多；而人口 1 124 万，仅与我国天津市相近。古巴人均水资源量 3 355 m^3，属丰水国家，年平均降雨量 1 370 mm，水资源量折合地表径流量为

345 cm，足以维系亚热带森林生态系统，但目前古巴森林覆盖率仅为 21%，还达不到温带维系良好生态系统的标准(25%)，显然是人为过度砍伐所致。

古巴岛海拔 300 m 以下的平坦地区占全岛的 70%，西北、中部和东南部的高原和山区仅占 18%，以东南部的马埃斯特腊山区面积最大，地势也最高，平均海拔为 1 400 m。最高的图尔基诺峰为 1 974 m。比我国 2 160 m 的华山主峰还低。全岛有 200 多条河流，最大的河考托河也在东南部，全长才 370 km，在中国就是小河了。

一、古巴岛的生态系统

古巴岛的生态系统大致可以分成 3 个区域：古巴岛西部是科斯特、即岩溶地形的丘陵和广大的甘蔗田、烟草田；中南部有小山和广阔的牧场；东南部是森林覆盖的马埃斯特腊山区，全岛最大的考托河也在这里。

在古巴岛西部南面海域上还有古巴的第二大岛——青年岛，距主岛仅 50 km，有 2 400 km^2，是一个独立的森林生态系统，革命前是流放犯人的地方，卡斯特罗曾被囚禁于此，现在成为古巴仅次于巴拉德罗海滩的旅游胜地。

我们时间有限，对古巴的生态考察只限于西部哈瓦那和马坦萨斯两省，从哈瓦那去巴拉德罗海滩来往共 300 km 的路程，由于古巴的路不算好，150 km 要开 2.5 h 以上，所以除了停车下去考察，路上我们也得以走马看花。

出了哈瓦那城，就是哈瓦那省，哈瓦那省有 5 731 km^2 土地，和密云县、延庆县加上平谷区一样大，但人口只有 70 万，与密云和延庆两县人口之和一样多，由于全是平原，可谓地广人稀了。刚出哈瓦那城，还有些小树林，农村的统建小楼隐在绿荫之中，统建房都是苏联式的火柴盒，但农民能住上了楼也不容易了。

出了近郊，车辆越来越少，路况也越来越差，北边是茫茫的大海，南边是一望无际的甘蔗田，由于甘蔗已经收获，只剩下田中刚长出的嫩草，翠绿一片，但很稀疏，还有的地方露出黄土，田埂边有些灌木丛，远处的小山坡上才有小树，想当年哥伦布绕岛航行看到的密不通风的原始森林，早已成了历史。

古巴的生态系统改变和物种变迁可以用两个例子来说明：一个是古巴中西部的森林生态系统被改造成了蔗田生态系统；另一个是中国的苦瓜移植古巴后的故事。

古巴处于亚热带，水资源折合地表径流深高达 345 mm，所以在历史上肯定是亚热带森林生态系统。1492 年哥伦布在古巴登陆，从海上新航路到达美洲后，绕岛航行一周，确定古巴是一个岛，以后他及他的部属把甘蔗带到多来尼加和古巴，结果古巴更适于甘蔗生长。自 1515 年西班牙人在哈瓦那建城以后，以哈瓦那为根据地大肆屠杀印第安人，仅过了 20 年，原住岛上的 20 万～30 万印第安人，到了 1537 年只剩下 5 000 人，不及原来的 2%。从而，古巴岛中西部的广大平原都归于西班牙殖民者，大批西班牙人开始经营种植园。引入几种作物后，发现甘蔗和烟草在这里生长得十分快，而且果实质量高，于是大面积砍伐森林，不断扩大种植面积。

直到后来缺乏劳动力，自 1823 年就从非洲大量输入黑奴，使这里成了世界上最好的甘蔗和烟草的种植园，在这里生产了世界上最好的蔗糖和雪茄。从而把这里的森林生态系统完全改造成了蔗田、烟地生态系统，蔗糖和烟草经济迅速发展，哈瓦那成为古巴的经济中心，仅过了 70 年，1589 年古巴殖民的总督首府就从东部的圣地亚哥迁到了哈瓦那。

我们驱车在古巴广袤的蔗田上，目前古巴蔗糖已大幅减产，但蔗田还是布满路边。10 月份甘蔗已经收获，但古巴气候温和多雨，青草已经长出，有植被的生态系统还是得以维持，所以没有出现严重的水土流失。但是蔗田和草地生态系统对地下水位的保持能力和对二氧化碳的吸附能力还是无法与森林生态系统相比较的。所以，蔗田的草地都发黄，没有森林生态系统那种水肥草美、绿油油的景象；同时古巴的人均二氧化碳排放量为 2.1 t，在同类国家中不算低，如果有巨大的森林吸附，排量可以大大降低，而成为小排量国家的典型了，可惜森林生态系统已不复存在。

中国苦瓜的移植是个关于外来物种的故事，我们的导游说他在哈瓦那唐人街认识一个老华侨，他在古巴住了 30 年后，于 20 世纪 80 年代探亲，在家乡重新尝到家乡菜——苦瓜，为了在古巴也能吃到家乡菜，他就从中国南方带来了苦瓜种子，在自己的房前种植。没有想到苦瓜在哈瓦那长得出奇的好，产量特别大，他就送给亲友吃。后来，这种在中国一年生的蔬菜居然在古巴成了多年生的植物，在他的屋前长成了树，每年结的苦瓜送亲友也送不出去，又开始送邻居，苦瓜还有剩余，成了"苦瓜灾"。我们都有点怀疑这个故事，一年生的苦瓜在条件再好的地方也变不了多年生的，但一个组员说苦瓜在中国也有多年生的，真不知谁对谁错了。导游信誓旦旦地说可以带我们去看，可惜排不上日程了，否则照张相带回去请教科学院植物所的专家就可以求得真知了。

二、加勒比海

作者到过世界上的四大内海：欧洲的地中海、波罗的海，亚洲的渤海和美洲的加勒比海，其中地中海和波罗的海都是只有窄窄的地峡与大洋相连，渤海的海峡也不到 100 km，加勒比海却是只被大陆围了三面，东面开放。但东面是一连串的半岛和岛屿，从美国的佛罗里达半岛到古巴岛、海地和多米尼加，再到波多黎各岛、安得列斯群岛直至南美洲的特立尼达岛，几乎被半岛和群岛封闭，其中最宽的美国佛罗里达半岛和古巴岛之间的佛罗里达海峡为 170 km。

加勒比海面积 275 万 km^2，大约是我国新疆和西藏面积之和，平均水深 2 491 m，最大深度 7 680 m，是世界最深的陆间海，古巴海域是最浅的，也在 300 m 以上，也比我国的渤海深得多。作者不仅要下所有的大洋，也要下所有的大海，渤海、地中海和波罗的海都下过，加勒比海当然也要下。在巴拉德罗度假村安顿下来以后，作者的第一个活动就是下海，下加勒比海。

在加勒比海也有生态保护问题，古巴工业不太发达，我们亲眼所见从哈瓦那到巴拉德罗几乎没有向海口排污。但是，在巴拉德罗旅游区红树林却被破坏得很严重。巴拉德罗是个长 18.5 km，宽约 0.7 km 的狭长半岛，仿佛海岸的护堤一般，中间夹着狭长的内海，这种地形，再加上当地的气候，应该是长满红树林的地方，历史记载也是如此。

但当我们到达时，红树林零零落落，很不好找，总算找到了小海湾中的一片，的确长得十分茂密，蓝水绿林十分美丽。保护得最好的红树林是一个海豚表演场，在红树林中建起了海豚表演的跳台和水池，周围以红树林为墙，自然就保住了。作者特地去看了表演，海豚表演很一般，当然是去看红树林，这里的红树林未遭砍伐，形成一圈密不透风的墙，看来这也是旅游开发时保护红树林的一个两利的办法。

第二节 新西兰北岛的生态系统

新西兰北岛的面积为 15 万 km^2，在欧洲人登陆以前，在这里居住着 60 万～70 万毛利人。由于这里气候温和，北岛占新西兰毛利居民的绝大部分，每平方千米约 4～5人，达到目前自然保护区外围区的标准，居民有足够大的生态足迹。更何况毛利人以捕鱼为生，主要依托海洋，因此北岛的原始森林生态系统基本上未遭破坏，估计当年森林覆盖率在 70%左右。

1642 年荷兰人到达新西兰，1839 年英国任命总督正式殖民，军队开始对毛利人残酷镇压。到 1861 年移民才到 10 万人；1872 年移民达到 25 万人，而毛利人仅剩 4 万，新西兰人口密度没有大幅增加，所以原始森林生态系统得以保存。

一、北岛森林改牧场草原

1890 年新西兰北岛开始发现黄金，随着淘金热的升温，1907 年新西兰成为英国的自治领时，移民人口已达 80 万，加上毛利人，总人口近 100 万，即平均每平方千米约 67 人，生态足迹刚好满足人的需求。但是淘金需要的劳动力是有限的，而且金矿日渐衰竭，所以大批劳动力需要另觅职业。

几十万劳动力去做什么呢？新西兰的英国移民和澳大利亚的不同，大移民时已经过了流放罪犯的时代。来新西兰的英国移民主体是一些没落的贵族，他们留恋在英国的牧场生活，希望把新西兰改造成英国那样的牧场。因此从 20 世纪初开始的伐林种草运动，至今已有 100 年，几乎与我国东北的土地开垦在同时开始，其结果也一样。今天，新西兰北岛的亚热带硬叶常绿阔叶林系统已在百年之间被改造成了一个温带草甸草原生态系统，新西兰也成了一个牧业国家，现在有 1/4 的人口是牧民。

我们从奥克兰驱车向南，离开市区后驶离北岛北部的狭长部分。映入眼帘的是一片黄绿，起伏的丘陵向天边伸展，由于是旱季，草都发黄，像黄绿色的海洋中起伏的波浪。在经过哈密尔顿市到维多摩溶洞的 150 km 的路程中，这种景色延续了

150 km。草原边上有牧民的小洋房，白墙红顶，十分醒目，但都不大，而且不新，偶然看见有一小片森林，算是这片黄绿海洋中的墨绿点缀。原来的大片森林已不见踪影，在百年之内被改造成了一个草原生态系统。

新西兰的牧场有 13.5 万 km^2，和我国的安徽省一样大，牧场的 2/3 都在北岛，差不多有我国的江苏省大。共有 24 000 个牧场，平均每个牧场 5.6 hm^2，即 84 亩大。2005 年牛羊存栏头数为 4 500 万头，平均每个牧场有 200 头牲畜，员工不到 10 人，所以多数小牧场。合全国每人有 11 头牛羊，可谓世界之最；合每公顷牧场仅 3.3 头，也就是 4.5 亩草场才有 1 头牲畜。由于都是英国移植来的良种牧草，因此低于牧场生态系统的承载能力，也就是说与我国内蒙、青海和新疆不同，没有超载放牧。年产肉量达 130 万 t，合每人每年 315 kg，也就是说差不多每人每天有 850 g 肉吃，光是肉都吃不完。羊毛产量占世界的 1/4，居世界第一位。乳制品也大量出口，高档奶制品的一种制剂还是新西兰的专利，各国都不能自己生产，要从新西兰进口。

二、北岛牧场实地考察

我们进入了路边的一个牧场，外边有铁栅栏拦住。虽然在旱季，远处牧场草色微微发黄，基本上是绿的，是因为这里喷灌的缘故。新西兰的牧民不是游牧，而是每户有固定的牧场，牲畜在自己的牧场中散养。牧场大约有 2 km^2，也就是 3 000 亩地，近公路处是平地，远处有小土丘，上面泛黄的草犹如一大片黄绿色的地毯；更远处有小丘陵，上面绿树成林；草场上都是牛，有黑牛、黄牛，也有花牛，粗估一下，大约有 200～300 头牛，看得出这里不是过度放牧。在蓝天白云之下，成群的牛在静静地吃草，我们待了半小时，竟没有一头牛发一点声音。在骄阳之下，清新的空气，寂静的原野，新西兰北岛的牧场虽是人工所为，却和大自然融为一体，适度放牧的牧业是与自然和谐的产业。

新西兰的牧场草原生态系统改变了作者的一个认识：即至少到今天，人工不可能很成功地改造生态系统。而新西兰北岛从森林向草原生态系统的人工转变，从 100 年后的结果看，应该算是比较成功的，原因是草原生态系统的维系较森林生态系统需水少，因此有足够的生态承载力。

但是，旱季枯黄的草也说明这里原来并不是草原，根深叶茂的乔木对旱季就没有这样灵敏的反应。其实如果不浇水，新西兰的草原连黄色也保不住，怕是要枯死了。新西兰的牧场对草地普遍实施抽地下水喷灌，这就是人工生态系统所带来的问题，抽地下水使水位降低，草更缺自然水。但是新西兰雨量较大，地下水回补较好，对生态系统还影响不大。但是，如果在半干旱地区这样做就会造成恶性循环。但是，新西兰抽地下水浇灌也消耗了大量能源，所以虽然新西兰几乎没有重工业，但人均 CO_2 排放量也很高。

新西兰水资源量折合地表径流深为 122 mm，本可以维系森林生态系统，被改造后维系平原牧场是有余的，但由于有旱季，而草扎根很浅，所以我们在旱季到达时，草场都发黄,可见大规模的生态系统改造或多或少都是有后遗症的。

第三节 日本的冲绳岛

琉球群岛是在中国和日本之间,西临东海,东靠太平洋,从东北到西南走向的一群岛屿,延绵达 1 000 km,总面积 2 255 km^2。最大的是冲绳岛,长 130 km,最宽处不到 25 km,最窄处仅 4 km,面积不过 1 200 km^2,略大于北京市五环内的城市规划区。琉球群岛有 130 万人口,90%都集中在冲绳主岛,因此人口密度高达 1 000 人/km^2,而岛的南部更高达 2 000 人/km^2,是世界上人口密度最高的地区。

一、冲绳多山

海岛本来是地壳变动时陷在海中的山,像多数海岛多山一样,冲绳也多山,而山都不是真山,不过是小丘而已,最高峰与那霸岛不过 503 m,比北京香山香炉峰,即鬼见愁,还低 75 m。冲绳缺水,水倒是真缺,尽管冲绳年降雨量高达 2 000 mm,但河短流急,水都冲到海里去了;此外,人口太多,每平方千米高达 961 人,是日本平均数的 3 倍,而冲绳的南部则高达 2 000 人/km^2;因此人均水资源量只有 264 m^3,比北京还少,是以色列的水平,和我国最缺水的宁夏差不多。在这种情况下,冲绳人修水库,连极端环保主义者都是能理解的,人毕竟先要生存,才能去环境保护啊!

冲绳的山虽小,但给人以崇山峻岭的感觉,如果你在山腰上乘车盘旋,还真感觉走入了大山区,浓密的森林,林间的小路,深幽的山谷,谷底的小溪,秀丽的景致,让人心旷神怡,尤其听到还时常有野猪和鹿出没时,更让人增添了几分神秘感。然而,“不识庐山真面目,只缘身在此山中”,这句话真是太有道理了,可以从多方面理解,对于冲绳的山也是这样,当你登上山顶,才发现这里的山其实很小,在茫茫的蓝色大海中,就像给沙盘中的模型山上涂了一些绿色,刚才那种神秘感已经荡然无存,有的感觉只是冲绳太小了,山也太小了。

二、冲绳缺水

冲绳的缺水是真的,从哪里看都缺水。作者参与制订保证人民生活和生产的基本用水的联合国标准是 300 m^3/人,冲绳连这个标准都达不到。怎么办呢?就是修水库,拦蓄洪水。冲绳地势北高南低,人口分布正好相反,是北少南多,因而就在北方建水库蓄水向南方调。正如陪同的日本水利官员所说:“你们是南水北调,我们是北水南调。”我们乘车在冲绳岛北部一连看了 3 个水库:最北的大保水库,坝高 77 m,库容 2 000 万 m^3,在我国只能算成小型水库;稍南一些的是福地水库,坝高 92 m,库容 5 500 万 m^3;最南的是羽地水库,坝高 67 m,库容 2 000 万 m^3;3 大水库的总库容还不到 1 亿 m^3,还不到密云水库的 1/40,但已经相当于 56 个昆明湖了。3 个水库的水要通过管道输到南部那霸等缺水的居民聚集区。3 个水库施工很注意生态保护，已经看不到植被破坏的痕迹，水库周围树虽不大，但层林遍布中，仿佛青天蓝海之间的绿毯，水库好像绿毯上几滴颜色浅的海水，别有风情。至于生态系统的影响就没专题研究了，但岛很小，生态容量小，估计影响还是不小的。

在名护参观了海水淡化厂，在岛的顶端，紧邻大海，仿佛一座临海的白色城堡，当年冲绳海城的地方今天成了海水淡化厂，海水淡化用得是反渗透膜片，技术很先进，管理很科学，工作人员很少，好像一家制药厂，工厂负责人说，海水淡化对冲绳的水资源供应是救急，目前量还不大，主要是价格高。其实，海水淡化应是我们解决水资源短缺的最重要途径。

全球气候变暖应该导致水蒸发总量增大，降雨总量增加，为什么在全球气候变暖日渐被确认的情况下，陆地变得更为干旱了呢？作者在世界水论坛大会上请教了 8 个世界级专家，都没有给出答案。后来遇到一个对此有长期研究的英国专家说，蒸发是增大了，但海洋上空湿度大，易于成雨，因此多数雨都降到海里去了，全球气候变暖推动了一场把淡水变成咸水的自然运动。尽管这还不是定论，但说明了海水淡化的重要性。

价格问题怎么办呢？依靠本书前面已经讲到的廉价受控热核聚变新能源。同时，随着新材料科学技术的发展，反渗透膜的使用寿命将大大延长，由目前的 3～5 年延长到 10 年，价格会大大降低。届时不但冲绳、日本，就是世界都不会缺水，人类要向远看，什么问题就都可能解决。

参观后我们和冲绳发展与水利的最高官员开了“恳谈会”，拿中国话来说就是研讨会，日方希望听取我们对解决冲绳水问题的看法。作为团长，作者代表中方发言，主要是说冲绳为了解决水问题做了卓有成效的努力，不少经验可以借鉴。同时也坦率地说出，中国有句古话，解决资源问题要从“开源节流”，两个方面来做，冲绳的开源卓有成效，但是既要修水库、又要环保，代价太大。要经济核算，节流就是节水，也可以更上一层楼，可能成本更低。西方国家城市人均日用水量为 250 L，冲绳是 260 L，可以再节约一些；同时可以考虑处理后的污水——中水的回用；冲绳的海水淡化技术先进，但要上规模，降成本，作为补充，不该守着大海缺水。

日本方面对发言表示感谢，说节水确应努力，中水回用已经开始，海水淡化作为补充手段。一位负责人私下对作者说：“您真是一语击中要害，冲绳在制订修水库方案时并没与节水、中水回用和海水淡化的方案进行投入比较是个失误。”

第四节　葡萄牙在大西洋中的马德拉岛

在作者到过的世界岛屿中，印度尼西亚、日本和英国是岛国，塞浦路斯岛也是个国家，意大利的西西里岛是逾万平方千米的大岛，登上后有陆地的感觉，不认为是在海中，芬兰的厄兰岛又离大陆太近好像连着陆地。

一、马德拉岛的特点

马德拉岛是作者到过的极有特色的岛，主要有以下 3 点：

一是马德拉群岛地理构造奇特，奇峰从海平面跃起，绝壁在海边矗立，沟壑如万丈深渊，险峻如华山无路。海岛上一般都有山，但像马德拉这样有 600 km^2 大、10 余万人口的岛如此海中奇峰矗立，整个岛如一座山峰还是少见的。作者曾经写过中国的泰山、庐山和黄山是世界一绝，一峰从平地突兀而起，如利剑刺破天空；而欧美只有馒头山，在高原之上凸起。尽管作者也跑遍世界五大洲，说走遍世界确实还太早，这次在马德拉群岛见识了奇峰，从海平面突起1 800 m之高，比“中国式”的山真是有过之而无不及。

二是由于地处亚热带的海洋之中，夏季气温为 21 ℃，冬季亦为 16 ℃；可说四季如春，海水温度则常年保持为 18～20 ℃，温暖而湿润的气候，再加上巨大的落差，马德拉岛真是一个天然的植物园，从高到低包括了温带从北到南巨大跨度的各类植物。据说世界上还有另一处，就是夏威夷群岛，作者还没有去过。

三是马德拉岛构成了一个独立的、特殊的生态环境，是不折不扣的世外桃源。岛上除了野兔外没有任何大的野生动物，使旅游者最为高兴的是没有蛇，也没有多种昆虫，作者没见过蚊子，即使在鱼市上苍蝇也很少，有的是别处见不到的奇花异草和名贵树木。

马德拉群岛由海底火山活动而形成，像一个挺立在大西洋中的中国盆景，奇峰绝壁，沟壑纵横，山泉飞下，瀑布高悬，奇花异草，珍禽走兽，的确是名符其实的人间仙境。岛上公路蜿蜒回转，立于绝壁之上，穿过险峰之旁，仿佛在海上飞渡，又仿佛在雾中穿梭，实在是叹为观止的旅游胜地。

二、考察马德拉岛

在马德拉岛旅游，一是下海，二就是登山了。马德拉岛随高度而分为不同的生态和人文层次。海拔 200 m 以下是城市——富人居住区和高级旅游饭店的所在地，在岛上形成了五颜六色、丰富多彩的一个回环，红花绿草，红顶白墙，大街小巷，商店饭馆，原有的森林和农田几乎已不存在。海拔 200 m 以上是农业区，主要是种植甘蔗，尽管自 16 世纪末，驰名欧洲的马德拉甘蔗就受到巴西甘蔗的冲击，但甘蔗仍然是马德拉居第三位的农作物。海拔 300 m 以上是以香蕉为主的水果产区，马德拉的香蕉田在海拔 300 m 以下虽已大片砍伐，土地用于建公路和旅游饭店，但香蕉田仍是星罗棋布，见缝插针地存在，在海拔 300 m 以上真是漫山遍野，香蕉树高大粗壮，遮天蔽日。蕉农的居舍就掩在这密不透风的香蕉林中，如果不是看见高耸的电视天线，谁都不会想到这里还有人家。幸亏岛上没有蛇、蚊子和其他多种昆虫，否则阴雨的夏日住在这里的滋味是可想而知的。香蕉树上累累的黄色果实，让人赞叹旅游胜地马德拉岛丰富的物产。海拔 400 m 以上是葡萄园和大大小小的酿酒厂，在绿叶的遮掩下，一串串紫色的葡萄给欧洲名酒提供了丰富的原料。海拔 600 m 以上则是林区，居民稀少，海拔 1 000 m 以下是温带阔叶林，1 000 m 以上是温带针叶林。海拔 1 500 m以上开始出现和全岛极不协调的近于荒漠的地区，树木稀少、表土裸露，到 1 800 m则是全岛的顶峰了。从飞机上看下去，全岛以灰色岩石的顶峰为中心，第一圈是土黄色的荒漠带，第二圈是墨绿的针叶林带，第三圈是翠绿的阔叶林带，第四圈是黄色的农业带，第五圈是五彩缤纷的旅游带，第六圈则是湛蓝的近海了。

要想在马德拉岛开车的确要有高超的车技，尽管公路很好，但是道路太窄，坡度太大，几乎所有盘山道路都只能容两辆大轿车擦肩而过，几乎所有的盘山道路倾角都超过 30°，大的达 40°以上。盘山而上，一会儿像要冲上云霄，一会儿又像要冲入大海。常有 360° 的急转弯，有的石洞长达 200 m，只能容一辆车前进，如果两辆车会面，只能是小车或进洞距离短的车倒退出去。在绝壁处会车也只能是小车靠边停下，这种靠边可是一般司机不能体会的，“边”下就是万丈深渊或茫茫大海，“边”靠得一不小心就粉身碎骨或葬身鱼腹，路边的一棵小树，甚至一丛灌木都好像一个“保护神”，或者说是一根“救命稻草”，起码有心理安慰。因此，在马德拉岛开车，不仅需要高超的技巧，很大的胆略，还需要有高尚的职业道德，如果互不相让，其后果真是毁灭性的。作者在岛上住了一星期，还从未见过在北京司空见惯的司机间的争执，一方面是开车人的道德素质，另一方面大概也因为生死攸关，就不能计较小事了，相信北京的司机去那里也会礼让三分的。

开到海拔 1 000 m 以上，更是惊险无比，那不单是路窄、弯急、坡大，还经常大雾迷山，能见度极低，如果说雾里看花还有几分诗意的话，那在险峰上雾中开车或坐车则只有恐惧了，看不清对面，看不清路边，仿佛置身于绝壁上的一团云中，其情其景若不亲临是无法体会的，一些久经旅游历险的欧洲女游客都在我们乘的大轿车中闭上了眼睛，不敢看这惊心动魄、稍有不慎就命丧黄泉的场面。雾还不算最险的场面，更险的场面是黄昏，这里是没人敢夜间开车到 1 000 m 以上的，刚进黄昏天已经是黑洞洞的了。漆黑的夜幕，缭绕的浓雾，在风声呼啸的山林，在细雨飘洒的山顶，坐在说不定哪一分钟就会出事的汽车之中，这种旅游作者还是头一次经历。这也是一次大开眼界的经历，不仅看到了绝妙的自然风景，也看到了来自世界各地的人们的内心世界。不少欧美游客对世界和人生的理解是深刻的，对花钱买来的危险能泰然处之，能对正常生活中的意外变故没有抱怨。更值得钦佩的是马德拉岛旅游业的司机，他们继承了葡萄牙民族远航探险的光荣传统，以大无畏的气概从事着十分危险的职业，并且表现了很高的道德素质。马德拉岛道路修筑也体现了葡萄牙人一丝不苟的科学精神，这样的盘山险路必须有准确的科学计算，10 cm 的误差就会造成各种惨祸；这样的盘山险路必须用极高质量的施工，1 m 路基的不牢，就会使得车毁人亡；看来开发旅游业也不是有山有水就行，还必须有人的高素质。

第五节 台湾岛的生态系统

在30年百国考察生态系统中，作者没有写祖国的省、市、自治区和特区，原因是在祖国的考察都不是单纯的调研，而是为了提建议和做工作，只有宝岛台湾是例外，所以把它写在这一篇中。在2005年和2006年作者对台湾岛共做了3周的考察，走遍了台湾岛南北和东亚海岸所有的县市。

台湾是个较好的生态系统，但是也存在严重的问题。

一、台湾岛的生态系统

从直观上看，不但台湾人，大概所有到过台湾的人都看到台湾是一个四季如春，降雨充沛，到处是树林、绿草和鲜花，植被覆盖很好，而且植被破坏以后恢复能力很强的亚热带海洋季风岛屿生态系统。

台湾岛南北长394 km，东西宽144 km，面积3.558万km^2，呈纺锤形，是一个较大的海岛生态系统，比作者到过的意大利的西西里岛大40%。台湾岛在北纬22°～25°，北纬23.5°的北回归线恰在台湾岛的中间，因此台湾属于亚热带季风气候，除高山外，年平均温度从北到南在摄氏22～25 ℃，冬季平均最低气温也超过11 ℃，可说是四季如春。

台湾岛以山区为主，100 m以下的平原地区仅占31%，海拔400 m以上的山地区域却占全岛面积的1/2，有3 000 m以上的高峰10余座。台湾岛有河流150条，总长度4.2万km，平均每平方千米有1.17 km河道，是我国水网最密集的地区之一。

从科学数据上来看，台湾的平均年降雨量高达2 500 mm，降雨最少的地区也在1 500 mm以上，总水资源量高达675亿m^3/年，折合地表径流深高达1 875 mm，根据作者在联合国工作时主持制订的标准，是能维持绿色植被所需最低水资源量的12.5倍，是能维系较好森林生态系统的4.5倍，足以维系一个优良的生态系统。台湾的森林覆盖率超过了50%，大部分河流虽然属于流程较短，落差较大的荒溪型河流，但在良好的自然环境下，均常年流水，地下水位普遍较高，符合优良生态系统所必备的基本指标要求。

台湾被称为“天然植物园”，植物种类总计10 400余种，其中特有物种1 139种。动物约790种(不包括昆虫)；而昆虫中仅蝴蝶就有400余种，被称为“蝴蝶之国”。台湾物种繁多，生物多样性丰富。

二、从大陆看台湾的生态系统

台湾是祖国大生态系统的一部分，是个和海南岛一样、大岛屿生态系统的特例，虽然隔了一条平均宽度约为 160 km 的台湾海峡;但是,海峡水深一般不超过 80 m,两岸属于同一近海大陆架生态系统。或者说从生态来看,台湾生态系统与中国主体生态系统的差异较青藏高原生态系统、新疆沙漠生态系统与中国主体生态系统的差异要小得多,就台湾生态系统的面积来说也仅为青藏高原生态系统和新疆沙漠生态系统的几十分之一。

地质研究表明,仅 1 万余年之前,台湾海峡还是陆地,台湾是大陆的一部分。近年来,古生物群研究、现代生物群研究和现代地壳研究都无疑义地证明了这一事实。

台湾是个地域狭小,但人口众多,人类活动对生态系统扰动相对很大的、脆弱的生态系统。台湾从最北的富贵角到最南的鹅銮鼻,全长约 380 km,在高速公路上不到 4 h 的车程,从最东的新港到最西的新社,横宽不过 150 km,但是在 3.6 万 km^2 的土地上居住着自然开发能力强、生活水平高的 2 288 万居民,人口密度达 636 人/ km^2,是大陆地区平均水平 135 人/ km^2 的 4.7 倍,是大陆除北京、上海和天津 3 个城市、香港和澳门 2 个特别行政区外,人口密度最高的省份,仅略低于江苏的 708 人/ km^2。如考虑人类宜居地区的人口密度,台湾高达 1 583 人,也是大陆平均水平的4.7倍,大大高于江苏居全国第一位。因此,台湾岛是个被人类活动改变程度很高的生态系统。

从水资源来看,台湾生态系统雨量充沛,但人口过多,人均水资源量仅为 2 964 m^3/人,低于作者在联合国主持制订的 3 000 m^3/人的丰水标准,属于轻度缺水;仅为全国平均水平 2 154 m^3/人(同样属于轻度缺水)的 1.38 倍。所以,水生态系统的维系与修复对台湾至关重要。

台湾生态系统面临着阿里山原始森林破坏、水土流失;台东安朔溪等河流断流,台中后龙溪、台南高屏溪和曾文溪等河流较严重的污染、淡水河口红树林及湿地消失和台北盆地、屏东沿海地面沉降等多种生态系统问题。尽管这些问题目前还不十分严重,但是,由于台湾生态系统狭小脆弱,因此,如得不到有效的防治与解决,将是十分危险的。

三、从世界看台湾的生态系统

从国际上看,台湾的人均居民收入已达到超过 9 386 美元/人的高收入地区水平,因此在生态系统修复方面,台湾地区应该与发达国家岛如新西兰和塞浦路斯,发达地区如法属波利尼西亚和荷属安的列斯等地区比较。

从这种比较来看,台湾存在着严重的生态危机。由于过高的人口密度,依照传统工业经济的模式,任何社会经济的发展和人民生活的提高都将对脆弱的生态系统带来很大的破坏。

台湾地区人口密度为 633 人/ km^2,在世界上超过 20 万人口的国家和地区中仅低于新加坡和孟加拉国,是欧洲人口密度最高的荷兰的 3.7 倍。因此在高收入国家与地区中，台湾地区是一个特例，居民要在维持不断发展的高生活水平下维系生态系统是十分困难的，必须要付出比欧美发达国家更大的努力。

例如，全球气候变迁和温室效应已经是公认的事实，目前台风加剧已经给台湾带来了巨大的损失。2005 年全球平均气温 14.6 ℃，已较 20 世纪最热的 1998 年上升 0.04 ℃，如果按联合国有关组织的预测，随着全球气温以大于 0.2 ℃/10 年的速度升高，到 21 世纪末，全球气温将升高 2～2.5 ℃，引起海平面 50～70 cm 的升高，将使台湾损失 2%～3%的土地，4%～5%的人类宜居土地。如果再加上超采地下水引起的地面沉降，台湾可能损失 1/10 的宜居土地，随着人口的增加，将使实际人口密度进一步加大，使本已十分脆弱的台湾生态系统更加不堪重负。所以台湾生态问题的解决应该从更大的生态系统考虑来解决。

从一个自然生态国际比较的例子也可以了解，看台湾的比较系统大小不同，所得结论的差异。在台湾，作者听到介绍，人们把太鲁阁立雾溪下游段大理石峡谷称为世界之奇，这在世界上也的确少见。但是美国科罗拉多大峡谷有的地段也是大理石峡谷。恰恰相反，在宜兰县北海岸作者见到的海蚀平台却没人说是世界的奇迹，其实在作者的世界游历中倒是第一次见到。一片足球场大的海岸礁岩，被太平洋的惊涛骇浪拍打侵蚀千万年，成了一片平台，虽然上面有一层层很低的皱褶，但上面凹陷积水的面积很小，说明是一片真正的平台。海浪周而复始地洗刷着平台，仿佛真要把它刷得一平如镜，这的确是个世界奇迹。

与作者讨论过的外国生态学家都一致认为，台湾在绿色的掩盖下有严重的生态危机，台湾的人口密度、经济强度和对生态系统的破坏程度，不仅大大高于英国和日本，而且高于塞浦路斯法属、荷属和美属的太平洋岛屿，相比而言，台湾岛生态系统的承载能力相对而言是世界上最低的之一。解决这一问题的办法就是充分利用更大系统的生态容量，台湾岛的确比法属波利尼亚和荷属安的列斯大得多，资源多得多，但是人口密度也大得多，上述二岛分别为 65 人/ km^2 和 25 人/ km^2，污染产业密度也高得多，生态系统动平衡只是暂时维持。因此，任何使台湾岛生态系统孤立的政策都不可能持续发展，因此，都是对美丽台湾地区生态系统的破坏和台湾地区人民前途不负责任的。

第十一章 大坝、供水和水资源统一管理

目前国际上说大坝破坏生态，反对修建大坝的呼声日渐高涨，不仅建立了组织，在个别地区还建立了政党。该不该修大坝呢？

目前世界上正在城市化，城市越建越大，要求供水越来越多。城市建设如何与水生态系统和谐呢？

人类依附于自然生态系统而生存，应与自然和谐，要不要管理自然生态系统？要不要实施水资源统一管理呢？

第一节 大坝：在美国国务院陈述建大坝的观点

关于建大坝，作者不仅进行了广泛的调研，而且得以在美国国务院陈述自己的观点。

一、在美国国务院陈述建大坝的观点

1999 年朱镕基总理率中国政府代表团访美，与此同时第二届中美环境与发展论坛在华盛顿召开，作者被选入代表团参加第二届中美环境与发展论坛并做中美双方的首位发言，题目是《为中国的可持续发展提供水资源保障》，为此作者做了认真的准备，国务院领导还在预案材料上批示"请各部门参阅，增进对人口、土地、水资源、环境保护等方面的知识的了解，加深对国情的认识增强实施可持续发展战略的自觉性"。

早 10 时朱镕基总理和戈尔副总统到达出席开幕式，并各发表了 15 分钟的讲话。10 时 30 分科技部长朱丽兰女士和美国总统科技事务办公室主任莱恩共同主持了开幕式，美国海洋与气象局局长等多位部长级官员出席了会议。朱丽兰部长宣布大会开幕后由作者首先做《为中国的可持续发展提供水资源保障》的发言。在发言中针对西方有些人对中国大坝和环境问题的攻击讲科学道理进行反击。

针对事先了解的美方将在论坛上集中攻击修长江三峡大坝的问题，作者说："关于修建长江三峡大坝，作者的观点仅代表本人：一、修建大坝有利有弊。二、修建大坝利大于弊，在大洪水时，三峡水库吃进 270 亿 m^3 水，下游就少 2.7 万 km^2 的灾区，是 2 000 万人的生命问题，生存权是人的第一权利，这是人权问题。第三，修水库后的生态影响弊大还是利大，今天人们尚没有能力判断，目前只能看发展看趋利避害。"

作者进一步说："发达国家今天能比较深刻地认识环境与生态问题，正是因为你们的发展，否则连今天的科学知识也没有，所以既不能以环境破坏为代价寻求非理性的发展，也不能以环境问题来限制发展，因为不发展就不可能深刻认识这个问题，也没有经济力量和先进技术来解决这个问题。发达国家也不要以为今天你们对环境和生态问题的认识就很科学、很全面了。举一个例子，我们大家今天都在讲生态系统和系统平衡，我是学数学的，用多种方法计算过大系统的平衡，但生态系统是一个非平衡态的超复杂巨系统，至今计算机无解。例如对华盛顿特区这个生态系统，在座的诸位谁能说出，有多大的水资源量就是一个好的水生态平衡，大概没人能说出来。"美国总统科技事务办公室主任莱恩纹丝不动，不少美国部长和其他官员连连点头。作者又接着说："所以人类的经济发展如大建设、调水等工程对生态系统的影响并不很清楚，还要随着发展进一步研究认识，不能随便指责他人。当然实践已经证明对生态系统的大扰动，肯定会对其有破坏作用，如调水不能超过河流流量的20% 等。"

作者针对污染问题说："工业革命带来了今天的物质文明，极大地提高了人类的生产能力和生活水平，但是，也带来了污染生存环境和破坏生态系统的负面影响，西方发达国家在发展的过程中经历了先污染后治理的进程，取得了巨大的成绩，但同时也积累了对地球环境的破坏。中日历史上的农业经济是本着天人合一的维护生态系统的指导思想发展的，虽然保护了地球上部分的生态系统，但是生产力低下，随着人口的增加，日益贫穷。今天我们共同追求可持续发展，发达国家不要指责发展中国家污染严重，环境恶化，应该回顾自己的发展历程，帮助发展中国家治理污染，更不要只为商业利益向发展中国家转移污染企业；而发展中国家也不要过多指责发达国家污染的历史积累和今天的份额，而是认识生存环境和生态系统破坏的严重性，不走先污染后治理的老路，尽最大努力治理污染，保护生态系统。双方共同努力实现可持续发展保护我们共同的地球家园。"

此后的美方发言，再没有指责中国的大坝和环境问题，会后美国海洋和气象局局长找到作者说："您讲得很精彩。"朱丽兰部长事后说："吴季松司长的发言对后来的会议做了导向。"

二、科罗拉多河上的胡佛大坝

实际上美国也不是不建大坝，而且已经建完了，在 1929 年美国经济危机时胡佛总统为拉动内需于内华达州建的胡佛大坝就是美国最大的大坝。

内华达在美国是个小州，有 28.6 万 km^2 的土地，但仅有 80 万人口，1 km^2 还住不到 3 个人，地旷人稀，接近自由保护核心区的标准。内华达州（Nevada）却有三大名胜，赌城拉斯韦加斯、胡佛大坝（Hoover Dam）和内华达核实验场，其中赌城是由胡佛大坝而建，而仅在不到 100 km^2 之外的内华达核实验场居然不影响赌城的生意，却也是咄咄怪事。

胡佛大坝建在科罗拉多大峡谷的末端，在科罗拉多河上，以胡佛（Hoover，1929—1933 在任）总统命名，因为它是在胡佛任期内于 1931 年始建的，由罗斯福（Roosevelt，1933—1945 在任）总统于 1935 年完工，成为克服 1930 年代美国经济大衰退的罗斯福“新政”（New Deal）的代表作。今天，世界不少国家经济衰退，通货紧缩，开始想起了罗斯福（他是小罗斯福，1901—1909 年还有一位老罗斯福总统）。1929—1933 年美国经济不断萧条，国民生产总值（GNP）下降了 30%。由于罗斯福实行了扩张性的积极财政政策，包括投资基础设施建设，控制过剩农产品，复兴工业，建立社会保障制度，刺激出口等一系列政策，1937 年国民生产总值较 1933 年增加了 86%，基本上克服了危机。

在如此严重的危机和财政拮据情况下，意志坚定的罗斯福通过发行债券和扩大货币发行量等政策，仍举巨资建成了胡佛大坝，称它为罗斯福新政大坝也是毫不为过的。胡佛大坝建在美国第三大河科罗拉多河的中游。科罗拉多河是美国西部第一大河，发源自科罗拉多州朗斯峰，经犹他州，后为加利福尼亚州和亚利桑那州界河，从墨西哥入海，全长 1 800 km，流域面积约 67 万 km^2，年径流量为 185 亿 m^3，为黄河的 1/3。水利工作者常把科罗拉多河比作中国的黄河，因为它流经美国缺水的西部，而且多沙。科罗拉多流域年均径流量折合地表深为27.7 mm，仅为黄河的 1/3，流域更为干旱荒芜；但地旷人稀，人均水资源量为 740 m^3，是黄河的两倍。大坝就借地势修在了科罗拉多大峡谷。

胡佛大坝高达 220 m，宽为 380 m，连坝下的米德湖，总库容量为 300 亿 m^3，有 7.5 个密云水库大，相当于三峡库容的（393 亿 m^3）的 3/4，考虑它建于 65 年之前，其工程之浩大是可想而知的。电机装机容量为 208 万 kW，发电量为 50 亿度，一下子解决了内华达的缺电问题。我们先下到坝底，在高耸的巨坝前，人好像一只巨桶中的小虫（坝相当 130 个人高），对着大坝指指点点，却永远爬不上去，两侧褐色的山石好像巨大的妖魔在讥笑坝下的小人。乘电梯登上坝顶，远眺碧水涟涟，褐山绵绵，灰色的水泥大坝把造物主的杰作切断，尤其是坝上穿梭而过的汽车更是打破了这旷野的宁静。近来有人提出为了维护生态平衡不要修大坝，那么修不修公路呢？生态平衡是要维护的，但原始生态平衡是无法保持的，要发展人、技术与自然协调的生态动平衡。

在科罗拉多大峡谷中奔腾的科罗拉多（Colorado）河被胡佛大坝拦腰截断，在上游就被称为世界四大自然奇迹的科罗拉多大峡谷，谷长 350 km，最深处达 1 800 m，可谓万丈深渊。大峡谷呈现“V”字形，两岸陡峭，怪石嶙峋，仿佛地球裂开了一道巨缝。有的地方仿佛刀削一般，直上直下，真可谓神工鬼斧，年年都有探险者葬身谷底。

在大坝下形成了巨大的米德（Mead）湖。湖泊使峡谷的气势大减，但仍可看出大峡谷的宏伟、险峻。“米德”就是建水库时的垦务局长的名字，取其名以示纪念。米德湖实际上就是坝下水库，水最深处达 152 m；湖长不过百余千米，但边缘长达 1 300 km，可见峡谷之犬牙交错；湖面达 2 700 km^2。米德湖像一条宝石蓝色的巨龙躺在大坝下，静不出声，深不可测。有一段水很浅，有栈桥通入水中，水里鱼多而且很大，鲈鱼、鲇鱼、虹鳟和鲤鱼是湖中的四大鱼种，以鲤鱼为最多。作者下到水边，弯下腰去，硕大的鲤鱼清晰可见，扔一点面包，就有十几条几十斤的巨鲤游来，小的更不计其数。水面的风都带一些潮湿的清新，一扫山野的土味。栈桥上游人不少，这片干旱的旷野上，米德湖是难得的休憩好去处。公路上穿梭般的汽车正输送送来往的游客，褐色土山前的偌大停车场上已停了许多五颜六色的小汽车。

从米德湖眺望科罗拉多大峡谷，尽管看不到立在谷那边令人震撼的气势，但依然能领略它的磅礴。崇山峻岭之中，列出一道深谷，科罗拉多河在谷底咆哮，宛如天降，若不是干旱的大地使两岸寸草不生，就是又一个“长江三峡”了。其实在两岸的崖壁上还是有树、草、熊、豹的，只不过是远眺看不到。我们看到的还是洛杉矶迪斯尼乐园中惟妙惟肖的模型。

以今天美国人的观点胡佛大坝究竟该不该建呢？实践是检验真理的唯一标准，这只有美国人自己做经济、社会、环境和生态的全面分析了。

美国依托米德湖建了世界闻名的赌城拉斯维加斯，这的确是符合生态学的产业优化配置，赌博业对兴建的人工生态系统不会造成大的破坏，符合生态学原则，但是，它符合道德原则吗？符合可持续发展的原则吗？只有让专家去研究了。

三、尼罗河的阿斯旺大坝

2002 年 6 月 3 日至 6 月 10 日，作者于 1988 年之后再次访问埃及，了解了埃及的水资源与生态系统保护有关情况。

埃及的用水全靠尼罗河的客水是不夸张的，埃及是尼罗的儿子，靠尼罗的乳房养大。尼罗河发源于赤道以南，非洲东部的高原之上，由南向北奔腾而去。尼罗河贯穿非洲东北部，流经坦桑尼亚、卢旺达、布隆迪、乌干达、埃塞俄比亚、苏丹和埃及等国，最后流入地中海。尼罗河长 6 740 km，是世界第一长河，流域面积为 280 万 km^2，也高居世界第 5 位，是长江的 1.6 倍，年径流量 725 亿 m^3，约为黄河的 1.8 倍。

（一）该不该建阿斯旺大坝

不仅在计划修建阿斯旺大坝时国际上有激烈的争论，就是在阿斯旺大坝建成以后 30 年的今天，这种争论仍在继续，阿斯旺大坝究竟该不该建，建坝后效果究竟如何呢？作者做了实地考察，有道是“事实胜于雄辩”。

尼罗河真是一条奇异的河流，它几乎没有支流，犹如黄色撒哈拉大沙漠中的一条蓝色的游龙，两岸不过 10 余 km 宽的绿洲好像给游龙穿了一件绿衣，孤寂凄凉、奔腾不息地流了上万里。景色之独特，感觉之异样，让人回味无穷。我们乘火车行进，把一广袤的大地一览无余，有尼罗河流过就有绿洲，有草、有树、有田地、有农村，没有尼罗河流过的地方就是一片黄色的荒原，没有绿色，只有几株黄褐色的骆驼刺在摇曳，除此之外没有生命，一片死寂；更远的地方就是寸草不生、一望无际的撒哈拉大沙漠了。

埃及95%的人口聚居在尼罗河沿岸与其三角洲总共不到国土面积5%的土地上，用水集中，因此修坝蓄水是必然的。目前，阿斯旺大坝也取得了巨大的经济效益，满足了不断增长的城市和工业用水的要求；使埃及全部耕地改为常年灌溉，提高了农作物的产量；同时，每年发电100亿度，占埃及全国发电总量的1/7强；大大促进了埃及的经济发展，还防止了洪涝灾害。但是，还应该考虑生态问题，这些问题就是如何考虑水资源、水环境和生态系统的承载能力。

（二）阿斯旺大坝的生态影响

阿斯旺大坝修建于1970年，是世界上最大的水坝之一，也是世界上争议最多的大坝之一，修建大坝形成的纳赛尔水库库容为1 690亿 m^3，相当于42个密云水库，是世界上蓄水最多的水库。通过实地考察，对生态争议问题给予科学的回答是十分必要的。

1. 库区淤积问题

从理论上讲，库区淤积的生态影响是间接的。如果水库有巨大的社会和经济效益，而带来不大的生态影响，建库是生态合理的。因为，从生态系统来看，不建水库，如果产生十分严重的社会经济问题，可能带来更大的生态影响，这是可以具体计算的。但是，即便影响不大，如果建成后水库使用年限很短，建库也是生态不合理的。而从考察情况看，库中蓄水清澈见底。由于库区是石灰岩地层，30年后坝前几乎无淤积，据说在库尾有少量淤积。从30年来的情况推断，淤平死库容（800亿 m^3）需300年的说法是可信的。所以从淤积问题来看建坝是生态合理的。坝前有碎石组成的防浪堤，其实异形石块堆垒可以大大减小浪的冲击，比用规则石块砌成效果还好，作者在俄罗斯的贝加尔湖也看到了这样的防浪堤。修防浪堤的目的不是表面看起来坚固，而是要符合流体力学的减震原理。

2. 入海水量减少问题

尼罗河年均径流量为850亿 m^3，建坝后入海水量减为120亿 m^3，仅为建坝前的1/5（以前也有英国人于19世纪末建的水库和农民引水）。据说由于入海浮游生物减少，河口地区沙丁鱼捕获量已减少97%，应该属实。高坝拦沙使下游土地因失去淤泥而贫瘠，这个问题也是可能存在的，但由于本来淤沙量就不大，所以在下游实地观察其后果并不明显，目前，尼罗河三角洲翻开表土还是黑油油的沃土。由于尼罗河不再泛滥而无法冲盐碱问题，在下游察看时比较明显，尤其是新垦区，盐碱已经泛出。

3. 地下水问题

由于灌溉面积扩大,沿河地区地下水补给减少,地下水质变坏的问题,因为我们未接触环保部门而没有数据。但粗略估计,相对于尼罗河沿岸 1 万 km^2 和三角洲 4 万 km^2 的面积,120 亿 m^3/年的入海水量,解决因减少补给而使地下水水质变坏的问题不太严重。

4. 阿斯旺的纳赛尔水库水质

纳赛尔水库水质很好,主要原因是库区为极少人区,无污染源。此外埃及政府在产业结构方面采取了一些措施,原有法老时代的古老游牧民族努比亚人大部分被吸引到水库旅游业和电厂,而没有像我国类似地区一样开发"五小"污染产业。一个古老游牧民族努比亚族的饭店服务员对作者说,他家三兄弟,他进入宾馆工作,他的两个哥哥分别在电力和市政公司工作,只有老父母还养些牲畜。可见埃及政府调整产业结构,保护水源的努力。

阿斯旺水坝的修建和纳赛尔水库的蓄水取得了巨大的成功,这些促使埃及制订了一个更加宏伟、改天换地的计划——"水平扩张计划"。

四、建在世界第三大瀑布上的伊瓜苏电站

建电站就要修大坝,在伊瓜苏电站就修了又一座大坝。

(一) 世界第三的伊瓜苏大瀑布

伊瓜苏大瀑布的印第安语就是"急流击石发出的声音"的意思,印第安人在山林中不管距多远都能听到瀑布的声音,印象十分强烈,瀑布因而得名。该瀑布在巴拉那河的支流,巴西和巴拉圭交界的伊瓜苏河上,被称为世界第三大瀑布,而巴西人自己说它应该是世界第一大瀑布。它到底是不是第三大瀑布?什么是瀑布大小的标准呢?还是要以科学的指标体系和数据来说明问题。看一个比较表最为清楚,如表 11-1 所列。

表 11-1 3 大瀑布比较

瀑布名	位 置	分 支	绵延长度/km	平均落差/m	年均流量/($m^3 \cdot s^{-1}$)
尼亚加拉	美国与加拿大交界五大湖	2	793+305	50	6 000
伊瓜苏	巴西与阿根廷交界伊瓜苏河	275	3 500～4 000(实长 2 000)	60	1 800
维多利亚	赞比亚与津巴布韦间的赞比亚河	5	主瀑布 1 800,其余很小	主瀑布 122	

从上表中可以分析,究竟哪个瀑布最大呢?

如果说瀑布的长度的话,那是伊瓜苏居第一,延绵 3 500～4 000 m,实际长度也

有2 000 m；非洲的维多利亚大瀑布第二，主瀑布分为5段，长约1 800 m；而尼亚加拉大瀑布只有1 098 m。

如果说瀑布的落差的话，那是维多利亚大瀑布第一，主瀑布达122 m；伊瓜苏大瀑布第二，最大落差90 m；尼亚加拉大瀑布只居第三，最大落差为54 m。

如果说瀑布的年均流量的话，那是尼亚加拉大瀑布第一，年均流量达6 000 m^3/s，等于一天流过3条黄河；维多利亚大瀑布第二，年均流量达2 000 m^3/s，比一条黄河还多；伊瓜苏大瀑布第三，年均流量达1 800 m^3/s，等于一天流过一条黄河。

但是，从水资源的意义来讲，瀑布最重要的指标还是流量，比有多少水流下来，因此尼亚加拉还是世界第一大瀑布，而伊瓜苏居第三。

从这里再次看到，什么是世界第一呢？首先要有科学的指标体系，搞清比的是什么，否则就公说公有理，婆说婆有理，难有定论了，这也算科学的自然观吧。

现在伊瓜苏瀑布周围也建成自然资源保护区——伊泰普国家公园，要买票进入。国家公园有2 000 km^2，被联合国教科文组织定为世界自然遗产。从入口到瀑布有8 km，是一片原始森林，被称为蝴蝶林，每年9～10月几百种成千上万只红、白、黄、黑、蓝、绿、花五色缤纷的蝴蝶在园中飞舞，十分壮观，所以这片树林也被称为蝴蝶林。

通过大路走到树林尽头就是瀑布，未到瀑布先听到轰隆作响，真是未见其面先闻其声，气势非凡。尼亚加拉大瀑布主要在加拿大一侧，但看瀑布却是在美国一侧，从对面观赏全局。伊瓜苏瀑布也是这样，多数瀑布在阿根廷一侧，但在巴西一侧更能看到全貌。

最先见到的是阿根廷一侧的瀑布，统称为阿根廷瀑布。有大有小、有高有低，犬牙交错、错落有致，形成了一个庞大的瀑布群。瀑布有的宽如巨墙，有的窄如水帘；有的排山倒海而下形成一幅白幕，有的细珠成串，恰似一席门帘；有的一气呵成飞流直下几十米；有的分成上下两段，中间形成水台。无论那种类型都排山倒海，气势如虹。说气势如虹还真不是形容词，走过几个小瀑布就出现了七色彩虹，瀑布越大，彩虹越清晰。大概“气势如虹”这个词就是从瀑布而来的吧。

一个小插曲，正在看对岸飞瀑彩虹，脚下出现几只毛茸茸的小动物，原来是果子狸，居然在这里闲庭信步。最新的科研成果表明，果子狸是否传染非典是与地域有关的，中国北方的果子狸都不带SARS病毒。看来，还要讲科学，“打击面”不能过大。

瀑布依旧延绵，在蓝天之下，直上直下。布满植被的绿色岩岸上，大小不一的白色水流奔腾而下，落入谷底，尽管是在枯水季节，仍激起十余米的浪花，形成一片水雾，据说丰水期水雾太大，游客如坠入雨里云中，反而看不清楚了。这里的巴拉那河，成了奔腾呼啸的河流，汇流大小瀑布继续向南流去。

尽头是巴西的大瀑布，有个可怕的名字，叫做“魔鬼的咽喉”，是伊瓜苏275个大小瀑布中最大的一个,比黄河壶口瀑布还大。主瀑布魔鬼的咽喉呈马蹄形,三个方面排山倒海、飞流而下的大水,使崖下成为水汽弥漫神秘的鬼谷,魔鬼的咽喉因此得名。实际上这里只有 90 m 深,但在水汽中似乎是万丈深渊,神鬼莫测。从谷底升起最大彩虹,红橙黄绿青蓝色,色彩分明,游人无不在这里驻足照相。下面还专设了照相的笕桥,但是水珠横飞,人们不得不用雨伞或衣服遮住相机速拍。

再向上走,人们才得以从瀑布的上游居高临下看瀑布的全貌。瀑布上游的景观再不那么荡气回肠,好像一大片沼泽地,水在平静的徐行,水中有树、有草、有小岛,像一片巨大的沼泽,一遇悬崖绝壁才排山倒海、呼啸而下,在河中汇成激流。后来我们又到过下游,仅 10 几千米以外,河面又恢复了平静,谁也想象不出上面就有大瀑布。

瀑布是淡水力量的最好体现,搞水的人不能不看,3 个大瀑布作者去了 2 个,还剩 1 个非洲的维多利亚大瀑布,希望能有幸尽早一览。

（二）世界最大的伊泰普水电站

伊泰普水电站是目前世界上已建成的、规模最大的水电站,由巴西和巴拉圭两国共同兴建。水电站位于巴拉那(Parana)河干流巴西和巴拉圭两国的边界河段上。“伊泰普”的印第安语是“会唱歌的石头”的意思,形容流水击石发出的声音。

1. 伊泰普水电站概述

伊泰普电站装有单机容量 70 万 kW 的水轮发电机组 20 台。总装机容量 1 400 万 kW,年发电量 880 亿度,坝全长 7 760 m,主坝大坝高 196 m。三峡完全建成后,其发电量仍大于三峡。除发电外,伊泰普水电站还具有防洪、航运、渔业、旅游及生态改善等综合效益。工程于 1975 年 10 月开工,1984 年 5 月开始发电,1991 年 5 月装完 18 台机组,总工期 16 年。

坝址以上流域面积 82 万 km^2。多年平均年径流量 2 860 亿 m^3,平均年输沙量 4 500万 t。水库长 170 km,正常蓄水位 220 m,相应面积 1 350 km^2,库容 290 亿 m^3。表 11－2 为伊泰普电站与三峡电站比较表。

表 11－2　伊泰普电站与三峡电站比较表

项　目	伊泰普	三　峡
地址	巴拉那河巴西与巴拉圭边界河段	中国长江湖北省宜昌市
工期	1975.10—1991.5　16 年　目前在加两台机组	1994.12—2009　17 年
坝址控制流域面积/万 km^2	85	100
多年平均径流量/亿 m^3	2 860	4 510
最大坝高/m	196	181

续表 11-2

项　目	伊泰普	三　峡
库区水面面积/km^2	1 350	1 084
总库容/m^3	290	393
装机容量/kW	1 400	1 820(70×26)
平均年发电量/亿度	880	846.8
投资/亿美元	114	约 142(至 2003 年底)

2. 水库的社会保护工作

建库之前就建立了按年代和文化划分的考古勘测点 273 个，包括遗址、遗迹多处，最古老的可追溯到公元前 6100 年，都进行了迁址或保护。在巴西一侧共征用了 6 900 件乡村财产和 1 600 件城镇的财产，都做了妥善处理。移民 4 万人，巴西人则移至巴拉那(86%)、马托格拉斯(9%)、圣特卡尼亚等州，防止迁出居民复归等后遗症。

对未迁居民通过技术指导和采取实际步骤来防范水污染和淤积等灾害，涉及面积350 km^2，使 7 300 户土地拥有者受益。

3. 伊泰普电站的经济与生态效益

伊泰普电站产生了巨大的经济效益，自 1984—2000 年累计发电 9 340 亿度，2000 年以后每年发电都在 900 亿度以上，至 2003 年累计发电 12 130 亿度。以目前巴西电价 0.15 里亚尔(1 美元约等于 3 里亚尔)计，累计发电价值约为 606 亿美元，已经是投资的 5.3 倍。

电站供应了巴西 23% 地区的电力，这正是巴西发达的东南部，对巴西国民经济发展的能源供应有重大意义。目前，水电占巴西供电的 92%，实现了能源清洁化，其中伊泰普电站作出近 1/2 的贡献。

电站供应了巴拉圭 93% 地区的用电，成为巴拉圭能源的支柱，2000 年巴拉圭发电总量为 531 亿度，近 90% 来自伊泰普，占巴拉圭这个低收入国内生产总值 1/3 左右，也就是说把国民收入提高了 50%，对巴拉圭经济发展的影响是十分巨大的。其中 474 亿度用于出口，出口额约 20 亿美元，几乎占巴拉圭这个资源贫瘠国家出口的 90%，对于巴拉圭的国际收支平衡也起着决定性作用。

据作者在伊泰普实地参观所见，伊泰普电站，对当地生态系统的改变还是比较大的。但是，由于巴拉那河流量很大，当地水资源状况良好、承载能力很大，同时，电站从规划、设计、施工和运行都做了比较全面的生态考虑，并予以实施，因此运行 20 年来，可以基本做出对当地生态系统的负面影响并不显著的结论。

4. 水库环境保护

伊泰普水库面积 1 350 km^2,其中 43% 在巴拉圭,57% 在巴西。淹没面积与电力之比是 0.107 km^2/MW,涉及人口相关系数为 3.64 人/MW。大坝底部原河床水深一般为 170 m,水库平均深度 21 m。

在伊泰普工程开工之前,就已提出了有关生态影响的可行性研究报告。并指出了可能存在的环境问题。为查清其消极影响,提出解决办法,进行了认真的森林、动物、水生环境(水质和鱼类生态学),沉积作用和气候的研究。

水库周围建立起的绿化区域用于水土保持。水库岸边专门划出绿化区域。包括 200 m 宽的永久保护带。保护带占地约 633 km^2。从飞机上看,永久保护带像给绿化区镶了一条绿边。

水库形成后出现 66 个小岛。其中巴西一侧有 44 个。总共设立了 6 个特区保护淹没区的生物,以保持其多样性的延续,特区面积 326 km^2。

通过对当地植物种类的详细调查研究。提出了在岛上建立动植物保护区和重新造林的计划。伊泰普保护区包括巴拉圭的利穆和伊坦两个生态保留地,面积分别为 15.7 hm^2、13.8 hm^2。还有巴西的贝尔维斯塔、圣埃伦娜和巴拉圭的塔蒂尤皮 3 个生态安全区,面积分别为 17.8 km^2、22.5 km^2 和 22.7 km^2。目前这些保护区中的新生林已长成,达到了恢复动物总数的效果。

第二节 供水:印第安文化兴衰之谜

城市是人工生态系统,由于城市人口密集、经济发达、生活水平高,因此用水量大,原地域的自产水资源量十之八九不能满足需要,因此要建人工供水系统,当然,也有个别城市,如俄罗斯的圣彼得堡有充足的淡水资源,这个问题就较易解决。

一、供水可解墨西哥印第安文化兴衰之谜

与人们一般认为墨西哥水资源短缺的印象相反,就总体而言墨西哥是一个水资源不短缺的国家。墨西哥多年平均水资源量为 4 760 亿 m^3,其中地表水 3 990 亿 m^3;地下水资源较为丰富,为 770 亿 m^3,占总水资源量的 19.3%,过去我国采用的数字,仅为其地表水资源量。墨西哥人均水资源量为 4 495 m^3(2004 年人口为 10 590 万),是我国的两倍多,属于相对丰水的国家。年平均降雨量为 771 mm,水资源总量折合地表径流深为 243 mm,略低于我国;超过全境维持有植被生态系统的 150 mm 最低标准,但达不到全境维持较好生态系统的 270 mm 的标准。森林覆盖率为 29%,与水资源状况匹配。

墨西哥水资源有两大问题:

一是水资源时空分布不均。首先是时间分布不均,墨西哥在 6~10 月的 5 个月

雨季中降雨占全年的77%,时间分布严重不均。

其次是地域分布不均。墨西哥北方沙漠地带降雨小于50 mm,而南方热带雨林年降雨超过3 000 mm。最多的南方塔巴斯科(Tabasco)州年降雨2 424 mm,比我国年降雨量最多的广东(1 772 mm)还多;最少的北方南下加利福尼亚州(Baja California Sur)降雨仅为174 mm,仅略大于我国新疆(147 mm)。

由此可见,墨西哥水资源时空分布不均的情况与我国极其类似。

二是大城市人口高度集中造成了严重缺水。墨西哥在年均降雨量只有719 mm(略多于北京),面积不过700 km^2的联邦区和墨西哥州的部分地区集中了全国1/5的人口,这种不合理的人口配置,造成了较为严重的缺水。

(一) 水可解墨西哥印第安文化兴衰之谜

美洲印第安人的文化几起几落,居然会不明原因地突然消失,至今在国际史学界是个谜。通过对墨西哥的访问,至少可以对墨西哥谷地印第安文明的突然消失提出一种解释。

考古证据表明,早在公元前1200年奥尔梅克文明,就在今墨西哥维拉克鲁斯州南部和塔巴斯科州沿海地区兴起,公元前8～公元前5世纪达到全盛,以巨石人头像为特征,在公元前4世纪突然消失。由于作者没有考察过这里的水资源,因此不敢妄加评论。

公元1世纪,印第安人在墨西哥谷地中,于今墨西哥城北仅40余km的古特斯科科湖畔建立了特奥蒂华坎城,于公元400—600年达到全盛,人口约20万,为古代美洲最大的城市,以至今保留的太阳和月亮金字塔著称于世,太阳金字塔建于公元1世纪,与万里长城稍迟,高65 m,底面225 m×225 m,只比埃及金字塔略小;是古代的几大奇迹之一。但是,由于外族入侵,到公元750年被完全废弃。这一文明早于著名的墨西哥尤卡坦半岛的玛雅文明。

由于外族的入侵而将20万人的大城完全废弃,只是对历史的一种解释。作者一直有几个疑问:一是在当时荒凉的美洲,什么经济文化发达的强大异族能完完全全地毁灭一座20万人口的大城,没有考古的历史证据。二是这个强大的异族为什么完全不占领和继续利用这座城市呢?这在世界历史上是几乎没有的,成吉思汗远征欧洲,虽然火烧过城市,但这些城市都没有完全废弃,还被继续利用。

作者考察过墨西哥城的水资源状况后,得出一种解释。当时的异族入侵的确给城市以很大破坏,但却不是城市完全废弃的原因。真正的原因是与外族入侵同来的连年大旱,使古特斯科科湖干涸,由于城市规模太大,浅层地下水也近于被采枯竭,而当时的特奥蒂华坎人和外异族都没有铁器,无法打深井,因此人们不得不放弃这座巨大的城市。当然,异族的入侵可能更使人们无力组织打深井汲水。

这种看法有什么依据呢?

第一,作者登上了65 m高的太阳金字塔,鸟瞰周围,目前已是荒原一片,没有河流，更没有湖泊。

第二，1 325 年来自西北部的阿兹克特人进入墨西哥谷地，在特斯科科湖中建立起特诺奇蒂特兰城，并建立了王国。在墨西哥城人类学博物馆中一幅描绘当年的地图清楚地表明，湖泊已大大缩小，只剩南部一隅，特诺奇蒂特兰城建于湖中，就是今天墨西哥城市中心的宪法广场一带。1521 年西班牙人科尔特斯(1485—1547)率殖民军经 3 个月围攻，攻陷特诺奇蒂特兰城，俘获力图抵抗的国王夸乌特莫克，阿兹特克帝国灭亡。西班牙人在废墟上建立墨西哥城。这一历史过程说明，墨西哥城一带水资源量在不断减少，其实当时科尔特所率领的是一批乌合之众的探险队，士兵连水手一共只有 663 人，对于较特奥蒂华坎大大缩小了，但仍有近 4 km^2 的特诺奇蒂特兰城根本谈不上围攻，城周每 10 m 还合不上 1 个人。因此，问题可能仍出在水源上，科尔特斯有 14 门炮，可以封锁任何出来取水的人。

今天的墨西哥城，特斯科科湖早已荡然无存，墨西哥城用水主要靠不断过量地抽取地下水，近 70 年间三城区和近郊区平均下沉 7.5 m，最多处达 40 m，充分说明水源紧张的问题。

第三，墨西哥城著名的 3 种文化广场，其中的阿兹克特文化建筑就是一座求雨的祀坛，在 1450—1455 年的大旱中向上苍乞水。据记载那次大旱又几乎使特诺奇蒂特兰城陷于绝境。

第四，作者认真地参观了世界著名的墨西哥城古人类学博物馆，印第安人虽有较高度发展的文化和精美的金银铜工艺品，可以雕高达 8.5 m、重为 167 t 的人头石像，但一直到欧洲人入侵前都没有铁器，不会炼铁，因此无法打深井。所以遇到大旱，只能弃城疏散返回森林；遇到外来围攻，没有水是无法坚守的，只能坐以待毙，或举手投降。

同时，这也是为什么自墨西哥城建城仅 380 年，估计超承载力用水仅几十年，地面就沉降 7.5 m 之多，而以前印第安人生活了近千年，地面都没有沉降的原因。因为他们没有铁器无法打深井取深层地下水。

反过来也说明，如果墨西哥城的城市再无限扩大，其供水再这样饮鸩止渴地超采地下水，新的城市废弃是不可能的，但城市的规模不得不强制性地被缩小则是完全可能的。

墨西哥的水资源管理官员听了这种解释完全同意，说："您的成果超过了美国支持的几百万美元的研究项目，应该在我们报上发表。"当时行色匆匆，只能做罢了。

（二）墨西哥城的供水

现在被称为世界第一大都市的墨西哥城实际分为 3 个部分：一是联邦区，即墨西哥城区，面积 1 479 km^2，较北京城区大 400 km^2；人口 860.5 万，较北京城区人口多 100 余万。二是多年来在邻近的墨西哥州形成的近郊区，面积约 3 000 km^2，人口

906.8万。三是近年在墨西哥州形成的远郊区，面积约4 000 km^2，人口100.2万。这三部分构成了面积为7 500 km^2（不到北京一半），人口1 867.5万（比北京为多）的大墨西哥城。

目前，墨西哥城年供水量为20.45亿 m^3，其中75% 为抽地下水，25% 为地表水。供水比例：80% 城市居民生活用水；15% 工业用水；5% 农业用水。城市居民生活用水为87.6 t/人·年，合7.3 t/人·月，与北京相近。

墨西哥城地表水供应主要靠流入太平洋的巴尔萨斯河（Balsas），该河长度840 km，流域面积10.7万 km^2，年均径流量122亿 m^3。墨西哥修建了库特扎马拉（Cutzamara）供水系统，年供水量为4亿 m^3。该水库坝高45 m，平均水深37 m，蓄水3.94亿 m^3，通过几级泵站压上1 000 m的高度，向海拔2 238 m的墨西哥城供水。

墨西哥城水厂供水成本为3比索/ t(1比索=0.72元人民币)，基本水价为8.5比索/t(合6.1元/t)。实行以户计的阶梯式水价，0～25 m^3/月收基本水价；26～50 m^3/月部分加价1/2；51～85 m^3/月部分加价1倍；86～100 m^3/月部分加价1.5倍；101～135m^3/月部分加价2倍。

墨西哥平均工资约合2 800元人民币，以一家月用水25 m^3计，水费为153元，约占家庭总收入的3%，是合理的。同时，其累进加价的比例也比较合理。以户计量，其中也包括了节制生育和控制人口的政策。

污水处理费含在水价中征收，使得污水处理有了经费来源，墨西哥平均污水处理率2004年达31%，墨西哥城超过了50%，情况略好于北京。

目前，墨西哥城供水在旱季发生紧张，主要是人口过度集中造成的，墨西哥城目前已开始控制人口，使总人口不超过2 000万。

墨西哥城超采地下水造成了十分严重的后果，目前墨西哥城近郊区地面平均下沉7.5 m。最严重的地区，1930年建的飞机场原高于城区11 m，现低于城区23 m，70年间下沉了约40 m。如再继续下去，将会直接影响包括地下管网在内的城市建筑，同时造成地下水水质恶化。目前，已采取措施进一步调水，加大地表水供应，限采地下水。

二、2000年悉尼奥运的供水

为申办北京2008年奥运会，作者于2000年11月访问了悉尼，考察奥运会的用水。在人们的印象中，澳大利亚是缺水的地方，悉尼缺不缺水？对奥运会有没有影响？是怎么样解决的？带着这些问题我们做了一周考察。

（一）悉尼的水源

被认为迄今为止最成功的奥运会之一——2000年奥运会就在悉尼举行。悉尼并不是丰水地区，平均降雨量只有700 mm，比北京的590 mm略多一些，但悉尼降雨均匀，毛毛细雨，润物细无声，不像中国北方夏季的倾盆大雨，甚至暴雨成灾。作者在2000年11月考察悉尼奥运会设施时，从悉尼往返驱车，恰能饱览这片广阔的土地。从飞机上看这片土地仿佛是一幅四色的地图，蓝色的是大海，绿色的是原野，黄色的是荒漠，白色的是云朵，好像撒在地图上的巨型的白花。当飞机下降时，可以看清丛林中土黄色的小路和山谷中淡绿的河流。

沿路依地质变化，草原与森林相间，林中都是桉树，一种耐旱的树种，灰白色，枝干弯曲，木质疏松，不是好木材，却保持了水土，净化了空气，而且是考拉和袋鼠的栖息地。由于这里的环境保护得好，太适于袋鼠繁殖，目前已出现袋鼠过多，开始破坏系统平衡的问题，因此，政府正在制订消灭袋鼠的计划，可见维系生态系统平衡绝不比发展经济容易。

得益于桉树林和绿草地，路边的山间不时出现一股小溪，被两侧层岩上的树丛护卫，小溪那么细弱，那么清澈，要想截断和污染这潺潺溪流真是易如反掌，并不需要什么现代工业，随便什么小企业只要聚集一些只生产不治污的排水口就足够了。山水生风也生景，真是一路风来一路景，丘陵起伏，黄牛和白羊在世界上最大草原之一的绿草和枯草间出没，虽然没有一绿千里那般诗意，却也增添了牛仔开拓的风采。我们路过了一片牧场，那是栅栏拦起的一片葱绿；路过了一片自然保护区，那是铁网隔开的一片青黄；接近堪培拉，路过了闻名遐尔的鬼湖，那是岸隔开的一片月白。鬼湖也因传说中的怪兽而得名，夜间人不敢靠近，这里实际上是一片沼泽地连着一片浅湖——乔治(George)湖，白茫茫的一片，一望无际。有些野兽是很自然的事情，至于是不是怪兽只有天知道；有些神秘也是不奇怪的现象，泥地上的水雾，从来是人们想象的鬼神出没之地。

（二）悉尼的供水

悉尼的供水几乎全靠地表水，由瓦拉戈姆巴(Warragamba)水库供应，水库积科洛(Colo)河来水，容量达20亿m^3，是北京密云水库容量的1/2，水源地高度集中，水库周围无人居住，得到很好的保护。水库距悉尼50 km，比距北京60 km的密云水库略近一些。悉尼的自来水厂也高度集中，悉尼自来水厂距悉尼35 km，每天提供300万t净水，每年达11亿t，提供整个悉尼用水的80%。按大悉尼近400万居民来算，居民年人均用水300 t，还低于北京居民年人均用水330 t的数字。我们参观了这座庞大的水厂，属于澳大利亚最大的ACTEW水电公司，它也由万里之外法国的里昂水务公司控股，真切地感受到了里昂水务这个水业巨头的触角无处不在。

水厂有24座滤水厂，每个滤水池都有700 m^3大，也就是半个标准游泳赛池，全天24 h工作。由于水源保护得好，水厂处理主要是去掉落叶形成的绿色，水质要求很高。偌大的水厂只有14个工作人员，全部操作过程都用仪表自动控制。本以为这里是青山绿水的世外桃源，没想到我们进控制室时，当班人正在向小头头汇报上一班的人值班吃东西。看来管事容易，管人难，世界如此。主人热情地请我们去看1 km以外取水口，澳大利亚原野景色尽现眼前，稀疏的树木勉强成林，枯草和绿草混杂织出青绿的草地，自然在告诉人们这是一片生态脆弱的土地，你要在这里世代繁衍并可持续发展，你就必须尽到努力、花费代价来保证水资源的可持续利用。取水口是从一条小河引出的小渠，但流量不小，水流湍急，还建了个小电站，小蓄水池中养鱼，看来原水水质就不错，大大减轻了自来水厂的负担。

澳大利亚绝不仅仅是为了举办奥运，而是他们真正懂得了以水资源可持续利用来保障可持续发展的道理。自 20 世纪 90 年代初他们就制订了水资源可持续利用的战略，对污水处理尤其重视，污水 100% 处理。我们参观了两小一大两个污水处理厂，一个仅有 7 000 人住的小镇就有一个每天 5 000 t 的污水处理厂，设备先进，都是自动控制，投资达 500 万澳元，合 2 000 万人民币，约合 4 000 元/t，价格还是太高了。但是澳大利亚人也能因陋就简，我们又看了一个设在半山腰的老污水处理厂，是 50 年前建的，还在用，也运行良好。我们去参观的一个大污水处理厂在河谷地带，处理能力达 10 万 t/天，是一个现代化的工厂，处理水质标准很高，要达到三类才返回河道。看到略带气味的净水返回清澈见底的小河，让人相信河水水质可以达到二类标准。

在堪培拉我们还参观了获联合国人居中心奖的一套生态住宅，这幢红黄相间的 3 层小楼没有什么奇特，也并不豪华，但它实现了水资源的循环利用。在小楼中洗衣、洗澡、洗碟碗和洗地板的污水先流入一个头发和麻构成的净水器，再进入一个容积达 6 万 L 的污水处理箱，然后再进入一个有好氧微生物的沙箱，最后进入灌溉泵箱去浇花园，在一个小小的院里实现了污水的再利用和资源化，灌溉用水补充了地下水，经土壤过滤后，在地势起伏的墨尔本地区又流回河道，最后又可能回到自来水厂。

（三）悉尼的绿色奥运

说悉尼有赖于“绿色奥运”的口号取得了 2000 年奥运会的主办权，并不算过分，远在地球一隅的悉尼本不会有多少游客要来，因为这是旅游的死角，进来了只有退回去。而且澳大利亚的墨尔本在 1956 年举办过奥运会，仅 44 年就在同一国家再来一次，除美国、德国和英国外也没有先例。然而，澳大利亚抓住了世界的潮流——环境保护，提出了绿色奥运的口号，得了加分，最终如愿以偿。

悉尼不仅是提出了口号，而且提出了具体措施。当作者于 2000 年 11 月在华沙参加欧洲奥委会环境委员会会议听取悉尼汇报时，知道他们提出并做到了 5 项保证：

① 确保提供优质的饮用水和运动用水；

② 鼓励和支持全球性保护水储量和自然水质的活动；

③ 避免任何危及或污染地下和地上水资源的用水项目训练；

④ 确保处理好体育活动中所有的废水；

⑤ 不为满足赛艇、帆船等任何一个项目的需要污染某一地区的公共水源。

要争取水环境保护的冠军。悉尼的措施严格也很具体，真正做到了，因此得到了一致好评。

不仅如此，悉尼奥运村建在一片处理的垃圾场上，其中有一个砖窑，积雨形成水坑，成了青蛙的栖息地，在规划时，环境总管F先生力排众议把这块小湿地保留了下来。据说青蛙由当时的几十只上升到现在的200～300只，大家都说这是F的青蛙，他一去就会叫。F先生十分得意地亲自把作者带到那里，这是他陪人参观的保留节目，不过去时，这些青蛙没有叫。当然，这个真实的故事只有象征性的意义，但也说明悉尼奥运会主办者的环境意识。

在整个奥运村中用的都是节水淋浴喷头，可冲大小两种水量的双按钮马桶，墙上写着节水标语，村里有污水处理厂，40%的用水经处理后回用。回用水主要满足绿化用水，在经处理后回用的浇灌区的区外就挂上牌子"非饮用水"，还有图示，避免外国运动员和小孩误饮中水。巨大的中心体育场的大量污水通过管运输集中污水处理厂处理。在国际奥委会委员等国外高官住的摄政王饭店的豪华套间的卫生间中也同样放了这样的小牌子："为了节约水资源，您如果愿意重复使用毛巾，就在用后挂到架子上，我们就不更换了。"这些由小至大的措施，的确使人在悉尼奥运会上进入了一个爱惜水资源、保护水环境的氛围，悉尼奥运会的确拿了一项水环境冠军。

在奥运会主体育场门前，矗立着高高的太阳能接收塔，塔柱上有表盘显示太阳能转化的数量和使用的比例，作者对陪同参观的悉尼奥运会总设计师——环境总管F先生说，这里要再建一座夜光中水喷泉，晚上用霓虹灯打出中水处理的数量和使用比例可能就更好了，他说："太妙了，可惜我们当时没想起来！"归国后作者在参加北京奥林匹克公园选址时提出了以废料建人工山与北京中轴线上600年前以废煤渣堆成的景山形成时空对照的建议。

三、南非豪滕省和开普敦的供水

南非是一个缺水的国家，但由于统一管理保证了水资源的供需平衡。

（一）豪滕省的供水

豪滕省在南非的9个省之中，面积是最小的省，只有1.9万km^2，比北京略大一些，但人口却是第二多的省，有750万人。在种族隔离取消以后，不少黑人移入该省，据说目前人口超过1 000万。南非的首都比勒陀利亚有150万人，南非最大的城市约翰内斯堡有400万人，两个城市都在豪滕省，城市人口近600万人。因此这个省的规模和北京市也是相近的。

豪滕省人口众多、经济发达，南非的钻石和黄金开采业都集中在这里，约翰内斯堡又是最大的商业中心。但是水源缺乏，年降雨量不到300 mm，比自1999年起连旱5年的北京的最低降雨量还低，周围只有一条瓦尔(Vaal)河供水，因此只能采取集中供水的办法。

豪滕省的供水基本集中在一个水务集团，叫兰德(Rand)公司，规模十分庞大，有多个水厂，日总供水量达 300 万 t/天。我们参观的水厂日供水 33.4 万 t，兰德公司的水厂管理十分严格，对所有参观者都要检查提包，我们由水资源部通知，公司工程师接待才得以免检。水厂是一个花园式工厂，绿树成荫，花草茂盛。该厂建于 1903 年，即英国人击败布尔人，开始大规模移民以后，至今是整整百年的老厂了。

兰德水务集团是一个非营利性的国有企业，垄断供水，由水资源和森林部定水价。豪滕省居民每月每户供免费的基本生活用水 6 t。每户用水 7～10 t 收费很少；每月用 20～30 t，即每人用水 4～6 t 为 5.6 兰特/t，合人民币 6.7 元/t，已经很昂贵；如每月用 40～50 t，即每人每月用不到 10 t 水，则 10 兰特/t，合人民币约 12 元/t，可谓高价了。也就是说如果用水比较浪费，即每人每月用 10 t 水，水费要占家庭平均收入的 1/40，相当于北京三口之家的居民每月支出水费 75 元，这个价格是合理的。衣、食、住、行、教育、医疗、娱乐和善老都要钱，在缺水的地区，为什么唯独喝水不要钱呢？

如果"喝"占饮食的 1/4，也应该占总收入的 1/32 吧！所以南非的政策制订得是很有道理的。这个政策在绝对贫困人口，即每人每天生活费不到 1 美元，占 12％的南非能够行得通，也说明了它的合理性，如果把用水限制在每人每月 2 t，基本上可以不花钱。

随着人口的增加和经济的发展，豪滕省的水已不能自给自足，已经开始建设从南非的国中之国——莱索托调水的工程。计划调水总量达 9 亿 m^3，接近目前豪滕省的总供水量，而且全部用管道输水，可以保证调水的水量和水质，使豪滕省水资源达到供需平衡。

（二）开普敦保证贫民区供水

以前种族隔离的结果使南非的城市都有大片的黑人贫民区。在约翰内斯堡是世界闻名的莱索托(Soweto)区，如今已经形成了一座城市。在南非南部的开普敦是卡那利萨(Khayelitsha)区，目前有 45 万人，占开普敦总人口的 1/4，半数黑人都住在这里，也形成了一座城市。

南非的城市贫民区是十分奇特的。从飞机上看是一道奇特的景观，在城市的郊区有一大片五颜六色的房子，占地很大，使我十分疑惑。如果说是别墅区，它太密集，没有花园，而且房子都是方形的；如果说是政府给建的低租金住宅，颜色和规格又都不一样；这是什么样的街区，的确让人疑惑不解，原来这里是贫民区。

2003 年南非治安不太好，大概近年来的旅游者都没有去过贫民区，我们由水资源和森林部的官员陪同，进入贫民区"冒了一次险"。进入开普敦的卡那利萨贫民区才知道，这里真正是贫民区，十分广阔的一片地方，没有柏油路，更没有立交桥，没有商店，更没有麦当劳，只有一幢幢铁皮和木头塔的、勉强能遮风雨的简易房子，与其说房子，不如说是一个个集装箱。与欧美贫民窟不同的是，它不在九曲十折的老城区，而在一马平川的郊区空地；它的房子不是年久失修，东倒西歪，而是整整齐齐的方形，外面还涂有油漆。

贫民区里远不像有的导游所说“街头布满闲民，白天也会袭击游客”。街上多是妇女和儿童，男人大约都出去挣钱了。除中心街道外都是土路，但都比较清洁，汽车进入卡那利萨时，我们就看见广告牌上的巨幅标语“保持卡那利萨清洁”。

我们的车在水管站门前停下来，一群儿童立即围拢上来，盯着我们这些大胆进入卡那利萨的中国人，没有大人，儿童态度都很友好，不过是来看热闹。作者抓紧时间拍了一张难得的卡那利萨深入的照片，洗出来一看，由于匆忙，不太典型。

开普敦水务局还是努力解决卡那利萨贫民区的问题的。对于水问题十分重视，首先是节水，减轻贫民负担。以前卡那利萨自来水网年久失修，漏失十分严重，水管区采取把水压减小 1/4 的办法，漏失马上从 1 600 t/h，降低到 750 t/h，仅此一项每年就节水 774.6 万 t，按上面所说的水价，大约合 5 000 万元人民币，即给贫民区每个居民每年节约了 100 元，还大量节约了用水。这个办法是很聪明的，因为这里连二层楼都没有，根本用不着那么高的水压，减压对这里毫无影响。

开普敦水务局还在这里建了污水收集和处理系统，使得向这一地区每天 5 万 t 的供水，在使用后都能处理，看不到污水横流，而且处理后 80%都能回用，这是一个了不起的成绩。从这一数字可以看出，卡那利萨地区每人每月才用 3.3 t 水，是相当节水的，这也是不到 5 万 t 的污水处理厂就能处理当地全部污水的原因。当然，这可能是由于居民没有卫生设备。

水管站和污水处理厂的建设和运行，不仅节约了用水，给当地居民省了钱，还保持了这一设施简陋的贫民区的清洁，这里的确是作者在世界上见到的最清洁的贫民区之一。同时，还给贫民区带来了就业，不仅增加了居民的收入，还有助于社会的稳定。没有开普敦地区水务的统一管理，这些事情是很难办到的。

第三节　法国水资源的统一管理体制

世界上河流作者最了解的不是中国，而是法国。一是因为作者在法国前后住了 6 年，跑遍了法国各地；二是法国面积 55.1 万 km^2，不到中国的 1/17，做到“跑遍”比较容易；三是与中国相比，法国地形不太复杂，道路好，作者得以自然驱车实地调查。因此，作者对法国的水资源有比较多的了解。

一、法国的水资源概况

法国多年平均降雨量为 800 mm，多年平均水资源总量 1 850 亿 m^3，人均 3 243 m^3，刚过 3 000 m^3的丰水线，水资源总量折合地表径流深 336 mm，也超过 270 mm 的维系森林植被生态系统的标准；因此，无论从对经济社会发展的支撑能力看，还是从对环境、生态的支撑能力来看，法国都是水资源比较丰裕的国家。更为重要的是法国水资源时空分布较好，全年降雨平均，少暴雨；全境降雨量也比较平均，在 500～1 000 mm，都在 400 mm 的半干旱带上限以上。

法国境内河流 26 万 km，除东北和西南部的边境河流以外，大部分河流发源于中央高原，向西北和东南方面呈扇形分布，分别注入大西洋和地中海。注入大西洋的河流流域面积占法国国土的 72%，流入地中海的河流流域面积占国土 20%。

法国第一大河卢瓦尔河，在法国中部，从中央高原流入大西洋。像中国的黄河，其流域是法国文明的摇篮。河长 1 010 km，流域面积 12 万 km^2，占法国面积的 22%。

法国第二大河罗纳河从东北部孚日山流入地中海，纵贯法国东南，像中国的珠江。河长 812 km，流域面积 9.9 万 km^2，占法国面积的 18%。

法国第三大河塞纳河，从中央高原发源，在法国北部流入大西洋，流经巴黎，像中国的长江，流域是法国经济最发达的地区。河长 776 km，流域面积 7.8 万 km^2，占法国面积的 14%。

法国第四大河加隆河从南部法西边界比利牛斯山西班牙境内发源，在法国西南部，从重镇波尔多流入大西洋。河长 641 km，流域面积 5.6 万 km^2，占法国面积的 10%。

法国第五大河是作为法德界河的国际河流莱茵河，这段河长不过 180 km^2，但它的两大支流，即发源于法国中央高原流入德国的摩泽尔河和同样发源于法国流入比利时的默兹河与莱茵河构成的法国莱茵河流源，包括了整个法国西北角，也是法国经济发达的地区。

法国第六大河是阿杜尔河，发源于比利牛斯山，位于法国西南角一隅，是法国最小的流域。

二、法国的水资源管理体制

目前，法国年用水量 406 亿 m^3，占水资源总量的 22%。用水量中，农业用水、工业用水、生活用水分别占 12%、73%和 15%。

时空分布均匀的降水、较丰富的水资源、水资源的统一管理和水资源较高的开发程度，使得 20 世纪下半叶以来法国成为一个水资源问题较少利用较好的国家。

历史上，以农耕为主的法国实行以区域为主的管理体制，保障了单一农业的较低用水需求。自 20 世纪中叶以来，法国的工业化和城市化迅猛发展，增长的水需求和严重的水污染，迫使政府对水资源管理进行改革。1964 年，法国对 1919 年颁布的《水法》进行了重要的修订，确定了以流域为单元统一管理水资源的体制。经过多年的探索与实践，基于流域的水量水质统一管理和城市涉水事务统一管理相结合的体制，实现了水资源供需平衡，遏制了水污染的趋势，初步修复了被破坏的水生态系统。鉴于这种管理体制的有效性，法国政府在1992年再次修订《水法》，进一步加强了这一管理体制。

（一）水资源管理的主要原则

根据法国《水法》，水资源作为国家的公共财产，实行统一管理，原则如下：一是按流域实行水量水质统一管理的原则；二是用户需求和生态用水统筹兼顾的原则；三是公众参与的原则，所有与水有关的国家、私营部门和公众都参与管理，实行民主协商决策；四是"以水养水"原则，谁污染谁付费、谁用水谁付费；五是长期规划原则，制订流域规划，确定建设项目的轻重缓急。

（二）水资源管理体制

法国水资源管理分为4级，即分国家、流域、地区和地方4个层级。

国家级管理机制主要有国家水资源委员会和生态与可持续发展部（原国土规划与环境部），国家水资源委员会负责解决涉及地区与流域间的水问题，制订和修改水法规，组织编制全国水资源规划，制订管理政策，协调各部门关系；生态与可持续发展部是全国水资源主管部门，内设水司，是负责具体的水资源管理的执法部门，包括制订技术标准、审定流域水资源规划，指导监督各流域机构工作。

流域级管理机构主要是流域委员会和其执行机构——流域水管局。根据自然河系和地理位置，法国全国分为6大流域，最大的流域为卢瓦尔—布列塔尼流域，占国土面积28%；最小的流域为阿图流域，占国土面积的4%；塞纳—诺曼底、阿杜—加隆河、罗纳—普罗旺斯—科西嘉、莱茵—摩泽尔河流域分别占国土资源18%、21%、26%和23%。流域委员会是流域水资源管理的决策机构，它由三部分代表组成：中央政府官员和专家；地方行政当局的代表；企业、农民和城市居民的代表，三方代表各占三分之一。

流域委员会的主要职能是审议和批准流域水管局提交的五年规划和年度工作计划。流域水管局的主要职能是征收水费、投资筹集和技术服务。

在地区一级，主要水管理机构有地区水董事会、地区环境办公室和流域水管局的地区派出机构。

在地方一级，主要管理机构是省、市级水行政主管部门，负责涉水事务管理，实施和监督。

（三）水价形成机制与水市场

法国的水务资本主要来源于水管局向用户收取的水费和水税。在决策投资建设水务工程时，首先考虑回收投资成本和利息，通常由投资者、水务公司和用户协商制订一个合理的水价方案，签署合同，用户接受水价标准后才能开工建设。水费组成主要有：一是自来水输送和供应费用，占水费单总额的40%；二是城市污水收集和处理费用，占水费单总额的 33%；三是税及管理费，占水费单总额的 20.5%，这部分费用维持水管局的运行；四是国家供水发展基金，占水费单总额的 1%，主要用于解决农村村镇供水；五是国家征收 5.5%的增值税。征收管理费的资金再通过水管局以补助和贷款的方式提供给地方政府和企业，用于兴建水利工程、废污水处理厂和供排水管网。同时，流域水管局还向污水处理厂的业主发放资金，用以奖励污水处理厂的有效运行。目前，法国超过一万人口以上的城镇中，生活污水处理率达 90%以上，循环使用率近 100%的工业废水处理达标率已达 87%。

法国政府在 1877 年曾立法规定水务不能完全由私人公司经营，目前，股份制公司和委托管理的已占水务市场的 80%。目前，法国最大的 3 家水务公司分别为威望迪、里昂和索尔公司，这些公司在水务运营上有着丰富的经验和雄厚的经济实力。法国常见的委托管理方式主要是租让和特许经营。根据合同，经营者只承担资产运营与管理，不承担固定资产投资，不参与水价制订，这种方式为租让，合同期限一般为 12 年，可以续约；特许经营要求经营者既负责运营管理，又要承担固定资产投入，并参与水价制订，特许经营的合同期限一般为 20～30 年。

在法国，水价是在国家宏观指导下，认真调研，采取民主听证会制度而制订的。目前法国的水价，平均在每立方米 2.6 欧元左右，合人民币约为 25 元/m^3。在巴黎人均工资约为北京的 8 倍，水价也相当于北京现行水价的 8 倍多。但是，巴黎水资源不短缺，而且自来水厂、污水处理厂设备先进，供排水管网完善、漏失率小、中水回用率高，因此，这样的水价实际上高于北京的相对价格。

三、塞纳河与巴黎用水的借鉴

作者在法国住了 6 年，都在巴黎居住，巴黎世人皆知，但巴黎和塞纳河的关系可能就不了解那么多了。说塞纳河是巴黎的母亲是丝毫不为过的。巴黎在公元 5 世纪起源于巴黎盆地塞纳河中希岱小岛的一个渔村，举世闻名的巴黎圣母院就在这个长不到 1 200 m，宽不过 200 m 的弹丸小岛上。塞纳河东西向横贯巴黎而过，流经巴黎城区内即达 12 km 之多，塞纳河不仅成为巴黎的美景之一，也是巴黎人生活中不可或缺的要素，甚至巴黎人都以左右岸这个地理和水利的名词来说巴黎的地址。

作者自己也数不清多少次乘船游塞纳河，更记不清多少次走到塞纳河边，巴黎圣母院、卢浮宫和埃菲尔铁塔等名胜都临塞纳河，在落日的余晖中沿着塞纳河眺望这些历史性的建筑，真是自然创造与人类创造的完美和谐。从水资源的利用来看巴黎的塞纳河有不少方面值得我们借鉴。

（一）把河水既当自来水管又当下水道

巴黎的工业都在东区，在塞纳河上游，这是 18 世纪末工业革命兴起的结果。直到 20 世纪中叶，巴黎的工厂都从河道取水，又向河道排污，把河流既当自来水管又当下水道，是对河流水资源的不合理利用。而且把工厂建在河流上游就更不科学，使下游巴黎西部的富人区都面临工厂的废水，说明当时巴黎的用水，没有一个科学的系统分析。

（二）一旦产生内源污染，半个世纪都治不清

塞纳河水被工业和生活排污严重污染，大约有1个世纪，从19世纪中叶到20世纪中叶，污染的积累在河床形成了本底污染——污染的内源。所以自20世纪中叶起，尽管以法国的先进技术，巴黎的财政（在20世纪80年代巴黎的财政相当于我国全国财政的可机动支出），治了50年，到21世纪初，塞纳河水仍在Ⅵ类以下，不能游泳，几乎无鱼。塞纳河不能游泳不仅是城市河段禁止游泳，水质也达不到标准，作者到塞纳河边不下百次，只见过有数的几条鱼。说明先污染后治理的恶果，十分值得我们借鉴。

（三）巴黎按大禹原则防洪

巴黎的防洪都是按最古老、也是最科学、最先进的原则——“深淘滩、低作堰”。塞纳河水量充沛，也有洪水成灾之患，但是巴黎不是按千年一遇的标准筑堤，而是整治河道，仅建低堤。经过对象列长系、资料全的水文统计的科学分析，了解到巴黎百年一遇的洪水仅可能淹没巴黎近郊的一小片农业地区。在这里就采取向监测系统大量投入，获取准确测量数据，大洪水来时向居民通知的办法。让居民疏散，如果真的淹没，由政府赔偿损失。这种办法不但大大减少筑堤的投入，而且使百姓满意，还符合生态防洪的原则，一举三得，十分值得我们借鉴。

（四）城市河道能不能衬砌

北京曾发生远郊京密引水渠道的衬砌是否破坏生态的争论，实际上京密引水渠是人工河道。而作为自然河流塞纳河在巴黎城区段都进行了衬砌，为了护岸和便于清淤，治理污染。由此可见，生态是一个系统，人工改变要占一定比例，否则人无法生活，但是这个比例要适当，过大了，就会破坏生态系统平衡。塞纳河巴黎市区内河段的人工整治是符合生态原则，也是值得我们借鉴的。

第三篇　80个月20省市区生态修复实践

自1998年3月作者准备上任全国节水办公室副主任、水利部水资源司司长开始，北京水资源调查到2004年10月退休后交接工作完成的整整80个月里，作者在黑龙江、内蒙、河北、山西、北京、新疆、青海、甘肃、山西、宁夏、河南、上海、江苏、浙江、四川、云南、广西、广东、海南和香港共20个省市区主持和参与了恢复断流、恢复湿地、保住绿洲、保护水源、治理污染、保证与自然和谐的供水，修建生态型水利工程的生态系统修复和水资源供需平衡的规划、实施和监督工作以至规划、实施和监督的机制建立——水务局。这些规划得到我国水资源、环境和生态的权威专家的高度评价。

2005年9月25日时任国务院副总理的温家宝副总理在全国城市供水节水和水污染防治工作会议上指出，上述规划的指导思想"以水资源的可持续利用保障经济社会可持续发展"这句话讲得好，此后并成为水利工作的方针。

2001年2月7日朱镕基总理主持国务院总理办公会原则通过后，正式批准《21世纪初期(2001—2005年)首都水资源可持续利用规划》、《黑河流域近期治理规划》和《塔里木河流域近期综合治理规划》3个规划，并和"使黄河不断流"一起，批示为"一曲绿色的颂歌"。

在国务院的讨论中，李岚清、吴邦国和黄菊副总理等国务院领导都对规划的指导思想和综合措施十分赞赏。

上述规划总投资近360亿，是我国的第一批，至今也不多的有预算投入，有规定进步，有责任人，有监督检查的规划，至2005年底都取得了比较明显的效果。

这些生态系统的实践包括在黄河、塔里木河和黑河修复断流，在广西桂林和黑龙江扎龙湿地实施生态补水，在四川绵阳、太湖流域和江苏苏州修复生态系统，在云南断山考察电站建设的生态影响，建立我国城市水资源统一管理的水务局体制。

其中《21世纪初期首都水资源可持续利用规划(2001—2005)》是第一个以"水生态系统修复支持水资源可持续利用"为指导思想的规划，将在以后章节中详细分析。

第十二章 修复断流

作者主管全国水资源以后，认为最为重要的就是全国水生态系统的修复，因为水生态系统是所有水资源的来源，没有这个系统的修复，建水库调水和过度抽取地下水这些工程手段并不改变水资源的总量，从长远的、即发展的观点，系统的、即全流域的观点来看这些手段都是拆东墙补西墙和饮鸩止渴的办法。而河流是人类最易利用的水资源，仅目前世界70%的河流面临断流，所以，恢复断流河流是最重要的生态修复任务。

第一节 黄河为什么不断流了

黄河是我国第二大河，以长度计为世界第5位，但地处干旱地区，支流也少，因此以年径流量来计仅与长度为其1/2的，仅居亚洲第13位的、同处干旱地区的中亚拉姆河差不多。也是世界上著名的多沙河流，黄河发源于青藏高原巴颜喀拉山北麓，自西向东流经青海、四川、甘肃、宁夏、内蒙古、山西、陕西、河南和山东等九省区，至山东垦利县入渤海，全长5 464 km，流域面积794 712 km^2。

由于黄河流域本身的生态系统十分脆弱。上游植被遭到破坏；中游水土流失严重，水少沙多，水沙异源；下游发展成地上悬河，灾害频发，历来以害河著称。加之长期以来水土资源不合理的开发利用，黄河存在洪涝灾害严重，下游断流频繁发生，中游水土流失、下游悬河加剧、水体污染远超自净能力等突出问题，致使生态系统严重退化，给人民的生命财产带来巨大损失，极大地制约了黄河流域的资源开发和经济建设的发展。

一、黄河断流国际影响重大

黄河下游首次断流发生于1972年，河口利津水文站累计断流3次，共15天，断流河长310 km，断流始于4月23日。从1972—1997年的26年中，黄河下游共有20年发生断流；利津水文站累计断流70次，共908天。1997年，黄河出现有记录以来最严重的断流现象，利津水文站2月7日开始断流，全年断流13次，共计226天，断流河长700 km，中游各主要支流控制水文站多数出现断流或接近断流。

黄河断流时间和断流河长呈逐年增加趋势。1972—1989年利津水文站监测到共有13年191天断流，平均断流河长249 km，断流最早发生于4月；1990—1997年，利津水文站共有7年717天断流，平均断流河长426 km，断流最早发生于2月；

几乎等于山东境内4个月无黄河，断流情况日益严重。

黄河——中华民族的母亲河断流，不仅引起全国人民和中央领导的高度重视，同时也引起了国际上的广泛关注。

二、黄河断流的危害

黄河断流给下游沿黄地区工农业生产造成了较大损失，对黄河防汛也有不利影响。据初步调查分析，黄河下游沿黄地区1972—1996年因断流造成工农业损失268亿元，减产粮食99亿kg。进入90年代后，黄河中游连续几年发生高含沙洪水，而冲沙入海的水量大大削减，致使大量泥沙淤积于下游河床，河道行洪能力减弱，造成小水大灾，时时存在决口改道的威胁。

黄河断流严重影响了下游及河口生态系统。由于黄河水量减少，入河废污水量不断增加，水质趋于恶化。由于水沙来量减少，加重了海潮侵袭和盐碱化，河口湿地生态系统退化影响了生物多样性，使得黄河三角洲日益贫瘠。断流加剧所引起的水荒影响到胜利油田，下游决口改道的威胁更影响到整个滨州地区，影响区域经济可持续发展，因此，缓解黄河断流迫在眉睫。

更为重要的是随着断流时间的加长，断流河段的延长，黄河最终要变成一条内陆河，这就完全破坏了黄河生态系统，摧毁了中华民族的摇篮，这一后果尽管是不堪设想的，但是是完全可能的。

三、黄河断流的原因

黄河水资源贫乏，不能满足快速增长的用水需求是断流的首要原因。黄河流域地处干旱半干旱地区，多年平均径流量580亿m^3；人均水量593 m^3，为全国人均水量的25%；耕地亩均水量324 m^3，仅为全国平均的17%。而黄河沿岸年用水量已由20世纪50年代的122亿m^3，增加到90年代的300亿m^3。目前黄河水资源利用率超过50%，在国内外大江大河中属较高水平。农业灌溉占黄河用水的92%，且主要集中在下游，20世纪50年代到90年代下游地区用水增长4.6倍，引黄灌溉面积增加6.4倍，引黄工程设计引水能力达到4 000 m^3/s，远远超出黄河可供水量。

近年降水和径流偏少使下游断流现象更趋严重。花园口以上流域年降水量20世纪80年代偏少1.3%，1990—1996年偏少10.3%。由于上中游广泛开展水土保持综合治理和农田水利建设，起到明显的截水拦沙作用，因此在同等降水条件下，河川径流相应减少。各主要控制站径流从80年代末期开始呈明显减少趋势，致使近年黄河上中游来水量锐减。

缺乏有效的管理体制，难以实现全河水资源统一调度也是断流的重要原因。由于干流骨干工程和大型灌区的运行管理分别隶属于不同部门和地区，没有形成流域统一管理与区域管理相结合的调度管理体制，很难做到全河生态系统统筹，上下游兼顾。一遇枯水年份或枯水季节，沿河工程争抢引水，加剧了供水紧张局面，同时也造成水资源的浪费。

四、解决黄河断流问题

解决黄河断流的关键，第一是认识问题，第二是管理问题，有了可持续发展、生态修复的科学认识，再加强实地的分水管理，就可以解决黄河断流的问题。

（一）多了一个“生态水”

黄河断流的原因是客观存在的，人口急剧增加，生产迅速发展，气候趋于干旱等多重因素叠加，黄河流域生态系统的确是缺水。但是，如何认识缺水？生活用水不能少，生产用水不能少，“生态用水”就可以少，这是人们的传统认识。为什么要让白花花的水流到海里去呢？这种认识是断流的症结。上中下游都考虑自己的发展，喝光用光，不留生态水，黄河自然要断流。作者在国务院会议上提出了“生态水”的概念，即用水不是“两生”，而是“三生”，不仅有生活用水和生产用水，还有生态用水，生态用水也是不可或缺的用水。生态水就是维系水生态系统的最低用水，没有生态水，生态系统就会退化和崩溃，而生态系统是人们生活和生产，赖以生存的基础，不留生态水就是自毁生存的基础。国务院领导肯定了这种新认识，重新制订分水方案的工作就启动了。

（二）统一管理解决黄河断流问题

1999 年，国务院批准以“生态水”为指导思想的重新分水方案，黄委会开始对黄河水资源实行统一管理和调度，在基本保证治黄、城乡生态和工农业用水的条件下，疏浚已淤塞的河道，甚至不得不派人把口防止自行分水，在这样极端困难的情况下，通过广大水利职工的努力实施了重新分水，保证生态用水。1999 年黄河仅断流 8 天，执行这个方案以后，没有断流。2000 年，在北方大部分地区持续干旱和从黄河向天津紧急调水 10 亿 m^3 的情况下，黄河仍然实现全年未断流。

必须说明的是，自 1999 年以来，10 年间黄河的确没有断流，但在不少年份中有个别时段入海流量非常少，这种现象有时长达一星期。应该承认，这仅有象征意义，但生态功能是很小的。但是，这毕竟是一个转折点，是新认识的开始，我们要继续努力工作，尽快做到生态意义上的黄河不断流。近年来由于山东降雨增加，入海流量增大，情况已经好转。

第二节　修复塔里木河下游英苏村生态系统

20 世纪 60 年代以前的小学生都清楚地记得，在地理课本上新疆的塔克拉玛干和库鲁克塔格两大沙漠之间有一个湖泊——罗布泊，是中国的第六大湖。但后来就越变越小，早在20世纪70年代就已干涸殆尽了，这个湖泊已从中国地图上抹掉，大部分1980年以后出生的人已不知道罗布泊了。这样分割塔克拉玛干和库鲁克塔格两大沙漠的就只有塔里木河了。

一、恢复塔里木河的规划

自1972年以来，塔里木河自新疆维吾尔自治区尉犁县大西海子水库以下已断流近30年，塔里木河的尾闾台特马湖也和罗布泊一样干涸了，到2000年塔里木河已断流约340 km，占总河长的1/6。

罗布泊、台特马湖的消失和塔里木河的断流，其直接后果就是干涸的湖泊和断流的河床沙化，最终造成塔克拉玛干和库姆塔格两大沙漠合拢，历史上这里是丝绸之路，古国楼兰和尼雅就是由于水源断绝而消亡的，如果断流愈演愈烈，生活在这里的人民将最终失去自己的家园。

我们于1999年着手制订《塔里木河流域近期综合治理规划》（以下简称《塔里木河规划》），其指导思想是："生态水就是生命水，有水就有绿洲，有绿洲才有人，才能进行开发建设。"只有上中游把水放下去，才能保住河流生态系统，才能保住塔里木河，才能保住绿洲，才能保住建设者的基本生存环境。

2001年2月28日朱镕基总理亲自主持国务院总理办公会议，通过了以生态系统修复、可持续发展思想指导制订的《塔里木河规划》，3月2日《人民日报》头版做了报道。

二、规划的实效

《塔里木河规划》实施后，自2000年11月起陆续向下游3次输水达7亿 m^3，使已干涸的尾闾台特马湖最大水面达到10 km^2，湖面有水的意义在于周边地下水埋深的上升，才能使植物的根吸到水，绿洲才能恢复。其实际效果如何呢？为落实《塔里木河规划》，2001年9月8日作者去新疆尉犁县塔河下游荒漠中的英苏村（距大西海子水库68 km）看了两次输水后的生态效果，情况如下。

（一）1972年兵团修库截流前60年的状况

由于没有任何资料可查，只能采用追溯历史的方法了解恢复目标。据世代在这一带居住的、109岁的维吾尔族老人阿不提·贾拉里（2000年作为世纪老人在京受到江主席接见）在村中他家里说，英苏是一个（典型的）荒漠绿洲，塔里木河在此转弯（形成小河套），形成一个约3×2 km^2 的小森林生态系统，有一个20多户的维吾尔族英苏小村。

植被：乔木：较密的胡杨林；灌木：很密的红柳；草：茂密可放牧。

野生动物：鹿、黄羊、狼、野兔形成群落，长期生存。

地下水位：高，挖几米即可出水，从胡杨林生长需求看，小于 7 m。

（二）输水前的情况

植被：林区蜕化为半荒漠地区，胡杨干枯，红柳少且干黄，草近绝迹。

野生动物：动物群落绝迹，偶尔出现外来黄羊。

地下水位：埋深降到 12～13 m。

居民状况：全部迁离。

（三）输水后的情况

植被：胡杨有新芽，红柳返绿，草在输水河床上成片长出。

野生动物：较多见到黄羊、野兔。

地下水位：埋深平均 7.8 m，最高 4.5 m。

阿不来提·贾拉里老人说："江主席给放水，我们搬回来了。"

（四）恢复生态系统的预期

据《塔里木河规划》，如能做到自 2002 年起塔里木河至英苏村不断流，到 2005 年底沿河约 $2\times1\ km^2$ 小森林生态系统可望恢复。

植被：胡杨复苏并新生；红柳大大增加；土地沙化将被遏制，草地可望恢复。

野生动物：除鹿情况不明外，其余均可望恢复群落长期生存。

地下水位：维持在埋深 5～6 m。

居民：近 20 户的农牧小村可望恢复。

该地生态系统要基本修复要到 2020 年，如果罗布泊不恢复，则永远恢复不到 1970 年以前的状况。

由此可见，一个生态系统的动平衡完全被打破到不可逆转的状态也不是轻而易举的，生态系统，即便是很脆弱的生态系统也有很强的自我修复能力，如果科学地予以修复，没有被人类彻底摧毁的生态系统通过人类建设而逐步恢复是完全可能的。同时，更应该看到，生态系统的恢复不是一朝一夕能够实现的，是个长期的过程，一般比其被破坏的过程来得慢，其代价也比破坏时的"受益"大得多。因此，维护生态系统，不要"先破坏，后建设"，是人类近百年来经济发展取得的最宝贵的经验。

三、能不能恢复罗布泊

此后，又进行了第四次输水，使台特马湖最大水域面积达到了 $28.7\ km^2$。2003 年 3 月第五次输水台特马湖湖面已达 $32.6\ km^2$，而车尔臣河 2005 年自然来水偏多，两路相汇已基本达到了原台特马湖近 $200\ km^2$ 的湖面。当然，水深只有几十厘米，远不及当年。台特马湖是罗布泊的一部分，湖北岸是罗布庄，台特马湖的初步恢复预示着罗布泊开始恢复的日子已经不远了。

《塔里木河规划》初步实施的效果说明，一个生态系统修复规划成功实施的关键在于管理，在于有正确生态建设指导思想的人的管理。有了正确的规划，有了投入，有了高素质的人管理，生态系统是可以逐步修复的。

第三节　黑河生态建设奏响绿色颂歌

西部大开发关系我国全面建设小康社会的大局，西部大开发的重点是抓好基础设施和生态系统修复，而水生态系统修复是黑河地区基础设施和生态建设的关键，2001 年 2 月朱镕基总理主持总理办公会议通过《黑河流域近期治理规划》，并由国务院批准实施，总投入 23 亿元。

黑河是我国西北地区第二大内陆河，流域面积 14.29 万 km^2，中游在甘肃张掖地区，农牧业开发历史悠久，史称“金张掖”，下游内蒙额济纳旗，尾闾形成的居延三角洲，既是我国北方边防重镇，又是阻挡风沙侵袭、保护我国华北生态系统的天然屏障，更是当地人民生息繁衍和边防建设的重要依托。黑河流域降水稀少，蒸发强烈；下游尤甚，降雨仅 40 mm，而蒸发多达 3 000 mm。在这一地区有水就是绿洲，无水就是荒漠。同时，有限的水资源既要承载中游绿洲的经济社会发展，又要支撑下游生态系统，历史上水事矛盾就相当突出。

20 世纪 50 年代以来，黑河流域人口增长了 1.42 倍，耕地则增加了两倍。北方边疆重镇额济纳旗人口从 0.233 万增加到 3 万，牲畜从 3 万头增加到 16.6 万头。因此，用水量从 15 亿 m^3 增加到 26 亿 m^3，进入下游水量逐年减少，造成河道干涸、林木死亡、草场退化、沙尘暴肆虐等生态问题日益严重。1958 年还分别有 270 km^2 和 35 km^2 的尾闾东、西居延海 30 年来先后干涸。居延三角洲的面积已经减少到 20 世纪 50 年代初的 1/2。1959 年从北京林业大学来到居延三角洲——额济纳旗的前旗长刘洪贵对作者说：“绿洲消亡，其后果是可以想象的，清朝‘东归英雄传’落户我边的、有人聚居的边界就要向后倒退 200 km。如果现状延续下去，再有 20～30 年这片绿洲将会消亡。”现在荒漠化已经严重威胁了当地各族人民的生存和发展，并成为我国北方沙尘的源头之一。

一、生态水的理论创新是主旋律

过去编制了许多水利工程规划，但是水生态系统建设规划在西北还是第一个。我们提出“生态水”的新概念，对于一条河流来说，保证尾闾的水量就是保证生态水，而黑河要保证 10%以上的水量到达尾闾的居延海。

要不要使白花花的水流入大海或消失在沙漠中，这是一次观念的革命，是一次知识的创新，是为水资源规划重新谱曲。如果不保证河流下游尾闾的水量，在中游分光用光，河流就会断流，下游地下水位随之降低，而在黑河下游就会荒漠化，水退沙进，直至摧毁张掖的农业区。因此，必须维系全流域的水生态系统。这一规划指导思想在两年来逐步深入人心，张掖农民说得好，“保护黑河不断流，就是保护我们的家园”。

二、实施的关键在于分水

在明确了规划的指导思想以后，规划制订的关键就是“水权”。黑河古称“弱水”，即不能载舟的意思，水量是有限的。而发展是无限的，如何处理这一矛盾，实现可持续发展，关键就是分水。分水要考虑水生态系统的承载能力，“以供定需”，保证逐步做到黑河不断流，要恢复已经干涸的居延海；保障下游额济纳旗人的生存和发展；同时也要保障中游张掖灌区的农业发展。

上中游的分界在莺落峡多年平均来水 15.8 亿 m^3 条件下，通过正义峡断面进入下游地区的水量，由实施调度前的年均 7.3 亿 m^3，2000 年增加到 8.0 亿 m^3，2001 年增加到 8.3 亿 m^3，2002 年增加到 9.0 亿 m^3，2003 年如期实现了国务院批准的黑河的分水目标，自 2004 年开始转入正常调度，2005 年首次实现了东居延海全年不干涸目标，生态用水得到重点保障。

多年来由于张掖农区的扩大，用水递增，而黑河向下游调水正值农田用水高峰，分水难度很大。甘肃省和张掖行署反复宣传规划指导思想，做了大量的艰苦工作，黄河水利委员会黑河局也配合做了大量工作，使规划任务如期完成。

三、完成的关键在于建设节水型社会

分水的同时，又一个尖锐的问题提出来了：中游张掖地区如何发展？规划的答案也很明确：建设节水型社会。

首先做了大量投入，2001 年和 2002 年，国家共安排下达黑河流域近期治理建设资金 10.02 亿元。近期治理工程建设共完成草地围栏封育 10 万亩，水源涵养林建设 1.2 万亩，干渠 397 km，支渠 529 km，斗渠 380 km，田间配套 48.6 万亩，旧井改造 369 眼，新打机井 297 眼，管灌 10.9 万亩，喷灌 0.88 万亩，胡杨林封育 10.66 万亩，饲草地灌溉 1 万亩，生态移民 500 人。

同时，在临泽县梨园河灌区开展以水权为中心的用水制度改革，在全面调查的基础上，对农户用水实行总量控制，定额管理，确定农户水权并颁发《水权证》，农民根据《水权证》标明的水量购买水票，先交票后放水，计划用水。缺水的农户则可通过市场价格在节余者手中购买，引入市场机制。改革中，还制订了水费计收、水权交易和水利工程管理等一系列完备的制度，成立“农民用水者协会”负责分配水权、出售水票和处理农户用水交易纠纷等，创出一条农村节水的路子。节水已成为农民的自发要求，2002 年上半年仅临泽县梨园河一个灌区就少用黑河水 1 055 万 m^3。

此外，张掖地区狠抓产业结构和种植结构调整，不但要节水，还要提高农民收入，使中游农民也走上富裕的道路。目前已确定大力发展畜牧、果蔬、制种和轻工原料四大产业；少种水稻 10 万亩、其余粮田 30 万亩；而发展制种 54 万亩，优质牧草 43 万亩，大量节水。在检查指导规划执行时，甘州区中卫村农民段新金对我们说，节水退耕改种苜蓿以后，第一二年是会减收，但有了规划的补助可以持平，而过了前两年的转植期，收入会逐步增加。这位朴实的农民已经把自己的发展和规划的执行融为一体，自觉地成为修复生态系统的一员。

四、响鼓还须重槌敲

水利部对规划的执行高度重视，多位部领导前往检查，2002 年 8 月温副总理亲临现场检查工作。在规划执行的检查中我们还给额济纳旗指出，不能向东西居延海同时分水，由于干涸时间久、地下水位低，只有集中力量才有生态效益。

2002 年黑河断流天数大大减少，两次送水到干涸 20 年之久的东居延海，并形成 23 km^2 的水面；进水量约 4 900 万 m^3，相当于 12 个昆明湖。额济纳绿洲东河地区的地下水位上升了近 1 m，多年不见的灰雁、黄鸭、白天鹅等候鸟成群结队地回到了故地，东居延海特有的大头鱼重新出现，湖周水草也开始复苏，有效地缓解了下游局部地区生态环境恶化、沙漠侵袭的势头，局部地区生态环境得到改善，沿湖布满绿色的生机，使当地人民、国务院相关部局的领导和各方媒体都看到了恢复黑河下游生态系统的希望，在黑河奏响了绿色的凯歌。

但是，到了 2003 年初，东居延海又开始萎缩。东居延海是块湿地，而湿地的特性就是年际水量变化大、干干湿湿，尽管东居延海无水已久，但 2003 年还是组织了更大力度的输水，到 2003 年 8 月 14 日下午 6 点 20 分东居延海已经进水，到 8 月 21 日已输水 1 500 万 m^3，形成最大水面超过了 2002 年的 23 km^2。

黑河流域的生态系统建设任重道远，前面还有很多工作要做，也有许多经验值得总结。与下游额济纳旗的领导商讨，已经订出了超过规划要求的退牧还草的新计划，旗领导也提出了大力改变产业结构，加速恢复生态系统的开拓性设想。

同时，我们也认识到，黑河上游青海祁连山水源区过度放牧，生态系统保护工作还有待加强，生态保护要从源头做起。我们要保证投资及时到位，调蓄工程尽快上马；要放眼全国和世界，保证中游农民转产转植后产品的销路，不能让中游农民受损失；要在黑河治水实践的基础上建立全国重要河流湖泊初始水权的分配制度，建立水资源宏观控制和定额管理体系。

第十三章　修复湿地

作者不但进行了湿地研究，主持我国加入《湿地公约》的公约，还实际参与了我国湿地生态系统修复的调研和指导工作，主要在黑龙江的扎龙湿地、内蒙古的呼伦贝尔湿地和新疆的艾比湖湿地。

2001 年作者考察了新疆西北与哈萨克斯坦交界处的艾比湖，艾比湖原有湖面约 2 000 km^2，目前只剩约 500 km^2，退化严重，湖底裸露，成为新疆北部最大的沙尘源，艾比湖水深平均不到 3 m，是一片典型的湿地。艾比湖湖面锐减主要原因是农业用水，同时也必须考虑到艾比湖作为湿地的特性，即在历史上湖面伸缩幅度从来就比较大。艾比湖作为一片湿地，历史上水深就是 3 m 左右，再加上新疆水资源短缺的形势，艾比湖水深只能逐步达到接近历史平均水平，而不必要，也不大可能把这片湿地变成永久性的湖泊。

目前我国浅海湿地系统污染不断加强，赤潮日益严重，不但南海多次发生赤潮，就连因水温较低、一般不易发生赤潮的渤海，在 2001 年也两次发生赤潮。产生赤潮主要有以下 3 个主要原因：一是入海河流污染严重并未经治理排污入海；二是浅海湿地系统的重要组成红树林遭到砍伐，珊瑚礁被大量采摘，水草被浅海养殖破坏，从而使浅海湿地系统的自净能力大大降低；三是浅海湿地养殖的大发展，超过了该生态系统的承载能力。

浅海湿地系统是一个特殊的生态系统，其特点一是水浅且流速慢，污染容量小；二是自净能力主要靠红树林、珊瑚礁的寄生植物和水草的生物作用。因此，控制入海河流污水排放量，尽可能在入海前采取污水达标的措施；制止红树林的砍伐和珊瑚礁的采摘，保持水体自净能力；科学规划浅海湿地养殖业的发展等已成为当务之急。鉴于目前的严重情况，浅海湿地养殖业应根据具体情况限制到明显低于该生态系统承载能力的程度。相信通过上述措施，我国的浅海湿地状况会有较大的改善，赤潮的发生也和黄河断流一样逐步缓解直至消除。

第一节　扎龙湿地修复

东北、尤其是黑龙江省是我国湿地集中的地区之一，扎龙又是其中重要的湿地。

一、我国东北湿地的变化

东北的湿地主要有齐齐哈尔市的扎龙湿地、三江平原的三江湿地和吉林通榆县内的向海湿地 3 大块。其中扎龙湿地将在后面详述，向海湿地较小。

三江湿地不仅是最大的一块，也是最典型的一块。黑龙江省 20 世纪四五十年代湿地面积为 8.5 万 km^2，而三江平原湿地为 3.4 万 km^2，占全省湿地总面积的 41%。当时三江平原湿地平均水深 30 cm，储存地表水 100 亿 m^3，相当于两个半密云水库。近 50 年中，三江平原相继建起了 34 个国有农场，使湿地全部镶嵌在大型现代化农场的耕地之间。尤其是 20 世纪 90 年代以来，以稻治涝，大规模发展水田、修建强排强灌水利设施等违反生态规律的行为，使不少湿地萎缩退化严重。而今，三江平原湿地仅剩 4 489 km^2，半个世纪湿地面积减少近 3 万 km^2，87 亿 m^3 的地表水量也随之消失，损失达 87%。

2004 年 5 月作者去考察时，只见到大片农田，湿地只在兴凯湖周围才看得比较明显，地貌变化很大，令人痛惜。目前我国境内的湿地保护区 2 225 km^2，居民 1 000 余人，达到国际湿地保护区标准。但小兴凯湖问题较大，小兴凯湖总面积 170 km^2，平均水深仅为 1.8 m，实际上就是一片湿地。由于 1943 年日本人使穆棱河改道入小兴凯湖，加上近年来上游生态系统的破坏，大量泥沙入湖，造成淤积。近年来不但水质日渐变差，目前已在Ⅲ～Ⅳ类之间，防洪能力减弱，生物多样性遭到破坏。而且，60 年来平均淤积厚度已达 0.35 m，估计再过半个世纪生态功能将大部丧失，因此，亟待采取在上游保持水土，兴建清淤工程，甚至调整、恢复水系等措施。

大小兴凯湖之间由一道自然形成的长 60 km，宽 100～400 m，约 10 m 高的湖岗隔开，内外水位差约 3 m，全部在我国境内。岗上郁郁葱葱，全是百年以上的森林，两边是湖，环境清幽，景色优美，如果在这里举办马拉松赛，真是奇特无双。这段湖岗是作者在世界上见到的自然奇迹之一，甚至有可能申请世界自然遗产，应该特别加以关注。

但是，由于保护区附近个别居民恣伐林木、挖取岗沙和违法建筑等破坏行为，湖岗上已形成了几个风沙口，犹如密林中的沙漠，从这个实例可以看出在如此林茂水丰的地区，二三十年的植被破坏就可以形成小沙滩。如果沙漠不断扩大，湖岗这道自然奇迹将消失，如果大小兴凯湖连通，鉴于水位差，小兴凯湖将不复存在，而且将引起国际问题。当地提出了治理风蚀和沙口的项目，的确应该高度重视，大力支持，及早实施。

二、扎龙湿地调研

湿地是"地球之肾"已为人熟知，但这只是一个比喻性说法，扎龙湿地究竟有哪些生态功能呢？

（一）保护松嫩平原生态系统

扎龙湿地最大的作用就是和嫩江以西的湿地一起形成过渡带，保护石油基地大庆和东北粮仓的所在地——松嫩平原。

① 相当于自然水库，调蓄洪水。1998 年大洪水扎龙湿地调蓄水量达 20 亿 m^3，使大庆和松嫩平原不至被淹。

② 保持地下水位，防止土地沙化。扎龙这片湿原，每年可向松嫩平原补充地下水数千万立方米，保持了地下水位，挡住了西部荒漠的东侵蚕食。

③ 调节松嫩平原的气候。湿地每平方米可释氧 10 kg，吸收二氧化碳 13.75 kg；同时增加空气湿度和调节气温；对松嫩平原的小气候有重要影响。

④ 净化水质。湿地之所以称为地球之肾，就是因为它有净水功能，扎龙湿地的水最终都流回嫩江，对下游，尤其是哈尔滨用水起到了很大的净化作用，可以说是个天然“自来水净化厂”，人类不应只看到修建自来水厂，还要充分认识到利用天然自来水厂。

（二）为中国和世界保护物种

中国之所以加入《拉姆萨尔公约》，扎龙之所以被列为国际湿地名录，就是因为扎龙湿地有保护物种、保护水禽，尤其是保护丹顶鹤和白鹤等稀有国际水禽的功能。

扎龙湿地是世界稀有水禽——鹤夏季的栖息地。全世界共有 15 种鹤，中国有 9 种，扎龙就有 6 种。特别是丹顶鹤全世界现存约 2 000 只，扎龙保护区就有 400 余只。同时，扎龙也是西伯利亚白鹤的栖息地。丹顶鹤东去日本，西伯利亚白鹤北飞俄罗斯，都是国际水禽，我们既然签了公约，就有义务保护这些水禽，保护这片国际重要湿地。

扎龙湿地还有野生植物 500 多种、鱼类 40 多种、鸟 260 多种，其中国家重点保护鸟类 35 种，在保护物种多样性方面起着重要作用。

（三）经济价值

湿地都有很高的生物生产力，不仅有生态功能，还直接产生经济价值。如扎龙湿地一般年产 10 万 t 芦苇，每吨芦苇可造纸 0.5 t，相当于 2 m^3 木材。年产 10 万 t 芦苇相当 400 km^2 森林所产的木材，以森林 20 年代一次计，相当于 80 km^2 的森林。

同时，扎龙湿地年产鱼达 2 000 t，还有多种药用、食用、饲料和纤维植物产出。

三、扎龙湿地的问题如何解决

扎龙自然保护区位于黑龙江省齐齐哈尔市东南，嫩江支流乌裕尔河、双阳河下游的湖沼苇草地带。扎龙自然保护区包括齐齐哈尔市铁峰、昂昂溪两区、富裕县、泰来县和大庆市的林甸县、杜尔伯特蒙古族自治县的交界区域，总面积 2 100 km^2，其中核心区面积 700 km^2，是我国最大的以鹤类等大型水禽为主体的珍稀鸟类和湿地生态国家级自然保护区，1992 年被列入国际重要湿地名录。

（一）输水拯救了扎龙湿地

1999—2001 年，扎龙湿地及其水源补给地乌裕尔河和双阳河流域遇到大旱，至 2000 年湿地发生大火灾，延续多日，芦苇连根燃烧，几乎摧毁了扎龙湿地的生态系统，700 km^2 的核心区只剩 130 km^2 有水，湿地几乎覆灭。2001 年在水利部指导下，黑龙江水利厅、刚成立不久的齐齐哈尔水务局和水利部松辽流域水利委员会发挥统一管理的体制优势，筹措资金，启动扎龙湿地应急调水工程，当年就向扎龙湿地补水 3 500 万 m^3，保住了仍在萎缩的 130 km^2 湿地。

扎龙湿地调水工程于 2002 年 4 月竣工后，2002 年全年向扎龙湿地补水 3.5 亿 m^3。2002 年 8 月 25 日朱镕基总理和水利部汪恕诚部长到湿地考察。对补水工作予以表扬。2003 年计划全年向湿地补水 2.5 亿 m^3，到 7 月底已补水 1.2 亿 m^3。两年来总计已补水超过 5 亿 m^3，约占湿地正常蓄水量的 70%；恢复湿地核心区达 650 km^2 以上，占 93%；丹顶鹤种群总数超过 400 只，较 2000 年增加 30%。每个亲历的人都看到，芦苇新绿，湖沼蓄水，水鸟成群，鹤类可见，扎龙湿地基本恢复了旧貌。在此居住了 5 代、57 岁的农民关青山说："我们的日子又好过了。"

湿地并没有明显的经济效益，对于补水单位更是只有投入没有产出，连续两年的补水之所以能够进行，主要是实现了水资源的统一管理，只有统一管理，才能从自然生态的大系统看问题，为修复生态系统，实现人与自然和谐而各单位互相协调，共同集中投入。

（二）扎龙湿地为什么需要补水

扎龙是一片历史上一直存在的自然湿地，为什么需要补水呢？补水的表面原因是大旱，但还有更深层次的原因，主要有以下两个。

① 湿地补水的主要来源是洪水泛滥。按自然机制 200 年来嫩江大洪水有 30 次形成了向湿地补水，近年来由于堤防的兴建，嫩江洪水再也不能进入扎龙了。

② 流入扎龙的乌裕尔河和双阳河上游用水增加。乌裕尔河年平均径流量约 3.6 亿 m^3，双阳河年平均径流量约 0.4 亿 m^3，都流入扎龙湿地散失，多年平均可入水 4 亿 m^3。近年由于上游用水增加，仅有 1 亿 m^3 的水进入扎龙保护区，削减量近 2/3。

（三）持续向扎龙湿地补水的问题

向扎龙湿地补的水来自 150 km 以外的嫩江，江中取水和渠道维护每年都需投入大量的资金。输水实施单位黑龙江省中部引嫩管理处为扎龙湿地补水的成本目前已高达 3 156 万元，减去水利部和黑龙江省政府 1 000 多万元的资金支持，距实际供水成本还有 2 000 多万元的缺口，负责供水的黑龙江中部引嫩水利工程有限公司难以补足这笔费用。尽管向区内因供水受益的苇农和渔民收取部分水费，但每年不足 100 万元，难敷缺口。

对扎龙如何补水？能不能够持续进行？成了重大的问题。解决扎龙湿地的补水问题，首先要分析扎龙湿地是否应持续补水，每年应补多少水。

1. 扎龙的年补水量

2002 年向扎龙补水 3.5 亿 m^3，2003 年计划补水 2.5 亿 m^3，也就是说，在枯水年份年均补水 3 亿 m^3 左右。

首先，应该抓紧做好扎龙补水的水资源综合规划，测算出扎龙湿地核心保护区 700 km^2 的总蓄水量。据作者估算，核心保护区常年蓄水量大约在 7 亿 m^3 左右。在枯水年，应当保核心区，除去能入湿地保护区的 1 亿 m^3左右水量，应补水 2.5 亿 m^3，保证两年内换水即可保证生态功能。平水年和丰水年(丰水年应加上扎龙地区自产水 0.5 亿 m^3)可根据情况递减。

其实湿地的自然规律就是随着气候变化丰丰枯枯，湿湿干干。扎龙国家级自然保护区管理局局李长友和 57 岁的当地老农关青山都说，20 世纪 50 年代的干旱比 2000 年以来这次更为严重，连我们这次乘船考察，水深达 2 m 的大泡子都干涸了，但是由于人为用水不多，后来这里的生态系统又在多雨的年份自然恢复了。

2. 扎龙湿地补水从哪里来

要解决向扎龙持续补水的问题，首先要保证补水的来源。扎龙是一块自然湿地，本不需要补水，主要是人为的原因危及湿地的存在，因此需要人工补水。而补水应尽可能采取生态的手段，这才是尊重自然规律；也只有尊重自然规律向扎龙湿地的补水才可能持续。采取这种做法，需要更深层次的统一管理。

(1) 在乌裕尔河和双阳河上游退耕还林

乌裕尔河和双阳河上游是较贫困的山区，近年来由于人口增加和生产发展，使得向扎龙湿地下泄的水量从 4 亿 m^3左右锐减到 1 亿 m^3，上游耗水增加约 2 亿 m^3。

应对上游实施扶持政策，促进退耕还林；发展沼气灶保护植被；调整产业结构和种植结构，限制高耗水产业。这些措施可保证在平水年向扎龙湿地多下水 1 亿 m^3 以上，这是保证向扎龙输水的可持续生态手段。

(2) 通过工程使嫩江洪水能部分进入扎龙湿地

历史上扎龙湿地远不止目前划定的 2 100 km^2，是由洪水形成的北自乌裕尔河，南抵松花江，东起嫩江，西至通肯河；以大庆市为中心达 2 万 km^2 的大湿地的一部分。今天当然不可能恢复到历史上的情况。但是，今天的输水必须尊重洪泛区形成湿地的自然规律，修建分流工程让嫩江洪水能部分进入扎龙湿地，使平均年输入达到 0.5 亿 m^3，为恢复原有生态系统作贡献。

(3) 继续由引嫩管理处向扎龙补水

在枯水年继续由引嫩管理处向扎龙湿地每年输水 1 亿 m^3左右。鉴于这一地区的人口增加和经济发展，湿地的保持不能只依靠生态系统的自我恢复能力，在枯水年仅仅用生态手段，还不足以保住扎龙湿地，因此，向扎龙的工程输水仍是必要的。

(四) 向扎龙湿地的工程输水由谁“埋单”

为保住扎龙湿地，工程输水的目的是生态用水，但这笔费用长久地由国家公共财政支付，由政府埋单是不现实的，即便专项拨款，也不可能持久。

解决这一问题可以通过统一管理，采取“三个一点”的政策，即“受益者交一点，管理局投一点,国家补一点”。

1. 应实行市场经济的原则,由受益者付费

政府投入对生态系统维护所产生经济效益后,由受益者提供对投入的补偿,使政府投入成为有源之水,这是国际通行的做法。据估计补水保持扎龙湿地之后,苇业和渔业可产生1.3 亿～1.5 亿元的经济效益,应收水费约 500 万元,因此,在补水年份收 200 万～300 万元的水费是合理的,而现在实收不到100 万元。

2. 调整保护区产业结构,保护区管理局可以适度经营

保护区核心区内有 4 000 人口,已大大超过 2 人/km^2 的自然保护区内生产居民限制的国际标准,目前除考虑由国家一次性投入迁出部分人口外,可使剩余居民转入旅游业,大大降低从事生产对保护区的破坏程度。以保护区每年吸引 8 万游客计,仅相当于给保护区内增加了 110 人/年的生产人口,但可有近 200 万的收入,经营得好,以 100 万投入补水是可能的。

3. 其他办法

所余 230 万～330 万元的缺口,可由黑龙江省政府和齐齐哈尔市政府联合解决。可用设立生态基金的办法,按两年一枯水计,相当于每年 160 万元的投入,即可保证枯水年输水的支出。在生态工程未建成和经济效益未形成的期间,可由政府提供贴息贷款。

第二节　修复呼伦河湿地能保住呼伦贝尔大草原

呼伦贝尔大草原是世界三大草原之一,13 世纪初蒙古游牧民在北起贝加尔湖,南到长城,西自哈萨克斯坦,东到太平洋的广袤范围内游牧,唯独取中以克伦鲁河(中蒙国际河流)、额尔古纳河(中苏界河)和哈拉哈河(中蒙界河)交汇点呼伦湖和贝尔湖为中心的呼伦贝尔大草原为其发祥地,成为举世闻名的成吉思汗蒙古帝国的起源,也可以说明这里草肥水美,生态系统良好。但今天这一历史故地发生了极大的变化,草原生态系统严重退化。

一、过度放牧的问题

草原是牧业的土地,和农业的过度耕种(如一年三季)一样,草原也存在过度放牧的问题,而且更容易不被人重视,从而造成灾难性的后果。草原生态系统对供养的牧畜数量是有一定承载能力的,超过了这一能力,自然造成草场退化。

中国可利用草地面积为 313 万 km^2 草原,美国草原面积和中国差不多,但由于没有过度放牧,目前载畜能力较强。而 2001 年的牲畜量美国有 9 700 万头牛,中国有 1.28 亿头牛;美国只有 800 万只羊,中国却有 2.98 亿只羊,其中对草场破坏能力极强的山羊达 1.16 亿只。

以我国一般草场每平方千米平均载羊 75 只或牛 15 头计。中国现有牲畜需 1 005万 km^2 草场，也就是说我国目前放牧牲畜数已为草原承载能力的 3.4 倍，超载放牧达 2.4 倍，草原生态系统必将进一步退化、沙化，形势堪忧。

我国大部分草原表土极薄，草被吃光，地面土地裸露。冬春的大风吹走表土，则形成沙尘暴，还只是表象的生态灾难；更为重要的是吹走了几个世纪、以至十几个世纪积累的表土，造成这里土地沙化，将彻底摧垮草原生态系统。仅自 1994 年至 1999 年 5 年间，我国荒漠戈壁的面积就扩大了 5.2 万 km^2。

内蒙古自治区的情况略好于全国平均水平，但建国 50 年，牲畜头数增加了 5 倍，而可利用草场减少了 6 万 km^2，放牧超载 1 倍以上，现有退化和沙化的草场已占总面积的 70%，形势也是严峻的。

二、呼伦贝尔大草原现状

呼伦贝尔大草原主要在呼伦贝尔市，是我国质地最好的草原，可利用草场近 7.3 万 km^2，总面积为荷兰与比利时之和。呼伦贝尔大草原西起中蒙边界，东至大兴安岭，南自呼伦湖，北到贝尔湖。有中蒙国际河流克鲁伦河和中俄界河额尔古纳河入呼伦湖；中蒙界河哈拉哈河入贝尔湖。两湖之间有乌尔逊河相连、调节水量，使草原与湿地可以据水量大小而转换；乌尔逊河中游有乌兰诺尔湿地净化，保证呼伦湖水质。湖、河和湿地构成一个自调节能力很强，良性循环的生态系统，可以说是大自然巧夺天工的设计，使人类自叹不如。当年成吉思汗征服亚欧非三大洲的蒙古军队只有呼伦贝尔大草原出的军马，除马种外，好牧场是首要条件。

（一）超载放牧问题

2003 年 8 月作者去考察时，大草原蓝天白云，绿茵遍地，一望无际，广袤壮阔，一片诗情画意。当然“风吹草低见牛羊”是诗人的夸张，那样的草要有 1 m 高，只在历史上存在过。呼伦湖烟波浩渺，浩瀚如海；哈拉哈河、克鲁伦河和额尔古纳河河床都不宽，但正值雨后，水量充沛；乌兰诺尔湿地有 30 km^2，已经远远小于成吉思汗时代，但由于地处荒野，水面上水鸟翔集，陆上见到的丹顶鹤比扎龙湿地还多。不过，由于干旱和过度放牧，大部分草高不超过 15 cm，说明草场已经开始严重退化，再不及时保护，这片世界闻名的草原将有灭顶之灾。

鄂温克旗、新巴尔虎左右旗和陈巴尔虎旗，共有可利用草场 6.38 万 km^2，放牧承载能力为 478.5 万羊单位。现有牛马 43.6 万头，羊 447.2 万只。以草场对牛、马的承载能力约为羊的 1/6～1/5 计，草原上牲畜折合约 670 万羊单位，即牲畜数为承载能力的 1.4 倍。呼伦贝尔草原的情况虽然较全国其他地方状况好得多，但超载放牧的恶果已经显见。

（二）呼伦湖碱化

呼伦湖是呼伦贝尔大草原之母，是一个天然的草原水库，也是草原上牧业的命脉。

湖长 90 余 km,宽 30 km,乘船下水以后有入海的感觉。最大水面可达 2 370 km^2,平均水深 9 m,最大容水 135 亿 m^3,相当于 3 个密云水库,是我国第五大湖。

呼伦湖尽管平均水深 9 m,但边缘区很宽,均不超过 6 m,而且年内水深变化大于 1/3,呈现明显的湿地特征,尤其是近年来湿地比例越来越大。这片湖沼——湖泊与湿地的结合体维系着整个呼伦贝尔大草原的生态系统,不但是人畜的水源,而且保持着整个草原的地下水位,对草场质量起着决定性作用。

近年来由于人口增长,牲畜数剧增和气候干旱等原因,影响了对呼伦湖水量的补给,沿岸植被也遭到破坏,使呼伦湖的含盐量和 pH 值升高,水质急剧恶化,2002 年 pH 值高达 9.2,单项超过了Ⅴ类水的 pH 值标准,严重影响到人畜饮水。

同时,呼伦湖正以每年 1 cm 的速度淤积,如果继续下去,百年以后呼伦湖的容积将减小 1/10。

(三) 乌兰诺尔湿地的保持

乌兰诺尔则是一片真正的湿地,现有只有 30 km^2,在成吉思汗时代应该与两湖相连,大约有 600 km^2。现在只剩 1/20,湿地的退化可见一斑。乌兰诺尔湿地是在呼伦湖和贝尔湖之间,乌尔逊河中游的一片湿地,对贝尔湖向呼伦湖的补水起着巨大的净化作用,同时是一个天然的水质净化厂。

1994 年由于筑路截断了湿地的水源,使湿地干涸。1996 年呼伦贝尔市水利局投入 370 万元修了引水渠、拦河闸、入水闸和泄水闸。到 2003 年 8 月作者考察时,湿地已恢复到 30 km^2,蓄水 3 500 万 m^3。由于乌兰诺湿地十分荒僻,人烟稀少,是比东部黑龙江扎龙湿地更好的水禽栖息地。我们到时,海鸥成群,野鸭遍地,时起时落,十分壮观;野生的丹顶鹤和大雁的数量也明显地多于扎龙湿地。作者实际尝了湿地的水,除含盐量略高外,水质很好。

从实地考察看,乌兰诺尔湿地可能永远恢复不到历史水平,但目前未过水的地面可能很快盐碱化,使乌兰诺尔湿地部分丧失净水作用,对此必须采取有力措施予以挽救。

三、保住呼伦贝尔大草原的措施

保住呼伦贝尔大草原,维系呼伦贝尔大草原的生态系统,是一个系统工程,要以资源系统工程管理学思想指导,从湿地、水和草原的自然生态系统和以畜牧业为主的社会经济系统做全面的科学分析,统筹解决问题。

(一) 以高标准解决超载放牧的问题

为了保护这片世界知名的中国第一草原,应以国际标准解决超载放牧问题。

1. 从实际出发制订牧业发展规划

呼伦贝尔市已制订到 2010 年全市牲畜达到 2 000 万头,即增加 1 倍的发展规划。呼伦贝尔大草原现状 670 万头牲畜已达草原载畜能力的 140%，发展到 2 000 万头，草原载畜能力如没有大幅度提高是不可能的。

2. 修复湿地，人工种草，建立饲草料基地

人工种草，建立饲草料基地是提高草原载畜能力的一个重要途径，其中包括建立草籽厂、人工种草和改良草地。大大提高单位面积的产草量，从而提高单位草场的载畜能力。人工种草一般利用退化草场和河滩地，不占有现有优质草场，是载畜能力的净增量。同时，从长远看饲草料还有广阔的国内、国际市场前景。

海拉尔市已建成人工种草和饲草料基地，作者参观的鄂温克旗巴彦托海镇嘎查新科牧场就是个典型的例子。该人工牧场创建于 2000 年 6 月，投资共 42.5 万元，通过种草把 700 亩退化草场变成优质牧场，围栏放牧，共养牛 30 头。把 100 亩地供 1 头牛的自然草场放牧提高到 23 亩人工草场供 1 头牛的围栏放牧，草场的承载能力提高了 3 倍多。

同时还参观了鄂温克族自治旗的草籽基地，在海拉尔至伊敏的公路两侧，总面积 10 km^2。该基地由退化草场改造，自建成以来共生产披碱草籽 15.5 t，燕麦草料 45 t，为人工草场提供草籽，还创造了很好的经济效益。

新科牧场和草籽基地的工作人员大多是鄂温克族牧民。看着绿油油的人工草场，青草茁壮的草籽基地，身体健壮的鄂温克族工作人员，让人欣慰。千年来游牧的鄂温克族都能了解、接受生态建设的思想，并取得如此之好的实绩，呼伦贝尔大草原是一定保得住的。

海拉尔市拟在呼伦贝尔大草原建立 5 630 km^2 的饲草料基地，约可提高载畜能力 170 万头。

建立畜草基地的最大问题是水源问题。天然草场利用自然草，利用的是天然降雨，无需人工水源，也不影响地下水。人工草场有多方面的优越性，但最大问题在于要引水浇灌。从总量上看，5 630 km^2 的人工草场和饲草料基地，既使采用喷灌也至少需水 8 亿 m^3，占海拉尔州的地表水和可补给地下水总量的 50%，超过了 40% 的维系生态平衡利用率，总量应当酌减，或者引外来水源，最可行的办法是尽最大可能修复乌兰诺尔湿地。

3. 退耕还牧，恢复湿地优质草场

自 20 世纪 60 年代以来，由于大量开垦草原、填埋湿地为农田，农业大量用水；牧业退到贫瘠草场，造成荒漠化；湿地不复存在，失去调节水量功能；形成了恶性循环。海拉尔州已着手制订退耕还牧 1.23 万 km^2 的规划。这是符合生态规律，解决过度放牧的好办法。

采取后两项措施后，可将呼伦贝尔大草原现草场载畜能力提高约 260 万头羊，从而使目前牲畜总数在草原载畜能力之内，通过修复湿地可以全面恢复已经退化的草原。

（二）迅速采取措施防止呼伦湖水质恶化

目前呼伦湖水pH值已达9.2，应迅速采取措施挽救呼伦湖水质。

① 尽快改变过度放牧的状况，尤其是防止近湖草场的退化和盐碱化，阻止湖水pH值进一步升高。

② 修引水工程“引海济呼”，即引海拉尔河水入呼伦湖修复浅湖湿地，在枯水年份可引水5亿m^3左右，还可使湖水pH值降到8.7以下。“引海济呼”也是一项生态工程，本来在海拉尔河和呼伦湖之间就有旧河道，后由于人为和自然的原因被逐渐淤塞。所以尽管利用旧河道方案与新开渠道的方案相比，距离较远、投资略多，但还是应该本着修复生态系统的原则利用旧河道。同时这样也可以减少漏失，提高输水效率。

（三）充分利用乌兰诺尔湿地

乌兰诺尔湿地在呼伦贝尔大草原中有至关重要的作用，通过海拉尔水利局的工作乌兰诺尔湿地已经得到初步恢复，应该进一步恢复，使蓄水量达到1亿m^3左右。使乌兰诺尔湿地对呼伦贝尔草原的水量和水质起到更大的调节作用，直接起到防止草场退化和呼伦湖水质pH值升高的作用。

以资源系统工程管理的思想，在大系统中统筹考虑水、土、草和湿地资源，本着生态学的原则，采取法制、经济、生态和工程的综合措施，就能保住草场、呼伦湖和乌兰诺尔湿地，也就一定能保住历史上草肥水美的呼伦贝尔大草原。

第十四章　流域水生态系统的污染治理

修复断流河流和干涸湿地主要是针对缺水的流域生态系统，缺水的问题早在农业社会就存在，流域水生态系统严重缺水而被摧毁，甚至造成了国家的灭亡，在中国和世界都不是先例。但是，自 18 世纪末期工业革命，人类进入工业社会以后，缺水问题尚未解决又出现了水污染问题，即流域水质被污染到自恢复能力的最大限度以上，水生态系统可能量上不缺，但发生了质变退化，这同样将摧垮水生态系统，让人类失去生存的基础。世界的水污染经过 1 个多世纪的延续后在 20 世纪 50 年代达到高峰，在发达国家形成一系列灾难后，人们不得不开始对水生态系统质变的治理。

作者在着力解决北方缺水水生态系统修复后，又于 2001 年开始了对南方污染水生态系统的修复工作。其基本理论指导是南方也缺水，是“水质型缺水”，这一理论很快得到当时上海、江苏和广东领导的认同。时任上海市市长的徐匡迪和时任广东省省长的卢瑞华分别说上海和珠江三角洲就是“水质型”缺水，而以苏州水务局进行的水质型水生态系统修复工作最为典型。

四川绵阳是 2003 年 6 月水利部根据中央精神批准的节水型社会试点，作者于 2004 年 3 月 24～27 日考察了绵阳有关问题，帮助绵阳建立了生态节水（防污）型社会指标体系。

第一节　四川绵阳的生态节水（防污）型社会指标体系

一、绵阳的基本情况

尽管是早春，作者在绵阳沿涪江上溯考察，还是感受到了绵阳的山清水秀，尤其是绵阳市区的确是适于居住的城市；但是，也同时看到城乡的较大差异。

（一）社会经济发展概况

绵阳市位于四川盆地西北部、嘉陵江右岸最大支流涪江的中上游地带，面积 20 249.5 km^2，辖 6 县 1 市 2 区，2003 年人口 527.5 万人。

“九五”期间，绵阳市 GDP 年均增长 9.8%，高于全国平均水平 1.5 个百分点。2003 年全市第一、二、三产业结构为 20.5∶39.5∶40，GDP 达到 396.6 亿元，人均 GDP 7 500 元。

（二）水资源状况

绵阳市地处亚热带湿润季风气候区，全市多年平均降水量 963.2 mm。境内有大小河流 52 条，均属嘉陵江水系，水域自成体系。涪江是绵阳市的主要河流。

绵阳市本地自产水资源量多年平均为 142.4 亿 m^3；境外流入量多年平均为 28.6 亿 m^3，占主客水总量的 17%。人均水资源量（不计客水）2 220 m^3，水资源总量（不计客水）折合地表径流深 578.3 mm，足以维系植被良好的生态系统。

（三）用水状况

绵阳市总用水量 17.10 亿 m^3。其中城镇人均生活用水量为 169 L/人·日，城镇生活用水（包括公共设施和流动人口用水）1.5 亿 m^3，占 8%；农业用水 12.1 亿 m^3，占 71%；工业用水3.6 亿 m^3，占 21%；2003 年万元 GDP 用水量 439 m^3。

（四）水污染状况

2003 年全市废污水排放总量约 2 亿 t（不含江油发电厂、长钢排放的工业用直接冷却水和农业面源污水），其中工业废水排放量约 1.3 亿 t，生活污水排放量约0.7 亿 t。

绵阳市主要河流——涪江，水质大部分时段为Ⅱ类，个别时段为Ⅲ类；涪江主要支流安昌河水质大部分时段为Ⅲ类以上，个别时段为Ⅴ类；芙蓉溪水质大部分时段为Ⅳ到Ⅴ类，个别时段劣于Ⅴ类；梓江水质大部分时段为Ⅳ类以上；凯江水质大部分时段为Ⅲ类。绵阳市出境河流（涪江）水质目前绝大部分时段为Ⅱ～Ⅲ类。

绵阳地下水位稍高于 20 世纪 60 年代水平，森林覆盖率达到 41.7%。城市人均水面 30 m^2，城市人均绿地面积 10 m^2。

二、水资源的主要问题

尽管绵阳市自然生态系统良好，但是人类活动存在较严重的问题。

（一）局部地区水污染严重，并有蔓延趋势

自 20 世纪 80 年代以来，涪江中下游地区经济发展较快，工矿企业密集，废污水排放量一直呈上升趋势。而 2000 年全市年工业废水处理量仅 4 479 万 t，不到排放总量的 1/3。城市污水处理能力为 11 万 m^3/日，绵阳城区排放的生活污水仅有 31% 得到了处理，其他城镇生活污水未经处理直接排放。同时农业用水量大，面源污染严重。

目前污水处理能力远远不能满足需要。水污染已对绵阳市经济社会发展构成现实和潜在的威胁。

（二）水土流失造成生态系统功能退化

绵阳是四川省水土流失比较严重的地区之一。由于过去水土资源开发不合理，毁林开荒、过度垦伐、陡坡种植，森林生态系统涵养水源、蓄水保土的功能弱化，水土流失严重。全市20 249.5 km^2面积中，水土流失面积 9 558.7 km^2，占 47.2%，年均侵蚀量 3 349.11 万 t，侵蚀模数 3 504 t/km² · 年，属中度流失区。水土流失导致土壤退化，泥沙淤积，旱涝灾害增加，农业产量低而不稳，生态系统功能退化，制约着绵阳市的经济发展，也增大了山区农村脱贫致富的难度。

（三）整体用水效率较低

绵阳市整体用水效率较低。2003 年全市万元 GDP 用水量为 439 m³，比 2000 年降低了 98.9 m³，然而距离国内先进水平仍有很大差距，与发达国家差距更大。

三、绵阳市生态节水(防污)型社会建设指标体系

绵阳市达到生态节水防污型社会的主要目标如下。

（一）水清指标

到 2008 年，绵阳市内主要河流（涪江及其主要支流流域面积占总面积 95%）在全年 95%的时段内达到Ⅱ类水水质标准；绵阳市出境水（涪江）全年达到Ⅲ类水水质标准。水源区水质全年达到Ⅱ类以上水域水质标准，生活饮用水水源水质全年指标达标率为 100%。各水功能区水质在全年 95%的时段内达标率为 100%。

在排污高峰时段，绵阳市内主要河流及涪江出境水达到或优于Ⅲ类水水质标准。

（二）生态指标

① 地下水埋深保持 20 世纪 60 世纪代水平不下降。

② 森林覆盖率大于 45%。

③ 全市保持河道原貌，依法取缔所有占有河道采矿、采沙。

④ 城市人均水面大于 30 m³。

⑤ 城市人均绿地面积大于 15 m³。

（三）水资源相关其他指标

① 人均水资源量大于 2 000 m³。

② 水资源总量折合地表径流深大于 300 mm。

③ 地表水取水量在平水年不超过地表水资源总量的 20%，特枯年不超过 40%；绵阳市涪江出境水量不低于 50 m³/s。

④ 地表水资源总量与污水排放总量的比值大于 40∶1（污水处理后，该比例按处理级别降低）。

⑤ 制订行业和产品用水定额，城镇居民生活用水应在 0.16 t /日以下，同时水价全面实施累进加价政策。

以上指标体系比较全面地涵盖了科学发展观的要求，其中（一），（三）中④、⑤都体现了以人为本的思想；其余都体现了生产发展、生态良好的人与自然和谐发展指

导思想。

四、绵阳现状的差距

考察当时绵阳距离要求指标还是有相当差距的。

（一）水清指标

2003年，涪江水质绝大部分时段为Ⅱ类，个别时段为Ⅲ类；涪江主要支流：安昌河水质大部分时段为Ⅲ类以上，个别时段为Ⅴ类；芙蓉溪水质大部分时段为Ⅳ～Ⅴ类，个别时段劣于Ⅴ类；梓江水质大部分时段为Ⅳ类以上；凯江水质大部分时段为Ⅲ类。绵阳市出境河流（涪江）水质目前基本为Ⅱ～Ⅲ类，个别时段超过Ⅲ类。

2003年在排污高峰时段，涪江水质为Ⅱ～Ⅲ类；涪江主要支流：安昌河水质为Ⅲ～Ⅴ类；芙蓉溪水质为Ⅴ类或劣于Ⅴ类。绵阳市出境河流（涪江）为Ⅱ～Ⅲ类。很显然，现状与指标安全差距较大。

绵阳涪江径流量较大，在丰水期已经达到上述标准，关键是枯水期。考察正值枯水期，看到涪江上游不仅流细，而且混浊。应该采取保护河道，留够生态水，达标排放、污水处理等综合措施使绵阳全年山清水秀。

（二）生态指标

① 2003年森林覆盖率为41.7%。要提高到45%，仍需抓紧植树造林工作；更为重要的是严禁毁林开荒，不能边造边毁。

② 2003年地下水埋深已稍高于20世纪60年代水平，绵阳地下水位保持较好是限采地下水的结果。

③ 在考察中看到，占有河道施工、采沙、采金的现象仍存在，保护河道就是保护绵阳的生态系统，应采取有力措施杜绝这种现象。

④ 2003年城市人均水面为30 m^2，已经达标，使绵阳清水绕城，居住环境很好，但在今后必须保持城建不能占用水面。

⑤ 2003年城市人均绿地面积为10 m^2，据15 m^2 的要求还有距离。

（三）水资源相关其他指标

① 2003年，人均水资源量2 220 m^3，绵阳已超过标准，但要在2008年保持这一标准，必须严格控制人口。

② 2003年，水资源总量折合地表径流深578.3 mm，已经超过标准。到2008年，除非气候有剧烈变化，仍能保持这一标准，这正是绵阳有利的自然条件。

③ 2003年河流总取水量占河流径流量的10.3%，低于取水指标；绵阳市涪江出境水量大于53 m^3/s，高于指标要求，关键在于特枯年份和时段仍能达标。

④ 地表水资源总量与污水排放总量的比值，如果考虑进工厂冷却水和农业面源污水则净污比超过40∶1，必须全面进行污水处理。

⑤ 绵阳城镇居民用水量偏高，尽管卫生设施逐年增加，人均日用水量仍应压在0.16 t以下的国际标准，并实施累进加价政策，只有减少排污，才能做到全境水清。

达到这些指标，绵阳将成为我国在人口相对稠密地区第一个基本达到国际水平的生态城市，逐步真正建成生态节水防污型社会，不仅使绵阳生产发展、生活富裕、生态良好、可持续发展，而且对全国，以至世界发展中国家都有很强的示范意义。

第二节　苏州水乡为什么两年变了样

自古以来就有“上有天堂，下有苏杭”之说，苏杭之所以称为天堂，最重要的是“水”，水既是生命之源，又有天堂之美。一个多世纪以来，苏州又被称为“东方的威尼斯”，其原因也是由于苏州是水乡。2001 年苏州人口 580 万，其中城镇人口 315 万，江苏的大部分镇实际上已是小城市，城市化率已高达 54%，土地面积 8 488 km^2，2002 年 GDP 为 2 080 亿元，人均 35 862 元，合 4 331 美元，苏州市的经济总量在全国城市中已经高居第 5 位。苏州多年平均本地水资源量为人均 358 m^3，在水量上也属严重缺水，而客水无质量保证，水资源总量折合地表径流深 416 mm。可以说是本地资源型缺水；生态型富水；流域富水，因此，苏州水问题的关键在于本地和外来水的污染。苏州水问题在我国南方具有典型性。

2003 年 7 月作者再次实地考察了苏州水乡。苏州属于“水质型”缺水，也就是好水不够用，污染防治是苏州水务的重点，“节水就是防污”是苏州治水的关键。

一、苏州水乡的危机

但是近 20 年来，到过苏州的人都知道，与历史上的水乡相比，苏州有很大的变化。一是许多河道被填埋；二是许多河道被淤塞；三是河面上到处漂浮垃圾，有的地方甚至不堪入目；四是以清水浇城著称的苏州，整个水系的水质由于污水未经处理而大量排放而大大下降。美丽的苏州水乡已经今非昔比。

这种状况为什么一直没有有力的措施改变呢？关键在对于涉水事务没有统一的管理，多龙管水责任不清。水资源是一个统一体，填埋一条小小的河道就可能制造一大片洪涝区；建一个排污量大、而又排放不达标的工厂就可能破坏一个风景区。

水是一种资源，水又是一个生态系统，水在系统中循环，因此，必须以资源系统工程的思想指导管理，才能既提高经济效益，又提高资源利用效率；还能保护水生态系统，使之可以永续利用。片面追求经济效益，不重视提高资源利用效率，浪费水资源，就会使连苏州这样的历史水城好水也不够用；只考虑经济效益和资源利用效率，而不保护水生态系统，就不但破坏了水资源，而且破坏了水环境，破坏了中外闻名的苏州水乡。

二、水务局使苏州水乡在两年中变了样

2001 年苏州市建立了苏州市水务局,什么是水务局呢?简单地说,就是把从水源地⟶供水⟶用水⟶排水⟶治污⟶回用,这一循环的全过程由一个部门来统一订立法规、制订规划,从而对水资源统一监测、统一配置,对水市场统一监督、统一定价,也就是说由一个部门对水质和水量负责。

苏州市水务局成立以后,怎么能在短短的两年之内使苏州水乡变了样呢?

(一) 从淮阳河的恢复看统一规划

淮阳河是苏州城西的一条 350 m 长的小河道,由于沿河居民在河道搭建房屋等原因,不断挤占河道,到 2001 年河道平均宽度仅为 3 m,有的河段甚至被填埋,阻断了水系,严重影响了排涝功能。一遇大雨,沿河几百户居民就受淹。水务局成立后,根据统一规划共拆迁居民 59 户、商业点 13 户和单位 2 个,共 8 300 m^2 的建筑。克服了各方面的困难,疏浚了包括部队驻地内河段的全河道,新河道长达 450 m,宽 8 m。不但解决了水淹的问题,修复小河水生态系统还大大提高了沿河地价。

淮阳河只是一个典型的例子。整个苏州市水资源综合治理规划已在 2006 年完成,总投资达 26 亿元。其中仅苏州市城市防洪规划一项,就把苏州市的防洪标准提高到百年一遇,中心城区提高到 200 年一遇。同时,改变了城乡防洪分割的违反自然规律做法,使城乡防洪有机地结合起来。

(二) 只有控制污染物排放总量才能恢复水乡

苏州地域狭小、人口集中、经济发达、排污量大;尽管是水乡,但水生态自净能力很小,连客水加在一起,净水远远达不到 40∶1 的稀释污水比例。因此,污水必须全部达标排放。

根据上述情况,水务局统一规划、加速建设污水处理厂。其中位于苏州市区西南福星污水处理厂于 2002 年 12 月建成投产,到 2003 年 6 月平均日处理量已达 1.24 万 m^3,进厂水质 COD 406 mg/L,BOD 157 mg/L,而排放水质 COD 44 mg/L,BOD 9 mg/L,均达到国家排放标准,一期全部完成处理能力达到 8 万 m^3/日。娄江污水处理厂位于苏州市东北,二期完工后处理能力 14 万 m^3/日。加上原有处理能力,到 2008 年,苏州污水处理能力将达到 39 万 m^3/日,达到污水 100%处理,超过了国家对大城市达到 70%的要求。

其实,污水处理率真正达到 100%,还远不仅是建污水处理厂的问题,管网更为重要,因为许多污水到不了污水处理厂就进入河道污染水体。因此,水务局全面启动污水支管到户工程,要把每家每户的污水无遗漏地收集起来。

苏州是个古城,小街小巷密布,窄的不过 2~3 m,要想支管到户,要翻修和新建 400 km 污水管道才能形成全面覆盖的污水入网系统,而且开挖给居民生活带来很

大不便。但是,这是一项益民工程,受到广大居民的热烈拥护,我们亲眼看到在不便使用机械的狭窄小巷里,在7月的酷暑中,民工挥汗如雨。这项工程自启动后,以人们事先预想不到的20 km/月的速度前进,全部工程于2005年完成。

为了使全部污水达标排放,苏州水务局还制订了在2010年污水处理能力达到供水总量的要求,真正实现全部污水,包括雨水都进入污水网系统处理,100%达标排放。在这种严格要求下,苏州的节水自然就提到日程上来了,少用1 m^3 水,就少1 m^3污水。

(三)只有统一管理才能以生态手段建设水乡

苏州水乡生态系统蜕变的一个重要原因是由于内外多方面因素使河流流速降低。常言道"流水不腐",苏州水务局全面启动换水工作,把城区河道分成九片,通过水的统一调度,引清冲污,加快水体置换的速度。只有这样才能真正恢复天蓝、水清、岸绿的古城水乡风貌。

给苏州城换水是苏州人民多年的愿望,但是水从哪里来呢?苏州水务局在水利部太湖局的统一部署下启动了西塘河引水工程建设。西塘河引水工程从望虞河东岸珠水桥港引长江水入苏州城区环城河,再通过疏浚,使环城区水质超过景观用水的Ⅴ类水标准。工程于2002年9月16日开工,计划总投资3亿多元,当时预计在2003年底完成。完成后可使水乡苏州干流水质接近意大利水城威尼斯的干流水质,真正恢复苏州"东方威尼斯"的称号。

(四)1.10元招来了三大路财神

人们不禁要问,苏州水务局做了这么多事情,哪里来的钱呢?尽管苏州的经济实力已雄踞全国地级市,但是各方面都要投资,苏州市有这么多钱吗?政府投资固然是苏州水务局资金来源的主要渠道,但是更为重要的是在统一管理下逐步形成的水务市场。

苏州水务局把苏州的污水处理费提高到1.10元/t,仅这一项政策就招来了三大路财神。把水费中的污水处理费提高至1.10元/t,这在以前是不敢想的,但水务局吃了这只螃蟹。令苏州水务局自己都大吃一惊的是,大幅提价后居然没有人来信置疑。

从水务局成立之初,我们就不断宣传这种理念:目前在北方面临的是缺水,还是提水价的选择;在南方面临的是用脏水,还是提水价的选择。什么是正确选择呢?显然,提价是正确选择,提水价不是加重人民负担。政府的职责就是引导人民做正确的选择,苏州人民的回答说明了我们政策的正确性。当然,提水价要适时、适地和适度。

污水处理费提高到1.10元/t以后,招来了三路财神。一是外资多次洽谈建污水处理厂,而且以BOT的方式签约;二是私人投资要建污水处理厂,甚至还要买老污水处理厂经营；三是苏州市水务局以排污费为抵押，银行竞相贷款。1.10 元招来了几十亿资金的兴趣。为什么呢？因为，污水处理的成本，包括建厂和运行在内，目前约为 1.00 元，1.10 元/t 的污水处理费，使得污水处理由政府投入的公益事业变成为微利的稳定市场，有了稳定的盈利，就有人投资。同时，污水处理费的提高，也以市场的手段大大促进了节水。

（五）统一管水以人为本

统一管水的目的是更好地为广大人民的利益服务，苏州市水务局在这方面为人民做实事。

1. 让苏州人民喝上好水

临苏州的东太湖水质是较好的，苏州水务局已经规划，一方面努力保护饮用水源区；另一方面把饮用水取水口向水质好的湖心地区延伸。

2. 让居民住到海平面以上来

苏州市北部是原吴县市撤市设区后新建立的相城区，原来吴县自来水管网不但很少，而且年久失修，居民大多饮用深井水，不但不方便，水质也得不到保证。同时，还造成了严重的地面沉降，使居民生活在洼地之中，几十年来随着地面沉降"窗框变门槛"，发生有些居民生活在海平面以下的奇事，该居民区不得不常年向外排水。

2002 年水务局全面实施北部区域供水工程，总投资 4.5 亿，目前已完成一级供水管网铺设 84.5 km，主干管到达相城区所有乡镇；二级管网 348 km，把水送到大街小巷；三级管网 2 750 km；把水送进每家每户。日供水 6 万 t，使相城区 38 万居民喝上了甘甜的太湖水，并且为全面禁采地下水，逐步恢复地下水，使居民重新生活到海平面以上来，创造了条件。

3. 一户一表工程

节水其实也是广大居民自己的要求，在提水价的同时，必须提倡和保证居民节水，这才是真正为广大人民的根本利益服务。苏州居民的一个老大难问题是一个居民楼单元只有一个总水表，吃"大锅水"，不但不利于节水，而且由此产生民事矛盾，以至纠纷不断。

水务局下决心实施"一户一表"的改造工程，决心对市区 23 万户居民实行水表出户改造，到 2002 年底已投入资金 3 000 万，改造了 4.2 万户，到 2004 年全部完成。

4. 苏州的河面为什么干净了

近年来，不但苏州市民，就是外来游客也感到苏州的河道太脏，有的地方不堪入目。2001 年作者来苏州就有亲身体验，连游客都掩鼻而过，生活在水边居民的难处可想而知。过去环卫部门尽了很大努力，但是都不能改观。

苏州水务局受市场运作的启发另辟蹊径，把全市 80 km 的河道分成 16 个标段向社会公开进行河道保洁招标，结果招标后 450 万的环境治理费，仅用了 360 万，就使得达到一、二类保洁河道标准的河面已经基本看不到漂浮物。

三、江浙边界水污染和水事矛盾

水质型水生态问题的解决只在一个小区域内进行是办不到的，必须修复整个水生态系统。2001 年 11 月的江苏苏州与浙江嘉兴边界水污染和水事矛盾发生，在水利部、国家环保总局和江苏、浙江两省的共同努力下得到解决。作者于 2001 年 10 月和 2002 年 3 月 22～25 日在江浙两省和水利部太湖局支持下两次实地考察，麻溪的水质已从第一次的劣Ⅴ类水，达到目前的Ⅲ～Ⅳ类，以人的感官都可以察觉，但能否保持令人担忧。

江浙边界水污染和水事矛盾的实质是对水的利用，即没取水，而是排污，非取水性利用，超过了本区域的水生态承载能力而产生的矛盾。水的超载利用将直接破坏水生态系统，影响可持续发展，降低国际竞争力。发达国家的经验表明，在人均国内生产总值(以下简称 GDP)从1 000美元到 5 000 美元的发展阶段，由于投资总额、投资强度、技术水平、开发能力和工人素质的限制，正是高耗水、高污染、低效益企业大上的阶段。长江三角洲、珠江三角洲和环渤海地区正处于这一经济发展阶段，加入世贸组织以后，一方面由于投资环境的改善，这类企业可能涌入我国；另一方面加入世贸组织后产地达不到 ISO 14000 的环境标准认证也直接影响我国产品的外销。

（一）江浙边界水污染和水事矛盾的启示

江浙边界水污染和水事矛盾不是一个偶然事件，它给予我们很多启示。

1. 仅仅排污达标已不适应，应该以法规界定排污权

当时江浙边界重要点污染源所在地苏州盛泽镇的人均GDP 已达 2 640 美元，污染产业形成规模，排污量达到 12.5 万 t/日，由于排污周期不与水生态系统的丰枯周期协调，在生产满负荷时，即使排污达标，也超过了当地的水生态承载能力。因此，必须计算排污河流麻溪水体的允许纳污总量，据此科学分配上下游的排污权(即水权)，使排污总量限制在当地的水环境承载能力之内，应立地方法规，依法行政。

2. 水功能区划分、排污口控制的规划已刻不容缓

事件发生的一个重要原因是排污口随意，而且集中设置，形成对生态承载力的集中冲击，无法利用水生态系统的自我修复能力，造成了水生态系统的破坏。调查表明，污水流动约 4 km，水质就大有改善，但麻溪水的正常流速极低，无法净水。因此，应通过科学计算，根据排污法规要求，修建工程使污水口远离并间隔排放，尤其要保证饮用水源功能区没有排污口。

3. 节水、中水回用提高水的利用效率

调查表明印染厂采用更节水的工艺是完全可能的。中水回用大有可为，现状盛泽镇排放的印染污水中主要污染指标 COD 达到 1 000 mg/L，目前处理达标后为 180 mg/L，将进一步降低到 120 mg/L。只要采用现代治污技术，降低到 60 mg/L 以下，就可以回用于印染生产，尽管一次性投入和运行成本都较高，但是还是大大低

于破坏水生态系统的环境成本。

4. 生态系统的保护和建设必须提到日程上来

事件表明，水体污染带来重大环境影响，麻溪流域污染严重，使得居民纷纷抽取地下水，形成了恶性循环，上下游都造成严重的地面沉降，普遍达到 0.6～1.2 m，这对平均海拔只有 3～5 m 的江浙边界地区已经十分严重，动摇了当地所有产业可持续发展的基础。水利部组织的引江济太实际上就是通过增加水量、提高流速来改善水质，提高水生态承载能力的重大生态措施。

（二）从加入世贸组织看江浙边界水污染和水事矛盾

江浙边界水污染和水事矛盾不是一个孤立的事件，在江浙两省、太湖流域以至我国沿海地区都不同程度地存在，不少由于尚未出事、双方处于同省和其他原因而被掩盖，因此它对于加入世贸组织后我国沿海地区的经济发展有着重大的警示和借鉴意义。

1. 沿海地区的产业层次提高和发展导向问题日益突出

事件发生的直接原因是当地污染企业集中，但苏州市的盛泽镇历史上就是中国的四大绸都之一，2001 年全镇 GDP 35 亿元，纳税 10 亿元，人均可支配收入 6 500 元，从业人员 20 万人，因此对盛泽的印染业简单地采用“关”的办法是不现实的，简单地限制盛泽的印染业也是不妥的。解决办法是什么呢？办法就是使盛泽印染产业升级，恢复其历史上生产世界最好丝绸的绸都称号。作者调查的一个生产长丝纤维的大厂，2001 年售价 4 万元/t 的长丝产品只占 40%，而售价 1～2 万元/t 的低档产品占 60%，提高产业层次的空间很大。盛泽印染业的前途是压产量，压用水；提高技术含量，提高附加值；而低档产品可以转移到其他水生态承载能力许可的地区，如苏北沿海地区，蚕茧运输并不困难。

2. 沿海地区的治污层次亟待提高

加入世贸组织后可能对我国沿海地区的水生态承载能力产生较大的冲击，因此，这些地区的治污思路宜改变，治污层次应提高，治污面应拓宽，要重视面源和内源污染的治理。

目前当地面源污染（约为总量的 40%）的主要来源是农业生产中的化肥、农药和养殖业，因此必须发展高效农业和养殖业的排泄物，在保证基本粮食产量的前提下，建立大粮食——食物（Food）概念，江南历史上被称为“鱼米之乡”，鱼为首。因此江南高效农业要以生产“高效食物”为主线，适当压缩污染/价值比高的粮食种植面积，适当发展污染/价值比低的养殖业。

与此同时，要重视内源污染（约占总量的 20%）治理，由于化肥的使用，挖河泥的农家肥不再使用，积在河中成为污染的内源，因此由政府清淤、调水、水土保持提高水生态承载能力已成为当务之急。

点源污染治理取得了不小的成绩，更为重要的是要提高处理层次，力争企业中水回用。做到这一点关键在于集中治污，集中治污不仅宜于采用高新技术，提高处理水平，而且由于规模化而降低投资和运行成本。以投资为例，污水处理规模从大到小，单位处理能力（t/日）投资可从 5 000 元降到 1 000 元，二级处理运行成本可从 2 元/t 降到约 0.3 元/t，基本上以 30 万 t/日处理规模为阈值，投资及运行费与处理规模成反比。

3. 高度重视沿海地区水生态系统的景观效益

到 2010 年，旅游及直接相关产业将成为世界第一大产业，“小桥、流水、人家”的江南水景观效益将在服务贸易方面产生巨大的经济效益。而今天“东方威尼斯”苏州的水乡景色已基本不复存在，苏州周庄和嘉兴乌镇等主要景点的水体都已超过Ⅳ类，水生态承载能力的破坏已极大地降低了水的景观效益，保护和建设水生态系统已经迫在眉睫。应继承我们民族的文化遗产，恢复江南水乡本来面貌，以高技术、高附加值、低用水、低排污的第二产业和高效的、生态观光农业支持江浙地区旅游业的发展和人民生活质量的提高。

4. 沿海地区城市化后应集中用水、集中排污的新趋势

2001 年苏州盛泽镇面积 118 km^2，户籍人口 16 万，加外来人口近 20 万，GDP 4.2亿美元，在欧洲已经是一个不小的城市，集中取水、集中排污等城市化问题已经十分突出。盛泽在行政建制上只是县级市吴江市的一个镇，虽然刚刚成立了环保支局，但从行政上看水资源统一管理的城市功能仍严重缺位，难以全面考虑水源地、供水、排水、治污和中水回用的规划和法规，事件的发生也有行政体制方面的原因。

第三节 “引江济太”修复太湖流域生态系统

“引江济太”试验工程是 2002 年 1 月 30 日启动的一项为太湖流域补水的生态修复工程，其主要目的是给流域水生态系统补充生态水，增强其生态承载力。

一、“引江济太”试验工程取得明显效益

太湖流域地处长江三角洲，流域面积 36 900 km^2。流域内湖泊河流密布，河道总长 12 万 km，超过 0.5 km^2 的大小湖泊有 189 个，其中太湖面积 2 338 km^2，是典型的河网密布的水乡地区。

据 2002 年统计资料，流域人口约 3 692 万，城市化率超过 50%，国内生产总值约 12 318.5 亿元，人均 GDP 已达 4 146 美元（人民币 34 000 元）。太湖流域地区以占全国 0.4% 的国土面积和占全国 2.9% 的人口，创造了占全国 12% 的国内生产总值；且近年来国内生产总值年增长速度均保持在 10% 以上。

但是，在经济发展的同时，对水生态系统污染承载力重视不够，太湖呈现了严重的富营养化状况。2001 年在国务院太湖水污染防治第三次会议上，温家宝总理提

出了水资源调度的“十六字”方针。“引江济太”试验工程就是在这一精神指导下开始的。

（一）改善太湖流域水质

2001—2003年的试验共引长江水约42亿m^3，最终流入太湖清水超过20亿m^3，增加了太湖的水量，改善了太湖及河网的水质。太湖实际上是一片湿地，年内水量变化很大，“引江济太”试验工程实施后，使枯水期流域河湖蓄水量增加了2/5，太湖及河网保持在3.0～3.4 m的适宜水位；同时，加快了水体流动。太湖水体置换周期从原来的300天缩短到250天左右。太湖富营养化面积已经由2000年的83%降低到2003年的70%，总磷浓度下降幅度达31%，Ⅱ～Ⅲ类水面积增加15%，在一定程度上修复了太湖生态系统。

（二）应急调度保障供水安全

2003年，太湖流域遭遇50年一遇的高温少雨天气，太湖流域在汛期实施了引江济太应急调度，这一果断措施改善了黄浦江上游取水口的水质，流域南部城市供水得到了保证。在2003年黄浦江发生重大燃油污染事故时，启动引水工程的太浦闸增加供水量，阻止油污影响取水口水质，保障了上海饮水安全。

（三）取得显著经济效益

据测算，“引江济太”试验工程的受益面积接近2万km^2，受益人口3 000万，每年避免的经济损失达10亿元人民币。

如果说上述这些是太湖水域得到的最直接效益的话，那么管理太湖水资源的人，获得了更大的收益，那就是工作观念的转变。过去水利工程主要用于防洪、供水，现在兼顾了生态系统；过去造坝建闸为了泄洪、挡水，现在利用它使洪水资源化、促进水循环。

二、“引江济太”经验的初步总结

温家宝总理指出：“实践证明，‘引江济太’对于改善太湖水质是一项行之有效的办法。要认真总结经验，及时解决调水试验中发现的问题，坚持采取节水、调水和清淤等综合措施，始终不放松污染源治理工程，从根本上解决太湖水污染问题。”

作者参与了引江济太试验工程的组织，在引江济太工程实施前后多次到太湖进行实地调查，引江济太的经验是多方面的。

（一）太湖水脏，需要以清释污

太湖多年平均总水量为60亿m^3，以40 m^3清水稀释1 m^3中等程度污水的水生态系统自净能力计，太湖每年的纳污总量为1.5亿t。但是，到2002年向太湖的排污总量已达50亿t，净污比已达1∶1的惊人程度，不仅为全国之最，在世界上也是少见的，因此，在全力治污的同时，增强自净能力必须增加清水，以清释污。引江济太调水试验，使太湖每年增加清水10亿 m^3，等于增加了0.25亿t的纳污总量。从长江流域向太湖流域每年引约20亿 m^3 水，使太湖流域增加了0.5亿t的纳污总量。

（二）太湖水少，需要以丰补枯

太湖流域以全国平均值计不是缺水地区，但用水太大，多年平均自产水资源量为162亿 m^3，但用水量已超过290亿 m^3，必须补水。同时，由于丰枯不均，在枯水期产生水生态系统危机，但排污并不减少，因此使水质更加变坏，引江济太调水试验在枯水期对补水起了至关重要的作用。

（三）太湖水要动，"流水不腐，户枢不蠹"

引江济太调水试验使太湖水流动速度增加，更替速度加快，活动范围加大，大大提高了水生态系统的自净能力，对于致使太湖污染的主要原因——富营养化有较大的缓解作用。

由此可见，引江济太调水试验是完全符合生态规律的。增加了太湖水生态系统的水量；增加了水的流动速度，缩短了更新周期；同时对自然枯水期进行了补水。这些措施都大大提高了太湖流域水生态系统的承载能力，而太湖流域的最大问题就是社会经济的发展速度与水资源的承载能力不匹配，因此，这是真正的生态建设。

三、建立流域循环经济体系，根本解决太湖水污染问题

然而，即使把年引江济太水量增加到现在的10倍，太湖水的净污比也只能达到2∶1，仍然远低于40∶1的生态系统自净能力要求。

如何彻底解决问题呢？唯一的办法就是在太湖流域建立循环经济体系。太湖流域2003年的城市化率超过50%，国内生产总值约9 940亿元，人均GDP约3 260美元。太湖流域的一般工业和生活用水量为70亿t/年（不包括工业冷却水），入河（湖）排污水量50亿t/年，污染物质COD排放量130万t/年。虽然流域用水效率在全国处于领先位置，但是与发达国家相比，还有很大差距。目前太湖流域万美元GDP用水量为2 689 m^3，是美国514 m^3 的5倍，是世界平均水平的2倍，是我国全国平均水平5 045 m^3（2000年数据）的1/2，太湖流域要持续发展，必须走循环经济的道路，建设节水防污型社会，把万元GDP用水量大幅度地降下来，把治污水平迅速地提上去。为此，要采取以下几项措施。

（一）制订太湖流域水资源可持续利用规划

太湖流域水资源可持续利用规划规定，到2010年，太湖流域国内生产总值翻一番，但用水量应保持现状而不增加，万元GDP用水量达到160 m^3 的水平，即北京2003年水平的1.5倍，全部污水应达到二级处理的水平，使排放后自净能力达到

10∶1,使太湖水质大大改观。同时要把中水回用率提高到100%以上,也就是使每立方米水都用两次,循环利用,真正按循环经济规律办事。

(二) 改革水务管理体制

"引江济太"试验工程如果只作为一项应急或临时性的调水工程是难以统筹解决太湖流域水问题的。作为一个长期运行的综合性工程,维持其运行的基本费用怎样解决?怎样管理?怎样统筹?不仅引江济太的长效机制问题,还有一系列的问题都只有通过涉水事务统一管理的水管理体制改革来实现。

1. 引江济太长效机制的建立

引江济太工程的长效机制建立在于一方面确定工程运行周期,核算工程和管理投入,另一方面定量分析这一工程的经济效益、社会效益和生态效益。本着基本上经济效益由受益方投入;社会效益由地方政府投入;生态效益由国家投入的原则,使工程成为有源之水,形成良性循环的运行机制。

2. 集中治污机制的建立

如前所述,太湖流域的污水要达到二级处理才能满足生态需求,而二级处理则是乡镇小污水处理厂所难以达到的,因此,必须统一建设适当规模的污水处理厂及相应的污水管网才能达到要求,而这种统一规划和统一标准建设,没有涉水事务统一管理是办不到的。

3. 中水回用机制的建立

污水处理以后,如果没有统一管理,也将无人回用,只有涉水事务统一管理才能使用户用中水,而且付费,形成水资源利用有偿的循环机制。只有这样才能保证污水处理厂运行费的来源,改变目前污水处理厂少开多停的现状。

4. 水资源相关法规执行机制的建立

水资源保护的相关法规如水功能区划和重大排污口设置的管理等已经建立,必须统一管理,才能统一执法,才能有法必依、违法必究、纠办必力,从而控制排污总量,使之小于纳污总量,还清太湖。

(三) 全面实施循环经济真正解决污染源的治理工作

太湖流域的水污染主要是由于当地的经济发展造成的,因此,只有太湖流域改变了最大限度地开发自然资源、最大限度地创造社会财富和最大限度地获取利润的传统工业经济指导原则,代之以最大限度地优化配置资源、最大限度地提高自然利用效率和最大限度地提高自然资源利用效益的循环经济指导原则,才能真正解决污染源的治理工作,从根本上解决太湖水污染问题,单纯地以水论水是难以解决问题的。

1. 大系统分析的原则

太湖流域要建立循环经济体系,必须在流域的大系统中分析问题,对污染源统一分析,以行政、经济、技术和生态的综合手段治理。否则不仅无法确定被治理系统的初始条件，而且在实际上会引起许多地区纠纷。如江苏和浙江嘉兴边界盛泽镇的水事纠纷就是一个明显的例子。大系统分析的必然结果就是加强涉水事务的统一管理。

2. 生态成本总量控制的原则

在大系统分析中必须坚持实行生态成本总量控制的原则，根据流域水资源量确定纳污总量，以排污总量为主的生态成本，必须限制在生态承载能力——纳污总量之内。同时，要严格执行取水许可、征收水资源费、建设项目水资源论证、水功能区划和重大排污口设置管理等一系列法规，为生态成本控制提供有力的保证。

3. 生产中资源循环的3R原则

太湖流域是我国发展程度最高的地区，全区域的生产活动必须遵循西方发达国家经过伦敦雾和日本水俣病等惨痛教训总结的资源利用减量化(reduce)、产品生产再使用(reuse)和废弃物再循环(recycle)三原则。

4. 尽可能利用可再生资源的原则

循环经济的目标就是尽可能使人类的生产活动依附于自然生态系统良性循环的基础之上，这一原则在太湖流域也很现实，如应尽可能利用地表水，严格限采地下水，不仅保护难以再生的地下水，而且防止地面沉降；再如，制作传统河湖淤泥有机肥替代化肥，不仅可以治理污染，而且可以减少化肥污染源。

5. 尽可能利用高科技的原则

太湖流域经济和技术发展程度较高，是全国最有可能采用用水、制水、输水、治污和回用高技术的地区，应充分利用信息技术的自动监测、新材料技术的分子筛技术等一系列高技术。

6. 把生态系统建设作为基础设施建设的原则

整个太湖流域河湖密布构成自然水网，随着人口的增加和生产的发展，尤其是城市化的进程，原有自然水网不得不改变。但是，如何使这种改变符合自然规律，而不凭人的主观意愿是最重要的问题，在太湖流域水网，生态系统的建设是比道路网、信息网更为重要的基础设施建设。

7. 建立绿色GDP统计与核算体系的原则

绿色GDP在国际上已经提了20多年，作者的第一篇相关文字至今已整整15年。目前看来，太湖流域是全国最有可能建立绿色GDP辅助统计指标体系的地区。简单地说，修复生态系统就是有效的治污成本应该是产值。

8. 建立绿色消费制度的原则

太湖流域也是我国居民受教育程度最高、文化最发达的地区之一，应该在全流域提倡绿色消费制度。使全流域居民以全面保护水资源、节约用水，加强水生态系统建设为荣；以各种形式的破坏水资源、浪费水和破坏水生态系统为耻。

第十五章　水库和电站工程建设

人类要利用水资源的水量就要修水库和渠道，要利用水资源的能量就要建电站和输电线路，这些工程都改变了水生态系统，或者说破坏了原始的水生态系统，但是，人类要利用资源，这是无法避免的。能够做到的就是使这些大工程对水生态系统的影响减到最小。

目前国际舆论最大的是修建大坝，以下分别讨论建坝修水库和建坝修电站的生态原则。

第一节　桂林兴建我国第一组生态水库——节水防污型社会建设

美国发行量第二大报《华尔街日报》记者问作者："您组织的桂林漓江水系规划的生态水库是世界第一个吗？"作者回答说："这样规模的、以生态系统修复为目标的水库据我所知是世界第一个；瑞士有，目标不太明确，而且规模小。"实际上，桂林漓江上游《广西桂林市防洪及漓江生态补水控制性水利枢纽工程》方案在 2003 年 11 月已经提出。

我们在 2004 年 1 月漓江水系规划中提出生态修复、防洪和发展旅游业多目标体系，其中生态修复是第一位的。而且第一次提出了修建水库的"以生态效益为目标，在科学发展观的循环经济思想指导下，生态规划、生态设计、生态施工、生态运行"的"五生"原则，在桂林节水防污型社会建设试点的漓江水系规划统筹考虑中，对拟建的漓江上游斧子口、川江和小榕江 3 个水库提出了更明确的生态目标，并据此进行了修改。目前这一规划已经完成。

一、什么是生态水库

当前，国际上不少人都把大坝、水库与破坏生态几乎画上了等号，因此，讨论什么是有生态考虑和没有生态考虑的水库是十分必要的。

（一）生态观念的变化

我们指的"生态"观点已经发生变化。

① 19 世纪海克尔提出的生态学，演变到今天已经从无人系统，发展到有人系统。在世界上已有 65 亿人，平均每平方千米 44 人，在人类可能居住地区的平均值已达到近百人。在这种情况下，人与生态系统的关系和有人生态系统的研究已成为主流。

② 生态系统研究的目的就是系统中人、其他生物和无机环境的动态平衡，从而实现系统中协调的可持续发展。

这个平衡是函数的、复杂的、周期和动态的平衡，而不是算术的、简单的、瞬时的和静态的平衡。

③ 生态系统的研究应该以最新科学成果系统论、信息论和控制论为指导，全面、统筹地分析问题。

（二）人类活动使自然生态系统失衡

自然生态系统严重失衡后断续发展的现象是存在的，如冰河时期的物种灭绝，这种剧变的周期的长度从几万年到几十万年。我们目前处在自然可持续发展的周期，这正是人类得以产生和发展的根本原因。在自然可持续发展的周期内，也会出现或大或小的失衡，但都可能限制在自然生态系统的自修复能力之内。

随着人类的产生、发展直至今天，自然生态系统日益加剧的失衡主要是新因子——人类活动造成的；当然，不排除短时间的、局部的失衡是由自然造成的，如洪灾、地震等。

举一个例子就可以说明这个问题，在200年前，即工业革命完成之前，大部分地区水是清的。那时自然界的食物链循环使污染物很少排出，人类生产活动主要是传统农业，基本附着在自然循环之上，排除的废物在生态系统的自净能力之内，因此山清水秀。今天污水横流，主要是现代工农业生产的排污总量大大超过40 m^3 清水净化1 t中等污水的自净能力。

（三）生态水库

无论是自然还是人类的活动引起生态系统的变化，都既可能对其动平衡有利，又可能有害。如河流形成入海口三角洲冲积平原这一自然变化，适于人类居住、生产，大大提高单位面积的人口生态承载能力，就对大系统的平衡有利。其实在最古老猿人头骨发现地——肯尼亚的东非大裂谷，正是由于降雨减少，森林面积锐减这一自然变化，猿人需要直立行走和劳动取食，才从猿到人的，显然，这一地区恢复原有森林面积，反而是破坏了今天的生态平衡。

修水库一定会改变生态系统，但并不一定不利于生态系统的动平衡和可持续发展，关键在于人类以什么样的指导思想、在什么地方、以什么样的方式，修什么样的水库。完全可能建设“生态水库”。

我们在桂林漓江修的水库就是要生态规划、生态设计、生态施工、生态运行，从而产生生态效益，因此它是生态水库。

二、漓江上游修库补水的生态需求

桂林以上漓江干流总长105 km，集雨面积2 762 km^2，主要由干流上游六洞河、川江、小榕江和桃花江等较大支流组成，其集雨面积为 1 970 km²，占上游总积雨面积的 71%。桂林市区以下至阳朔 86 km 江段是桂林漓江景区，以秀甲天下闻名于世，是仅次于北京、上海和西安的外国游客在我国的第四位选择。2002 年接待境内外游客分别为 997 万人和 98 万人。旅游总收入 49.33 亿元，占桂林全市国内生产总值的 14%；如果考虑到拉动产业，则约占桂林国内总产值的 1/3。

桂林地区平均年降雨量高达 2 000 mm，但年内分配极不均匀，80%集中在 3～8 月的 6 个月中，9 月至次年 2 月的半年仅占 20%。漓江年平均流量为 133 m^3/s，多年平均最枯流量仅为 10.8 m^3/s。

（一）漓江补水的直接生态需求

漓江断流自古有之，但近年由于人类活动大量取水而显著加剧，人工补水是生态需求。目前桂林以上漓江总取水量常年维持在 9 m^3/s 以上，为解放初的 6～8 倍，使漓江在枯水期基本断流。

同时，在漓江枯水期，除游客减少带来的排污减少外，占主要部分的其他排污量不变，因此枯水期漓江污染严重，没有足够的水量冲刷，将积累成本底污染，逐渐形成污染的内源，估计将在 10～20 年内使千年清江变浊，彻底破坏漓江水生态系统。巴黎的塞纳河、伦敦的泰晤士河和莱茵河的德国段，在形成污染内源后倾力治理了 30 多年，至今水体仍在Ⅳ类，塞纳河中至今基本见不到鱼，不宜游泳，这些都给漓江敲响了警钟。

人们搬离桂林漓江流域是不可能的，唯一的解决办法是在达标排放，污染处理的前提下修水库给漓江补水，恢复和加强漓江自身的冲刷、稀释等生态修复能力。在枯水期应至少达到 50 m^3/s 以上的流量。

（二）漓江补水的间接生态需求

在 83 km 的旅游航程中，漓江每年平均有 5 个月仅能通航 10～20 km，不仅大大减少游客和旅游收入，还极大地影响了旅游声誉。世界著名旅游胜地如巴黎、威尼斯和新加坡等地都是全年适游，桂林有同样的气候条件，却成了季节性旅游地。据估计修库给漓江补水后可使直接旅游收入翻一番，使得已有强烈生态保护意见的桂林市政府有动力实施我们协助制订的水资源和生态保护规划。

（三）防洪也是维系生态系统平衡

桂林漓江流域集水量大、高程差大、降雨集中、控制工程不足，历史洪峰最高流量达 7 810 m^3/s，平均每两年发生一次灾害性洪水，1949 年和 1998 年大洪水不仅破坏水生态系统平衡，而且都使桂林市区近一半面积受淹，1998 年受灾人口 48.8 万，直接经济损失达 21.6 亿元。

按目前规划，在上游修库与原有水库联合调度，可使桂林市百年一遇洪峰流量从 7 090 m^3/s 削减至现有防洪堤安全泄洪量 4 850 m^3/s 以下，补堤修库结合可使桂林市的防洪能力达到百年一遇，维系生态系统平衡，保障人民生命财产安全。

三、水库的生态规划

所谓生态规划就是以修复被人类活动改变的生态系统为目的，尽可能扩大对生态系统的正效应，尽可能减少和补救对生态系统的负效应。人类活动加剧漓江断流，就应修库补水修复生态系统。拟在漓江干流六洞河上修斧子口水库，多年平均生态补水量为1.37亿m^3，在支流川江上修川江水库，多年平均生态补水量0.67亿m^3；在支流小榕江上修小榕江水库，多年平均生态补水量1.11亿m^3；专门为漓江生态系统补水。加上原有以灌溉为主要目的的青狮潭水库可用生态补水量0.98亿m^3，总计生态补水量可达4.12亿m^3，可以使漓江枯水期流量达到60 m^3/s以上，实现生态补水复流，使枯水期流量增大5倍。但规划要全面考虑各方面的生态因素。

（一）以生态保护旅游区将移民负效应减到最低

移民是修建水库最大的间接生态负效应，大量移民无论是就地上靠还是迁至他处，都给新地区带来了很大的生态负效应。但三库地区移民量很小，总计5 541人，而且全部下撤在生态保护旅游区安置工作。

三库兴建后在上游形成600 km^2的生态保护旅游区，下撤5 541名农民全部在就近村落安置，加上安置后被占地农民共6 000人，其中劳动力全部转为保护区职工，共约3 500人，保护区平均6人/km^2，符合国际标准，每年尚可接纳游客328万人/天，在桂林形成第二旅游区。即使上客率只有50%，年营业额可达6亿元，足以使3 500人就业并大大提高他们的生活水平，而且可以还贷；同时，使上游地区得到更好的保护。

（二）蓄水后流速变化，影响水质

水库修建后，在非泄水期，下游流速会有所降低，水温升高，影响水质；但是因为三河高程差均较大，下游河流仍可保持较高流速，影响不大。水库蓄水存在水温升高水质变差的情况，但因为是秋冬，实测水温可维持在8～12 ℃，对水质影响不大；而且库区居民全部迁出，污染源消除，正负可以相抵。

（三）淹没森林引起的大气变化

任何库区如淹没森林，树木由于浸泡而死亡，非但无法进行光合作用吸收二氧化碳、释放氧气，反而释放有害气体，是国外修水库的大问题。但三库地区淹没森林面积很小，总计为30 km^2，且已规划在放水前全部砍伐，可把这种负效应减到最小。

（四）对洄游繁衍渔业的影响

水库修建截断洄游繁衍鱼类通路，引起物种灭绝的影响，也是修水库的重大负效应。三库工程影响到倒刺鲃、白甲鱼和密鲴等几种鱼类，用在坝侧修鱼道的方法解决。

（五）泥沙问题

筑坝使库区泥沙淤积，下游泥沙量减少。三库地区由于植被和土质的原因泥沙含量很少，漓江素以水清见称，这个负效应很小。斧子口、小榕江和川江水库在运行30年后淤沙分别占死库容的32.3%、37.0%和27.7%；水库分别在运行90年、80年和105年后死库容才被淤满。

（六）对自然与人文景观的影响

修库蓄水后改善了自然景观，水淹的只有茨林口遗址一处古迹也已列为专项搬迁。

（七）可能引起的地质灾害

据地质分析建库可能引起的大规模滑坡等地质灾害的可能性极小。

四、水库的生态设计

在水库容量、功能和保护区设计上都本着生态的原则。

（一）水库取水量小于年径流量的40%，可减低生态负效应

修坝蓄水的最大直接生态负效应在于大量取水以后，径流量变化，下游地下水位降低，以致植被减少或消亡。据作者在联合国工作时多案例统计分析平均值，取水小于年径流量40%则不致对生态系统有大影响，斧子口、川江和小榕江3个库取水（指蓄满库容的高限）分别为39%、36%和31%。加上库区地处降雨量高达2 000 mm的地区，负效应更小。

（二）水库生态补水功能

3个生态水库与一般水库不同之处在于除泄洪外，还要向下游正常输水。设计了多条输水通道，尽可能减少下游河道水量的生态影响。

（三）采用涵洞连接三库

为增强旅游功能，使三库相连是必要的，但通路不采取盘山路，以涵洞相连，可最大限度地减少植被破坏；保持库区生态系统原貌。

五、水库的生态施工

目前出现一种偏向，对兴修水库有两种极端的做法，一种是一概否定；另一种是一经批准就不文明施工，当然更谈不上生态施工了。不文明施工完全没有生态考虑，任意修临时施工道路，任意扩大施工面，破坏植被、堵塞河道，其实这些问题都是可以通过生态施工来解决的。

对三库的建设，提出文明施工的具体要求：

（一）尽可能少修临时施工道路

施工应尽可能利用原有道路，或兴修规划中的道路，一举两得；尽可能减少单纯为施工修的道路，保护植被。

（二）尽可能减少作业面

不能一批准施工就满山乱挖，应规定相应作业面的大小；妥善处理碎石，严禁堵塞河道，以上都写入招标条款，违者罚款。

（三）彻底清理库区

在施工中要彻底清理库区，清除废弃的村庄和砍伐的林木等一切内污染源。

第二节　云南横断山三江流域水利用的资源系统工程分析

2004 年 5 月 19 日云南省省长徐荣凯在“云南横断山三江流域水利用的资源系统工程分析”上做出了批示：“非常感谢吴司长写出三江并流这么高水平的文章，感谢吴司长的支持。”

云南横断山的河流不仅集中有我国前十条大河中的三条，而且河流自然形态独特，因此开发利用方式也会与其他地区有很大区别。尤其是目前对水电开发有很大争议，值得认真研究。

作者考察过世界的主要大江大河，也到过地球四大自然奇迹，即西藏高原、美国和加拿大之间的尼亚加拉大瀑布、东非大裂谷和美国的科罗拉多大峡谷。作者认为云南横断山的金沙江、澜沧江和怒江三江流域被称为第五大奇迹是当之无愧的。三江并流被列入联合国世界自然遗产名录，香格里拉的神秘传说举世瞩目就说明了这一问题。

作者到达横断山的三江流域时深切地感到自然的震撼力，三江之水以几十米的落差飞流而下，犹如一条巨龙劈开了千山万仞，奔腾不息，峡谷连着峡谷，险滩接着险滩，真是鬼斧神工。如果说科罗拉多大峡谷也有这般气势的话，它却只有一条河；而这里是三江并流。科罗拉多河地处荒原，降雨量不到 200 mm，河谷植被稀疏；而三江流域降雨量在 600～1 500 mm，整个河谷郁郁葱葱，是世界独特的自然景观。虽然经多年破坏，河谷内外原始森林已十分少见，但生态恢复的生机尚存，只要认识到位，措施得力，在 10～15 年内让世界认识这第五大自然奇迹的可能性是完全存在的。

一、云南横断山三江流域概貌和特点

云南横断山地区自西向东排列主要有怒江、澜沧江和金沙江三条河流。

（一）河长和年径流量都在我国名列前茅

① 金沙江是长江上游，发源青藏高原，经云南境流入四川，在云南石鼓断面年径流量为 416.0 亿 m^3。

② 澜沧江在我国境外称湄公河，发源于青海唐古拉山北麓，经青海西藏入云南，又从云南西双版纳州勐腊出境，多年平均出境流量 738.1 亿 m^3。干流全长 2 153 km，流域面积16.4 万 km^2；其中云南部分干流长 1 170 km，流域面积 9.2 万 km^2。

③ 怒江在我国境外称萨尔温江，发源于西藏北部唐古拉山南麓安多县，从云南潞西出境入缅甸，多年平均出境径流量 709.7 亿 m^3，我国境内干流长 2 020 km，流域面积 12.6 万 km^2；云南境内长 619 km，流域面积 3.4 万 km^2。

（二）三江地貌特殊

三条江并流，其中两江最近距离仅 20 km，在大约 200 km 内三江河最长距离不过 80 km，顺横断山峡谷奔腾而下，落差很大，蕴藏着丰富的水能资源，但地处高山深谷，难以将水用于农业灌溉。上游地区三江并流，已于 2003 年被列入联合国教科文组织的世界自然遗产名录。金沙江石鼓以上段落差达 3 000 m；澜沧江在我国境内总落差 4 583 m，其中云南部分总落差1 780 m；怒江在我国境内总落差 4 848 m，其中云南部分落差 1 131 m。这些河流的支流落差几乎都在 1 000 m 以上，有着丰富的水能资源。

（三）三江流域都是经济不发达以至贫困地区

金沙江上段（石鼓以上）流域，2003 年国内生产总值仅为 9.8 亿元，人口约 30 万人，人均 GDP 约 3 000 元。云南澜沧江流域 2003 年国内生产总值为 290.0 亿元，人口 600 万，人均 GDP 4 830 元。云南怒江流域 2003 年国内生产总值 105.2 亿元，人口约 290 万，人均 GDP 3 630元。三地区均在全国于 2003 年已达到的人均 GDP 小康标准 1 000 美元的一半左右，是我国最贫困的地区之一。

二、发展水电是地区经济发展的必然选择

三江流域水能资源丰富，又是贫困地区，水能资源的开发利用是必要的，但是如何因地制宜地统筹人与自然和谐发展是问题的关键。

（一）取用水量很低

云南境内澜沧江流域取用水总量 21.9 亿 m^3，仅占年径流量的不到 4.0%；人均综合年用水量 369 m^3，为全国平均水平的 88%。云南境内怒江流域取用水总量为 8.4 亿 m^3，仅占年径流量的不到 3.0%；流域人均综合年用水量 288 m^3，仅为全国平均水平的 69%。金沙江流域的这两个指标都更低。

（二）提高水利用率可能性不大

维系河流流域良好生态系统的最高取水率为40%以下，而三江流域仅为4%以下；而且三江流域人均用水量都低于全国年均水平，存在有水不用的状况。因此，提高用水率发展经济是必要的。

但是，三江流域高山深谷，受土地资源和水位太低的局限没有大规模地发展农业的可能；"地无三尺平"，只有小坝子，也没有发展中大城市的可能性，取用水率难以提高。

（三）三江流域无法发展航运业，旅游业也难以大发展

三江落差大、河窄、流急、湾多、滩险，大船无法长距离通航，难以发展航运业。第二次世界大战时，在我国抗日的最紧要关头，急需盟国从缅甸运输物资，也只能沿江修滇缅公路，而无法利用水运。

三江有较好的气候和自然风光，海拔也不太高，现在又有了世界自然遗产。但是，陆路交通不便，旅游点之间又相距太远，利用水资源大规模发展旅游业在近期也是不可能的。

（四）其他产业也难以发展

三江流域也没有大宗的易于开采的矿产资源，开发矿业没有条件；三江流域又属于科技和教育较落后地区，目前更没有可能开发高技术产业。三江流域不发展不仅不符合当地人民的利益，对国家来说也不符合统筹区域发展的科学发展观和可持续发展原则。

综上所述，目前三江流域利用资源发展经济的必然选择是水能资源，就是以占全国1/5的水能资源开发水电。

三、三江流域的水电开发必须遵循"四生"原则

三江流域发展的必然选择是开发水能资源，但是，如何做到人与自然和谐呢？就在于是以传统工业经济破坏生态系统的指导思想开发，还是以循环经济依附于自然循环基础之上的指导思想开发；在于能否以资源系统工程学为指导，大系统统筹开发；具体到水电开发，问题就在于能不能遵循"生态规划、生态设计、生态施工、生态运行"的"四生原则"。如果做到了，就有可能取得生产发展、生态保护和国际和谐的三赢。而不应该走要么禁止开发，要么放任开发两个极端。

（一）生态规划

所谓生态规划就是在规划大坝水库项目时，就要以生态学的理论为首要指导思想。具体原则如下：

① 全年各时段（尤其是枯水期）由于梯级电站滞水后产生的河道流量减少应在15%以下。

水资源利用对河流的最大生态影响在于改变河道的水流量，从而影响流域地下水位和植被系统。梯级电站滞水后河流流量减少控制在15%以下，加上其他生产取用水量4%，总量在20%以下，据作者参与制订的联合国有关标准，不致产生较大的生态影响。这是梯级电站规模和级数规划的限制条件。

三江流域降雨量的年内分布极不均匀，5～10月的雨季占总降雨量的75%以上，因此枯水期的河流生态系统维系值得高度重视。

② 尽可能减少耕地淹没和移民人口。

目前三江流域总人口为920万，按目前规划建库移民28.8万人，占总人口的3.1%；耕地总面积约为2 800万亩，淹没总面积为46.4万亩，占总耕地面积的1.7%，以上都在生态允许范围内，即便移民等量开荒，对整个生态系统也不致产生大扰动。

但是，必须妥善解决移民，尤其是少数民族移民安置问题，关键是安置后移民的可持续发展能力。例如，使移民就地上移开荒，不但破坏植被，而且会由于使之在更恶劣的条件下生存，从而降低其生活水平和可持续发展的能力。如果能投入补偿，结合政策扶持发展旅游业，就会收到好得多的效果。这种措施应列入规划，增加规划的生态有益性。

③ 对三江并流世界自然遗产及其他文物的保护。

作者曾任世界文化与自然遗产委员会中国委员，为保护三江并流世界遗产，应尽最大可能不建或少建电站，保留一段原生河流，维护国家声誉。此外，对金沙江虎跳峡和我国古代通往缅甸和印度的通道等自然和文化遗迹的保护方案也都应列入规划。

④ 建库后水流变缓，降低水生态系统自净能力的对策。

建库后水流变缓，会降低水生态系统自净能力。尽管三江流域排污较少，水流量大，仍应在用水价格中包括生态补偿，所得资金专款专用于污水处理厂建设，尽量维系自然生态系统。

（二）生态设计

所谓生态设计就是要在大坝设计中，以具体设施落实规划中的生态原则。

1. 蓄水水位

三江流域大面积森林在海拔较高地区，据实地观察淹没面积不大，因此带来的陆地动植物物种影响也很小。即便如此，仍应结合实地情况，适当考虑蓄水水位的设计，取得经济效益和生态影响的平衡，尽可能减少生态影响。

2. 修建鱼道

要修建鱼道保证下游河段筑坝拦水对洄游鱼类的影响。例如在澜沧江下游，有洄游鱼类，筑坝拦水将影响这些鱼类洄游，应在坝上设计修建鱼道保证鱼类洄游。

3. 排　沙

横断山区自然条件山高坡陡，暴雨集中，水库建设后将使河流冲沙能力降低。

对策是一方面应在设计中考虑排沙设施；另一方面应在用水价格中包括生态补偿，所得资金专款用于区域植被建设，减少沙土流量。

（三）生态施工

所谓生态施工就是在施工中以尽可能地维系生态系统为原则，文明施工。

① 尽可能减小施工面，尽可能减少植被破坏。施工中的渣土必须集中运走，不能因散落再造成大植被破坏面积的扩大。作者在金沙江时，已看到施工中的碎山成扇面而下，将虎跳峡几乎填埋，令人痛心。

② 施工中尽可能减少修建新设施。例如运输要尽可能依托原有土路，少修新路；同时，尽可能少建施工临时房屋。作者在金沙江时就看到为施工另修新路，满坡碎石滚向江中。

③ 在合同条款中就规定施工单位在施工前清理以森林为主的库区植被，在交工时拆除临时建筑，并恢复植被或为此做出补偿。

（四）生态运行

所谓生态运行就是在水库完工后的发电运行时，要按生态原则进行。

① 确保鱼道等生态维系设施的正常运行。

② 确保枯水期时河道中下泄的水流量。

③ 在运行中调水排沙，减少沙在水库和天然河道中的淤积。

以资源系统工程学为指导实施“四生原则”，就可以科学地建设新型水电站，促进当地经济发展，尽可能减少负面的生态影响，修建生态型水库。

第十六章　按生态学原理建立水务局管理城市水资源

作者分别于 1999 年 2 月在陕西，4 月在美国图森，5 月在北京，8 月在黑龙江，9 月在巴黎和德国，10 月在深圳，11 月在天津考察了这些国家和省市的城市水务管理体制。

随着人口增长和经济社会发展，水资源在世界范围内已成为稀缺资源，水资源这种稀缺资源的优化配置是可持续发展的重要内容。因此，以工程建设为主的工程水利向以资源优化配置和环境生态平衡为系统目标的资源水利转变势在必行。资源水利的分析基础是以流域为系统，对大气水、地表水、地下水和污水进行系统分析和统一规划，在此基础上科学地开发、利用、治理、配置、节约和保护。因此，一些发达国家已提出应该把历史上以战争为基础的省区界线改为以流域划分。

联合国组织近年来一再强调大城市水资源是世界水资源问题中的重点，而管理又是城市水资源问题的核心。我国京津沪 3 大直辖市都是缺水地区，北京、上海属人口压力缺水地区，北京人均水资源量不足 300 m^3，上海人均水资源不足 200 m^3，天津更属于生态缺水地区（即自然水生态不平衡），人均水资源仅 153 m^3，都属于极度缺水。3 大直辖市地域狭小，仅是河流流域的一部分，都要依靠外来水源。北京、天津周边地区水资源都十分紧缺；上海境内虽有滚滚长江水流过，但水质取决于上游，水质型缺水问题已很严重。要解决京津沪可持续发展的水资源保障问题，建立以流域统一管理为指导思想的水务局城市水务管理体制，从而在城市中实现工程水利向资源水利转变是当务之急。

第一节　建立水务局的生态学原理

水务局就是在城市区划内防洪、水资源供需平衡和水生态环境保护的城乡统一管理体制的执行机构。国际上普遍认为现代城市要建立统一管理的道路网、电力网、绿网、水网和信息网 4 大网络，水网是至关重要的一环。这种管理体制的科学基础是水生态系统以流域为基础的系统管理思想，发达国家城市大多建立这种机构管理城市水资源，取得了好的实践效果，例如巴黎对水事务的统一管理被认为是世界上最好的，得到联合国的肯定和推荐。我国深圳市 1991 年闹水荒直接经济损失达 12 亿元，1993 年又发生涝灾，直接经济损失14 亿元，自借鉴香港经验 1993 年成立水务局以来取得了很好的效果。1996年陕西率先开始城乡一体化的管理体制，洛川县城日供水量从800 t增加到4 000 t，年水费收入由20万元增加到100万元。黑龙江自1999年推行水务局体制，已经取得积极成效。

一、城市区域不是流域，为什么要由水务局来管

目前国内外城市区划都不以流域为基础，而目前行政管理以行政区划为基础。法国议会甚至讨论：过去的行政区划考虑的是战争，以河、山分界，今后应改为以流域分界。

但是水生态系统是按河流的流域划分的，因此，在行政区划内尽可能大的范围内按流域统一管理水资源是现代资源系统工程管理的基本原则。

二、为什么在城市区域内要城乡一体化统一管水

水生态系统是按流域划分的，而不是按城乡划分的。城市是人工生态系统，大多不能构成自已独立的水源和排水系统，况且从未来趋势看，大城市区划内城乡一体化是必然趋势，水是联系城乡的纽带，更要一体化管理。

从水资源系统来看管水就是3件大事，防洪，保证水资源供需平衡，保护水生态系统，从这3件大事来看都需要城乡一体化统一管理。

防洪显然需要城乡一体化管理。

当前城市范围不断扩大，和几十年前不同，北京、上海和天津的主要水源地都不在城区，仅从水源地保护和供水来看，就必须城乡统一管理才能保证供需平衡。

城区地域狭窄，人口密集，不能构成科学的水生态系统，更谈不上生态平衡，必须城乡一体化考虑。北京和上海的上游污染都触目惊心，如果上游污染治理和本地治理水平不在一个数量级上，显然是事倍功半，或根本达不到目的。因此不仅要城乡一体化管理，还要在此基础上统一与上游省区协调修复水生态系统。

三、水务局归什么口和名称并不是问题的核心

目前困扰各城市成立水务局的重要问题是归水利口、归农口、归城建口、还是归计委口，这并不是问题的实质，可以因地制宜处理。当务之急是依法、依政府定方案进行水资源的统一管理。名称也不是主要问题，目前国际上(如德国、荷兰)也有称为水务委员会(water board)的，下设行政机构统一管理。

第二节　目前大城市水资源管理的现状

当前在北京、上海和天津的水资源管理状况都是“多龙管水，政出多门”，如北京是水利局、地质矿产局、规划局、公用局、市政工程管理处和市环保局六龙管水；天津是水利局、公用局、市政局、地矿局和建委五龙管水；“水源地不管供水，供水的不管

排水，排水的不管治污，治污的不管回用”；工作交叉，责任不清；政企不分，效益不佳；缺水由谁负责？水源和输水污染找谁？地面沉降如何解决？污水处理厂没有运行费怎么办？问题成堆，主要如下。

一、多“龙”管水，人为地增加市政管理的难度

有的城市往往一件事涉及几个部门，涉及两个主管口，一位副市长定不了，就得两位副市长协商，甚至要常务副市长或市长出面协调。同时，也无法实现现代化的水资源网络联合调度。

二、没有人对供需平衡负责

① 京津沪供水水源地（或流域集雨面积）主要在上游省区，多“龙”管水，谁负责和上游省区统一交涉保证水源的质与量，谁负责补足京津沪可持续发展的供水缺口（如北京到 2005 年遇一般枯水年缺水 5.4 亿 m^3）。由于多“龙”管水的现行体制，北京在专家讨论时曾有过“北京不缺水”的看法，实际上是北京原始生态不缺水，但人口压力造成了缺水。关键是没有统一管理，因此难以从水资源系统及其与社会经济发展系统之间关系来认识和研究水资源问题。美国的图森市处于最缺水的亚利桑那州，由于水生态系统定位准确并实行统一管理，就保证了水资源的供需平衡。

② 多“龙”管水难以统筹，产生一系列问题。如从防洪考虑当年当然是弃水保安全，来年可能大旱自然不是当务之急。而深圳的统一管理，不但考虑工业供水重复利用率，使得 1998 年特区万元工业产值耗水仅为 7 m^3，而上海为 29 m^3，北京达 41 m^3（均不含火电），同时，利用海水就达 35.82 亿 m^3。

三、难以真正节水

多“龙”管水实际上政企不分，“卖水的自然想多卖”，“水价不到位，谁也不在乎跑冒滴漏”，谁能真正负责节水和中水回用。据调查，统一管理后，通过联合调度和厉行节约，北京每年至少可节 4 亿 m^3 水，接近 2005 年的缺口；天津可节 1 亿 m^3 水，正是 2001 年可能发生的急缺。

四、无法有效地控制污染

控制污染的基本原理是污染总量不能大于由江河湖库本身决定的纳污总量，而目前纳污总量（是依水量的变量）由水利部门定、排污总量（是依生产周期的变量）由环保部门定，谁对枯水期排污高峰造成的水质急剧恶化负责。广东统筹规划，统一决策，建了东深供水工程，在外部治理不达标的情况下再处理，目前给香港和深圳提供了合格用水并取得很好的经济效益。

五、无人负责河道污染积累和地面沉降等生态问题

治理污染目前只是考虑减少现有污染量，但谁对已经积累的本底污染和由此产生的二次污染（在发达国家已成为最重要的问题）负责呢？发达国家现在都被河湖清淤（如莱茵河）所需的巨额投资困扰，我们一定要防患于未然。由于地下水超采引起的地面沉降也是同样的问题，北京市地下水下降漏斗面积不断扩大，漏斗中心已逼近东郊使馆区。天津塘沽的部分地区已低于海平面。这不是成立一个“控沉办”能解决问题的，不统筹解决水资源供需平衡，局部超采地下水就难以避免。与此同时，有的问题却管不到点子上，北京有人提出某段河道砌衬破坏了生态，其实生态是个系统平衡的观念，局部河道是完全可以根据节水和清污的需要，砌衬的出现这样的质疑也是没有统一管理的缘故。国外不少大城市都有大段河道砌衬，只要保证大系统生态平衡就可以了。

六、无法建立统一的管理法规

东京、巴黎和柏林的经验都证明，由于水资源分属不同部门管理，很难出台统一的水资源管理法规。即使出台了，也因无执法主体而无法有效实施。

七、无法定出合理的水价

目前各城市都在提水价，20 世纪 50～60 年代巴黎和目前北京、上海处于同一发展阶段时，水价提高 10%，就节水 5%。但是究竟提多少？提价后各部门如何分配？谁保证在提价后给用户提供更好的水？不统一管理，这些问题都无法解决，各大城市群众都自备水源就是明证（其实，自备水源不仅是不经济的，也是不科学、不卫生的，而且使水价提高）。如果在水价提到国际等比价（水价/月工资）以上，没有改善水质，仍需要各户自备水源，群众当然不会满意。如果把目前 3 大市机关单位和群众自备水源的总投入用于治水，就可能像发达国家一样做到自来水达到饮用标准，也可以考虑建立饮用水专供系统。例如仅 2000 年北京市城镇户口的203 万户居民中，大约有 1/3 家中有净水器，加上各种办公场所 10 万台，每年花在饮水上的钱就有 5 亿元，买的纯净水和矿泉水还不算在内。

八、部门之间的协调是成立城市水务局的难点

在国外也曾经发生这种情况。水资源统一管理的基本原因就是水资源是短缺资源，因此要像建在稀缺的土地资源上的道路网一样，必须统一管理，否则其结果必然是水资源短缺加剧而无人负责，制约社会经济发展。

九、现有人员是否能担当这一重任

在国外也同样曾被这一问题困扰，但这一问题可以通过人员重组、选拔、招聘、培训来解决，已经被国际经验所证明。

十、尚没有现行法规供水务局执行

这一问题也曾在国外存在。这是一个鸡生蛋还是蛋孵鸡的问题，看来还是水资源短缺产生了水务局这只鸡，由它去生法规这个蛋。

第三节　成立水务局管什么

成立水务局就是要对水资源实行统一管理，为城市可持续发展提供水资源保障：不仅包括持续的水资源供需平衡，也包括抵御突变破坏——防洪，还包括生态系统的维护与修复。

一、水务局的管理机制

在统一管理的前提下，水务局要建立 3 个补偿机制：谁耗费水量谁补偿；谁污染水质谁补偿；谁破坏水生态系统谁补偿。同时，利用补偿建立 3 个恢复机制：即保证水量的供需平衡，保证水质达到需求标准，保证水生态系统的承载能力。水务局就是这 6 个机制建设的执行者、运行的操作者和责任的承担者。

二、水务局的职责

这 6 个机制就是建筑在人与自然和谐的理念之下和修复自然生态系统的原理之上的。人的生产和生活破坏了自然生态系统的平衡就必须通过理念更新，行政管理和市场作用来恢复平衡，修复自然生态系统，而在初期，行政管理是起决定性作用的。

水务局是城市可持续发展水资源保障的责任机构，水资源相关法规的执行机构。自来水厂、污水处理厂等单位则根据缺水程度等具体情况，可以是公用事业机构也可以是水务局宏观调控的企业。水务局按资源系统工程的矩阵法（如图 16－1 所示）进行管理。

图 16－1 左方是需求方，包括工业、农业、生活、环境和生态用水，其中环境和生态用水是作者提出的新概念，环境用水是人类生存环境的需求，而生态用水是维系生态系统水平衡的需求。图 16－1 右方是供给方，包括大气水（主要是雨、雪、霜、露）、地表水（来自江、河、湖、库和湿地）、地下水（又分易补给的浅层和难补给的深层）、再生水、浅化浮水和调水，大力利用再生水，使用水形或循环也是作者大力提倡的，作者认为浮水浅化是解决人类水问题的根本出路，而跨流域调水应是有限的。

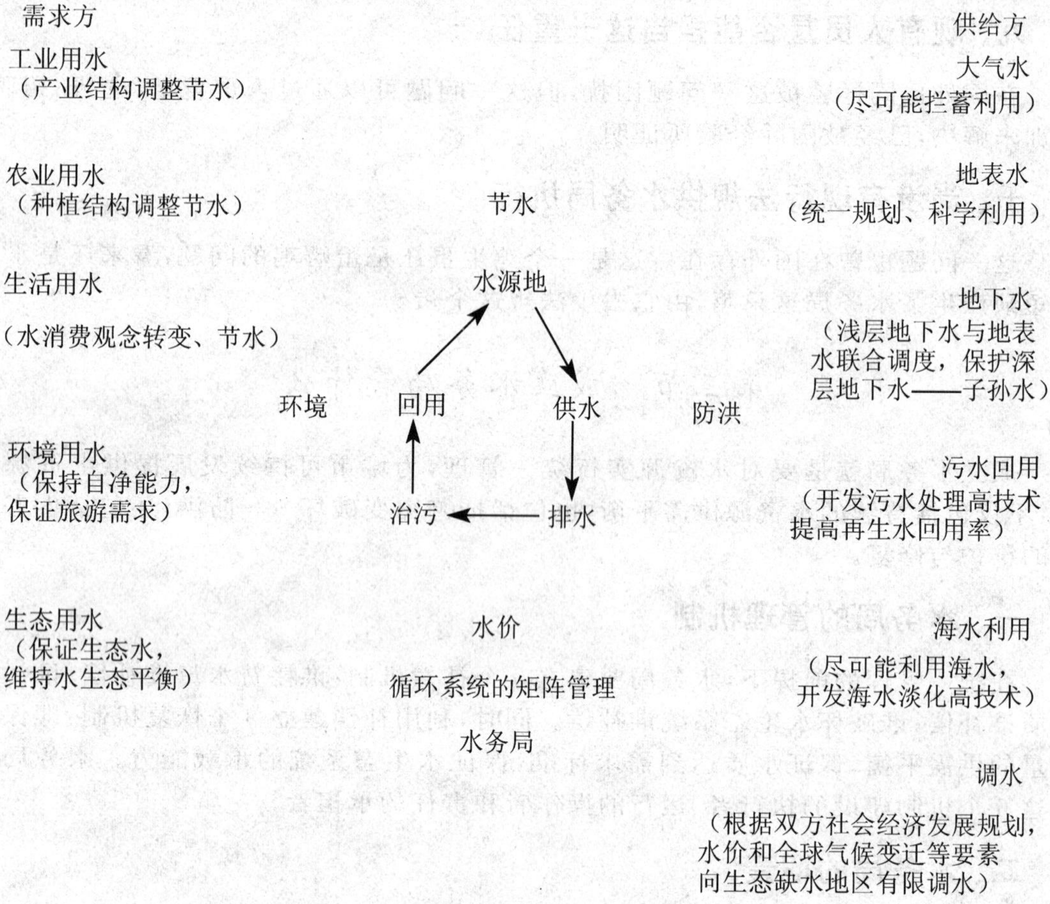

图 16－1　大城市水资源供需平衡系统

图 16－1 中居于中部的水务局则应按上述指导思想以节水、防供、保护水环境，建立合理水价的改革，工程经济和生态手段，使人类用水构成从水源地到供水、到排水、到治污、再利用再生水的循环，与自然水循环合谐，这就是水务局的深层管理。

水务局局长对市长负责，对城市水资源统一调度，保障可持续利用和发展。具体职责如下。

1．水源地的建设与保护

负责本地水源地的建设与保护，负责监测上游供水的水质与水量，负责提出与上游水源地优势互补，共同可持续发展的方案。

2．供水（输水）的保证

负责市内输水沿线的水质、水量监测与保护，保证达到水质要求的水量进入自来水厂。

3. 排水的保证

保证城市排涝，保证污染物达标排放后进入河道或污水处理厂。排水是供水的延伸，供水和排水统一管理是现代化城市水管理的基本经验。

4. 污染处理

根据污染总量系统布局建立污水处理厂，并根据水供需平衡有偿提供达标的再生水，提高污水利用率，使污水处理厂经济自持运行。大力开发治污技术，尤其是生物治理等高技术。

5. 防　洪

堤防建设达标，洪水年根据来年水平衡综合考虑决定弃水量。还应考虑在保护水源地的前提下，提高水库的经济利用效率。

6. 水环境与生态

依据水功能区划分要求，保护水环境，对航运、旅游、养鱼等所有改变（破坏）水环境的活动建立补偿恢复机制。

7. 节　水

制订行业、生活与环境用水定额，使之逐步达到贫水国际大都市标准，大力开发节水技术，尤其是高技术。

8. 水资源论证与环境影响评价

对市内所有重大项目和工程进行水资源论证和水环境影响评价，据此发放取水许可证，不达标的一票否决。

9. 水　价

适时适度提出水价调整方案，做到优水优价、累进水价、不同用途不同价格。其中主要考虑水资源费、自来水厂成本利润、节水投入和污水处理厂运行费用。以水价为杠杆调控水资源优化配置。

10. 依法行政

及时提出水资源管理的法规或条例草案，重点在于适度的罚则，经人大或政府批准后依法行政。

"水务局"是一种管理体制，能承担上述统一管理职能的实体就是水务局，形成"一龙管水，多龙治水"的局面才能法规配套，有法可依；执法明确，有法必依；机构合理，执法必严；具有权威，违法必究；责任到人，纠办必力。具体机构设置完全可以因地制宜。

第四节　全国水管理体制改革

自 1999 年作者倡导水务局的水管理体制改革以来，截至 2004 年 3 月 31 日，全国成立水务局及由水利系统实施水务统一管理的单位共计 1 239 个，占全国县级以上行政区总数的 52%。在全国 31 个省级行政区中，除西藏外，已有 30 个省、自治区和直辖市开展了水务管理体制改革。

一、全国城市水务管理，水务局新体制近半

全国成立各级水务局共计 947 个，占全国县级以上行政区总数的 40%。其中省级水务局 3 个，为北京市、上海市和海南省；副省级水务局 5 个，分别为深圳市、武汉市、西安市、哈尔滨市和大连市，占全国副省级城市总数的 33%；地级水务局 105 个，占全国地级行政区总数的 32%；县级水务局 834 个，占全国县级行政区总数的 41%。

水利系统实施水务统一管理的单位共计 292 个，占全国县级以上行政区总数的 12%。其中地级 17 个，县级 275 个。详情见表 16－1。

表 16－1　全国水务管理体制改革最新进展情况表

（统计资料截至 2004 年 3 月 31 日）

序号	省（自治区直辖市）	已成立的各级水务局			实行水务统一管理的水利局		地级以上水务局（括号内为实施水务统一管理的地级以上行政区）
		省级（副省级）	地级	县级	地级	县级	
1	北　京	1					北京市
2	天　津		8				大港区、汉沽区、塘沽区、武清区、宝坻区、蓟县、宁河县、静海县
3	河　北		8	125		28	承德市、沧州市、张家口市、邢台市、衡水市、廊坊市、唐山市、秦皇岛市
4	山　西		5	33			太原市、朔州市、长治市、运城市、大同市
5	内蒙古		8	66		1	包头市、呼和浩特市、阿拉善盟、兴安盟、乌海市、巴彦淖尔盟、通辽市、乌兰察布盟
6	辽　宁	1	3	9		2	大连市，抚顺市、本溪市、朝阳市
7	吉　林		1	2		4	白山市
8	黑龙江	1	13	79			哈尔滨市，齐齐哈尔市、牡丹江、佳木斯市、大庆市、绥化市、伊春市、鹤岗市、双鸭山市、黑河市、七台河市、鸡西市、大兴安岭地区、农垦总局
9	上　海	1	10				上海市，浦东新区、闵行区、嘉定区、宝山区、南汇区、奉贤区、松江区、金山区、青浦县、崇明县

续表 16-1

序号	省(自治区直辖市)	已成立的各级水务局			实行水务统一管理的水利局		地级以上水务局(括号内为实施水务统一管理的地级以上行政区)
		省级(副省级)	地级	县级	地级	县级	
10	江　苏		3	31		1	苏州市、宿迁市、淮安市
11	浙　江		1	6			舟山市
12	安　徽		8	40			淮北市、阜阳市、亳州市、合肥市、巢湖市、宣城市、池州市、芜湖市
13	福　建			12		15	
14	江　西		3	42		1	萍乡市、景德镇市、吉安市
15	山　东			72		12	
16	河　南		1	22	9	75	周口市、济源市、信阳市、商丘市、漯河市、南阳市、焦作市、新乡市、鹤壁市、安阳市
17	湖　北	1		19	1	2	武汉市、随州市
18	湖　南		1	12			岳阳市
19	广　东	1	4	28			深圳市,珠海市、云浮市、茂名市、河源市
20	广　西			12	3	21	北海市、贺州地区、贵港市
21	海　南	1	2	19			海南省水务局,三亚市、海口市
22	重　庆				1	11	黔江区
23	四　川		1	26			绵阳市
24	贵　州			4		28	
25	云　南		2	58	1	1	曲靖市、文山州、保山市
26	陕　西	1	5	26	2	62	西安市,榆林市、渭南市、铜川市、商洛市、杨凌区、宝鸡市、汉中市
27	甘　肃		4	45		1	甘南州、平凉市、庆阳市、张掖市
28	青　海		8	33		4	西宁市、海东行署、海北州、黄南州、海南州、海西州、果洛州、玉树州
29	宁　夏		4	13			银川市、石嘴山市、吴忠市、固原市
30	新　疆		2			6	乌鲁木齐市、克拉玛依市
31	西　藏						

续表 16-1

序号	省(自治区直辖市)	已成立的各级水务局			实行水务统一管理的水利局		地级以上水务局(括号内为实施水务统一管理的地级以上行政区)
		省级(副省级)	地级	县级	地级	县级	
合计	31个省(自治区、直辖市)	8	105	834	17	275	全国已成立各级水务局及由水利系统实施水务统一管理的单位共计1 239个

二、北京市水务局保证北京奥运供水

2004年2月18日,中央编制委员会办公室以中央编办复字[2004]31号文批复,同意撤销北京市政府水利局,组建水务局,明确水务局业务上接受建设部、水利部、环保总局的指导。2004年3月13日,北京市人民政府办公厅印发《关于组建北京市水务局有关事宜的通知》(京政办发[2004]15号),明确北京市水务局的主要职能是在承担原北京市水利局全部水行政管理职责外,承担北京市城市供水、节水、排水与污水处理方面的工作,以及规划市区内地下水的开发、利用和保护工作等职责。

到2008年北京奥运会止,北京水务局成立4年来成绩斐然,主要表现在:

① 以水资源供需平衡的应用系统分析,在北京连旱9年、密云水库储量近危险点的情况下,保证了北京和奥运的供水。

② W_1 生态修复的指导思想,在全国率先开始城市水系的构建,本来城区基本无河的北京形成了"三环清水绕京城,百顷碧波变生态"的新局面。

③ 以循环经济的指导思想构建了北京水产业环,成立了供水公司、排水公司等一系列水务公司,使水生产循环依附于水的自然循环。

④ 以资源循环的指导思想,大力推行再生水回用,2008年北京再生水回用达6.2亿t,占北京供水的17.6%。

第五节 苏州市水务局给我们的经验、思考和启示

自2001年5月到我们去考察,苏州市水务局才成立了两年多,做了这么多事情,取得了有目共睹的成绩,使苏州水乡变了样。苏州的经验究竟给我们什么启示呢?其中最为重要的是水务局这种水生态系统新管理体制对于这些成绩的取得有哪些独特的优势呢?

一、苏州水务的经验

两年来的苏州水务为我们总结了许多经验，前面分析工作成绩时已经谈到，这里仅对水务局成立前后作一比较。

（一）科学管理是遵循自然规律的管理

水是一种自然循环的资源，从大气水到地表水再到地下水形成循环，而地表水又按流域形成循环。人类自用水以来就把河流既当自来水管又当下水道，这在人口密度小、经济不发达、排污量极小的时代，可以利用水生态系统的自净能力，维系平衡。但是，在苏州排污量超过了自净能力，这样做就已经严重违反自然规律了。所以取水的水源地和排污的排污口必须统一管理，否则就自食“污果”了。

苏州水务局以东太湖水质好的区域作为自来水厂水源地，全面规划污水处理厂和重大排污口的设置等规划和做法，在水务局成立之前，是很难真正实施的。使污水管网进入到每家每户更是想了多年而没有做到的事情。

（二）资源系统工程管理是真正治理污染的前提

要想真正恢复江南水乡，就要真正治理污染，把污染总量控制到生态系统的自净能力之内。部门分割管理只可能各提各的标准，但无法控制总量，心中无数，没有人对整个水体质量的恶化承担责任。苏州水务局以供水量为总量，努力使污水处理能力达到日供水 45 万 m^3 的总量，做到污水“滴水不漏”，同时考虑到“天降污染”——雨污水的处理，这个突破部门管理、堵住一切漏洞的大思路是苏州水真正还清的前提。

如果部门分割管理，仅考虑排放达标，污水处理能力达到规范排放的污水总量的 70%，苏州水乡还是难以恢复的。如果部门分割管理，也不可能提出到 2010 年苏州排污总量基本不增加，而国内生产总值再翻一番的要求；即使提出数字要求，也无法制订行业和产品的、切实可行的排污量标准。

二、苏州水务的经济思考

涉水事务既有极强的公益性，又是个不完全市场。国家不可能把本来可以推向市场的部分包起来，不仅财力达不到，还有推诿扯皮、效率低和效益差等许多弊病。只有统一管理才有可能对公益部分和市场部分做出合理划分，制订不同政策，而分清水资源的公益职能和市场运作是保障最广大人民根本利益的前提。例如，水资源地保护就应该由政府，而不是由任何公司承担；自来水管网和污水管网的建设有相当的公益性质，政府就应该投资或给以补贴，为广大人民利益，加快其建设速度；对于自来水厂和污水处理厂可以市场运作，但政府应该调控水价、监测水质保证广大人民的根本利益，应该形成一个政府严格监管、实行准入制度的规范市场，不能自由竞争，这些通盘考虑都是分割管理做不到的。

前面提到仅污水处理费提高到1.10元/m^3这项政策就使水务市场大大扩展。同时，自来水价的相应提高，也使自来水厂的建设成为有源之水，更为重要的是，提价后要为人民供更好的水。2.5元/m^3的总水价、水价提高的幅度、自来水费和污水处理费之间的比例等都是统一管理才能做得到而且做得合理的。

三、苏州水务的启示

两年来苏州的水务同时又给我们许多启示。

（一）循环经济修复水生态系统理念的贯彻

苏州水务局的统一管理给循环经济理念的贯彻提供了必要的保证，能突破水圈，在更大的范围内考虑问题。例如，目前污水处理厂对污水处理后所余污泥的处理是个很大的问题，即使深度填埋也会污染地下水。最好的办法是焚烧，这样不仅是完全处理不留后遗症，还可以产生热量发电，目前巴黎利用垃圾和污泥焚烧发的电量已占巴黎用电的1/3。但是，焚烧污泥发电不仅需要更大的投入，就连发出的电如何上网都是问题，显而易见，不统一管理是无法解决的。而统一管理就是解决这些问题，走上新型工业化循环经济的途径。

（二）深化水务体制改革，充分发展水务市场

苏州的水务市场形势已经很好，但还要深入发展。例如处理的中水如何回用。2003年苏州水价已高达2.50元/m^3，一般家庭的水费已在30～50元/月。如果利用再生水，即使定价为1.00元/m^3，也使整个苏州市每年节约至少1.5亿元，这个收入在回报经营者的投入和利润后，可以使整个苏州市水价每立方米降低0.30元。

英国伦敦的水价就是在水务改革中提升以后，通过规模经营和中水回用后又降低的。

（三）向“节水就是防污”理念的转变

依靠循环经济的理念，要贯彻节水就是防污的治污观点。为什么半个世纪前苏州水乡清澈见底呢？就是因为人口少、经济不发达、用水少、排污少。今天苏州人口多了，经济发达了，按照节水就是防污的新理念，仍可以减少水的用量。

到2010年GDP翻一番，苏州还要建至少40万t/日的污水处理厂，再投入10多个亿资金不说，还要在寸土寸金的苏州占用至少20 km^2土地。如果到2020年GDP再翻一番呢？几乎不堪设想。

因此，在用水呈线性增长的时候，就应该再提水价。这不是增加企业负担，而是减轻企业负担。因为，过多用水就会过多排污，国家就要征高税用来投入治污，同时企业多用水也增加水费负担，实际上是双重负担来支持高耗水的落后生产力苟延。

（四）水务产业链提升水务产业在循环经济中的地位

在传统工业经济的观念中，人们把水产业看成国家投入多，而直接产出少的产

业，甚至是无产出的公益事业。在循环经济的生态系统理念中，这种观念必须改变，通过防洪设施建设和水环境整治改变水生态系统的环境效益，直接拉动了相关区域的地价，形成了产业链，水环境整治产生的地价效益应部分返还水环境整治的投入。要改变政府投入，房地产业赚钱的畸形现象，不但使水生态系统建设成为有源之水，而且使投资房地产收益合理化，防止形成房地产泡沫的恶性循环，助长提高生态效益的循环经济。

同时，如果按水的生态循环市场化并延长产业链组成生态共生体企业，如图 16-2 所示。

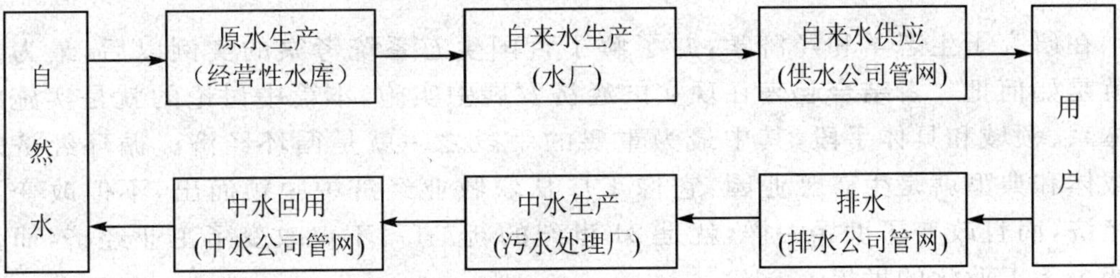

图 16-2　水产业链的封闭循环图

在提高水价（含污水处理费）的基础上出现了新的结果。水源公司（国有企业或实行严格的市场准入）向自来水公司出售原水，经费成为“有源之水”，可以用来涵养水源的水量、保护水源的水质。自来水厂可以营利，改善设备，提高自来水的质量。供水公司为提高输水率必须修复旧漏的管网，实现节水。居民由于水价的上升和节水意识的提高而切实节水。排水公司由于要把收集的达标排放的废污水卖给污水处理厂而尽可能多地收集污水。而污水处理厂由于可以把处理后的再生水按质论价地卖给中水用户而尽可能多地、尽可能好地处理污水。中水公司一般可以用自来水价 1/3 以下的价格将再生水卖给适宜的用户，因此将尽量铺设中水管网来扩大营业额，获取利益。

这一构成循环的水产业突出地显示了循环经济产业循环的好处：

① 首先是保证了缺水地区居民的自来水供应，并提高了水质，符合以人为本的循环经济发展的基本原则，至于提价带来的问题可以随着收入的提高和采取特殊补贴的办法解决。

② 其次是节约了水资源，保证了水资源的可持续利用，减少了污水，提高了污水处理水平，给居民提供了更好的水环境。

③ 最后是建成了水循环企业，是水经济发展，创造了更多、更好的财富，同时安排了大量人员就业。

自 2002 年起苏州和北京先后按这一原理进行了成功的产业重组，对还苏州水乡天堂和保障北京绿色奥运都起了重大作用。

第四篇　生态系统修复的执行者——生态工业园

在研究了生态学和经济学，并了解了百国生态系统考察的实例以后，最为重要的就是如何把二者结合起来在现实的经济发展中实施，本篇中讨论的就是实施的指标体系、领域和具体手段，其中最为重要的手段之一就是循环经济。循环经济的最佳载体和典型就是生态工业园，它像工厂从农牧业经济中脱颖而出，不但改变了农业经济，而且改变了世界一样，就是 21 世纪的新工厂，不仅改变了工业经济，而且将改变今天工业化的世界。

第十七章　生态修复的统计指标体系

任何一种经济统计指标体系不仅是经济状况的晴雨表，而且起着导向的作用。其实发达而规范的农业经济也是有统计的，中国清朝就对粮食产量有准确而持续的统计。

在工业社会中，国内生产总值（GDP）就是目前各国沿用的了解和指导经济发展、迄今为止的最好的统计指标体系。

但是，国内生产总值的经济统计指标体系只考虑社会产品这种财富，所以对在生态修复的新活动——也是经济活动中，要建立生态修复统计的指标体系，而且需要有新的理论——第二财富理论。

第一节　第二财富——生产的另一个目的

从亚当·斯密开始的西方经济学都认为，生产只有一个不变的目的——创造财富。1776 年斯密发表的《国民财富的性质和原因的研究》就是这一思想的代表作。

一、新的财富理念

除了社会产品以外，还有另一种财富，这就是自然生态系统本身，不但生产加工就是财富，其被破坏后再人工修复就是增加了财富。

（一）什么是财富

斯密认为，财富的源泉是劳动，通过劳动生产出人们所需要的物品。因此得出经济学要研究的只有 3 个基本问题："生产什么与生产多少"、"怎样生产与如何生产"和"为谁生产"。简而言之，解决的是"财富的供给与需求"的问题。

什么是财富呢？西方经济学中指的是经济财富，或者称为经济资产。在农业经济中是粮食、牲畜、家具、衣服、食品、房屋、水渠和道路；在工业经济中是面包、牛奶、香肠、衣服、皮鞋、家具、收音机、电视机、房屋、公路、铁路、火车、轮船、高楼大厦、纺织厂、钢铁厂、汽车制造厂、化工厂、火电厂、水电厂、运河、水库和高速公路；在后工业经济中又出现了计算机、音响、核电站、太阳能转换器、风力发电站和宇宙飞船等。这些都是通过劳动创造的人类所需求的物品。除了宇宙飞船等极少数物品以外，都是满足人类生活直接需求的物品。

新循环经济学中要提出一个新财富的概念，或者称为"第二财富"，这就是所有上述社会财富寓于其中、人类赖以生存的生态系统，是自然财富，或者称为自然资产。西方经济学只把自然财富视为资源，认为通过劳动才能满足人类的生活需求。其实自然生态系统本身就满足了人的生活需求。举一个简单的例子，在原始森林中迷路的人可以捡掉在地上的野果充饥。如果自然生态系统这种财富被毁灭，人类会面临与粮食被烧光同样严重的生存问题。例如，我们在一个缺水的城市建设了四环路、五环路，建设了 100 座高楼大厦，如果在几十年后，由于不断地超采地下水，造成日益严重的河流断流、湖泊萎缩以及湿地干涸，以致最终出现荒漠化，那么所有的环路和大厦的价值都将为零。因此，生态系统是财富的基础，是同等重要的财富，这也是新循环经济学与西方经济学最大的差异。

（二）修复和维系生态系统是生产的另一个目的

新循环经济学也认为，发展经济的目的是创造财富。但是，其认为财富有两种：一种是社会财富，另一种是自然财富；生产既要创造社会财富，也要修复和维系自然财富；两者相辅相成，缺一不可。人类创造更多的社会财富用来满足生活的要求，也使自己有能力修复和维系自然财富，同时，可以更多更好地利用自然财富来创造更多更好的物质财富。

因此，新循环经济学认为，恢复和维系生态系统也是生产的目的。现行经济理论认为，产品生产是经济发展的唯一目的，对于生产发生污染的治理，对于资源被破坏的恢复，对于生态系统蜕变的补偿，都是附加物，都是软约束；后来，认识提高到不能以牺牲环境为代价来发展。认识是逐步深入的。在今天，应该认为对生态系统的恢复和维系也是生产的产品，并且要建立绿色GDP的指标体系予以度量，将生态恢复提高到与产品生产同等的地位。

二、绿色GDP计算公式

通过循环经济方程的平衡来维系生态系统，其实施需要建立绿色GDP计算公式。

按照循环经济的观点，在理论上工业排出的污染及其给自然资源和生态系统带来的负值(即破坏)应该为零。但传统工业经济生产与这一理想假设的差距是巨大的，所以应该统计自然资源和生态系统破坏的成本，即GDP的负值把GDP负值考虑在内的GDP核算，称为绿色GDP。

在经济与生态的复合巨系统中分析投入与产出关系，以循环经济的观点就要考虑资源耗减成本、环境污染成本和生态破坏成本。关系为

绿色GDP＝GDP－(资源耗减成本＋环境污染成本＋生态破坏成本)

在这里，由于几乎所有资源都是有价的，资源耗减成本已经计入经济生产成本。当然应该特别注意，许多资源定价太低，考虑得不充分，如中国的水价等。

环境污染成本可以视为污染治理的投入。

生态破坏成本可以视为生态修复的投入。

所以，可以得出“绿色GDP＝GDP－(治污投入＋生态修复投入)”这个简化公式。尽管它不够完善，有一定误差，但就目前而言，绿色GDP并不是不可以核算的。当然要据此核算绿色GDP，首先是参照本书的第十八章内容，建立更为详细的统计指标体系。

目前我国防治污染的环境总投入已达到国内生产总值的1.29％。如果企业只赚钱，治污由国家承包，就难以实现循环经济。以水污染为例，作者实地考察过张家口市的一个合资制药厂，其工业增加值和利税在这个经济不发达的市举足轻重，因此让从事过工业生产的外行都看得出来：无法达标的治污方案都能够通过。该厂得以批准建立、投产运行，结果果然污染超标，亡羊补牢。由于上述原因，该厂还受到地方保护，仍在运行。这种情况，绝不是特例。如此下去，污染怎么能不加剧，下游怎么能不受害？

如果建立了负国内生产总值的参照体系，从工业增加值中减去测定的与污染总量相当的负工业增加值(这种折算体系并不难建立)，原则上可以使负国内生产总值作为排污的补偿税(费)。建立了这一体系，地方政府就不会对建设负工业增加值高的厂有积极性；外商知道了我国的新法规，也不会投资这样的项目。即便有的厂能够建立，投产后既无高工业增加值可统计，又无利税，地方也不会再保护它。这样就可能从根本上杜绝新的大污染源的产生，并有效制止污染的反弹。

上面建立的由资源节约投入、污染治理投入和生态修复投入创造自然财富的概念就是绿色 GDP 投入产出的基本概念。应用上述概念就改变了传统西方经济学总供给的公式。

传统西方经济学总供给公式为

$$AS = I_1 + I_2 + I_3 + I_i$$

式中：AS 为总供给，I_1 为第一产业增加值，I_2 为第二产业增加值，I_3 为第三产业增加值，I_i 为总进口。

新循环经济学总供给公式为

$$AS = I_1 + I_2 + I_3 + I_i + I_p + I_R + I_e$$

式中：I_p 为污染治理的投入；I_R 为资源节约的投入；I_e 为生态建设的投入。

又有

$$Gg = I_p + I_R + I_e$$

式中：Gg 为绿色 GDP 较 GDP 增加的部分，为有效污染治理投入的环境改善产出，有效资源节约投入的维系生态系统产出和有效生态建设投入的生态系统修复产出之和。

新循环经济学的总需求公式为

$$AD = C_u + G_u + F_i + I_e + R_e$$

式中：AD 为总需求，C_u 为个人消费，G_u 为政府的商品和劳务开支，F_i 为固定资产的购置，I_e 为总出口。R_e 为环境与生态修复的开支，即广大群众对生存环境改善的需求。

因此，新循环经济学的总供给与总需求均衡有

$$I_1 + I_2 + I_3 + I_i + Ip + I_R + I_e = C_u + G_u + F_i + I_e + R_e$$

以税收和行政等手段，限制以不可再生资源为原料的一次性产品生产与消费，如旅馆的一次性用品、餐馆的一次性餐具和豪华包装等，促进一次性产品和包装容器的再利用，也是绿色 GDP 的内涵。

自 20 世纪 90 年代中期以来，欧美的四星、五星级高档宾馆已基本废弃了房间中的一次性用品，以持续使用的固定肥皂液、洗浴液容器来替代。相反，一些低档宾馆为招揽顾客反而使用一次性用品。“高档”和“低档”在一次性用品这个问题上真倒过来了。用一次性用品是因为他们不懂循环经济和环保，是档次低。一些国家还为此立法，如瑞典在 1983 年制订的《铝质饮料瓶循环利用法》。可以估算一下，仅我国的宾馆一天一换的一次性用品的浪费就是惊人的，无意义的豪华包装更带来巨大浪费，应该立法改革。

同时，一些发达国家还以循环经济的思想为指导，使用可降解一次性用具。如瑞典在 20 世纪 80 年代末就试制马铃薯和玉米制的一次性快餐盒，可以食用，废弃后也很快自然降解。政府对这种循环经济产品免税，使之可以参与市场竞争。

第二节　绿色GDP统计指标体系

有了绿色国内生产总值(以下简称绿色GDP,GGDP)的计算公式,当然要有绿色GDP的指标体系,而该指标体系的建立在国内外被认为世界性的难题。其实,发展中国家的后工业化实质上主要是循环经济化,其GDP统计已带有很大程度的绿色GDP性质;发展中国家如果选择创新的循环经济新型工业化道路,其绿色GDP统计指标体系也是可以建立的。"十一五"规划以科学发展观为指导在这方面进行了突破性的尝试,试用新循环经济学的理论予以分析。

按照循环经济的观点,从理论上说工业排出的污染及其给自然资源和生态系统带来的负值(即破坏)应该为零。但传统工业经济生产与这一理想假设的差距是巨大的,因此,如果按传统西方经济学的理论统计自然资源和生态系统破坏的成本,这一成本几乎是任何一个企业都难以支付的,换句话说,就是使几乎所有企业破产。如何解决这一问题呢?应该按新循环经济学的理论承认第二财富,就是说生产创造了社会财富,而对环境的治理和生态的修复则创造自然财富。如果一个企业只生产产品,那它就只创造社会财富;如果它也参与资源节约、污染治理和生态修复,那它就也创造了自然财富。

一、绿色GDP考虑自然财富的增量

新循环经济学认为生产有两个目的,既创造社会财富,又修复自然财富。考虑绿色GDP,就要考虑创造自然财富的3个新生产成本,一是资源节约的成本,二是污染治理的成本,三是生态修复的成本。按新循环经济学的观念,这些成本的投入创造了自然财富,绿色GDP等于社会财富的增量和自然财富的增量之和,改变了亚当·斯密认为"国民财富就是一个国家所生产的商品总量"的传统西方经济学理论。

(一)达到提高资源利用效率的指标相当于创造自然财富

达到《国民经济和社会发展第十一个五年规划纲要》(以下简称《"十一五"规划》)规划中资源利用效率提高的约束性指标和预期性指标,节约了自然财富,相对于传统的增长模式而言,形成了自然财富的"增量",等于"创造"了自然财富。这一自然财富的增量目前可以用达到提高资源利用效率约束性条件的投入来度量。

《"十一五"规划》提出了未来五年经济社会发展的主要目标,根据全面建设小康社会的总体要求,"十一五"时期要努力实现资源利用效率显著提高。规定单位国内生产总值能源消耗降低20%左右,单位工业增加值用水量降低30%,农业灌溉用水有效利用系数提高到0.5,工业固体废物综合利用率提高到60%。前两个是约束性指标,也就是一定要达到的;后两个是预期性指标,也就是力争达到的。达到这些指标的投入,原则上就是"自然财富增量"的度量。

（二）环境污染的治理相当于自然财富质与量的提高

环境污染的治理相当于自然财富质与量的提高，目前，国内外多家权威机构估计我国环境污染给 GDP 带来 4%～6%的损失。也就是说，社会财富 9%的 GDP 增长率，实际上只有3%～5%。对于污染治理的有效投入，就是减少这部分损失，使 GDP 实际增加，或者说使绿色 GDP 增加。

以水污染治理为例，如果城市排放的劣Ⅴ类废污水处理达标到Ⅳ类水，就可以提高水的质量作为城市景观用水，改善城市水环境，增加城市的自然财富。北京目前就将以中水用于城市景观用水的更替，保证良好的水环境，增加城市人工生态系统的自然财富。而这一财富的增量可以由中水的价值来度量，如北京有 4 亿 m^3 经处理的中水回用，中水价格 2 元/m^3，即创造了 8 亿元的自然财富。

（三）生态建设维系和增加自然财富

2000 年作者曾主持制订了《黑河流域近期治理规划》和《塔里木河流域近期综合治理规划》，这是我国最早的、有投入并限期完成的生态治理规划。这两个规划的目标都是为了河流不断流，从而保护沙漠中的沿河绿洲。而河流能否不断流，取决于河流的下泄水量和流域的地下水位，这都是自然财富，这些自然财富的维系可以由对河流下泄水量的保证与对地下水位降低的遏制来度量，为达到这些目标的投入，就是自然财富的产出。

例如，《黑河流域近期治理规划》投入 23 亿元，达到了维系黑河下游绿洲、保持黑河下游地下水位和局部地恢复已干涸近 30 年的东居延海的目的，则这笔投入就是自然财富的产出。

二、绿色 GDP 统计指标体系

综上所述就可以得出绿色 GDP，即 GGDP 的统计指标体系，它分为 3 个部分。

（一）人居环境改善产出的度量

人居环境改善的产出原则上等于污染治理投入的有效部分，即通过治理使大气、水体和固体废物处理等相应指标有提高的投入部分。应根据环境标准建立子指标体系，予以定量衡量。

（二）维系生态系统产出的度量

维系生态系统的产出原则上等于有效地实现能源、水和原材料等资源利用效率提高的投入。应建立子指标体系，根据以后每个五年规划的预约性和预期性指标建立子指标体系定量衡量。

（三）修复生态系统产出的度量

修复生态系统产出的度量原则上等于由于生态建设投入而产生的生态系统有

效恢复。主要依据地下水位的恢复、森林覆盖率的提高、草原牲畜承载力的恢复和矿山复垦建立子指标体系定量衡量。

当然，在建立这种绿色GDP统计指标体系的初期，对于GDP的绿色增加部分非但不能课以税收，国家反而应该按适当比例降低原GDP部分的国税，作为对增加国家自然财富（地方的自然财富也属于国家）的鼓励，鼓励循环经济的实施和粗放增长方式的转变。当全国循环经济体系基本建成，各地已经能从绿色GDP使地方生态系统承载能力提高获益的时候，恢复按绿色GDP总量征税，使人与自然和谐。当出现新的不平衡和不和谐的时候，可以考虑局部或全部地区重新实施上述政策，不断维系人与自然发展的动平衡，真正实现可持续发展。

第三节 生态修复统计指标体系

在新循环经济学中生态修复被认为是生产，是创造自然财富，因此，要建立其统计指标体系，从而计算其价值，完善绿色GDP的统计系统。

一、生态修复统计指标体系

生态修复指标包括10个项目，其中，地下水位和基本建设投入中的生态修复投入为控制指标，其余为状态指标。

（一）森林覆盖率

森林是陆地生态系统的主体，因此，森林覆盖率是生态系统的最重要指标之一。但是森林覆盖率也不是越高越好，还取决于气候条件。据联合国教科文组织的统计研究，一般在温带中等缺水的地区森林覆盖率在25%左右比较适宜。我国处于这一地区，已经提出了相应的绿化目标。

（二）城市人均绿地

随着工业化的发展，人类居住开始了城市化的进程。城市地域小、人口多、工业生产集中、生活水平高、排污量大，因此构成了畸形的人造生态系统。所以，修复城市生态系统应规定人均绿地水平。城市人均绿地等于城市规划区内或紧邻地区的绿地与人口之比，不包括行政城区的远郊森林和草地，目标为50 m^2/人，在人口高度集中的大城市似宜降到20 m^2/人。

（三）城市人均水面

与城市人均绿地的概念近似，城市人均水面应该是城市规划区或紧邻地区水面与人口之比，不包括远郊的大湖、大河与湿地。其中，河流——流动水面的生态效益更高，可以乘4～6的系数。目前来看，城市人均水面应力争达到10 m^2/人，与城市绿地的作用一样，可以大大减少城市热岛效应和空气污浊度。

（四）地下水位——生态系统状况指数

地下水位是生态系统维系和修复的第一指标，只有地下水位得到保持才能保证植被生长、河流不断流、湖泊不萎缩、湿地不干涸。地下水位应基本保持在工业化开始时的水平，如北京自 20 世纪 50 年代开始工业化以来，地下水位已经下降了 23 m 之多，致使街头的树、草都需以抽地下水为主的自来水浇灌，形成了恶性循环，造成了比较严重的生态系统失衡。

（五）污水处理率

污水处理率主要指城镇的废污水达标排放后处理的比例。在 2020 年我国城镇的污水处理率应达到 60％以上。

（六）化肥与农药使用强度

目前，农田化肥与农药的大量使用不仅造成严重的污染，而且直接毒害农作物，影响人民健康。因此，对单位面积的化肥和农药使用应按不同作物规定标准。

（七）退化土地修复率

由于矿山过度开采、草场过度放牧与农田过度垦殖，使得土地、草场和农田退化；建筑物与道路的废弃也使得大量土地退化以致失去使用价值，应当予以修复。其修复率是生态修复的重要指标。

（八）单位 GDP 的 CO_2 排放

目前，CO_2 的大量排放已经造成了严重的温室效应，破坏了大气系统，因此应减少化石燃料煤和石油的使用量，并对排气加以处理，恢复大气生态系统。在 CO_2 排放减量和处理的同时，也应降低 SO_2 等有害气体和粉尘的排放。

（九）城市公共交通利用率

城市公共交通是解决城市交通问题的主要途径，也是循环经济的方向。应逐步提高城市公共交通利用率，到 2020 年大城市应达到 50％的国际水平，这样就可以少建道路，维系城市生态系统。

（十）生态修复投入/基本建设投入——生态修复指数

政府对生态系统修复的投入和对基本建设的投入之比，说明了第二财富生产——生态系统修复的定量概念。这个比值越高，说明生态修复的程度越高。同时，也说明基本建设应该建筑在生态修复的基础之上。

二、水生态系统修复的指标体系

在传统工业经济中，人们只认为大厦、桥梁、铁道、公路和水库是大工程，认为工程必须有标志性建筑物。生态修复工程大多没有标志性建筑物，但是它是工程，有巨大的效益。修复生态系统，创造了巨大的生态效益——第二财富；同时，也使系统中的社会财富——第一财富保持价格、增加价值。作者曾主持制订《21 世纪初期(2001—2005 年)首都水资源可持续利用规划》、《黑河流域近期治理规划》和《塔里木河流域近期综合治理规划》3 个规划，这些规划被朱镕基总理称为"一曲绿色的颂歌"。上述 3 个规划分别投资 220 亿、23 亿和 108 亿元人民币，是大型工程。但是，它们是按新循环经济学指导思想建立的系列工程组合，没有一个是宏大的土石方标志性工程，因为要建的不是石头的丰碑，而是新经济思想的丰碑。

水生态系统修复的目的就是保持可持续发展的 5 个层次的水资源需求，即饮水安全需求、防洪安全需求、粮食生产用水需求、经济发展用水需求和环境与生态用水需求。水资源生态系统修复采用的方式主要有节水灌溉、退粮节水、中水回用、回补地下水和植树造林涵养水源等。

水生态系统修复有如下指标。

(一) 河流流量指标

河流的流量是水生态系统优劣的基本指标。一般情况下，河道内应保证 60%的水质达标水量，流量减少会直接影响其生态功能。极端的情况是干涸，干涸的河道就完全丧失了其原有的生态功能，河道干涸长度反映了河流水生态系统恶化的状况。人类为维持生活、生产和生态的河道外用水，一般不应超过河流径流量的 40%。必要的跨流域调水，调出地区的水资源总量折合地表径流深应大于 200 mm、人均水资源量应在 1 700 m^3/人的警戒线以上。

(二) 湖泊的面积与水量

城市河湖水体是体现城市生机的重要因素，是现代城市文明发展的标志；城市水体面积的比率直接关系到城市空气的湿度和温度，是城市生态的重要指标。采用河湖占城区面积比来反映城市水生态状况。

(三) 湿地指标

湿地是河湖与陆地的过渡带，有多种生态功能，更是鸟类和各种水生生物的乐园，具有补给地下水的重要功能。湿地总面积的大小，体现了其发挥调节气候等能力的大小；湿地面积比率反映了湿地影响的大小。以湿地面积、湿地水体面积和湿地比率作为衡量湿地状况的指标。

(四) 地下水指标

地下水位直接地反映了地下水储量，间接地反映了地表水状况，是生态系统最重要的指标。如果地下水位很低，不仅不能补给地表水，而且就像一个大漏洞，致使湿地和河流很难蓄住水，地表植被也难以生长。生态恢复要求达到历史上生态系统较好的水平。抽取地下水后，地下水位应不低于保持原植被的水平，更不能造成地面沉降。

（五）入海水量

河口地区是咸、淡水交替的地方，许多生物在此繁衍生息，具有很高的生态地位。入海水量的大小决定了河口地区的生态质量。入海水量应达到河流径流量的10％，内陆河流域输入尾闾的水量也应达到河流径流量的10％～15％。

（六）水质指标

水质状况决定了水体发挥什么样的功能和发挥功能的大小，污水只能危害生物的生存，降低水的生态功能。水体水质是反映水体好坏的定量体现；COD是水污染的主要污染物，其排放量决定着水体水质，是实现“总量控制”的重要指标；污水处理率反映了污水治理的程度，决定着进入水体污染物的总量。流域排污总量，应在河流径流量的1/40以内，以达到自然稀释，超量的一定要达标排放。

（七）植　被

植被覆盖率反映了绿化、美化的程度，影响着植被涵养水源、调节气候和防止水土流失的能力。生态系统中的非人类居住和生产区内应保持80％以上的原自然生态系统的乔、灌、草植被和物种结构。

（八）动物群落

在人类生存环境附着的生态系统中，较大面积的森林和草原地带应保持60％以上的原自然生态系统的动物群落。动物群落是生态系统是否蜕变的重要标志，在森林和草原中，如果动物迁移或灭绝，就说明生态系统蜕变了，接着才是树死草枯。

第十八章　水生态系统修复

水是生命之源，因此水生态系统也是整个生态系统的源泉和基础，离开了水离开了水生态系统也就谈不上生命和生态系统的存在。而目前大陆水生态系统由于人类利用造成的缺水和污染而受到了严重的破坏，因此修复已成为当务之急。

第一节　水生态系统的基本概念

水圈说明了大水生态系统与其他大系统的关系，水文循环是水运动的基本规律，水作为一种资源有其特殊的性质。

一、地球的5个圈

1970年联合国教科文组织(UNESCO)把生态系统分成4个子系统：岩石圈、水圈、大气圈和土壤圈。生物圈则在这4个自然圈的界面上，是地球表层生命存在的部分，是地球上最高层次的生态系统。

地球并不是个均质体，而是具有圈层结构。地球以地表为界分为内圈和外圈。地球内圈分为地壳、地幔和地核，目前对地球生态系统有实际意义的是地壳的土壤圈和岩石圈。地球表面以上，根据物质的性质和状态可分为大气圈、水圈和生物圈，它们环绕着地球，各自形成连续完整的外圈层。

（一）土壤圈

土壤圈是地球陆地表面能生长植物的疏松表层，由矿物质、有机质、水分、空气和土壤生物(包括微生物)组成，由岩石的风化物在气候、地形和生物等因素作用下逐渐形成。其厚度因地而异，在山岩和海岸岩地为零，而在沙漠和原始森林可达几十米厚。

（二）岩石圈

地幔上部亦有一薄层坚硬岩石，这层岩石和地壳一起统称为岩石圈。岩石圈总厚度约60～100 km。其下是200～300 km厚的一层软流圈，物质呈熔塑性状态，强度很小，这里是岩浆的源地。

地球的半径约为6 400 km，所以总厚度为约100 km的岩石圈，实际上只是一层很薄的壳体。

（三）大气圈

大气圈是指包围着地球的气体，厚度在几万千米以上，但由于受地心引力的作用，地球表面的大气最稠密，向外逐渐稀薄，一般在 10 km 以上就十分稀薄，大气阻力很小。所以大气压力随高度而递减。根据大气的物理性质和成分等，可将大气圈再分为各种圈层，如：对流层、平流层、中间层、热成层和外逸层。

大气层中的氧气含量还有随海拔高度的前两位数变化，如海拔 500 m 则缺氧 5%，海拔 8 000 m 则缺氧 80%，体现了自然生态系统的许多奇异、未知的规律。

（四）水　圈

水圈是指地球表层附近的水体，包括地球上所有形式的水，海洋水、河流水、湖泊水、湿地水、水库水和冰川水等，以上称地表水；赋存于土壤中包气带的水称为土壤水；包气带以下、基岩层以上，可以自由流动，并具有水位或水头形成流层的称为地下水；生物体内的水称为生物水；大气中的水蒸气称为大气水。水圈中的水并不是静止不动的，而是处于不断的运动之中，存在着明显的水文循环现象。水圈同其他圈层之间处于相互联系、相互渗透和相互作用之中。

（五）生物圈

生物圈是指地球上生物（动物、植物和微生物）生存和活动的范围。在大气圈 10 km 的高空、地面以下 3 km 的深处和深海都发现有生物存在。有生物存在即有水存在，地下水最深的深度一般在 3 km 左右，在那里还有各种微生物。但是，大量生物是集中在地表和水圈上层，包围着地球形成一个完整、封闭的生物圈。

二、水文循环

地球上的水，不断地从水面和陆面蒸发，变为水汽升上高空，被气流输送到其他地区，在适当的条件下凝结，然后又降到地面。水的这种不断蒸发、输送、降落，无始无终、往复循环的过程就称为水循环。形成水循环的内因是水的物理三态即气态、液态和固态的相互转化，外因是太阳辐射和地心引力。此外，地形、地质、土壤和植被等对水循环也有一定影响。

（一）水的循环

自然界水循环按其涉及的地域和规模可分为大循环和小循环，如图 18－1 所示。从海洋上蒸发的水汽被气流带到大陆上空，遇冷凝结，形成降水，到达地面后，其中一部分直接蒸发返回空中，另一部分形成径流，从地面及地下汇入河流，最后注入海洋，这种海陆间的水分交换过程称为大循环。在大循环过程中陆地上空也有水汽向海洋输送，但与海洋向陆地输送的水汽比较，数量甚微，因此总的来说，水汽是由海洋向陆地输送的。

海洋上蒸发的水汽中有一部分在空中凝结成水又降落海洋，或从陆地蒸发的水汽在空中凝结后又降回陆地，这种海洋系统或陆地系统的局部水循环称小循环。前者称为海洋小循环，后者称为内陆小循环。圈 18－1 所示为水文循环示意。

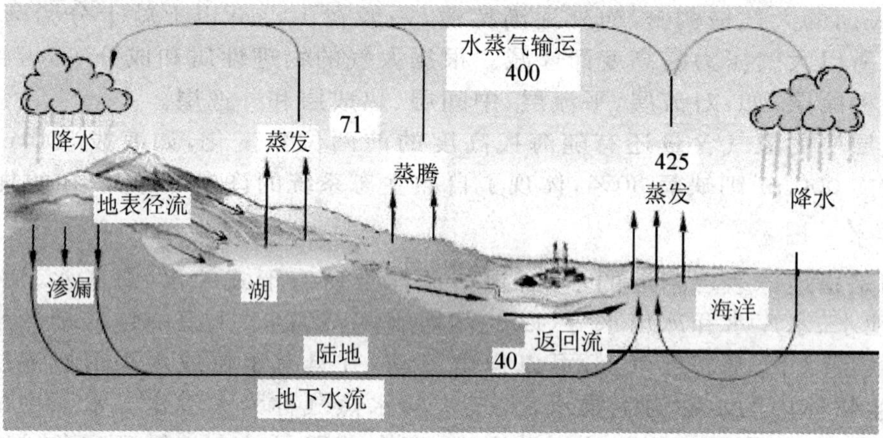

图 18－1　水文循环示意(单位:10 ³ km³/年)

地球上的水循环通过 4 条主要途径完成，即降水、蒸发、水汽输送和径流。水循环使水处于不停地运动状态之中，但其循环并非是以恒定的通量稳定地进行的，有时剧烈，以致大雨倾盆，江河横溢；有时相对平缓，几乎停止，以致久旱不雨，河流干涸。表 18－1 列出了全球水循环中降水、径流和蒸发 3 个主要环节的动态水量。

表 18－1　全球水循环状况

区　域	面积/万 km²	水量/km³		
		降水	径流	蒸发
全球海洋	36 100	458 000	47 000	505 000
全球陆地	14 900	119 000	47 000	72 000
全　球	51 000	577 000	94 000	577 000

值得说明的是，不同的淡水体和海洋循环更新的时间是不相等的，有的更新时间较长，有的更新时间极短，表 18－2所列是各类淡水水体的更新时间。

表 18－2　淡水水体更新周期

水　体	更新周期/年	水　体	更新周期
永久积雪	9 700	沼泽水	5 年
海　水	2 500	土壤水	1 年
地下水	1 400	河　流	16 天
湖泊水	17	大气水	8 天

不管地球上的水如何运动和更新，但从总体上来看是平衡的，它遵循着质量守恒定律。表 18－3所列是全球年水量平衡表。

表 18－3 全球年水量平衡表

分 区	面积/$10^6 km^2$	水量/$10^3 km^3$			水深/mm		
		降水	径流	蒸发	降水	径流	蒸发
海 洋	361	458	－47	505	1 270	－130	1 400
陆 地	149	119	47	72	800	315	485
其中:外流区	119	110	47	63	920	395	529
内流区	30	9	—	9	300	—	300
全 球	510	577	—	577	1 130	—	1 130

（二）水资源的分布

水是地球极其丰富的自然资源，也是生物生存不可替代的环境资源，它成为现代社会可持续发展的关键因素之一，这种观点逐渐被国际理论界和各国决策层所接受。水能以气态、固态和液态等 3 种基本形态存在于自然界之中，分布极其广泛。表 18－4 所列为地球水圈赋存于各种介质中的水分布情况。

表 18－4 地球水圈水储量分布

水 体	水储量		咸 水		淡 水	
	$10^3 km^3$	%	$10^3 km^3$	%	$10^3 km^3$	%
海 洋	1 338 000.0	96.54	1 338 000	99.04	—	—
冰川与永久积雪	24 064.1	1.74	—	—	24 064.1	68.70
地下水	23 400.0	1.69	12 780	0.95	10 530.0	30.06
永冻层中冰	300.0	0.02	—	—	—	0.86
湖泊水	176.4	0.013	85.4	0.006	—	0.26
土壤水	16.5	0.001	—	—	—	0.017
大气水	12.9	0.000 9	—	—	—	0.037
沼泽水	11.5	0.000 8	—	—	—	0.033
河流水	2.12	0.000 2	—	—	—	0.006
生物水	1.12	0.000 1	—	—	—	0.003
总 计	1 385 984.6	100	1 350 955.4	100	35 029.2	100

从表中可以看出，淡水只占总水资源量的2.5%，而海水占96.5%，所以解决水资源短缺问题的最重要办法就是海水淡化。

三、水资源的特性

水资源指属于地球水圈的淡水部分，也包括了大气圈中的水汽，其本身又分为大气水、地表水和地下水3类，构成陆地淡水系统。水资源是人类生产和生活不可缺少的自然资源，也是生物赖以生存的环境资源，随着水资源危机的加剧和水环境质量不断恶化，水资源短缺已演变成世界备受关注的资源环境问题之一。

水是生命之源，和土地一起构成地球上十大自然资源中的基础性资源，土地、水和能源又是战略性的经济资源。地球上的水资源从广义上说，是指水圈内所有的水，其总储量达13.86亿km^3，极其丰富。其中96.5%是海水，约覆盖地球总面积的71%，但因含盐量高，通常不作为淡水资源直接被利用。地球上的淡水约0.35亿km^3，占总储量的2.53%，其中深层地下水、两极和高山的冰川与永久雪盖、永冻层底冰占淡水总储量的99.86%，是静态水量，很难被人们利用。故从狭义上讲，水资源是可供人们经常取用、在一定时间内能够得到恢复和更新的淡水量，即大陆上由大气降水补给的各种地表和地下淡水水体的动态水量。这部分水量也就是自然界水循环中平均每年由海洋向大陆净输送的水汽量或大陆注入海洋的河川径流量。

水是水生物种和旅游等多种资源的载体，又是土壤、森林和草原等多种资源的保证资源；水资源影响到气候资源；水本身又是能源。国际上有"19世纪争煤，20世纪争石油，21世纪可能争石油"和"21世纪国际投资与经济发展，一看人，二看水"的说法，说明水可能成为可持续发展的最大资源制约因素。同时，水还是少有的可能为害的资源，深层地下水还属于不可再生资源，这些都是水资源不可忽视的特性。

从可持续发展的观点来看，水资源的核心问题是水的供需平衡。水环境状态的好坏主要是指江、河、湖和库等水体根据功能区划分对合理排污有否自净能力。水生态是指在一定的生态区域内，必须保持一定量的空中水、地表水和地下水，而该地区的生态系统必须具有涵养这些水源的能力。

水资源有如下基本特性。

（一）水资源是基础性的自然资源

水资源是支撑可持续发展的土地、水、森林、草原、矿产、能源、海洋、气候、物种和旅游十大资源中的母体资源，是基础性的自然资源。

（二）水资源具有循环性

水圈中的水并不是静止不变的，而是处于不断的运动之中，存在着明显的水文循环现象。水文循环可以分为大循环和小循环两种基本形式。水文大循环就是水在陆地、海洋、大气中的相互转化。小循环就是上述3种介质中任意两种之间的水相互移动。但不同的淡水和海洋正常更新循环的时间是不相等的。

（三）水资源的部分不可再生性

地球上的水资源总量达 13.86 亿 km^3，极其丰富。其中 96.5%是海水，约覆盖地球总面积的 71%，但因含盐量高，通常不能作为淡水资源直接被利用。可恢复的淡水资源仅有4.7 万 km^3。由此可见，尽管地球上的水是取之不尽的，但适合饮用的淡水水源则是十分有限的。

水资源总量有 30.1%以上是地下水，其中大部分是浅层地下水，可以和地表水互相转换，但超采也会产生不同程度的地面沉降等生态蜕变，而且有的需较长的时间才能补给，因此对人生命周期和生产周期而言是不可再生的。

（四）水资源时空分布的不均匀性

水圈是由地球地壳表层、表面和围绕地球的大气层中液态、气态和固态的水组成的圈层，它是地球的岩石圈、水圈、大气圈和生物圈中最活跃的圈层。在水圈内，大部分水以液态形式存在，如海洋、地下水、地表水（湖泊、河流）和一切动植物体内存在的生物水等，少部分以水汽形式存在于大气中形成大气水，还有一部分以冰雪等固态形式存在于地球的南北极和陆地的高山上。从表 18－4 可以看出，地球上的水量是极其丰富的，但水圈内水量的分布是十分不均匀的，大部分水储存在于低洼的海洋中，占 96.54%，而且 97.47%（分布于海洋、地下水和湖泊水中）为咸水，淡水仅占总水量的 2.53%，且主要分布在冰川与永久积雪（占 68.70%）之中和地下（占 30.36%）。如果考虑现有的经济、技术能力，扣除无法取用的冰川和高山顶上的冰雪储量，理论上可以开发利用的淡水不到地球总水量的 1%。实际上，人类可以利用的淡水量远低于此理论值，主要是因为在总降水量中，有些是落在无人居住的地区如南极洲，或者降水集中于很短的时间内，由于缺乏有效的水利工程措施，很快地流入海洋之中。

水是随时间变化明显的资源。由于水资源的再生主要依靠降雨，因此水资源在人类经济活动的短周期内不是恒定的资源，依不同地区在年内和年际有不同程度的变化，有时甚至十分剧烈。

（五）水资源具有利害两重性

水既可兴利，又可为害。不适当的水量和不合格的水质可能酿成非常严重的灾害。洪水会导致工农业设施和人民生命财产的巨大损失；水资源污染造成环境恶化、生态破坏及其他公害。发生水害的主要原因是水资源的自然属性和人类社会对水的需求之间存在的矛盾。

（六）水资源具有不可替代性

世界各国国民经济的各部门和人民生活都离不开水。科学技术发展到今天，人类虽然已能人工合成胰岛素，化学纤维、人工心脏和人工智能等相继出现，但从实用意义上说，却还不能人工造水，因此水资源是没有任何其他物质可替代的战略性的经济资源。随着人口的增长、经济的发展以及人类物质文化生活水平的提高，人类社会对水的需求日益增长，水资源已经成为经济发展的一个重要的制约因素。

（七）水资源有固、液、气三相

水资源是十大资源中较少见的有固液气三相的资源。其中气相，即在大气中的水蒸气，人类目前还无法自由利用。水资源中有69.5%以冰川和永久性积雪存在，其中绝大部分还难以利用。主要水体呈液相，因此，水又是一种流动性的资源。

仅占淡水总量不到0.4%的江河湖库水资源又具有流动性，给按地域的权属界定和管理带来了很大的困难。

（八）水是一种质上十分容易受侵害的资源

与其他自然资源相比，水是一种质上十分容易改变、容易被侵害的资源，人类可以在0.1 s的时间内，轻易地使水变质。

（九）水资源状态脆弱且难以恢复

水生态系统脆弱，水环境十分容易受到取水过度、超量污染等人类活动的破坏，而且自恢复能力很弱。

（十）水资源是难以跨区域和国际交换的资源

显而易见，由于对水资源使用量大，并以液相使用，运输十分困难，再加上使用的经常性，使之难以跨区域交换和国际交换。

四、降水、地表水、土壤水和地下水之间的转化关系

地表水、土壤水和地下水是陆地上普遍存在的3种水体。

① 地表水主要有河流和湖泊水，由大气降水、冰川融水和地下水补给，经河川径流、水面蒸发和土壤入渗等形式转换为大气水、海水、地下水和土壤水。

② 地下水是指储存于地下含水层的水量，它们由降水和地表水的下渗补给，以河川径流、潜水蒸发和地下潜流等形式转换。

③ 土壤水为存在于包气带的水量，它既承受降水和地表水的补给，又接受地下水的补给；土壤水主要通过土壤蒸发、植物吸收和蒸腾而耗散，一般只有在土壤含水量超过持水量的情况下，才下渗补给地下水或形成壤中流汇入河川，所以土壤水是一种长周期的中间过渡形式，具有供给植物水分并连通地表水和地下水的作用。

由此可见，降水、地表水、土壤水和地下水之间是互相联系，并在一定的条件下互相转化的。其转化关系，可用区域水循环概念模型表示。

区域降水形成的地表水和地下水的产水量就是该区的水资源总量（W，见图18－2），则有

$$W = P - E_S = R_S + U_P \quad 或 \quad W = R + E_S + U_S$$

式中：P 为大气降水，E_S为地表蒸发，R_S为地表径流，U_P为下渗补给地下水，R 为河川径流，U_S为地下潜流。

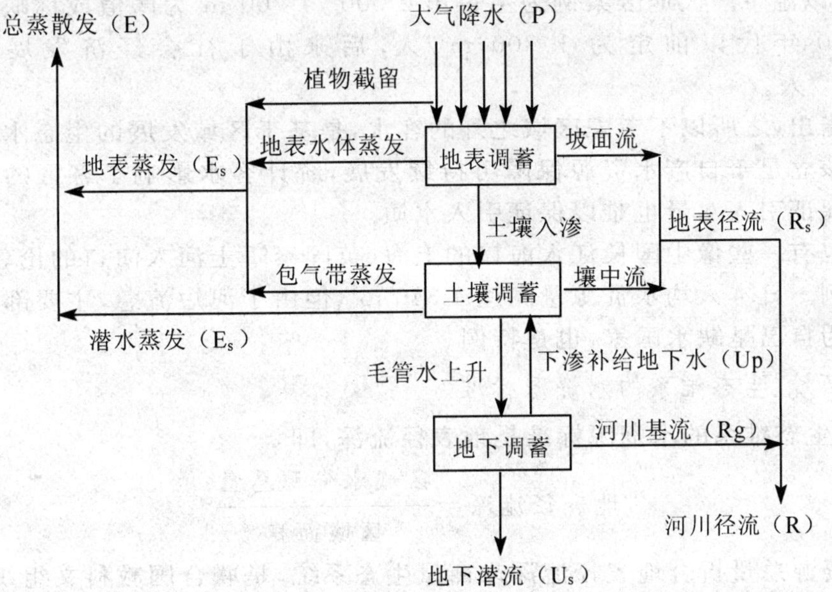

图 18－2　水的转化关系

五、水资源的社会经济和环境生态标准

水资源的丰歉可以分为对社会经济发展和环境生态维系的两类标准。

（一）社会经济发展的水资源标准

按人均水资源占有量的水资源丰歉标准是联合国教科文组织根据上千个案例的统计分析得出的，作者在联合国工作时参与制订此项标准，人均水资源量等于当地自产水资源量除以当地人口数，即

$$人均水资源量 = \frac{区域自产水资源量}{该区域人口数 + 流动人口折合的人年数}$$

人均水资源量主要反映水对经济社会发展的支撑能力，有如下标准：

丰　　水：　大于 3 000 m^3

轻度缺水：　2 000～3 000 m^3

中度缺水：　1 000～2 000/1 700 m^3

重度缺水：　500～1 000 m^3

极度缺水：　小于 500 m^3

国家(不是指地区)正常生存的最低线为 300 m^3。如沙特阿拉伯人均水资源量低于 300 m^3,这类国家已不能靠节水解决问题,因此均采取了海水淡化和买水等措施。

其中,以温带广大地区案例为主得出 2 000 /1 700 m^3 为阈值或称缺水警戒线,20 世纪 70 年代以前定为 1 700 m^3/人,后来由于社会经济发展需求而改为2 000 m^3/人。

应该指出,之所以不考虑区域之外的客水,是基于区域发展的生态水权观念,即该地区应该立足于自产水资源保障可持续发展,统计客水影响了客区的发展权,而且即使能保证引入水量也难以保证引入水质。

当然也有一些像中国长江入海口的上海、英国泰晤士河入海口的伦敦等城市地区就是特例。日本人均水资源量高达 4 340 m^3,但由于河短流急,主要部分入海,所以日本认为自己是缺水国家,也是特例。

(二) 环境、生态维系的水资源标准

环境、生态维系的水资源标准是地表径流深,即

$$地表径流深=\frac{区域水资源总量}{区域面积}$$

按水资源总量折合地表径流深来衡量生态系统,是联合国教科文组织根据上万例大小生态系统的统计分析得出的,主要反映自然规律。即大于 150 mm,基本可维持原有植被的生态系统不蜕化的最低水资源量,可以承载适当的人类活动;小于150 mm就是荒漠或者半荒漠的生态系统极其脆弱的地区,不适于人类居住,更不适于社会经济发展。

地表径流深 150～250 mm 能较好地维系当地自然生态系统,对人类活动承载能力较强。地表径流深大于 250 mm,则从水资源看比较适宜人类社会经济系统发展。

北京市折合地表径流深为 252 m,因此属于自然生态系统水平衡地区,但由于过量集中人口,目前生态系统已严重退化。

(三) 水资源利用的生态承载力标准

对人类的发展来说水资源是可以利用、也必须利用的,但是,人类要可持续发展,必须考虑水生态系统的承载能力,不能饮鸩止渴、竭泽而渔,也不能寅吃卯粮,更不能“拆东墙,补西墙”。

1. 地表水利用量标准

人类为维持生活、生产和生态的用水,一般不应超过河川径流量的 40%,否则会引起流域地下水位过多下降,甚至河流断流,破坏流域生态系统。

必要的跨流域调水,调出地区的水资源总量折合地表径流深应大于 200 mm、人

均水资源量应在 1 700 m^3/人的警戒线以上。

2. 地表水水质标准

流域排污总量，应在河流径流量的 1/40 以内，以达到利用生态系统自修复能力的自然稀释和降解，超量的一定要达标排放。

3. 地下水标准

抽取地下水后，应保证地下水位仍能保持原植被的水平，更不能由于抽取地下水造成地面沉降。

4. 调水的标准

应向自然水生态不平衡的、人类生存环境附着的生态系统，即水资源总量折合地表径流深小于 150 mm 的地区调水；此外应向水资源总量减去居民最低耗水量（300 m^3×居民总数）后，折合地表径流深小于 150 mm 的人口密集区，如城市调水。

5. 植被标准

生态系统中的非人类居住和生产区内应保证足够的地下水位，以保持 80%以上的原自然生态系统的乔、灌、草植被和原来的物种结构。

6. 动物群落标准

人类生存环境附着的生态系统的森林和草原地带应保证足够的水源和相应的植被，以保持 60%以上的原自然生态系统的动物种类和群落。

六、生态水的吴氏计算法

这是作者 1991 年在联合国教科文组织工作时，总结以往算法创立的一种新的算法。其基本概念在于一个划定边界的河流水生态系统，其生态用水要保证以下几个方面：

① 保证入海水量（对入海河流而言）或散失水量（对内陆河而言）不少于河流流量的 10%～15%。经案例统计分析表明，10%的入海水量是保证河口生态系统的最低生态水量，而 10%～15%的散失水量是保证内陆河不逐渐缩短和尾闾生态系统的最低生态水量。

② 对河流的调水，调出本流域的水量不能超过河流流量的 20%，对河流的退水型用水总量一般不能超过河流流量的 40%；对河流的总用水量（包括非退水和退水用水量）不超过河流流量的 60%。

③ 第一、第二、第三产业和居民生活废污水如达标排放（退水）可为生态用水。

在上述基础上就有公式

$$\sum Q_E(i) = 0.15S - \left[\sum Q_s(i) + \sum Q_t(i) + \sum Q_i(i)\right]$$

式中：

$Q_c(i)$为维系生态系统所需水量，即生态水量；

$Q_s(i)$为河流入海流量，应大于河流流量的10%；或为内陆河尾间散失流量，应大于河流流量的10%～15%；

$Q_t(i)$为调出流域的河流流量，应小于河流流量的20%；

$Q_i(i)$为用水后非退水量，应不超过30%；

S为被分析的生态系统的面积，单位是m^2。

以上水量单位均为m^3。i为时间，可以视为每秒，但这对生态系统没有意义。此式中将i定义为天，即i为1～365天；根据具体情况也可以定义为周或月，即i分别为1～52周，或1～12月。

同时应建立世界良性生态系统数据库，用这种算法得出结果后，与资料比较齐全的同类良性生态系统的生态水量比较，用以校核；还要对被计算生态系统进行历史追溯分析，与本生态系统呈良性时的生态用水进行比较，予以校核。

用作者提出的这种算法对海河流域生态用水量进行的计算，与海河水利委员会2002年5月提出的《海河流域生态环境恢复研究(初步报告)》用特纳特法的计算结果吻合。此前也与阿尔及利亚对谢利夫河流域用其他方法的计算结果进行过比较，结果也是一致的。

第二节　我国是一个中度缺水的国家

中国水资源在世界上的排位前面已经分析过了，以下就中国水资源的具体情况做一简要分析。中国人均水资源量为1 927 m^3/人，处于缺水上下限(1 000～3 000 m^3/人)的中值，在世界银行近年做连续资源统计的132个国家中居第82位，中国水资源的地区分布很不均匀，中国北方人均水资源仅为995 m^3/人，属于严重缺水，并由于水污染和水土流失使情况更为恶化；中国南方人均水资源量虽然超过人均3 000 m^3的缺水上限，但由于分布不均(如上海仅为152 m^3/人)和污染严重，使得工业、农业和人民生活将得不到按现模式发展的足够水资源供应。

2030年，我国人口将达到16亿，人均水资源量将从目前的1 927 m^3/人下降到1 760 m^3/人，落入1 700～2 000 m^3/人的中度缺水下限，都将导致我国得不到安全饮用水的人口更多。同时，近9亿农民中目前大多数没有水卫生设施，这一趋势还在发展。我国面临的脏渴水贫困形势十分严峻，这将严重影响人民生活质量的提高，制约我国的可持续发展，推迟现代化的进程甚至威胁经济与国家安全。

我国660个建制市中，有400多个城市缺水，其中严重缺水城市110个，年缺水量60多亿m^3，影响工业产值2 000多亿元。我国1949年城市人口5 800万人，城市用水量6.3亿m^3；1980年城市人口22 000万人，城市用水量64.0亿m^3；2006年，城市人口达119 875.79万人，城市供水总量达4 222.207 3 t，仅半个世纪就增加了

25 倍多，比世界平均速度快 1 倍还多，问题更为严重。

中国的水资源总形势是总量不小，时空分布不均，污染严重，造成了大部分地区比较严重的水量型或水质型缺水，水生态系统蜕化。

一、中国水资源态势

作者的《中国水资源态势及对策》一文，曾作为 1999 年在美国华盛顿召开的中美环境与发展高层论坛首席发言发表，温总理在预案材料上批示："此文可以适当形式摘发各地各部门参阅。干部需要经常了解有关人口、土地、水资源和环境保护等方面的知识，加深对国情的认识，增强实施可持续发展战略的自觉性。"发言后得到美国国务院主要官员和政府科技顾问的赞许。

中国水资源总量为 2.5 万亿 m^3，居世界第 4 位，次于加拿大、巴西和俄罗斯，略多于美国和印尼，占世界水资源总量的 7%，也就是说中国以世界上 7%的水养活了 21%的人口，中国为世界水资源的供需平衡是作出了贡献的。同时中国人均水资源量只有世界平均水平的 31%，属于水资源紧缺的国家（以上均按 1998/1999 世界银行统计）。

我国水资源面临的态势是水多、水少、水脏、水浑和水生态失衡。水多是指洪涝灾害和水资源时空分布与经济发展的布局和要求不匹配；水少指水量型和水质型缺水；水脏指水环境遭到破坏，使水源达不到生活和工农业用水的要求；水浑指水土流失，使水资源难以对土地、草原和森林等资源起保证作用；水生态失衡指江河断流、湖泊萎缩、湿地干涸、土壤沙化和森林草原退化导致土地荒漠化等一系列主要由水问题引起的生态蜕变。

分地区看，水资源基本状况如下。

（一）水资源短缺产生的生态失衡

我国按水资源危险系数（含人口压力系数和生态压力系数，其概念在本节二中说明）衡量水资源紧缺程度可以分为以下几个区域。

1. 人口、生态双重压力缺水地区

这类是指即使无人居住也是水生态失衡，加上人口重压水资源严重短缺的地区。依次为宁夏（人口压力系数 0.82，生态压力系数 0.86，下同）、河北（0.84，0.62）、山西（0.74，0.62）。

2. 生态压力缺水地区

这类是指即使无人居住也是水生态失衡，因此有大片荒漠地带；而目前人口压力尚不超标的地区。依次为新疆（生态压力系数 0.62，下同）、甘肃（0.73）、青海（0.47）、内蒙古（0.77）。

3. 人口压力缺水地区

这类是指假设无人居住可以达到整体水生态平衡，而由于人口密度过大产生严重缺水的地区。依次为山东(0.79)、河南(0.66)、江苏(0.46)、辽宁(0.39)。

4. 准缺水地区

这类是指总体而言超过缺水标准下限,但人口和生态压力均较大的地区,依次为陕西和安徽。

5. 大城市缺水地区

大城市地区由于人口与经济活动高度密集,是用水高度集中的特殊地区,其中天津属于人口、生态双重压力缺水地区,系数分别为0.91、0.43;上海和北京属于人口压力缺水地区,系数分别为0.85和0.86。

6. 北京缺不缺水

北京1.68万km^2的土地上折合径流深达131.4 mm,接近150 mm生态缺水下限。考虑北京的问题离不开每平方千米达995人的高人口密度,北京人均水资源量仅为140 m^3/人,如果加上常住的流动人口则仅为100 m^3/人,已经低于世界最缺水国家之一——以色列的水平。同时,不考虑环境与生态用水,北京水资源利用系数已达1.003,目前已经在依靠外来水源,因此北京人均当地水资源量,超过缺水的下限实际上只有理论意义。

从上面的分析也可以看出北京从原始生态来说不属于严重缺水地区,但人口过多,变成了缺水地区。

由此可见,中国西北、华北和中部广大地区都程度不同地缺水,同时水土流失问题严重,而严重的水污染又恶性地加剧了这些地区的水资源短缺。缺水造成了江河断流、湖泊萎缩、湿地干涸、土壤沙化及荒漠化等一系列的生态问题。

(二)水污染与由此产生的水环境破坏

我国东北北部两省、西南和南方各省从生态和人口来看都不缺水,但水资源分布也不均匀,有局部缺水区;更为重要的是城市地区90%以上的河道程度不同地受到污染,造成不能提供达标的生活、工业和农业用水的水质型缺水。

(三)洪涝灾害威胁国家安全

我国的主要江河松花江、辽河、海河、黄河、淮河、长江和珠江洪涝灾害频繁,威胁着人民生命和财产的安全,江河水患地域如此集中,发生如此频繁在世界上也是罕见的;加上这些地区人口密度之高也是世界上少见的,更大大加剧了洪涝灾害的危害性。洪涝灾害目前在世界上与战争和地震并列,成为国家安全的隐患。

各流域水资源基本状况见表18-5,各省级行政区水资源基本状况与参数见表18-6。以上均为2006年数据。

表 18－5　各流域水资源基本状况表

水资源区	面积/万 km^2	人均 GDP/(万元/人)	降水量/亿 m^3	地表水量/亿 m^3	地下水量/亿 m^3	水资源总量/亿 m^3	水资源总量折合地表径流深/mm
松花江区	93.0	1.605	4 334.5	1 085.4	449.2	1 283.5	138
辽河区	31.0	1.942	1 482.7	321.1	163.1	393.4	127
海河区	28.4	2.222	1 402.5	96.2	189.1	219.8	77
黄河区	75.3	1.503	3 237.1	456.0	357.8	564.3	75
淮河区	30.2	1.637	2 662.2	634.1	387.3	881.4	292
长江区	175.1	1.647	17 366.9	7 958.7	2 189.6	8 059.6	460
珠江区	56.7	1.974	9 369.0	4 985.2	1 166.3	4 997.3	881
东南诸河区	20.7	2.594	3 925.3	2 329.5	603.9	2 340.4	1131
西南诸河区	84.4	0.652	8 474.0	5 171.8	1 247.3	5 171.8	613
西北诸河区	259.1	1.537	5 585.5	1 320.1	889.3	1 418.6	55
全　国	853.8	1.597	57 839.6	24 358.1	7 642.9	25 330.1	297

表 18－6　我国各省市区水资源状况

地区	降水量/mm	水资源总量/(亿 m^3/年)	人口/万人	土地面积/(万 km^2)	水资源利用量/(亿 m^3/年)	人均水资源量/(m^3/人)	径流深度/mm
北京	448.0	22.07	1 581	1.68	34.30	139.60	131.37
天津	468.1	10.11	1 075	1.19	22.96	94.05	84.96
河北	425.9	107.34	6 898	18.77	204.00	155.61	57.19
山西	477.8	88.52	3 375	15.63	59.29	262.28	56.63
内蒙古	222.6	411.29	2 397	118.30	178.69	1 715.85	34.77
辽宁	597.9	261.36	4 271	14.59	141.24	611.94	179.14
吉林	570.8	353.63	2 723	18.74	102.90	1 298.68	188.70
黑龙江	523.0	727.93	3 823	45.46	286.21	1 904.08	160.13
上海	1 098.3	27.64	1 815	0.63	118.57	152.29	438.73

续表 18－6

地区	降水量/mm	水资源总量/(亿 m^3/年)	人口/万人	土地面积/(万 km^2)	水资源利用量/(亿 m^3/年)	人均水资源量/(m^3/人)	径流深度/mm
江苏	1 021.2	404.40	7 550	10.26	546.39	535.63	394.15
浙江	1 542.3	903.59	4 980	10.18	208.26	1 814.44	887.61
安徽	1 069.0	580.50	6 110	13.96	241.87	950.08	415.83
福建	2 145.0	1 623.48	3 558	12.38	187.25	4 562.90	1 311.37
江西	1 684.4	1 629.97	4 339	16.69	205.68	3 756.56	976.61
山东	570.2	199.32	9 309	15.67	225.82	214.12	127.20
河南	714.8	321.78	9 392	16.70	226.98	342.61	192.68
湖北	930.3	639.69	5 693	18.59	258.79	1 123.64	344.10
湖南	1 494.7	1 770.29	6 342	21.18	327.73	2 791.37	835.83
广东	2 110.2	2 216.17	9 304	17.79	459.40	2 381.95	1 245.74
广西	1 529.9	1 881.08	4 719	23.67	314.42	3 986.18	794.71
海南	1 511.2	227.59	836	3.39	46.46	2 722.37	671.36
重庆	929.4	380.32	2 808	8.23	73.20	1 354.42	462.11
四川	829.8	1 865.84	8 169	48.00	215.13	2 284.05	388.72
贵州	1 015.1	814.63	3 757	17.61	99.98	2 168.30	462.60
云南	1 099.8	1 711.67	4 483	39.40	144.77	3 818.14	434.43
西藏	554.7	4 157.14	281	122.84	35.03	147 940.93	338.42
陕西	595.8	275.51	3 735	20.56	84.08	737.64	134.00
甘肃	272.1	184.59	2 606	45.44	122.33	708.33	40.62
青海	287.3	569.00	548	72.12	32.20	10 383.21	78.90
宁夏	248.5	10.61	604	5.18	77.63	175.66	20.48
新疆	170.3	953.10	2 050	166.04	513.43	4 649.27	57.40

二、水资源危险系数计算说明

上面提出了水资源危险系数的指标，现加以说明如下。

(一) 单　位

表 18－6 中水资源总量、水资源利用量单位为亿 m^3/年；人口单位为万；土地面

积单位为万 km^2；人均水资源量单位为 m^3/人；径流深度单位为 mm，系单位面积上的总产水量；人口压力系数、生态压力系数和水资源危险系数为 0～1 之间的无因次系数。

（二）人口压力系数

以人均 1 000 m^3 为临界值，则对某一地区，其

人口压力系数＝（人均水资源临界值－当地人均水资源量）/人均水资源临界值

当人均水资源量大于临界值时，定义人口压力系数为零。

（三）生态压力系数

以单位面积上径流深 150 mm 为临界值，则对某一地区，其

生态压力系数＝（径流深临界值－当地径流深）/径流深临界值

当径流深大于径流深临界值时，定义生态压力系数为零。

（四）水资源危险系数

由人口压力系数和生态压力系数加权平均求得，人口压力系数与生态压力系数之比例在表中。

（五）有关问题说明

土地面积和人口引自 2006 年中国统计年鉴，为 2007 年底数据。水资源利用量系 2006 年中国水资源公报数据，反映 2005 年情况。

各省级行政区水资源危险系数见表 18－7。

表 18－7　我国各省市区水资源危险系数

地区	人口压力系数	生态压力系数	水资源危险系数 F_1 0.8∶0.2	水资源危险系数 F_2 0.7∶0.3	水资源危险系数 F_3 0.6∶0.4
宁夏	0.82	0.86	0.828	0.832	0.836
天津	0.91	0.43	0.814	0.766	0.718
河北	0.84	0.62	0.796	0.774	0.752
山西	0.74	0.62	0.716	0.704	0.692
北京	0.86	0.12	0.712	0.638	0.564
上海	0.85	0.00	0.680	0.595	0.510
山东	0.79	0.15	0.662	0.598	0.534
河南	0.66	0.00	0.528	0.462	0.396
甘肃	0.29	0.73	0.378	0.422	0.466
江苏	0.46	0.00	0.368	0.322	0.276

续表 18-7

地区	人口压力系数	生态压力系数	水资源危险系数 F_1 0.8∶0.2	水资源危险系数 F_2 0.7∶0.3	水资源危险系数 F_3 0.6∶0.4
辽宁	0.39	0.00	0.312	0.273	0.234
陕西	0.26	0.11	0.230	0.215	0.200
内蒙古	0.00	0.77	0.154	0.231	0.308
新疆	0.00	0.62	0.124	0.186	0.248
青海	0.00	0.47	0.094	0.141	0.188
安徽	0.05	0.00	0.040	0.035	0.030
吉林	0.00	0.00	0	0	0
黑龙江	0.00	0.00	0	0	0
浙江	0.00	0.00	0	0	0
福建	0.00	0.00	0	0	0
江西	0.00	0.00	0	0	0
湖北	0.00	0.00	0	0	0
湖南	0.00	0.00	0	0	0
广东	0.00	0.00	0	0	0
广西	0.00	0.00	0	0	0
海南	0.00	0.00	0	0	0
重庆	0.00	0.00	0	0	0
四川	0.00	0.00	0	0	0
贵州	0.00	0.00	0	0	0
云南	0.00	0.00	0	0	0
西藏	0.00	0.00	0	0	0

注:上表中,水资源危险系数 F_1,取人口压力系数权重 0.8,生态压力系数权重 0.2;

水资源危险系数 F_2,取人口压力系数权重 0.7,生态压力系数权重 0.3;

水资源危险系数 F_3,取人口压力系数权重 0.6,生态压力系数权重 0.4。

第三节 作者水生态系统修复的实践

作者不仅对生态系统的修复做了大量的研究,而且亲自参与了水生态系统修复的实践，主持制订了《21 世纪初期首都水资源可持续利用规划》、《黑河流域近期综合治理规划》和《塔里木河流域综合治理规划》3 个水资源规划，以及使黄河不断流的新《黄河分水方案》和《漓江生态补水规划》等，并监督了它们的实施，至今这些规划都取得了明显的成效。

其中第一个是《21 世纪初期首都水资源可持续利用规划(2001—2005)》，当时的情况是：由于人口剧增、经济迅速发展，北京缺水的问题越来越严重，曾几次出现水危机。为什么北京的水问题一直得不到解决呢？主要是当时没有足够的经济实力，同时也没有从北京和周边地区共同可持续发展的生态系统来分析和解决问题。

北京市地处水资源严重短缺的海河流域，占北京地表供水总量 2/3 的密云和官厅两大水库的水源地都位于北京上游。因此，北京周边地区尤其是上游地区的水资源状况对北京的水资源形势举足轻重。

一、北京周边地区的水资源形势

制订《21 世纪初期首都水资源可持续利用规划》(以下简称《首都水资源规划》)，首先要搞清以海河流域为范围的北京周边地区生态系统的水资源形势。

(一) 北京周边地区水生态系统水资源形势

北京行政辖区内自产水资源少，可利用程度低，需要辖区外的客水支持，而北京市又地处水资源严重短缺的海河流域。

北京所处的海河流域面积占全国的 3.3%，人口占全国的 10%，国内生产总值约占全国的 12%，水资源总量仅占全国的 1.5%，人均水资源量为 348 m^3，属极度缺水地区。目前水资源开发利用率已达 90%以上；地下水超采区面积 87 796 km^2，占全国地下水超采区总面积的 48%，已经引发地面沉降、海咸水入侵、地下水污染以及沙漠化等生态和环境问题。1999 年北京及周边地区的水资源形势如表 18-8 所列。

表 18-8 北京及周边地区水资源形势

地区	北京	天津	保定	张家口	廊坊	承德
人均水资源量/m^3	300	158	298	440	253	1 080
水资源折合径流深	243	126	141	53	146	91

北京周边地区水资源形势严峻，除潮白河流域的承德市水资源相对较丰富，是北京周边唯一具有一定水资源潜力的地区外，其他地区人均水资源量都低于 1 000 m^3 的重度缺水线和 150 mm 的生态缺水线。

北京地表供水量的 66%来自官厅和密云两大水库。由于官厅水库上游水质严重恶化，从 1997 年开始已经退出生活供水。密云水库生活供水量 1999 年为 4.944 亿 m^3，成为北京市生活供水的唯一地表水源。供水安全和保证率都存在严重隐患。

（二）上游地区基本情况

官厅水库上游地区，在行政区划上分属河北、山西和内蒙古 3 省区，总面积 45 585 km^2，其中耕地面积 1 554 万亩，总人口 752 万人，1998 年国内生产总值 279 亿元，人均国内生产总值3 603元，为全国平均水平的 56%。人均水资源占有量 355 m^3，略高于北京。

密云水库上游在河北省和北京市，其中河北省部分总面积为 11 915 km^2，耕地面积 165 万亩，总人口 69 万人，1998 年人均国内生产总值 1 884 元，不到全国平均水平的 30%，人均水资源占有量 1 080 m^3。

上游地区存在的突出环境与生态问题，密云上游是生态退化，官厅上游是工业污染。主要有 4 个方面问题：

① 由于上游人口增加、工农业发展，加上气候干旱，两库上游来水量逐年减少，官厅水库尤为明显。20 世纪 50 年代，官厅水库年平均入库水量 19.8 亿 m^3，到 90 年代仅有 3.1 亿 m^3。密云水库上游潮白河流域在 20 世纪 50 年代入境时水量多达 17 亿 m^3，90 年代仅为 5.6 亿 m^3。

② 水污染严重。官厅水库上游产业技术落后，高污染、高耗水，每年废污水排放量 2.68 亿 t，大部分未经处理直接排入河道。据对张家口市 5 家排污大户的调查，污水处理除中国长城葡萄酒酿造公司有完好的设备外，其余均存在各种问题。官厅水库已于 1997 年丧失饮用水水源功能。密云水库以上的潮白河流域，由于酿造、小铁矿等高污染企业的发展，每年废污水排放量已达 260 万 t，水质恶化逐年加剧，如不采取有力的措施，密云水库水质可能在 5～8 年内较严重地恶化。

③ 水资源浪费严重，利用效率低下。官厅水库上游地区万元 GDP 用水量 738 m^3，高于全国平均 683 m^3 和北京市 201 m^3 的水平，工业用水重复利用率 52%。密云水库上游万元 GDP 用水量 1 923 m^3，远高于全国平均 683 m^3 的水平，是北京市万元 GDP 用水量 201 m^3 的 9.6 倍，工业用水重复利用率仅为 21%，水稻等高耗水作物占较大比重。

④ 上游植被破坏，水土流失，生态系统日趋恶化，水源受到严重危险。官厅水库上游有水土流失面积 28 563 km^2，截至 1998 年，尚有 18 311 km^2 未治理，占总面积的 43%。密云水库上游原有水土流失面积 7 947 km^2，截至 1998 年，尚有 6 667 万 km^2 未治理，占总面积的 56%。严重的水土流失，不仅造成上游地区耕地减少、沙化面积增加、沙尘暴天数增多、生态环境恶化，也加剧了水库淤积，到 1998 年，官厅水库已淤积 6.46 亿 m^3。

因此，解决北京水资源问题必须在上游地区“保住密云的生态系统，改善官厅的被污染状况”。以北京及周边地区共同可持续发展为目标，通过开源节流的综合措施，保障北京入境的水量与水质。

二、规划制订的指导思想

鉴于北京水资源问题的严峻性，作者提出了“以水资源的可持续利用保障可持续发展”的指导思想。2001 年温家宝副总理在全国城市供水节水和水污染防治会议上说：“‘以水资源的可持续利用保障可持续发展’这句话讲得好。”现在，“以水资源的可持续利用保障支持可持续发展”已成为我国水利工作的总方针。

规划从人与自然的大系统分析，全面考虑经济结构、产业结构和种植结构调整与水资源的依存关系，并针对北京上游地区的实际情况，高度重视节水、治污和生态系统建设，采取多种措施保护水资源，对于污染严重、达标无望的小企业坚决关、停、并、转，解决北京上游潮河、白河（入密云水库），桑干河（入官厅水库）断流，河水被污染的水生态系统退化的问题。从而为首都与上游地区的共同可持续发展提供水资源保障。

（一）规划的背景

北京地区缺水，早就需要制订一个水资源规划，为什么多年迟迟不能出台呢？问题首先在于北京的人工生态系统自身尚未实现水资源合理配置，节水与治污力度不足，致使有些专家认为北京并不缺水；其次，上游地区经济发展滞后，财政困难，为了经济进一步发展，用水日益增多，上下游资源究竟如何优化配置还没有相应的合理的方案；最后，以前也采取过不少措施，但都未从整个流域水生态系统出发，投入力度也不足，都没有取得预期的效果。如何解决难题呢？

1. 进行北京是否缺水的讨论

在历史上，北京的水生态系统是可以自持的，北京总水资源量折合地表径流深为 243 mm，高于 150 mm 的生态缺水线。历史上有明朝刘伯温建设北京城之说，当时对北京水资源也是有考虑的。至 1949 年新中国成立时，北京有 220 万人口，人均水资源量达 1 800 m^3，高于 1 700 m^3 的缺水警戒线。而到 1999 年，包括流动人口，北京的实际用水人口超过 1 400 万，人均水资源量不到 300 m^3，还不如以色列。加在北京自然生态系统上的人工生态系统包袱太重，就属于极度缺水了。

同时，必须承认北京人工生态系统用水问题严重，节水的工作做得不够，治污的工作做得不好，水资源浪费现象比较严重。《首都水资源规划》正视这个现实，做了一个严格、现实、着力投入的节水和治污计划。但是，对北京整个自然和人工复合系统而言，随着北京的经济和社会发展，北京还是缺水的。以事实为依据，以科学为准绳，达成共识，使《首都水资源规划》得以通过。

2. 提出北京及周边地区共同可持续发展的治理目标

“谁污染，谁治理”和“谁受益，谁补偿”从来都是人们认识到污染问题并准备治理时上下游各执一词的理由。从法理上来说，谁污染了水资源，谁就应该付出代价，至于他能否治理，要看他有没有这个能力。谁从治污中受益，谁就应该对国家有所贡献，但其方式一般不应是直接付给污染方。这应该是对破坏水生态系统负责的科学规律和法律规章。

如何来解决这一难题呢？仍然是用可持续发展的思想和水生态系统的科学原理。可持续发展的一条基本原则就是地区要与其周边共同可持续发展，地区和周边的水资源要共同可持续利用。下游水生态系统退化，同样会使上游受损，如因下游缺水而超采地下水引起地面沉降，就直接影响到上游。而地区的经济也要和周边地区互相支持、互相促进，共同可持续发展。经反复协调，最后基本达成了“谁污染、谁治理，谁受益、谁补偿，国家支持”的共识。

最后国务院领导决定，上游地区的水资源保护和生态系统修复全部由国家投入，达 70 亿元人民币。应该说，在当时国家财政并不宽裕的情况下，这是个十分不容易的决定，但却是最合理的决定。生态系统修复主要是中央政府的职能，主要应由国家投资，生态建设是最重要的国家基础建设之一。

（二）规划的创新点

北京的水资源问题必须理论创新，获得长治久安的解决。

1. 调整产业结构，与自然和谐

要转变经济增长方式，建立行业万元国内生产总值用水定额指标体系。合理配置水资源，调整产业结构，淘汰低效益、低技术、高耗水、高污染的企业建立与水资源保护协调的产业结构。

规划还提出开辟北京故宫—承德避暑山庄“清史游”旅游专线，发展第三产业。外国游客对中国清朝的历史是比较感兴趣的，267 年的清朝历史，有 1/3 的重大事件都发生在承德。北京现在每年有外国游客 300 万人左右，如果通过宣传把来北京的外国游客吸引到承德，即使开始时几万人，对承德也是一笔不小的收入。长远来看，如果宣传得法、得力，能够把 50 万人拉到承德观光旅游，按每位游客给承德带来 200 美元的收入计算，每年就是 1 亿美元，接近规划对承德的总投入。而且可以把开小铁矿、小金矿的劳动力转移到旅游服务业等第三产业上来，从而减少剩余劳动力乱采乱挖、破坏山林的行为，还提高了居民的收入。

2. 建设生态农业示范区，使农业生产在水资源承载力以内

作者在上游有关地区调查时，了解到那里生产 1 t 水稻需水 1 300～1 800 t，属高耗水种植，印度产 1 t 水稻才需要 1 200 t 水。承德地区覆盖地膜种植水稻的试验表明，同样生产 1 t 稻谷所需水量是 300 t。少量的投入就可以大量节水。此外，种植结构也应改变，作者牵线搭桥在承德搞的中草药种植尤其是板蓝根、冬枣项目节水、省力且收入提高，在当地很受欢迎，群众的积极性很高，既节约了用水、保持了常绿植被，又提高了经济效益。此外，规划还建议设绿色食品生产基地，创出品牌，提供有绿色标志的蔬菜供应北京市场，绿色蔬菜可能卖到 2～3 倍的价钱，大大提高了经济效益。通过建设这样的按生态原理生产的生态农业示范区，还可以发挥对周边

地区的辐射和带动作用。

3. 注重生态系统修复，保护植被

作者在承德调查时，当地农民介绍每户每年要搂 10～20 亩地的柴草来做饭取暖，若以 15 亩计，每年 10 万农户就彻底破坏了 1 000 km^2 的植被，而我们的水土保持规划，每年才能治多少平方千米。《首都水资源规划》提出要以户为单位建设沼气池替代柴草的生态措施试点，大大提高了生态系统中能量循环的效率，保护了自然植被还改善了群众生活。规划规定国家投入比例，农户出 1/3 资金，以工代价 1/3，规划投 1/3，这样沼气灶就能普及。

4. 治理污染是产业链的一环

建立治理污染是产业链的一环的产业标准，对于高污染企业，能治则治，不能治的坚决关、停。对于污染量大和对达标有严重影响的企业，要重新评估经济的合理性。以禁止小铁矿等乱采滥挖破坏植被的行为为例，作者做过实地调查，上游开采的小铁矿品位不过 20%～30%，而国际上为了保护植被和地表，低于 50%品位的铁矿基本上就不采了。这里不但采，而且以河洗矿，枯水期入密云水库的水已成红色。采矿农民每月收入不过 200～300 元。现在有了生态建设资金保证，农民可以上山种树，收入和采矿差不多。通过产业的改变和人的转移制止破坏生态系统的行为。

三、规划的内容

根据北京及周边地区水资源形势，水资源保障和水生态系统修复工程可分为 3 个阶段：

第一阶段：启动北京应急供水措施。

鉴于北方地区持续干旱和供水短缺的严峻形势，按照"节流优先，治污为本，科学开源，综合利用"的城市水资源利用方针，在北京市充分治污的基础上，启动北京应急供水措施，提前实施首都水资源规划中的官厅水库治理工程，尽快恢复官厅水库的饮用水源功能，同时以建设地下水备用水源地等措施，解决北京用水的燃眉之急。

第二阶段：采取可持续利用对策措施。

到 2008 年，立足本地水资源条件，通过北京及上游地区的各项水资源可持续利用对策措施，平水年可基本满足北京及周边地区水资源的供需平衡，保障北京供水。

第三阶段：通过调水缓解供水问题。

2008 年以后，通过当地水资源的优化配置与调水保证水资源供应。根据水利部向国务院汇报的南水北调工程总体规划，尽快开工建设中线第一期工程，先期引水 80 亿～90 亿 m^3，达到黄河以北的水量为 50 亿～60 亿 m^3，主要用于解决南水北调沿线的城市供水，向北京供水 10 亿 m^3，从根本上缓解北京及周边地区的水资源问题。

2005年，密云水库入库水质保持在Ⅱ类，河北省入境水量平水年达到6.0亿m^3，特枯水年份不少于3.0亿m^3；官厅水库入库水质达到Ⅲ类标准，平水年来水量达到3.0亿m^3，特枯水年份不少于0.6亿m^3。

（一）北京上游地区水资源供需分析

在考虑北京入境水量要求的前提下，北京上游地区水资源供需分析见表18－9。

表18－9 北京上游地区水资源供需分析表

水平年	地区	需水量/亿m^3				可供水量/亿m^3			
		工业	农业	生活	合计	地表	地下	其他	合计
现状	河北	1.55	11.07	0.82	13.44	7.55	5.89	—	13.44
	山西	2.17	6.09	1.00	9.26	3.61	5.65	—	9.26
2005年	河北	1.89	10.15	1.25	13.29	7.02	6.01	1.04	14.07
	山西	5.07	9.17	1.60	15.84	5.26	6.04	0.22	11.52

从表18－9可见，在保障北京入境水量的前提下，通过采取“治污为本、节流优先”的综合措施，可以基本实现上游地区水资源的可持续利用。其中，河北省部分通过采取节水措施，需水量逐年减少，从1999年的13.34亿m^3，递减到2005年的13.29亿m^3，立足当地水资源，支撑了经济发展，并为北京保障了水量。

（二）一节、二保、三管、四调整的具体措施

规划提出了节水、保护水资源、实现统一管理和调整产业结构的4项根本措施。

① 通过防治水污染，治理水土流失保护水资源系统，2000年底前实现工业污染源达标排放，经努力不能实现达标排放的企业，要坚持执行关、停、并、转。可在上游地区安排水污染重点治理项目129项，使污水处理能力达到2.26亿t，处理率达到现状废污水排放量的84%。其中，工业点源污染治理项目111项；城镇集中污水处理厂建设项目18项。2005年项目完成后，官厅水库上游各控制断面水质提高一个等级，水环境得到基本改善。

要对北京上游地区进行水土流失重点治理，实施退耕还林、退耕还草，进行小流域山、水、田、林、路的综合治理。争取治理水土流失面积13 933 km^2。治理任务完成后，两库上游地区水土流失累计治理面积达到应治理面积的70%，水土流失基本得到控制。

② 实施节水工程，提高水资源利用效率，保证水资源的供需平衡。上游地区农业用水量占总用水量的70%以上，用水效率很低。要争取到2005年，在密云上游地区发展节水灌溉面积30万亩，年可节水0.85亿m^3；在官厅上游地区发展节水灌溉面积98万亩，年可节水1.84亿m^3。

工业用水的重复利用率，官厅水库上游地区为52%，密云水库上游仅为21%。

争取到 2005 年，密云上游地区工业用水重复利用率达到 45%，年节水 0.08 亿 m^3；官厅上游地区工业用水重复利用率达到 65%，年节水 2.29 亿 m^3。

通过各项措施，上游地区年可节水 5.06 亿 m^3。所节水量，主要用于当地经济发展和保障北京入境水资源量。

③ 加强水资源统一管理，建立规划协调机构。建议成立由国家计委、财政部、水利部及国家环保总局、北京市、河北省、山西省参加的"21 世纪首都水资源可持续利用协调机构"，加强对北京上游地区水量水质状况的监督管理，落实入河污染物总量控制的行政首长负责制。

④ 调整产业结构，转变经济增长方式。两库上游地区生态脆弱，水资源承载能力不足，现状发展主要是依靠耗竭自然资源、严重破坏生态的粗放式经济发展方式。基于此，必须建立行业万元 GDP 用水指标体系，合理配置水资源，调整产业结构，转变经济增长方式，建立流域生态农业经济发展模式，实现人与自然和谐。

水利部汪恕诚部长多次指出，《首都水资源规划》是水利系统做得最好的规划。我国著名生态学家、前中国科学院副院长、人大常委孙鸿烈院士评价："规划围绕着可持续利用，有新意，体现了我国制订的可持续发展战略。规划的指导思想非常明确，是积极的、以新思路和新方法解决水资源现实问题的规划。"国务院领导指出："规划指导思想原则是明确的，新确定的目标是合理的，原则同意这个规划。"规划通过后，朱镕基总理即针对南水北调提出"先节水后调水，先治污后通水，先环保后用水"。作者任奥组委主席特别助理，负责北京的环境与水资源工作，以这个规划向国际奥林匹克界及他们邀请的评估专家讲述这一规划，被一致认为是现代的、科学的、切实可行的规划。因此，在 2000 年奥运评估团在北京的评估会议上，2001 年在莫斯科投票前国际奥委会委员的质询时都未再提北京水的问题。

直到 2005 年规划已经取得明显的成果，北京密云水库增加蓄水 1.4 亿 m^3，到 2004 年北京新增加节水能力 2.2 亿 m^3/年，再生水利用量达到 2 亿 m^3/年，新增供水量 1.5 亿 m^3，综合水价从 4 元/m^3 提高到 5 元/m^3；上游河北和山西累计新增节水灌溉面积 100 万亩，新增节水能力 1.4 亿 m^3，生态修复土地 2 000 km^2，建成与开工的污水处理厂 18 座。2005 年，《首都水资源规划》获北京市科技进步一等奖。

根据该规划，自 2003 年起上游连年对北京实施集中输水，以提高水资源输送效率，仅 2003—2005 年 3 年就使北京多从上游收水约 1.5 亿 m^3，有效地缓解了北京水资源供应的紧张状况，尤其是 2004 年起了关键作用。此外根据规划实施的"三环清水绕京城，千顷碧波变生态"的北京水系整治和北京湿地恢复工作，对修复北京的水生态系统，改善居民的居住环境都起了至关重要的作用，为北京奥运做了重要的准备工作。作为无续工作，作者又于 2006 年主持《北京奥运前水资源保障及关键技术措施研究》项目，于 2007 年完成，对保障北京奥运供水，实施绿色奥运和使奥运为北京留下遗产均作出了贡献，现已通过北京市科技进步二等奖初评。

四、规划实施取决于能力建设、责任制和管理体制创新

有了好的规划，没有执行规划的能力，没有落实的责任制和科学的管理体制，也难以取得好的工作效果。

（一）加强能力建设

一个好“规划”的实施，有赖于得力的、具有高素质人才的执行机构。我们所说的能力建设包括标准的制订、建立信息系统、监测信息系统、宣传和执法手段以及人员培训等内容。

标准的制订：我国万元GDP用水量是世界平均水平的4倍，上游地区的行业万元GDP用水量还高于全国平均水平，可见水资源的浪费相当严重。同时，还要预防入关以后，一些在其他国家禁止的高耗水、高污染行业向这一地区转移。

建立监测信息系统和专家决策支持系统：对水质进行系统的实时监测，有严重污染事故时，迅速反馈，及时处理。

宣传和执法手段：加强宣传，树立全社会“爱惜水、节约水、保护水”的意识，严格执法工作，加强监督，建立节水防污型社会。

人员培训：希望各有关省市落实人员培训，水利部也可以组织一些内外培训，坚决启用一批高素质的干部来执行规划。

（二）建立明确的责任制

为真正落实规划的修改和实施工作，应制订明确的责任制。作者提出了“八该”的原则。“八该”即：该负责的要负责到底，谁不负责找谁；该完成的一定按时完成，谁不按时完成谁负责；该报的一定要报实情，谁不报实情谁负责；该从预算中扣的一定要除，谁不扣谁负责；该放的水一定要放够，谁不放够谁负责；该治的污染一定要治清，谁不治清谁负责；该关的污染厂一定要关死，谁关的死灰复燃谁负责；该测的数据一定要测准，谁测得不准谁负责。

（三）管理体制创新

没有城乡水资源统一管理的水务体制保证，就无法全面协调节水、治污和水生态系统建设，也就不可能按规划要求按时、按质、按量把水送到密云和官厅，北京成立了水务局，国务院成立了规划协调小组，保证了《首都水资源规划》的实施和完成。

第十九章　大气生态系统修复

全球气候变化改变了大气生态系统，从而严重地影响了水生态系统和生物圈，是人类目前面临的最主要的全球环境问题之一。从统计规律看，20 世纪全球平均气温上升 0.7 ℃，波幅仅为 5%，还不能说明气候变暖；气候变化的原因主要是天灾还是人祸也还有待更深入、更科学的研究。但是，气候变暖问题值得高度重视，必须防患于未然。中国近年来 CO_2 排放量在增加，中国政府和人民对此高度重视并认真对待。北京自申奥以来，以科学发展观为指导，通过技术开发，调整产业结构，循环高效利用能源，推广可再生能源，利用森林、湿地固碳，在 CO_2 减排方面取得了显著成果。同时，北京奥运场馆建设中节能、减排措施的应用充分体现了北京绿色奥运的特点。以奥运为契机，采取节能减排措施，北京将为减排温室气体、减缓气候变化、以科学发展经济学创新作出贡献并使奥运留下遗产。

第一节　全球气候变暖的科学分析

地球是一个非平衡态超复杂巨系统，自然界的任何事物都不是恒定的，地球也不是恒温室，年际、10 年际、代（20 年）际以至世纪际气温变化是自然的，10%以内的波动在统计规律范围内也属于正常现象，所以全球气候是否变暖应进行科学分析。

从统计规律看，20 世纪全球平均气温上升 0.7 ℃，波幅仅为 5%，还不能说明气候变暖；据预测 21 世纪可能上升 2～2.4 ℃，波幅为 14.5%～17.4%，则可以说全球气候变暖，但有待证实。同时，气候变化的原因主要是天灾还是人祸，也还有待更深入、更科学的研究。

一、20 世纪气候变暖趋向

近百年来，全球气候发生明显的变化，主要表现如下：

自 1860 年有仪器观测以来，全球地面气温明显上升，年平均气温升高了 0.6 ℃±0.2 ℃，如图 19－1 所示。从图上可以分析得知，1950—2000 年的线性变暖趋势约为 1900—2000 年的 2 倍，20 世纪大部分的增温发生在两个时段，即 1910—1945 年及 1976 年以后的两个时段。20 世纪的后 20 年气温持续上升，升高的速率约为 20 世纪气温上升平均速率的 2.5 倍，20 世纪 90 年代是世界自 1840 年有正式气象记录以来最热的 10 年，1999 年气温是连续高于平均气温的第 21 个年头。

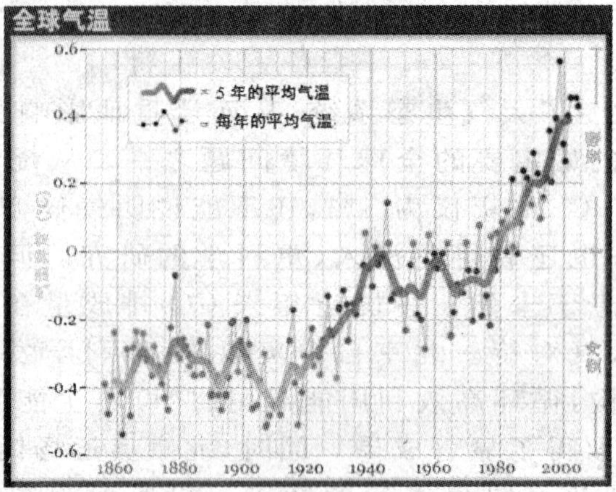

图 19－1　1860 年以来全球平均气温变化概况

随着温度的升高，中高纬地区的生长期呈增长趋势，雪盖则减少。在 20 世纪，北半球中高纬地区江湖结冰期约减少 2 个星期，北极地区的山地冰川广泛消退。在最近几十年北极夏末至秋初的海冰厚度减少了约 40%。近 100 多年来，全球平均海平面上升了 0.1～0.2 m。自 20 世纪 70 年代中期开始，ENSO（厄尔尼诺和拉尼娜）的变化情况与以前 100 年相比有很大不同，暖位相比冷位相更频繁、持续和强大。最近 ENSO 的变化影响了全球热带和副热带的降水和温度变化，这种影响可能已经对过去几十年全球温度的升高产生了一些影响。

二、引发全球气候变暖的原因

引发全球气候变暖的原因主要是温室气体的排放，其中最为重要的是 CO_2 的排放。自工业化时代以来，由于人类活动所产生的全球温室气体排放已经增加，在 1970—2004 年期间增加了 70%。而化石能源燃烧排放的 CO_2 是使得温室效应增强、进而引发全球气候变化的主要原因，图 19－2 是 2004 年不同温室气体所占总排放的份额。1970—2004 年期间，CO_2 排放量已经增加了大约 80%，从 210 亿 t 增加到 380 亿 t。自 2000 年以来，因燃烧化石燃料而导致的温室气体排放量正在以每年平均约 3% 的速度增长，比之前人们预测的快了 3 倍，而在 20 世纪 90 年代，这一增长速度仅为 1%。

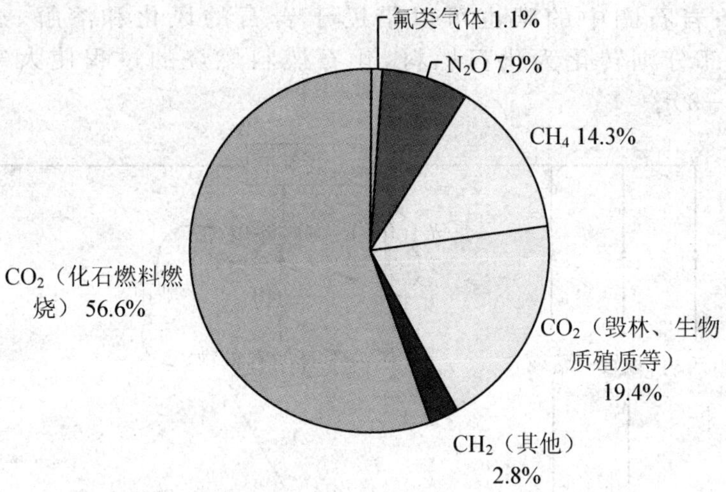

图 19－2　2004 年不同温室气体排放所占份额

三、碳在生态系统中的循环

碳是一切生物体中最基本的成分，地球上的有机体除去水分后的干重的 45%以上是碳，所以碳是生命的主要组成部分。

据估计，全球碳贮存量约为 26×10^{15} t，但绝大部分以碳酸盐的形式存在岩石圈中，其次是贮存在化石燃料中。生物可直接利用的碳是水圈和大气圈中以 CO_2 形式存在的碳，CO_2 或存在于大气中或溶解于水中，所有生命的碳源均是 CO_2。碳的主要循环形式是从大气的 CO_2 蓄库开始，经过生产者的光合作用，把碳固定，生成糖类，然后经过消费者和分解者，在呼吸和残体腐败分解后，再回到大气蓄库中。碳被固定后始终与能量密切结合，生态系统的生产力的高低也是以单位面积中碳的含量来衡量。

植物通过光合作用，将大气中的 CO_2 固定在有机物中，包括合成多糖、脂肪和蛋白质贮存于植物体内。食草动物吃后经消化合成，通过一个一个营养级，再消化再合成。在这个过程中，部分碳又通过呼吸作用回到大气中，另一部分则成为动物体的组分。动物排泄物和动植物残体中的碳，则由微生物分解为 CO_2，再回到大气中。

除了大气，碳的另一个储存库是海洋，它的含碳量是大气的 50 倍，更重要的是海洋对于调节大气中的含碳量起着重要的作用。在水体中，同样由水生植物将大气中扩散到水上层的 CO_2 固定转化为糖类，通过食物链经消化合成，再消化再合成，各种水生动植物呼吸作用又释放 CO_2 到大气中。动植物残体埋入水底，其中的碳都暂时离开循环。但是地质变迁，又可以石灰岩或珊瑚礁的形式再露于地表；岩石圈中的碳也可以借助于岩石的风化和溶解、火山爆发等重返大气圈。有部分则转化为化石燃料，化石燃料燃烧的过程使大气中 CO_2 含量增加（见图 19－3）。

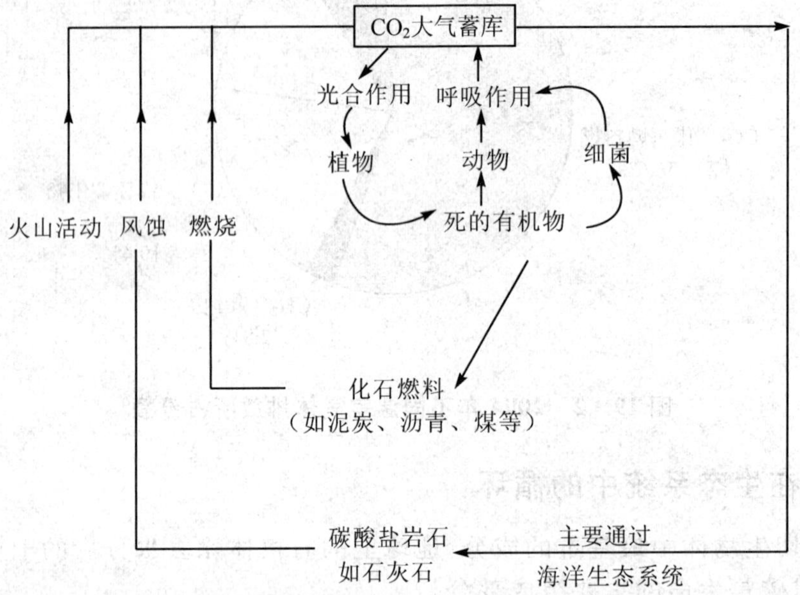

图 19－3 生态系统中的碳循环

自然生态系统中，植物通过光合作用从大气中摄取碳的速率与通过呼吸和分解作用而把碳释放到大气中的速率大体相同，维系大气系统的碳平衡。由于植物的光合作用和生物的呼吸作用受到很多地理因素和其他因素的影响，所以大气中的 CO_2 含量有着明显的日变化和季节变化。例如，夜晚由于生物的呼吸作用，可使地面附近的 CO_2 的含量上升，而白天由于植物在光合作用中大量吸收 CO_2，可使大气中 CO_2 含量降到平均水平以下；夏季植物的光合作用强烈，因此，从大气中所摄取的 CO_2 超过了在呼吸和分解过程中所释放的 CO_2，冬季正好相反，其浓度差不大，仅为 0.002%。

CO_2 在大气圈和水圈之间的界面上通过扩散作用而相互交换。CO_2 的移动方向，主要决定于在界面两侧的相对浓度，它总是从高浓度的一侧向低浓度的一侧扩散，而趋于平衡。借助于降水过程，CO_2 也可进入水体。1 L 雨水中大约含有 0.3 mL的 CO_2。在土壤和水域生态系统中，溶解的 CO_2 可以和水结合形成碳酸，这个反应是可逆的，反应进行的方向取决于参加反应的各成分的浓度。碳酸可以形成氢离子和碳酸氢根离子，而后者又可以进一步离解为氢离子和碳酸根离子。可见，如果大气中的 CO_2 发生局部短缺，就会引起一系列的补偿反应，水圈中的 CO_2 就会更多地进入大气圈中；同样，如果水圈中的CO_2在光合作用中被植物利用耗尽，也可以通过其他途径或从大气中得到补偿。总之，碳在生态系统中的含量过高或过低都能通过碳循环的自我调节机制而得到调整，并恢复到原有水平。大气中每年大约有1×10^{11} t的CO_2进入水体，同时水中每年也有相同数量的CO_2进入大气中，在陆地和大气之间，碳的交换也是平衡的，陆地的光合作用每年大约从大气中吸收1.5×10^{10} t碳，植物死后被分解约可释放出1.7×10^{10} t碳，森林是碳的主要吸收者，每年约可吸收3.6×10^{9} t碳。因此，森林也是生物碳的主要贮库，约储存482×10^{9} t碳，这相当于目前地球大气中含碳量的2/3。

在生态系统中，碳循环的速度是很快的，最快的在几分钟或几小时就能够返回大气，一般会在几周或几个月返回大气。一般来说，大气中CO_2的浓度基本上是恒定的。但是，近百年来，由于人类活动对碳循环的影响，一方面森林大量砍伐，面积减少，质量降低，减少储碳能力；同时，在工业发展中大量化石燃料的燃烧，使得大气中CO_2的含量呈上升趋势。这样破坏了大气生态系统中的CO_2平衡，而CO_2是温室气体造成绿屋（green house）效应使气温升高，其机理是CO_2对来自太阳的短波辐射有高度的透过性，而对地球反射出来的长波辐射有高度的吸收性，这就有可能导致大气层低处的对流层温度升高，而高处的平流层温度降低，这一现象称为温室效应。由温室效应而导致地球气温逐渐上升，引起未来的全球性气候改变，促使南北极冰雪融化，使海平面上升，将会淹没许多沿海城市和广大陆地。虽然CO_2对地球气温影响问题还有很多不明之处，有待人们进一步研究，但大气中CO_2浓度不断增大，使气候升高，对地球上生物具有重大影响这一点，是不容置疑的。

四、中国温室气体排放现状的分析

近50年来，中国年平均地表气温明显增加，升温幅度略大于全球气温增加的幅度。自1997年以来，我国的年平均气温连续10年高于常年平均值，其中2006年我国年平均气温为1951年以来的最高值。2006年冬季平均气温为1951年以来的次高值，从1986年冬季开始，我国已连续经历了22个“暖冬”。

据科学家的研究，中国未来的气候变暖趋势将进一步加剧。对中国温室气体的排放进行符合历史和现实实际的科学分析十分重要，这里仅以CO_2为例（因CO_2排放占中国温室气体排放的90%）。

（一）历史积累少

大家的共识“可持续发展”是一个历史的概念，分析世界上的事物要从历史看问题。温室气体排放主要是工业化造成的，尽管中国在历史上曾是经济大国，而且人口众多，但中国温室气体排放的历史积累不多，见表19－1。

表 19－1 世界主要国家 CO_2 排放总量(1900—2007 年,亿 t)

国家 年份	美国	俄罗斯	中国	德国	英国	日本
1900—2007	3385.0	966.5	1034.4	768.0	574.8	514.6

从 1900—2007 年整个历史发展阶段来看 CO_2 排放量的全球历史积累,美国占 29.0%,俄罗斯占 8.3%,中国占 8.9%,德国占 6.6%,英国占 4.9%,日本占 4.7%。如按人口平均,中国则大大低于世界平均水平。

(二) 人均水平低

人权的基本概念是人有生存和追求幸福的权力。直至今日,与工业化国家相比,中国 CO_2 的人均排放量都处于低水平,而且排放总量里很大一部分是保证人民基本生活的生存排放。以人与自然和谐的观点,中国仍在努力降低排放,见表 19－2。

表 19－2 2007 年世界若干国家 CO_2 人均排放量(t/人)

美国	加拿大	澳大利亚	俄罗斯	德国	日本	韩国	中国
26.4	24.9	21.2	16.3	12.5	12.9	15.6	5.2

(三) 经济发展处于高排放阶段

由于 CO_2 排放量主要取决于经济发展程度,而中国正处于工业化阶段,与同处这一阶段的国家(人均 GDP 1 000～3 000 美元)比较,中国的排放量也是不高的,见表 19－3。当然,以科学发展观看中国仍在努力降低排放量。

表 19－3 2007 年中国与典型发展中国家的 CO_2 排放量

国　家	人均 GDP/美元	人均 CO_2 排放/(t/人)
俄罗斯	9 075	16.3
南　非	5 906	9.7
阿根廷	4 868	6.1
土耳其	9 629	5.1
中　国	2 482	5.2
埃　及	1 739	3.1
巴　西	6 938	2.6
印　度	978	1.3

（四）转移排放实际上增加了中国的排放总量

近年来中国工业制成品出口占世界总量的10%以上，这些产品的出口降低了发达国家的物价水平，提高了发展中国家人民的生活水平，加快了中国工业化的进程。同时，也增加了温室气体的排放，大约占中国总排放量的1/4。显然这个排放增量包括了外部向中国转移的成分。

（五）中国能源以煤炭为主增加了排放

取得相同热值煤炭温室气体排放量是石油的1.24倍，是天然气的1.75倍。中国能源资源的特点是“富煤、贫油、少气”。能源资源条件决定了中国以煤为主的能源消费结构，由此导致了更多的温室气体排放，从有关部门的统计来看，全国CO_2排放量的70%都来自于燃煤。但随着国家加强宏观调控，改变能源结构使煤炭需求量相对减少。

（六）全球气候变暖将对中国产生巨大的影响

中国的气候条件复杂，主要属于大陆性季风气候，大部分地区的气温季节变化幅度要比同纬度其他陆地地区相对剧烈，很多地方冬冷夏热，夏季全国普遍高温。中国降水时空分布不均，多集中在汛期，且地区分布不均衡，年降水量从东南沿海向西北内陆递减。

与此同时，中国生态环境比较脆弱，水土流失和荒漠化严重，森林覆盖率18.21%，仅相当于世界平均水平的62%。自然湿地面积相对较少，草地大多是高寒草原和荒漠草原，北方温带草地受干旱、生态环境恶化等影响，正面临退化和沙化的危机。

中国内地海岸线长达1.8万多km，易受海平面上升带来的不利影响。

气候变暖已经对中国的农牧业、森林和其他生态系统、水资源分布、海岸带的环境和生态系统以及疾病发生的程度和范围造成影响，如果不重视温室气体的减排，受害最大的是中国自己，因此中国政府和人民会高度重视，认真对待。

第二节 全球和中国温室气体排放的情况

随着我国经济的高速发展，对能源的需求以较快的速度增加，由此对CO_2的排放产生重要影响，本书拟对国内外CO_2的排放情况进行比较分析，即对发达国家处于工业化阶段的CO_2排放情况和发展中国家目前处于与我国相同发展阶段的CO_2排放情况进行数据比较和分析，从而探讨我国现阶段和将来应该排放的CO_2量，并提出相应的建议和措施。

一、不同国家CO_2排放水平的数据对比分析

本书选取了世界典型的发展中国家和发达国家与中国进行CO_2排放的数据对

比分析。

（一）历史积累的比较

历史积累可以从两个方面来看，一是工业化以后的总积累，二是与我国工业化时期的同比积累。

1. 工业化以后的总积累

工业化是各个国家 CO_2 排放的主要原因，工业化的生产消耗了大量的能源，以至大气中 CO_2 迅速增加产生了温室效应。发达国家工业化已经超过百年，而我国工业化只不过 30 年左右，我国作为新兴工业国负责任的程度应该与发达国家有所分别才合乎公平原则。表 19－4 列举了世界主要国家工业化以后 CO_2 的排放总量，从中可以看出，中国工业化开始至今排放的 CO_2 总量约为美国的 1/4，与德国水平相当，高于英国和日本的排放总量，这其中还包括了发达国家对中国的转移排放，所以中国并不应该承担全球气候变暖的主要责任，而是承担与自身相匹配的责任和义务。

表 19－4 世界主要国家工业化以后 CO_2 排放总量（1850—2007 年，亿 t）

年份＼国家	美国	中国	德国	英国	日本
1850—1977	1 861.7	—	574.4	530.5	170.2
1978—2007	1 621.6	857.3	292.3	176.4	346.0
合计	3 483.3	857.3	866.7	706.9	516.2

2. 与我国工业化时期的同比积累比较

我国从 1978 年工业化初期阶段到 2007 年工业化中期阶段人均 GDP 和 CO_2 排放量如表 19－5 所列，中国与发展中国家的同比分析见图 19－4 和图 19－5，中国与发达国家的同比分析见图 19－6 和图 19－7。

表 19－5 中国 1978—2007 年的人均 GDP 和 CO_2 排放情况

年 份	1978	1983	1988	1993	1998	2003	2007
人均 GDP/美元	152	219	274	368	813	1 262	2 482
人均 CO_2 排放量/t	1.6	1.6	2.1	2.4	2.7	3.5	5.2
单位 GDP CO_2 排放量/(kg/美元)	10.31	7.36	7.52	6.52	3.32	2.77	2.10

从表 19－5 中可以看出，虽然我国人均 CO_2 排放量在整体趋势上逐年增加，但是单位 GDP CO_2 排放量呈逐年递减趋势，说明我国在经济迅速发展的同时对温室

气体减排的重视以及所采取措施的成效。

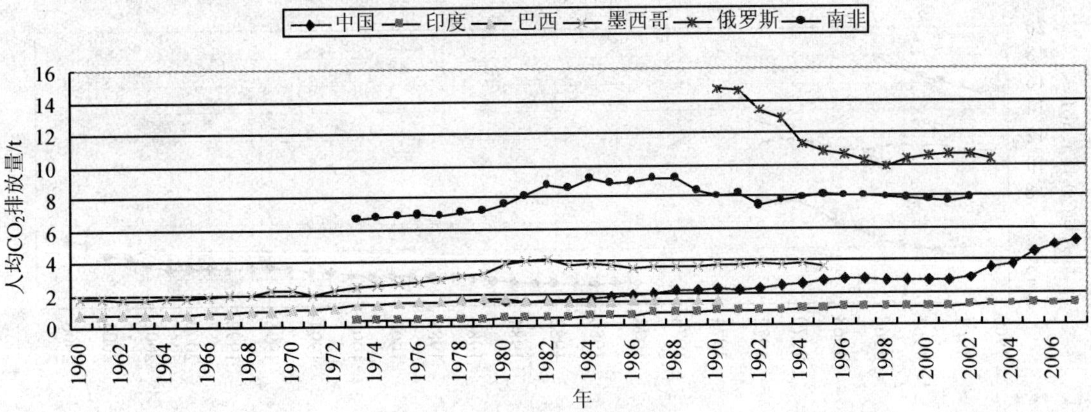

图 19-4　发展中国家的人均 CO_2 排放量

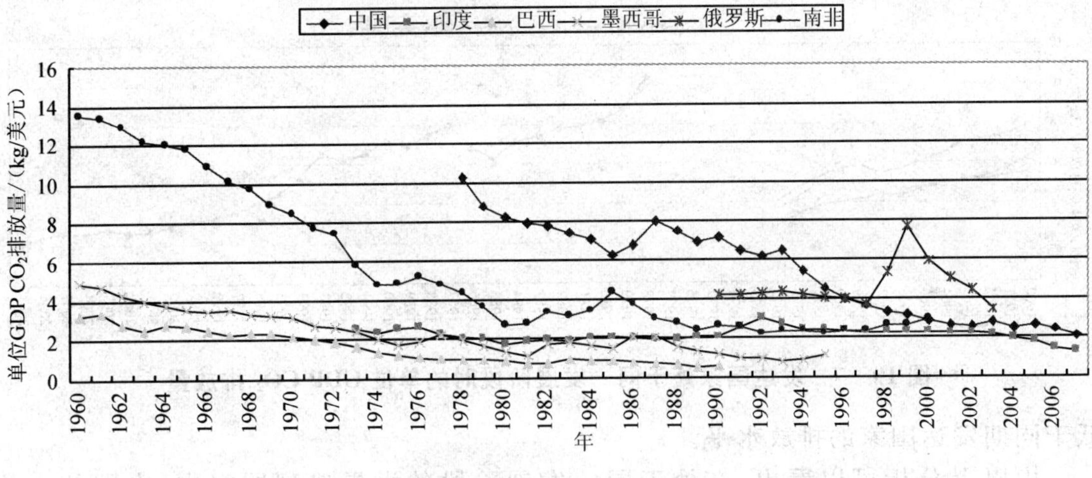

图 19-5　发展中国家的单位 GDP CO_2 排放量

由图 19-4 和图 19-5 中所列可以看出，在与中国处于同一发展阶段的发展中国家中，俄罗斯和南非的人均 CO_2 排放量相对中国而言较高，墨西哥的排放量稍高，巴西与中国的水平相当，印度低于中国的人均排放水平；中国的单位 GDP CO_2 排放量与南非和俄罗斯在发展中国家中处于较高的水平，但近年来总体呈下降趋势。

下面是发达国家处于这一发展阶段的人均 GDP 和 CO_2 排放状况。

从图 19-6 和图 19-7 中可以看出，美国、英国和德国处于工业化阶段的人均 CO_2 排放量很高，其中美国最高，依次是德国和英国；日本人均排放量初始时期比其他发达国家低，但上升趋势很明显；中国的人均排放量比发达国家的都低。中国的单位 GDP CO_2 排放量在工业化初期高于发达国家的排放水平，下降趋势明显，目前

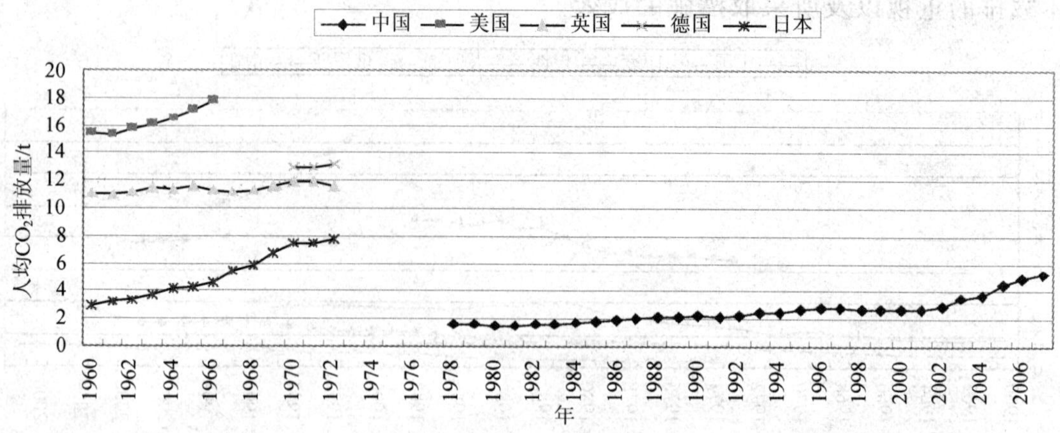

图 19－6 发达国家处于同一发展阶段时的人均 CO_2 排放量

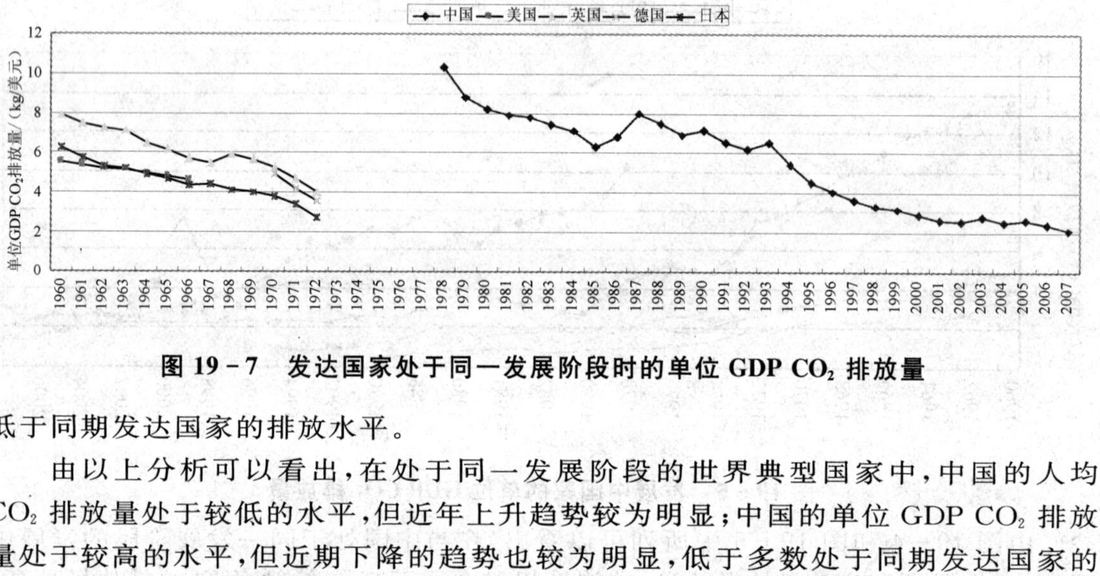

图 19－7 发达国家处于同一发展阶段时的单位 GDP CO_2 排放量

低于同期发达国家的排放水平。

由以上分析可以看出，在处于同一发展阶段的世界典型国家中，中国的人均 CO_2 排放量处于较低的水平，但近年上升趋势较为明显；中国的单位 GDP CO_2 排放量处于较高的水平，但近期下降的趋势也较为明显，低于多数处于同期发达国家的排放水平。也就是说，就同一经济发展阶段而言中国目前的 CO_2 排放水平相对来说是不高的。通过数据的对比分析，中国现阶段通过产业结构调整和节能技术的推广应努力将人均 CO_2 排放量控制在 5.0 t/人的水平，单位 GDP CO_2 排放量应该控制在 1.5 kg/美元的水平。

（二）与我国发展同阶段国家的比较

2007 年中国的人均 GDP 达到 2 482 美元，其 CO_2 排放状况以及处于同一经济水平的发展中国家与发达国家的 CO_2 排放情况见表 19－6。

表 19－6　与中国 2007 年人均 GDP 处于同一水平的国家 CO_2 排放量

国　家	中国	巴西	墨西哥	俄罗斯	南非	美国	德国	英国	日本
人均 GDP/美元	2 482	2 532	2 436	2 377	2 600	2 793	2 662	2 542	2 833
人均 CO_2 排放量/(t/人)	5.2	1.5	4.1	10.6	8.7	15.4	13	11.9	7.8
单位 GDP CO_2 排放量/(kg/美元)	2.10	0.59	1.68	4.56	3.35	5.51	4.41	4.68	2.75

从表 19－6 中所列可以看出，与中国 2007 年人均 GDP 处于同一阶段的国家人均 CO_2 排放量与单位 GDP CO_2 排放量的排序没有变化，只是数量的变化程度有所不同。

下面对 2007 年中国和典型发展中国家与发达国家的 CO_2 排放状况进行对比分析。如表 19－7 所列。

表 19－7　2007 年世界典型国家的 CO_2 排放情况

国　家	中国	印度	巴西	墨西哥	俄罗斯	南非	美国	德国	英国	日本
人均 GDP/美元	2 482	978	6 938	8 479	9 075	5 906	45 845	40 415	45 575	34 312
人均 CO_2 排放量/(t/人)	5.2	1.3	2.6	5.3	16.3	9.7	26.4	12.5	12.9	12.9
单位 GDP CO_2 排放量/(kg/美元)	2.10	1.28	0.37	0.62	1.80	1.65	0.58	0.31	0.28	0.37

从表 19－7 中所列可以看出，在 2007 年，中国的人均 CO_2 排放量处于较低的水平，而单位 GDP CO_2 排放量处于较高的水平，在世界典型 10 个国家中是最高的，而且超出的幅度较大。单位 GDP CO_2 排放量是能源利用效率的指标，这说明我国的能源利用效率较低，和世界平均水平还有一定的差距，与发达国家的差距更大，需要切实加大节能减排的力度。

二、实地考察亚、欧和大洋洲 8 国的经济发展与温室气体排放的启示

鉴于世界主要温室气体排放国家都已考察过，而且其资料较容易查到，已在本节第一部分中分析了。本研究是针对北京做的，鉴于一个经济大国的节能减排与北京可比性较小，因此考察了一些和北京有一定可比性的较典型的国家。

（一）现实状况比较

所考察国家中沙特阿拉伯和卡塔尔是世界上主要的产油发展中国家，瑞典、奥地利、冰岛和新西兰是发达国家，乌克兰和斯洛伐克是经济转型国家，而菲律宾是发展中的农业国。其中乌克兰、菲律宾人均 GDP 与中国近似，沙特阿拉伯、瑞典、奥地利与北京有人口可比性，卡塔尔和斯洛伐克与北京有面积可比性。现将这些国家和北京的有关数据列表总结如下，见表19－8。

表 19-8 中国、北京与若干不同类型国家的温室气体排放比较

国家及地区	2007 年面积/万 km^2	2007 年人口/百万	2006 年人均 GDP/美元	2007 年人均 CO_2 排放/t	2007 年单位 GDP CO_2 排放量/(kg/美元)
卡塔尔	1.14	0.8	63 000	106.5	1.29
冰 岛	10.30	0.3	57 000	13.8	0.21
斯洛伐克	4.88	2.0	18 600	9.1	0.66
沙特阿拉伯	214.97	24.2	15 000	26.1	1.65
瑞 典	45.00	9.1	49 653	8.2	0.17
新西兰	26.87	4.2	25 800	10.9	0.35
奥地利	8.39	8.3	45 641	11.2	0.25
乌克兰	60.37	46.4	1 950	9.2	3.03
中 国	959.70	1 321.3	1 911	5.2	2.10
北 京	1.64	16.3	6 245	10.0	1.31
菲律宾	30.00	87.9	1 170	1.0	0.60

1. 中国与若干国家比较

从表 19-8 中可以看出：

① 以煤为主、以重化工业为主的国家高排放是必然的，其中乌克兰与中国的情况最有可比性，2007 年乌克兰人均 CO_2 排放量为 9.2 t，单位 GDP CO_2 排放量为 3.0 kg/美元；中国分别为 5.2 t 和 2.1 kg/美元；乌克兰分别是中国的 1.8 倍和 1.4 倍。说明乌克兰以较中国高将近 1 倍的碳排放模式发展，是世界上的高碳经济国家。

② 瑞典是世界上最发达国家之一，2007 年瑞典人均 CO_2 排放量为 8.2 t；单位 GDP CO_2 排放量为 0.17 kg/美元，瑞典分别为中国的 1.6 倍和 8%。但是，瑞典人均 GDP 为中国的 19 倍，说明瑞典是低碳经济国家。

③ 沙特阿拉伯是位居第 2 的世界产油国，2007 年沙特人均 CO_2 排放量为 26.1 t，单位 GDP CO_2 排放量为 1.65 kg/美元，分别是中国的 5.0 倍和 79%，但是沙特阿拉伯的人均 GDP 为中国的 6.4 倍，因此就碳性经济而言，沙特阿拉伯与中国属于同一水平，也说明较高排放是发展中国家的必经阶段。

④ 菲律宾是较不发达的农业国，2007 年人均 CO_2 排放量为 1.0 t，单位 GDP CO_2 排放量为 0.60 kg/美元，分别是中国的 1/5 和 1/3，但菲律宾的人均 GDP 也达到中国的 1/2，说明农业经济是一种低碳经济，但要取得经济高速发展，必须发展工业经济，即工业化，也必然有一个与 GDP 增长成正比甚至更高的排放阶段。

2. 北京与若干地区比较

① 北京是一个人口集中、经济发达的城市，有相对高的人均 CO_2 排放量是合理的，世界上的大城市都有相对全国较高的人均排放量。北京排放量为 10 t/人，仅为与北京情况类似的卡塔尔人均排放量的 1/10，与以重工业为基础的乌克兰相当。从以上分析可以看出，北京的人均排放基本在合理范围，但随着产业结构调整，仍有下降的余地，以下降到 8 t/人为宜。

② 从单位 GDP CO_2 排放量来看，北京为 1.31 kg/美元，与卡塔尔 1.29 kg/美元的水平相当，较沙特阿拉伯的 1.65 kg/美元为低；为斯洛伐克 0.66 kg/美元的 2 倍；是新西兰 0.35 kg/美元的将近 4 倍；是瑞典 0.17 kg/美元的 7 倍多；是奥地利 0.25 kg/美元的 5 倍，说明北京在经济发展和能源利用效率方面与发达国家还有相当大的差距。北京争取到 2020 年将单位 GDP CO_2 排放量下降 40%，降到 0.8 kg/美元的高收入国家水平，是可能的，也是必要的。

（二）历史积累的比较

由于北京历史积累的 CO_2 排放量没有统计数据可查，因此以全国的数据来分析；又根据国际惯例，农业经济时代既无统计数据，排放量又很小，因此积累一般以 1900 年，即主要发达国家工业化基本完成开始统计，见表 19－9。

表 19－9 中国、沙特、瑞典和乌克兰的 CO_2 排放积累量

国 家	1900—2007 年 CO_2 排放积累量/亿 t	1900—2007 年人均 CO_2 排放积累量/t	2000—2007 年 CO_2 排放积累量/亿 t	2000—2007 年人均 CO_2 排放积累量/t
中 国	1 034.4	78.3	335.0	25.4
沙特阿拉伯	78.9	324.8	32.2	132.8
瑞 典	43.3	472.2	5.1	55.6
乌克兰	241.4	523.4	29.2	63.3

从我们考察的几个国家来看，从 1900—2007 年的人均积累来看，乌克兰是我国的 6.7 倍，瑞典是我国的 6.0 倍，沙特阿拉伯也是我国的 4.1 倍；从 2000—2007 年的人均积累来看，瑞典是我国的 2.2 倍，沙特阿拉伯是我国的 5.2 倍，乌克兰是我国的 2.5 倍。乌克兰的情况尽管与其经济不景气有关，也说明近年来节能减排取得了重要进展。

由此可以看出，在工业化国家中我国属历史人均积累最低的，基本上是 1/6～1/4 的水平；而就近 8 年积累来看，我国也是很低的，基本上是 1/5～1/3 的水平，鉴于我国正处于工业化完成的阶段，这一 CO_2 排放量是合理的。

第三节 温室气体减排的机理和措施

温室气体的减排成为国际社会的热点问题,各个国家都采取了相应的节能减排措施来减少本国温室气体的排放。从修复大气生态系统的原理出发,减排的措施无非是:减少温室和其他有害气体的排放,由于主要排放是使用碳氢化石燃料造成的,因此节能成为减排的重要手段,同时使用不排温室气体的清洁可再生能源是更根本的手段;增加温室气体的吸收,包括保护和修复森林和湿地;封存和利用已排出的温室气体,这还有待于相关高技术的开发。

一、国际应对全球气候变暖的举措

面对全球气候的变暖,联合国组织了多次会议就气候变暖这一问题进行交流,其中《联合国气候变化框架公约》、《京都议定书》和《巴厘岛路线图》是各国关于减缓气候变暖达成的共识。2008 年 10 月 24—25 日在北京举行的第七届亚欧首脑会议在推动可持续发展方面发表了《可持续发展北京宣言》。宣言中强调了应对气候变化的重要性,呼吁发达国家应继续率先行动,采取可衡量、可报告、可核实的适合本国国情的减缓承诺,包括进行量化的限排和减排目标,在适当的情况下,以行业方式作为实施其减排目标的工具,并向发展中国家提供资金和转让技术。发展中国家要在可持续发展的框架下采取适合本国国情的减缓行动,这种行动应得到可衡量、可报告、可核实的技术、资金和能力建设支持,以实现有别于通常排放的结果。

能源与气候变化问题紧密相关,要充分考虑保障能源安全、改善能源结构、提高能源效率和节约能源等问题。各国应努力提高能源节约和使用效率,优化能源消费结构,开发和使用可再生和清洁能源,包括不影响粮食安全、不造成环境危害的可持续生物能源,推动向发展中国家转让和推广先进的环境友好型能源技术。

增加吸收可为减少温室气体作出重要贡献,其中包括减少毁林和森林退化,通过促进造林和再造林增加碳汇,实施森林可持续管理;促进合理使用土地,采纳可持续生产和消费模式以及采取适当措施打击非法采伐和相关贸易。

努力提高发展中国家适应气候变化的能力,包括脆弱性评估,确定和加强实施适应行动,评估资金需求,提供技术援助,加强能力建设,加强危机管理,制订应对策略,并将适应纳入到发展政策和战略中。加强应对气候变化的信息交流体系,建立早期预警机制。

强调技术、技术合作及向发展中国家转让技术的关键作用,推动有关减缓信息和行业能效分析的交流,确定国家技术需求和自愿的、面向行动的国际合作,呼吁加强技术开发和转让以支持减排和适应行动,并促进可负担的适应和减缓技术的开发、应用、推广和转让,欢迎现有、新型和创新的清洁技术方面的研究、开发、示范和运用方面的合作，开辟双赢合作。加强与发展中国家的技术合作与转让将为其应对气候变化创造必要条件。

应对气候变化需要筹集更多公共和私营部门的国内和国际资金，应支持加大对发展中国家的资金支持，建立激励机制，鼓励发展中国家实施国家减排和适应战略与行动，促进公共和私营部门筹资和投资。

在当前的国际谈判中，除美国以外的主要发达国家都已经承诺减少总体的气体排放，在《京都议定书》中，工业化国家承诺，2008—2012 年其温室气体排放总量在 1990 年的基础上平均减少 5.2%，其中欧盟削减 8%，日本削减 6%，加拿大削减 6%，东欧各国削减 5%～8%，新西兰、俄罗斯和乌克兰可保持 1990 年水平，允许爱尔兰、澳大利亚和挪威的排放量分别增加 10%、8%和 1%，发展中国家暂时没有减排义务。

二、中国应对全球气候变暖的举措

中国的基本国情决定了中国在应对气候变化领域面临巨大挑战。气候变化已经对中国自然生态系统和经济社会发展带来了现实的威胁。中国应对全球气候变暖的总方针就是：发展低碳经济，修复地表生态系统，使人与自然和谐。中国已经采取了多项措施积极推进减缓气候变化。

（一）调整经济结构减缓气候变化

中国积极推进减缓气候变化的政策和行动，在调整经济结构，促进产业结构优化升级上采取了一系列政策措施，取得了显著成效。

在促进服务业加快发展方面，中国于 2007 年发布了《关于加快发展服务业的若干意见》，明确了支持服务业关键领域、薄弱环节和新兴行业发展的政策。旅游、金融和物流等现代服务业蓬勃发展。

中国注重做强做大高技术产业。2007 年中国发布高技术产业、电子商务和信息产业等领域的“十一五”（2006—2010 年）规划，提出到 2010 年高技术产业增加值占工业增加值的比重比 2005 年提高 5 个百分点。

在加快淘汰落后产能方面，中国于 2007 年发布 13 个行业“十一五”淘汰落后产能分地区、分年度计划。2007 年关停小火电机组 1 438 万 kW，淘汰落后炼铁产能 4 659 万 t、落后炼钢产能 3 747 万 t、落后水泥 5 200 万 t，关闭了 2 000 多家不符合产业政策、污染严重的造纸企业和一批污染严重的化工、印染企业，累计关闭各类小煤矿 1.12 万处。

（二）可再生能源结构比例上升

截至 2007 年底，中国水电装机容量达到 1.45 亿 kW，年发电量 4 829 亿 kW/h，电力装机和发电量均居世界第一位。

中国风电规模成倍增长，装机容量超过 600 万 kW，居世界第五位；太阳能热水器集热面积达到 1.1 亿 m^2，多年位居世界第一；生物质发电装机容量约为 300 万 kW，生物燃料乙醇年生产能力超过 120 万 t。核电装机 906 万 kW，比 2006 年增长 30.5%。可再生能源总利用量约为 2.2 亿 t 标准煤。

煤炭在中国一次能源消费中的比重由 1980 年的 72.2%下降到 2007 年的 69.4%，水电、风电和核电的比重由 4%提高到 7.2%。经过全社会共同努力，2006 年和 2007 年中国单位 GDP 能耗分别下降 1.79%和 3.66%，累计节能 1.47 亿 t 标准煤。

(三) 预期年减排 1.13 亿 t CO_2

到 2008 年 7 月 20 日，中国在联合国已经成功注册的清洁发展机制合作项目达到 244 个，这些项目预期的年减排量为 1.13 亿 t CO_2 当量。

通过国际合作，中国进行了清洁发展机制方面的系统研究，为国际规则和国内政策措施的制订提供了科学基础，为各利益相关方提供了有益信息；进行了大量的能力建设活动，提高政府部门、企业界、学术机构、咨询服务机构和金融机构等推动清洁发展机制项目开发的能力。完善了相关的国内制度，制订和颁布《清洁发展机制项目运行管理办法》。

2007 年 6 月中国政府发布《应对气候变化国家方案》，提出了到 2010 年中国应对气候变化的总体目标。

1. 温室气体排放

实现单位国内生产总值能源消耗比 2005 年降低 20%左右；

可再生能源开发利用总量（包括大水电）在一次能源消费结构中的比重提高到 10%左右；

煤层气抽采量达到 100 亿 m^3；

工业生产过程中的氧化亚氮排放稳定在 2005 年的水平；

森林覆盖率达到 20%；

实现年碳汇数量比 2005 年增加二氧化碳量约 0.5 亿 t。

2. 增强适应气候变化能力

新增改良土地 2 400 万 hm^2；

治理退化、沙化和碱化草地 5 200 万 hm^2；

农业灌溉用水有效利用系数提高到 0.5；

实现典型森林生态系统和国家重点野生动植物得到有效保护的比例 90%左右；

自然保护区面积和国土总面积的比重达 16%左右；

综合治理水土流失面积 25 万 km^2；

实施生态修复面积 30 万 km^2；

治理荒漠化土地面积 2 200 万 hm^2。

3. 加强科学研究与技术开发

4. 增强公众意识与管理水平

三、奥运成为北京促进节能减排的契机并成为中国的示范

党的十七大报告提出，转变经济增长方式，推进产业结构优化升级，是我们面临和需要着力解决的重要课题。推进节能减排工作与转变经济发展方式相互关联、互相促进。全面推进节能减排，是促进经济发展的必然选择，将对我国资源节约型和环境友好型社会的早日实现提供强大动力。绿色奥运是 2008 北京奥运会的三大主题之一，以此为契机促进北京节约能源、减少温室气体排放将促进经济、社会和环境的持续协调发展，使奥运为北京、中国和世界留下遗产。

申奥成功后北京 CO_2 的排放成为世界的关注焦点，而北京是一个特大型资源消费城市，CO_2 排放量一直较高，北京采取了多种措施促进了节能减排工作的实施。

（一）以科学发展经济学理论为节能减排的指导

北京以科学发展观为指导，创新科学发展经济学，改变仅仅追求 GDP 增长的单一发展目标，为经济、社会、资源和生态的多目标函数的发展方式；改变碳氢燃料的单一能源，为包括可再生能源的多种能源结构。

1. 再思考(rethink)——减排，防止气候变暖就是创造财富

除传统经济产品外，承认维系、保护和修复生态系统是第二生产，生态系统是第二财富。发展要使两种财富均衡，不能只增加产品而增大排放，破坏生态系统。

2. 减量化(reduce)——减排就是要使碳氢燃料投入减量化

除节约能源外，提出合理需求的市场经济新理念，最大的减量化是企业和人的科学、适度的消费。降低 20％高收入者的能源消费，适度提高 20％低收入者的能源消费，促进社会和谐。

3. 再利用(reuse)——减排就是要充分利用可再生能源

利用可再生能源是最重要的再利用，要利用高技术开发太阳能、风能、生物能和受控热核聚变能(nuclear fusion)等新能源替代传统碳氢能源。

4. 再循环(recycle)——减排就是要建立循环经济体系

将传统工业体系重建为循环经济的新体系是最重要的再循环，包括利用废料的再制造业，基础设施共享范围的扩大和新的产业链，如热电——炼钢——水泥产业链。

5. 再修复(repair)——减排就是要修复生态系统，提高其承载能力

修复生态系统应成为新产业，包括退耕还林、植树造林、退田还湖、恢复湿地、退蓄还流及提高地下水位等。提高生态系统的承载能力，使人与自然和谐。要承认生态工程也是工程，改变传统工业化的工程理念；要建立绿色 GDP 统计指标体系，科学计算生态工程的价值，改变传统工业化的统计理念。

(二) 奥运促进北京节能减排的成效分析

申奥以来,北京经济持续快速发展,能耗和 CO_2 排放总量增长。但单位 GDP 耗能和 CO_2 排放下降,见表 19-10。

表 19-10 2001—2007 年北京能耗和 CO_2 排放降低情况表

年份		2001	2002	2003	2004	2005	2006	2007
GDP/亿元		3 710.5	4 330.4	5 023.8	6 060.3	6 886.3	7 870.3	9 353.3
人均 GDP	元	26 789	30 427	34 495	40 600	44 774	49 781	58 204
	美元	3 237	3 676	4 168	5 726	5 434	6 245	7 654
能源消耗量/万 t 标煤		4 229.9	4 436.1	4 648.2	5 139.6	5 521.9	5 904.1	6 285.0
万元 GDP 耗能/(t 标煤/万元)		1.14	1.02	0.93	0.85	0.80	0.76	0.67
CO_2 排放量/万 t		10 997.7	11 533.9	12 085.3	13 363.0	14 356.9	15 350.7	16 341.0
人均 CO_2 排放量/(t CO_2/人)		7.94	8.10	8.30	8.95	9.33	9.71	10.01
单位 GDP CO_2 排放量/(kg/美元)		2.45	2.20	1.99	1.56	1.72	1.55	1.31

1. 奥运促进北京减排

在产业结构调整、发展节能减排技术方面,申奥以来北京取得了一些成绩。

(1) 产业结构调整

节能减排从根本上就是要合理调整产业结构、产品结构和产业技术结构,大力发展低耗能的高新技术产业和第三产业,用高新技术和先进实用技术改造传统产业,提高产品的附加值。2001 年以来奥运因素加快了产业结构升级,"三、二、一"的产业格局和服务业主导型经济特征不断巩固,北京市三个产业结构由 2001 年的 3.3∶37.8∶58.9变为 2007 年的 1.1∶27.5∶71.4,第二产业比重下降了 10.3 个百分点,第三产业比重上升了 12.5 个百分点,首次达到 71.4%,已经达到日本(68%)和德国(70%)的水平。由于第三产业的单位增加值能耗仅为第二产业的 1/4,产业结构的调整对北京市单位 GDP 能耗的下降和温室气体排放的减少发挥了重要作用。

在工业领域,北京市黑色金属冶炼及压延加工业、石油加工、炼焦及核燃料加工业、化学原料及化学制品制造业和非金属矿物制品业等 4 个高耗能行业比重降低。同时,北京市加大了对部分高耗能、高污染的行业改造搬迁力度,治理和搬迁了 197 个污染严重、群众反映强烈的企业,其中包括首钢、北京炼焦化学厂、化工二厂和有机化工厂等。

北京第三产业国内生产总值 6 年来持续保持增长,其中生产性服务业在第三产业国内生产总值的比例从2001年的32.5%增加到2007年的55.0%；最近几年，旅游业占第三产业国内生产总值的比重一直保持在1/3左右。第三产业的大力发展促进了经济增长方式的重大转型和产业结构调整的突破。

(2) 发展节能减排技术

为了实现“新北京、新奥运”的战略构想，2001年以来北京市推广的节能技术包括绿色照明、供暖锅炉系统节能、空调技术节能、太阳能利用、生物质能利用、农业节水和雨洪利用等，并取得很好的效果。今后，北京市还将建立节能专项资金，重点支持节能技术的研究开发、示范推广。在新城和新农村建设中，将集中推广除尘脱硫脱硝和膜处理等技术。在重点耗能企业和大型公建中，集中推广绿色照明、锅炉、空调系统节能、智能节水控制和余热余压利用等技术。通过这些技术在北京市的适度推广，总体可以节约230万t标煤/年，降低全市能源消耗总量约4%，相当于减排CO_2为598万t/年。

(3) 公共交通减排

交通工具、主要是汽车的运行是温室气体排放的一个重要方面。大力发展公共交通，可以有效减少小汽车的出行量和出行次数，增加公共交通出行人次。申奥成功以来，北京采取了一系列措施，优化公交线网，大幅降低公交票价，改善公共交通换乘，公共交通客运量显著上升，2007年北京公共交通出行人次比2001年增长38 418万人次，共相当减排$CO_2$78.8万t，平均每年减排11.3万t。

在优先发展公共交通的同时，提倡小排量汽车。排气量为1.3 L的车与2.0 L的车相比，每年可节油294 L，相应减排CO_2 647 kg，小排量汽车的增加无疑将减少CO_2的排放量。

另外，北京市采取了较为严格的机动车排放标准，2002年实行国Ⅱ，2005年实行国Ⅲ机动车排放标准，各阶段标准的执行时间比全国平均提前2年。

2. 奥运促进北京少用

通过循环经济发展，促进能源循环高效利用；大力推广可再生能源，达到节能减排目的。

(1) 建筑节能

北京住宅和公共建筑对资源的占用和能源的消耗是巨大的。申奥成功后北京市大力推行建筑节能，严格实施民用建筑节能50%的设计标准，2004年6月北京市全面推行新的《居住建筑节能设计标准》，成为我国第一个实施65%建筑设计标准的城市。2005年6月北京市发布《公共建筑节能设计标准》，同时积极开发建筑节能技术，提高建筑保温隔热性能，降低能耗。据统计，由于建筑节能设计标准的推行，2001—2007年北京市居住建筑和大型公共建筑的节能量分别为268万t标煤和80万t标煤，合计减排CO_2 905万t，即每年减排129万t。

小户型住宅在节能问题上普遍比大户型的住宅好很多，大户型住宅冬季用于取暖所消耗的电热是节能型小户型住宅的 2～3 倍。北京 2006 年 9 月 5 号出台文件对“90 m^2 中小套型”作出了明确规定，有效促进了温室气体的减排。

保温建筑的节能措施主要是要提高建筑围护结构的热工性能，北京节能 65%设计标准规定节能指标达到了欧洲 20 世纪 90 年代水平。目前北京新增住宅中，节能建筑所占的比例城区是 100%，郊区是 95%。

集中供热能够提高能源利用率、节约能源。供热机组的热电联产综合热效率可达 85%，而分散的小型锅炉的热效率只有 50%～60%。北京 2001—2007 年集中供热面积增加了 24 471万 m^3，集中供热面积的增加相当于减少了分散供热的面积，供热效率大大提高，减少了温室气体的排放。

空调、暖气温度限制。北京一年中需要采暖的期限已接近 5 个月，需要制冷的期限达到 4 个月，占全年时间约 3/4，消耗大量能量。目前对大型公共建筑规定夏季室内空调温度设置不得低于 26 ℃，冬季采暖采取了“保低限高”的办法，即室内温度最低不得低于 16 ℃，最高不得超过 20 ℃，这样，既不影响居民生活，又节约能源。

节能照明比普通照明的节能率在 15%以上，北京绿色照明工程三年推广安装 180 万只节能灯，据测算，180 万只节能灯一年可节约用电 3 900 万 kWh，减排 CO_2 3.87 万 t。

（2）清洁能源利用

地热利用。北京每年可开采地热水总量为 1.087 亿 m^3，全市现有各类地热井 315 眼。2001—2007 年共计开采地热水 5 687 万 m^3，为北京减少能源消耗折合标准煤 63.36 万 t，相当于减排 CO_2 165 万 t，即年减排 23.6 万 t。

生物质能利用。北京有丰富的生物质资源，主要有秸秆、林业废弃物和炭薪林等。按照每年沼气、秸秆和薪柴的生产量折合标准煤 85 万 t 计算，7 年共少用 595 万 t 标准煤，相当减排 CO_2 为 1 547 万 t，即年减排 221 万 t。

3. 奥运促进北京吸收

森林和湿地是主要的固碳渠道。

北京市森林系统植被主要由落叶阔叶林、人工针叶林和灌丛组成，目前北京森林系统建设状况比 2001 年取得很大进展，森林面积和城市绿化率的增加减少了北京温室气体的总量。据统计，北京市森林覆盖率由 2001 年的 30.4%提高到 2007 年的 35.8%，达到国际宜居标准。7 年增加的森林共吸收 CO_2 370 万 t，即每年吸收 53 万 t。

北京历史上湿地资源曾经比较丰富，湿地面积曾占到全市总面积的 15%。目前北京市湿地面积仅占北京市总面积的 2.97%，约 5 万 hm^2。申奥以来北京市开展了 6 项湿地保护和恢复示范工程，并将全市的湿地划分为 4 大区域，根据其特点规划了不同的建设目标。根据《北京市湿地保护建设实施方案》，到 2010 年北京市湿地面积将恢复到 8 万 hm^2，占北京总面积的 4.8%，达到宜居标准。

综上所述，申奥以来，北京通过技术开发、调整产业结构、循环高效利用能源、推广可再生能源、利用森林及湿地固碳等措施，在 CO_2 减排方面取得了显著的成果，2001—2007 年共计减排 CO_2 总量 8 444 万 t，见表 19－11。

表 19－11　2001—2007 年北京 CO_2 减排数量

减排方式	CO_2 减排总量/万 t	年平均 CO_2 减排总量/万 t
通过减少能耗实现的减排	6 362	909
工业减排	5 378	768
交通减排	79	11
建筑减排	905	129
通过替代能源实现的减排	1 712	245
地热利用	165	24
生物质能利用	1 547	221
通过碳汇实现的减排	370	53
林地吸收	370	53
合　计	8 444	1 206

（三）北京奥运场馆建设中节能减排措施示范

奥运场馆成为北京市节能减排的经典之作，共采用 61 项先进空气处理技术，涵盖了热回收空调、自然通风、室内空气节能处理与净化等，其中：绿色节能照明技术 48 项；节能建筑围护结构 38 项；配电与智能控制节能 21 项；共计 168 项，分布于奥林匹克公园区域 65 项，大学区场馆 39 项，外围场馆 64 项。国家游泳中心和国家体育场利用膜结构充分利用自然光。北京科技大学体育馆、奥林匹克中心区地下商业区、森林公园及奥运村等 4 项工程采用了光导管采光技术。国家体育馆、中国农业大学体育馆、北京工业大学体育馆、老山自行车馆、北京大学体育馆和射击馆等 6 项工程采用了自然采光屋面。

（四）未来北京温室气体减排的长效机制、示范作用与奥运遗产

未来北京要按照科学发展经济学原理，建立发展的多目标体系，推动绿色增长，建设循环经济体系，推进节能减排长效机制建设，形成奥运遗产。

1．温室气体减排长效机制的机理

过量的温室气体使大气生态系统无法维系它的动态平衡，产生了“绿屋”（green house）效应，或称温室效应。大气生态系统中的生物主要是鸟类和微生物，温室效

应对它们并没有大的影响，但是温室效应产生的全球气候变迁严重地影响到了地表生物圈：森林、草原、河流、湖泊、湿地和海洋生态系统。造成了气温升高、气候干旱、极端气候频发，从而加速了森林和草原退化、河流断流、湖泊萎缩和湿地干涸，海平面升高，海啸增加，从而严重地影响了包括人类在内的所有生物的生存环境，这充分说明了自然生态大系统中各子系统之间的相互影响的重要性。人们没有触摸不到的气态生态系统可能严重地影响到液态和固态生态系统。

依据生态系统的原理，维系生态系统的动态平衡就是保持对该系统输入和输出的物质流和能量流的平衡。具体到温室效应来说，就是减少温室气体的输入，增加温室气体的输出。如图 19－8 所示。

图 19－8　温室效应示意

减少温室气体输入，增加温室气体输出可以总结为如图 19－9 所示。

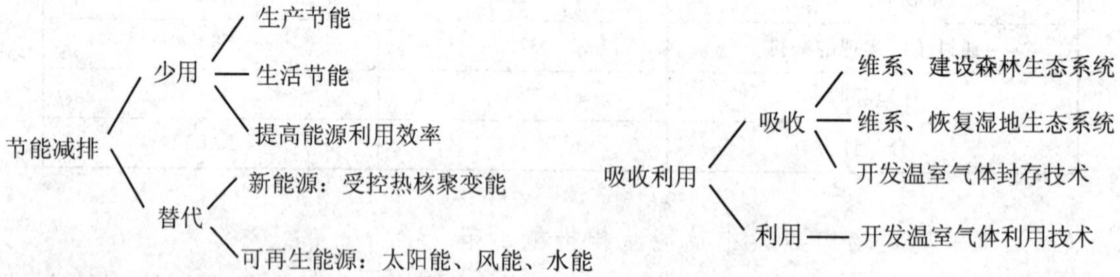

图 19－9　减少温室气体输入，增加温室气体输出

目前的国际和国内修复大气生态系统都是按照这一思想来制订措施，相信在逐年减排的基础上，经过 21 世纪的长期不懈的努力，大气生态系统有望在 22 世纪初修复。

2. 北京温室气体减排长效机制的具体措施

北京温室气体减排长效机制的具体措施主要有以下 8 项。

（1）减　排

鼓励发展现代服务业、高技术产业和现代制造业等低能耗、高附加值的产业；加快高能耗、高污染、高排放产业和企业的退出和改造；通过环保标准和税收导向等手段提高高耗能行业的准入门槛。到 2010 年，万元 GDP 能耗比 2005 年降低 15%，减少 CO_2 排放 980 万 t/年。

进一步加强公共交通，弥合高低收入者生活水平的差距，促进社会和谐。

（2）少　用

以高科技大力开发清洁能源，加大科学技术在生产函数中的比重。到 2010 年，新能源和可再生能源开发利用达到 260 万 t 标准煤/年，占能源消费总量的比重力争达到 4%左右，重点发展地热能、太阳能、生物质能和风能，减少 CO_2 排放 676 万 t/年。

(3) 吸 收

制订北京生态修复规划，通过认真研究，借鉴国际经验，制定北京湿地比例、城区人均绿地和水面标准等科学的指标体系，不仅促进节能减排而且把北京建成国际水平的宜居城市。加大植树造林和和生态保护力度，森林覆盖率由 2006 年的 35.5%提高到 2010 年的 37%，可多吸收 CO_2 24 万 t/年。2010 年北京将把湿地面积扩大到 8 万 hm^2。

(4) 捕获、封存与利用

CO_2 捕获与封存技术的应用对减少温室气体排放具有深远的意义，目前 CO_2 的工业分离、管道运输、地质封存和工业利用等方面有些已经形成成熟的市场，成为减少温室气体排放的有力措施。

北京目前还没有开发利用这些技术，但是由于拥有科技优势，利用的潜力很大。这些技术特别适用于像发电厂、水泥厂这样大的静止污染源，可以捕捉 90%以上的 CO_2 排放，不仅可以实现北京 CO_2 的减排，而且可以将其注入地下解决地面沉降的问题。建议北京市和有关高校、科研机构及企业组成联合团队，开展 CO_2 捕集技术分析、封存潜力评价和社会经济影响等方面的研究。

北京将利用高技术优势，大力发展利用温室气体高技术，并促进其产业化，加大其在温室气体减排中的比重。

(5) 碳交易机制的建立及其基金的设立

碳排放交易是用经济手段推动环保的国际通行办法，建立合理的碳交易机制，能够促进工业发展与环保同步发展，减少温室气体的排放量。

在碳交易的过程中，要尤其强调 CDM 项目所引进的先进技术设备，及其所带来的技术转让和推广应用。建议启动北京清洁发展机制基金，全面推动 CDM 在北京的发展。

(6) 法规政策体系的建立

要建立北京市节能减排的配套法规政策体系，包括《循环经济法规》、《节能减排法规》、《企业碳交易条例》和《绿色采购条例》等。实行奖罚机制，将节能减排完成情况纳入北京经济社会发展综合评价体系，作为政府领导干部综合考核评价和企业负责人业绩考核的重要内容。

(7) 加强节能减排的教育与培训

将节能减排教育纳入中学教程，帮助青少年学生树立节能环保意识，养成珍惜能源、爱护环境的习惯，开展学生节能环保社会实践活动。要加强节能减排的培训制度，提高全民节能减排的素质和意识，充分发挥市科协的作用，积极落实各级相关人员的培训。

（8）提倡公众参与，建立节能减排相关监督机制

建立健全社会监督机制。实行能源资源利用公告制度，定期公布各有关企业的能耗指标，为公众参与创造条件。发挥社会团体的作用，鼓励检举和揭发各种能源资源违法行为，推动能耗公益诉讼。企业必须公开能耗信息。对涉及公众权益的发展规划和建设项目，要通过听证会、论证会或社会公示等形式，听取公众意见，强化社会监督。

北京是2006年中国唯一完成节能减排计划的省市。到2020年如果中国全国都接近北京的节能减排水平，也就是说，3个五年计划万元GDP能耗分别减少20％、15％、10％，即万元GDP能耗达到北京2006年的水平，为0.76 t标准煤/万元GDP；如果届时中国GDP为40万亿元人民币，则相当每年节约18亿t标准煤，CO_2减排46.8亿t，接近中国2004年排放总量。这是一个比欧盟和美国现有减排计划都高得多的标准。

同时，我们也认为要以新循环经济学认识温室气体减排的国际义务，科学认识温室气体减排必须深入研究全球气候变化。同时，从历史责任、人权、经济发展阶段、国际贸易状况、经济全球化、国际合作和可持续发展的人类共识进行多学科综合研究，才能使温室气体减排的国际义务合理定量。其中，发达国家承担更多的国际义务是个重要的内容。我们生活在同一个世界，我们有着同一个梦想，只有这样，才能真正做到温室气体减排，才能对世界67亿居民都真正有益。

第二十章　生态工业园

当前在已经有众多各种类型的园区，园区已有过热之嫌的情况下，为什么又要提出建设生态工业园？到底什么是生态工业园？生态工业园与生态系统修复有什么联系？又如何建设生态工业园呢？

早在 20 世纪 50 年代由于自然资源的短缺，产生了综合利用的需要，提出了"生态工业园"的概念。20 世纪 60 年代末在丹麦的主岛——西兰岛上逐渐自然形成了卡伦堡生态工业园区，实际上当时并不叫"生态工业园"，这是后来起的名字。

"生态工业园(Symbiosis)"是中文译法，英文原字是"共生"，共生是一个生态学名词，英文的原意是"不同生物体和谐的联合"。例如一棵大树下有小草，树上长着蘑菇，这些生物体就是和谐的自然共生。

1987 年卡伦堡的工业共生群成立，1993 年开始正式用这个名字，至今不过 16 年。这个名字的用意十分明确，即"生态工业园"是一种自然形成、内部及与自然都和谐的新的工业组织形式，不是生拉硬扯，强拼硬凑的。或者可以叫"和谐工业群"。

第一节　园区的由来与发展

目前各类园区建设在国内方兴未艾，在有关学术研讨会上多次有人问到笔者："自您 1995 年出版第一本园区专著——《科技工业园区——21 世纪社会的新细胞》(1995，上海科技教育出版社)以来，各种园区不断涌现，对此您有什么看法呢？"这的确是一个重要的问题。园区的建立和发展究竟是为什么呢？达到什么目的？有什么意义？会不会成为一阵风？应如何发展？会不会有名无实？这些问题都是与我国经济的科学发展密切相关的。

30 年来作者对所有发达国家做了实地考察，到过 20 多个工业园区，园区的出现和发展，正像 18 世纪末工业革命以后，现代工厂的出现作为农业文明向工业文明过渡的形式一样，是 20 世纪以来从工业文明向生态文明过渡的重要形式。如果这些园区能够在科学发展观指导下自然共生，政府的科学规范和引导下和谐发展，成为企业走上新型工业化道路的新形式，各类园区就会成为 21 世纪的新工厂，成为我国从工业文明到生态文明科学发展的一种必不可少的途径。

一、工厂的由来——不能像建工厂一样建园区

从 18 世纪末以来的工厂的发展历史我们可以很清楚地看到 21 世纪园区的

意义。

（一）什么是“工厂”

从农业文明到工业文明最重要的表象就是农业生产的“牧场”和“工场”变成了工业生产的“工厂”，其推动力是科学和技术革命，了解牛顿力学、麦克斯韦尔电学、道尔顿化学和达尔文生物进化论的基本理论和瓦特蒸汽机、珍妮纺织机、哈格里夫斯车床和雅可比电机的基本知识，才可能办工厂。固守原来的农业思想，而不接受科学新思想的牧场主和工场主不会想，即使想也办不好工厂。

（二）工业文明

英国的工厂始于 18 世纪末，大约到 1825 年初具规模，代替了“工场”，其特点如下。

① 在一片具有基本条件的土地上，以前所未有的强度集中资金、资源和劳动力，从事相对专一的生产。

② 以机器代替人力。

③ 使用以煤为主的新能源、以钢为主的新材料和机动车辆、船只等新运输方式。

④ 千万农牧民离开自己的家园，成为工厂的雇佣劳动者，即农民工进城。

⑤ 资本在工业生产中的作用日益增大。

⑥ 工厂使城市形成和扩展，工人聚居。

与工厂化随之而来的是工业化和城市化。

（三）工业非文明

如果说以上带来的是经济与社会的良性发展——“文明”的话，它同时也带来了不少非文明的影响。

① 工厂的建立开辟了提高劳动生产率的平台，发挥了更广大人群的创造性；但是，资本的作用过大及工厂的机械组织形式，限制了人深层次创造性的发挥。因此，工厂是以利润为本，而不是以人为本。

② 自工厂建立以后，机械化的生产模式和严格的分工使科学研究与经济生产日渐分离，延长了从科学创新到技术创新的周期，更大大延长了到产业创新的周期。

③ 工厂建立了与自然循环相违背的生产模式。

即从自然界无尽地提取原料——粗放的大生产——向自然界无尽地排出废物。

经过两个世纪，这种生产模式使得资源耗竭、环境污染和生态退化严重到了难以可持续发展的地步。

④ 由于空气、水和噪声污染严重，工厂甚至成为比“工场”更为恶劣的劳动环境，当然更无法与农场和牧场相比。

⑤ 由于农民急剧向城市集中，造成了严重的城市问题。

⑥ 由于分配不公造成严重的贫富悬殊，形成了“金领”、“白领”和“蓝领”的不同阶层。

应该说，这些工业非文明是现代社会的主要弊端。

二、西方试图走向生态文明的尝试——园区的组织形式

在20世纪初，工业文明的上述弊端愈演愈烈，自第二次世界大战以后，西方国家开始以“园区”的设想，来解决工厂的问题，力图从工业文明向生态文明过渡，大致有以下几个发展阶段。

（一）花园工厂

第二次世界大战后在西方，考虑到工人在工厂中恶劣的劳动条件，开始提出“花园工厂”的理念。世界上第一个花园工厂于1949年产生于英国，此后工业化国家竞相效仿。花园工厂与传统工厂没有实质区别，只是清洁美化了环境，在厂区种上了花草，但与脏乱差的原始工厂比起来，总算是一个进步。

（二）出口加工（经济特区）

20世纪50年代，西方提出以“出口加工区”这种产业聚集的形式来组合工厂群，主要是为了降低成本，减少污染，把劳动密集型工业转移到当时的发展中国家；但同时也提高了劳动效率、改善劳动条件。在“花园工厂”出现10年之后，第一个出口加工区于1959年在爱尔兰香农地区建立。

中国在这方面有理论和实践的创新，提出了“经济技术开发区”。经济技术开发区是邓小平理论中关于开放理论的重要组成部分，起源于1979年后设立的经济特区的成功实践。1984年3月中央和国务院决定开放14个沿海港口城市，并于1984年9月批准大连经济技术开发区成立。

（三）科技园区

自20世纪40年代起，西方国家开始考虑工厂造成科学研究与经济生产分离的问题，同时也考虑改善生产的环境与自然条件。在1947年，当时担任美国斯坦福大学校长的F.费曼提出在校园内成立一些由学生管理的小公司，实现从科学发明到技术开发直至创办企业的一条龙设想，这一指导思想就是知识经济的理论基础。在此基础上建立斯坦福大学研究园，并于1951年在大学的支持下创办了斯坦福研究园，园区利用了大学在山谷的苹果园空地。在20世纪60年代末科技园区在加利福尼亚形成规模，苹果谷变成了“硅谷”。

由于美国斯坦福大学研究园的成功，建设大学园区、科技园区、高技术园区、技术城和科技工业城等各种类型和名目的园区，成为世界许多国家发展高技术及其产业的普遍做法。

（四）生态工业园区

生态工业园区（eco-industrial parks，EIP）是园区的一种创新，考虑比较全面地解决传统工业工厂的问题，最关键的是使生产和自然和谐，成为创造第二财富的典范。美国靛青工业发展研究所（Indigo）主任洛威（E. Lowe）教授于1992年最先提出“企业生态共生体”（industrial symbiosis）这一概念，这一理念基于联合国环境署工业发展局局长J·拉德瑞尔女士于20世纪80年代初总结的3R清洁生产原则。此后，英国提出第一个国家范围的工业共生项目NISP（national symbiosis programme）；1987年丹麦卡伦堡园区成立，并逐渐成为工业生态共生体的代表。目前亚洲韩国有28个国家和180个地方级生态工业园，釜山的生态工业园是其中的代表，园内有2 000多家企业，雇员人数4.6万。

三、什么是生态工业园

究竟什么是生态工业园呢？上面的历史追溯已经给了我们一个基本的概念。

（一）生态工业园的概念

生态工业园就是按工业生态学建立的产业区域。所谓工业生态学就是在工业系统中构造“食物链”，使产品、废物和副产品在该系统各企业中流动，构成多维的再循环利用。

生态工业园区是一个由制造业、服务业和研发单位组成的企业群落，这些企业共享能源、水和原材料供应，并尽可能形成循环；共享科研成果、技术和资金，并尽可能形成聚变效应；共享周围环境，并尽可能协力修复周边生态系统。它通过在包括能源、水和原材料这些基本要素在内的环境与资源方面的管理与合作，来实现环境与经济的双重优化、循环运作和协调发展，最终使该企业群落寻求一种比优化每个公司的个体行为来实现个体效益之和还要大得多的群体效益。

生态工业园是依据循环经济理论和工业生态学理论而设计的一种新型工业组织形态。各种在业务上具有关联关系的企业聚集在一起，充分利用不同产业、工厂和工艺流程之间，资源、主副产品和废弃物之间的协同共生关系，运用现代化的工业技术、信息技术和经济措施优化配置组合，形成一个材料、水和能量多层次利用、经济效益与生态效益双赢的共生体系，实现经济与生态发展的良性循环。

总而言之，生态工业园就是自然形成的、依生态共生体原理，构成互补、互利循环、共同和谐发展的生态产业链工业群体。

十七大提出“生态文明”，所谓生态文明就是从传统的工业文明发展进化为新的文明，生态文明要靠新的经济单元来实现，生态型园区就是这样的新细胞。

（二）生态工业园的标准

生态工业园的建设除了遵循一般园区建设的规律外，还有其特有的规律，最重要的就是生态规律。

1. 自然共生

生态工业园不能生拉硬扯、强拼硬凑，而要自然生成，对有生态文明理念和生态型生产需求的企业和单位实行三自原则，即“自愿组合、自由加入、自由退出”。生态共生就是自然的，大树下长哪种草，树上长哪种蘑菇都是自然形成的，强栽的是长不好的。鉴于目前我国生态工业园都由政府管理，可以采取自愿报名的办法。

2. 按循环经济规律运行

生态工业园区由于其特殊性，不同于科技园区，企业一般不在园区外，仅通过网络联系，而是在同一区域内，这就要求对入园企业要求有门限。进入企业必须是排废排污少、技术含量高、产品附加值的企业，只有这样才可能在园区中形成循环。

生态型园区的建设，应遵循循环经济的理论。生态最基本的原理是食物链。食物链是什么？就是循环。生态型园区是一个经济单元，是21世纪的新工厂。这个新工厂按照新的循环经济的理论运行，而非完全按照传统的西方经济学的理论来运行，所以它不是传统意义上的工厂。

园区中的企业要尽可能按照动脉产业和静脉产业吸收，使一个企业的废料，尽可能成为另一个企业的原料，构成生态型循环，努力做到园区对外零排放。

3. 开发、使用高技术

园区企业间生态循环的构成不仅取决于企业的产品，还取决于企业使用的技术。因此，园区企业要有开发和应用环境友好、生态修复技术的能力。

在目前我国技术自开发能力的现状下，园区可引进或组成有针对性的环境友好、生态修复技术开发中心，即孵化器，由园区管理委员会协助高新技术在园内外的推广。

4. 参与区域生态系统的修复

在工业化的今天，世界上工厂林立，改变了农业经济生态系统。而生态工业园作为21世纪的新工厂，有义务不仅通过自身建设，而且通过区域生态系统修复的参与，改变工业经济生态系统，使经济生产与自然更为和谐。生态工业园应把参与区域生态系统修复视为生产的一部分，视为自己的产出和社会责任，可率先应用绿色GDP统计指标体系，为全国应用积累经验。

5. 建设生态文明

生态工业园在建设生态文明方面的责任不仅仅在于经济生产转型和生态系统修复，还在于文化建设、社会变革等各方面，只有这样才能肩负起21世纪新工厂的历史责任。

生态工业园应致力于改变城乡二元化结构。生态工业园一般建在城郊，地域比较宽阔，应通过选拔改变“农民工”这个概念，使合格的农民工与城市户口的员工有同等待遇，随着生态工业园的发展和普及改变我国城乡二元化的结构。

生态工业园中应建立自己的文化，正像在工厂中工人逐步接受工业文化一样，成为生态文明的种子，使园区工人成为生态文明的播种机，园区成为生态文明的宣传队。

四、生态园区运行的理念

目前我国的园区，实际上是花园工厂（如纺织工业园）、出口加工区、科技园区和生态工业园区等不等阶段和不同类型的园区都有，而且形成了一波又一波园区热，这是发展的必然，出现问题也是自然的。

当年英国工业革命时也出现了把手工工场简单集中而不采用新技术，圈地占牧场却因各种原因无法建工厂的现象。我们要正确看待“园区热”这种新生事物，借鉴历史教训，积极正确引导。如何搞好园区建设呢？首先要学习、研究生态园区运行的理念。

（一）以人为本

传统工厂的最根本问题就是把人当成“活机器”，成为流水线上的一环，在大大提高了劳动生产率的同时，也在相当程度上抹杀了人性，使人不但成为机器体系的一部分，而且在机器的条件下工作。所以“园区”就是从改善劳动条件的花园工厂开始的。

因此，园区最核心的思想就是：不以金钱利润为一切，要以人为本。包括：

① 美化园区，改善劳动条件。

② 变机械式的条条管理为更人性化的矩阵管理，充分发挥工人的创造性。

③ 改变生产与人文分离的状况，建设园区文化。

（二）与自然和谐

前面已经提到，与自然和谐是生态工业园的基本理念。

① 园区各类企业要在生产过程中做到循环经济的 3R（减量化，再利用和再循环），按良性生态循环原则建设生态共生体。

② 改变传统工业生产单纯向自然索取和排放的做法，按新循环经济学的理念承担起保护、维系、修复园区和周边环境的功能，并认识到这是新生产的一部分。

③ 发挥辐射作用，按新循环经济学的理念开发环境友好技术，实施生态工程，不仅创造第一财富——物质财富，而且修复、增值第二财富——自然财富；不仅创造 GDP，使地区和国家富裕，而且创造绿色 GDP，修复地区和国家的生态系统。

（三）逐步建立知识经济的高技术体系

工业文明依托的经济体系是工业经济，生态文明依托的经济体系是知识经济，园区的任务就是不仅建立自身的，而且合力建立起国家的新经济体系，使国家步入知识经济。

① 开发信息、生命、新材料、新能源与可再生能源、航天、海洋(包括海水淡化)管理和环境友好等高技术,使之产业化,同时以高技术改造传统工业体系,从而形成支撑国民经济的知识经济体系。

② 高度注重开发软件产业、网络产业和文化创意产业等大大减少物质投入的知识型产业。

③ 特别注重开发可再生资源利用技术,如太阳能、风能、受控热核聚变技术和海水淡化等技术,使经济发展依赖于自然资源的良性循环。

经济技术开发区、科技园区和生态工业园区等各类园区都应本着上述理念发展,成为从工业文明走向生态文明的依托。

④ 切实起到新经济中中流砥柱的实体作用。近来美国金融危机的起源、网络泡沫和不科学的极端金融产品绝不是知识经济的组分,而科技园区发展的高技术产品(包括软件)才是生态经济和知识经济的支柱,生态工业园区不仅不应受金融垃圾的蛊惑,警惕"虚拟"经济的影响,而且应成为21世纪经济的正确示范。

五、生态工业建设的三元参与理论

正像当年工厂以亚当·斯密的古典西方经济学为指导一样,园区要以知识经济和循环经济等新经济学为指导,其中三元参与理论十分重要。

(一) 三元参与理论的由来

三元参与理论是笔者参与创意的科技园区的指导理论。三元参与理论与西方经济学的新自由主义不同,不仅依靠自由竞争的市场,而且要依靠政府的支持和调控,就是在知识经济及其园区中,要以政府为主导,企业为主体,大学、科技界为引导,构成经济发展的主动力,变二元动力为三元动力。

北京中关村科技园区管理委员会正是在这种理论指导下于1988年的一片"市场"声中成立的。三元参与理论可以用如图20-1来表示。

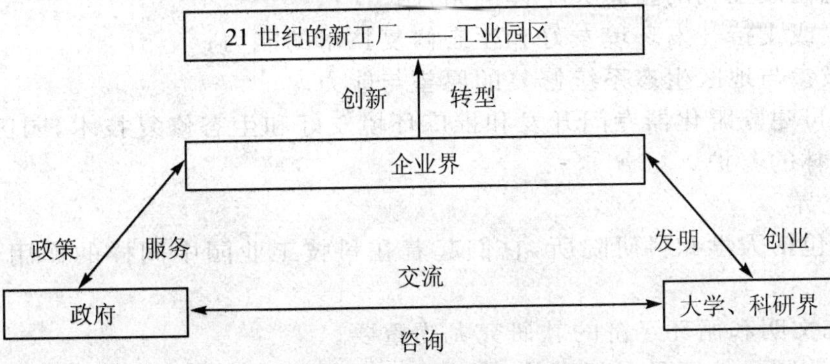

图20-1　三元参与理论示意

在这种新理论指导下产生的新机制是：大学、科研界参与园区发展，即“产、学、研”三结合，成为园区的直接牵引力，即“科学技术是第一生产力”，改变了传统工业和科学研究相对脱节、科研成果不能直接产品化的现状。政府对园区的作用与以前对工厂的作用有所不同，除原有的金融、税收、外贸和传统基础设施建设的功能外，开始在网络、环境、资金和技术方面起主导作用。而园区与传统工厂的不同在于，不再是集中资金、原料、能源、劳动力和利用传统技术；而是主要集中风险投资、创业人才和高技术，不再过多地集中原料、能源和劳动力。与此同时，园区承担起修复生态系统的任务，使经济从工业文明向生态文明过渡。

（二）生态工业园区的三元参与理论

生态工业园区的三元参与理论与科技园区的三元参与理论基本相同，三元元素相同，但其中也有不小的差异。

1. 政　府

与科技园区一样，生态工业园需要一定的地域，不但在我国，在西方发达国家园区成立之初，这片地也是要政府批的，因此政府一般要成立管理委员会或国有公司（可以是股份制的）管理。正像当年农业社会中建立工厂一样，没有政府的支持是不行的。

政府对园区的作用除了金融、税收、外贸、基本设施建设和风险投资、创业人才和高技术的支持和服务以外，更为重要的任务有如下 3 项：

① 严格监督入园企业的标准，不能成为房地产开发商；

② 支持和促进园区中形成资源与能量的循环；

③ 引导和协调园区参加所在区域的生态系统修复。

2. 企　业

生态工业园中的企业要求是比较严格的，不但要废污物排放少，产品技术含量和附加值高，而且还要有组合后形成资源和能量循环的条件。主要要求如下：

① 自愿构成互利的生态共生体的条件；

② 开发或支持开发环境友好和生态修复技术的能力；

③ 积极参与地区生态系统修复的愿望与能力。

园区中可建立孵化器专门开发和推广环境友好和生态修复技术，园区可认领周边河段和森林的养护。

3. 研究界

研究界包括大学和科研院所，它们起着在科技工业园中同样的作用，但也有其特殊性。

① 生态文明和循环经济的软研究尤为重要。

科技工业园虽然还是个新事物，但出现已经有半个世纪，相对成熟，而生态工业园定名至今不过 22 年。因此，什么是生态工业园？怎么办？软研究什么重要？同时科技工业园发展的理论比较成熟，而生态工业园的理论研究刚刚起步，其依托——生态学和循环经济学也都不完善，所以生态工业园区和生态系统、经济管理等研究界的结合就显得尤为必要。

② 同样，生态园区与环境友好和生态恢复技术研究界的结合也十分重要，但这些技术更新，许多相关技术发明人员从未与企业界接触，因此就需要政府更强的牵线搭桥功能和企业自己上门的主动精神。

③ 对于生态系统和循环经济的研究界而言，其研究多属创新型的，更要深入实际、定理化，制订的规划、开发的技术都要简单易行，要对实践者有非常现实的指导或使用功能。

（三）考核园区的指标体系

传统工厂的检验就是市场，产品卖得出去，获得利润、完成税收就是好工厂，否则就难以生存。而园区有所不同：园区必须用高技术，生产高附加值的产品；土地、水和能源都要达到高利用率；园区还可以生产环境友好的新型产品，如污水排放份额和CO_2排放份额的出售等；同时，对园区还要进行生态修复的考核。为说明问题，以下列出生态工业园区的发展指标体系，仅列出最重要的指标作参考，见表 20－1。

表 20－1 生态工业园的发展指标体系

类 别	单项指标	单 位
经济发展	人均工业增加值	万元/人
	工业增加值增长率	%
资源利用	单位工业增加值综合能耗	t 标煤/万元
	单位工业增加值水耗	m^3/万元
	单位土地面积工业增加值	万元/hm^2
	工业用水重复利用率	%
	余热利用率	%
生态修复	人均绿地	m^2/人
	人均水面(包括湿地)	m^2/人
	林木覆盖率(吸收CO_2量)	%
	再生水回用率	%
	地下水位维系	m

续表 20－1

类　别	单项指标	单　位
污染控制	单位工业增加值 CO_2 排放量	t/万元
	单位工业增加值 SO_2 排放量	t/万元
	单位工业增加值 COD 排放量	t/万元
	废水排放达标率	%
技术开发	环境友好技术产品增加值/总工业增加值	%
	生态修复技术产品增加值/总工业增加值	%
	环境友好和生态修复技术专利	项

很显然，要达到上述指标只靠政府、企业和研究界任何一方都是不可能的。只有三方按三元参与理论有机结合才能办好生态工业园区。

现在成熟的工业经济也是从政府起主导作用的阶段发展过来的，政府应在生态工业园区的发展中起到比成熟工业经济更大的主导作用，通过规范、咨询、服务和扶植使园区真正走上发展生态文明的轨道。至少在现阶段，生态工业园区企业不仅要接受市场的检验，还要接受政府的考核，而政府应在指导性规划的基础上把考核标准逐步推向市场化。

生态工业园区企业在双重检验下，唯一的出路就是创新，包括理念、管理和技术创新，理念创新的核心就是变工业文明为生态文明，而这些创新必须以大学、科研界为重要依托。企业应该自觉地把市场、政府和科研界作为自己发展的三元动力，才能在工业文明向生态文明的转变中起到主体作用。

研究界应把生态文明视为时代的转变，为生态工业园区服务，把在生态工业园区创业视为自己的社会责任，尤其是相关的软科学研究者绝不能人云亦云、脱离实际、闭门造车，一定要从实际中通过艰苦的考察和深入的研究取得对企业有用的成果。

第二节　丹麦卡伦堡生态工业园考察

作者不但对丹麦循环经济做了深入的文献调研，还对丹麦卡伦堡生态工业园做了全面的实地考察。

今天在中国提到循环经济的由来，几乎没有不说丹麦卡伦堡生态工业园的，这里被认为是发展区域循环经济的“圣地”。近年来到卡伦堡生态园区的中国团组最多时一星期有两批，每年都超过 60 个。2006 年 6 月，作为国际科技园区协会

(IASP)亚洲唯一的学术顾问，作者对其进行了实地考察。卡伦堡市议会议员，议会技术委员会主任，园区最大、最早的企业 E2 能源公司阿斯奈斯(Asnaes)2000 年退休的电厂总经理 V·克里斯蒂安先生和卡伦堡研究所负责人 J·汉森女士接待了我们。园区方面热情接待，不仅对我们事先提出的问题表做了详尽的介绍，还逐一回答了我们的问题，展开了相互讨论，然后陪同参观了重点企业，在参观中继续交流并深入探讨了感兴趣的问题。

一、丹麦卡伦堡生态工业园简介

卡伦堡位于丹麦第一大岛——西兰岛上，在哥本哈根西 100 km 处，属西西兰州(面积 2 984 km^2，人口 30 万)，是一个人口仅为 2 万的小镇，临北海和波罗的海之间的厄勒海峡。地理位置如图 20－2 所示。卡伦堡工业园区位于卡伦堡小镇西南方向，距离小镇约 3 km，分散在直径约 4 km 的圆形地域，面积约 12 km^2，区域内企业 20 余家属于园区的仅 9 家。

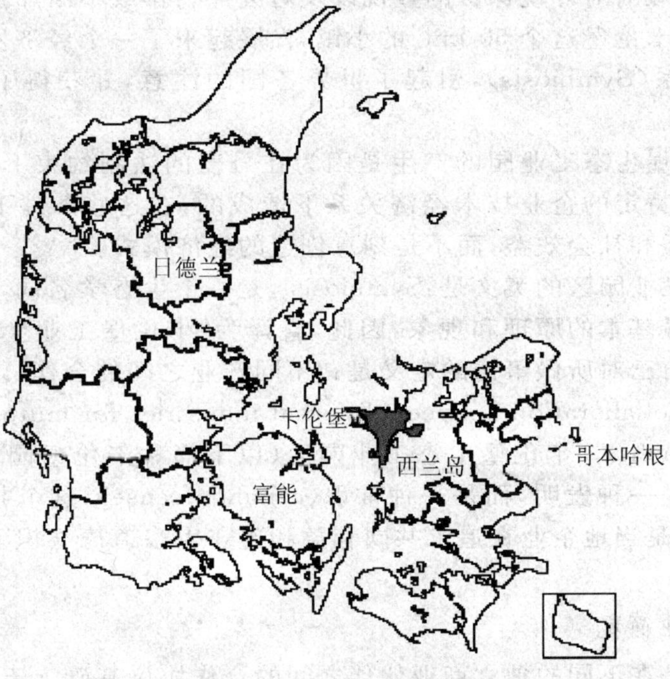

图 20－2　卡伦堡地理位置

(一) 产生背景

卡伦堡本是丹麦一个毫不知名的普通小镇，在公元 800 年以前是一片荒地。由于扼北海和波罗的海的厄勒海峡要冲，在公元 800—1000 年的北欧海盗(Viking)时代是海盗舰只停靠的地方，1200 年形成小镇，此后一直是无声无息的农业区，除了一个孤零零的子爵城堡就是大片农田，小镇只有一条街，在 20 世纪大批参观者到来之前，只有一个正规的旅馆。小镇面貌改变是在第二次世界大战后，20 世纪 50 年代大批工业企业进入这个地区，子爵就把城堡前的工地卖给了热电厂，像热电厂一类的比农业更耗水的工业的大发展加剧了地区的用水紧张。鲜为人知的是：卡伦堡生态工业园区自发组织的主要原因是“缺水”。

丹麦是个缺水的国家，人均水资源量 1 116 m^3，接近联合国教科文组织制定的 1 000 m^3的严重缺水线，但丹麦多年来的水资源用量控制在淡水资源总量的 20%左右，做到了合理用水。

卡伦堡地区年降雨量约为 600 mm，和北京差不多，人均水资源量不到 500 m^3（包括外来的用水人口），也与北京 20 世纪 70 年代末的状况相近，接近重度缺水线，在丹麦属于缺水的地区。但由于 1950 年以来工业企业的大量进入，用水急剧增加，更加剧了资源性缺水。同时，以废水为主的废弃物对环境的影响也日益凸现。因此，为了应对丹麦政府对环境保护的重视以及对废弃物排放不断加强法律约束和提高税收的政策，在卡伦堡这个 50 km^2 的小镇，发展起来了一个经济发展和保护环境相协调的共生体系（Symbiosis），引起了世界各国的注意，并获得了多项国际环保奖励。

可以说，卡伦堡生态工业园的产生是因为在丹麦的法制约束下、在卡伦堡地区的资源背景下，在特定的企业技术经济关系下造成的，在这些条件下发展循环经济本身具有经济效益和社会效益，而不是刻意创造的经济模式。

卡伦堡生态工业园区的英文是：Symbiosis ，是一个生态学名词，原意是“共生”，而共生是生态学最基本的原理和现象，因此，直译为“卡伦堡工业生态共生体”最为准确。卡伦堡人自己对所做事情的定义是：“不同产业之间的合作，以追求共同的经济和环境收益”（Collaboration between different industries for mutual economic and environmental benefit）。卡伦堡生态工业园区（以下简称卡伦堡园区）的负责人认为，symbiosis 不是一种发明，而是一种常识（common sense），这个共同体也不是什么机构组织的，而是当地企业在追求共同利益和遵守生态道德共识下自发建立并发展的。

（二）参与企业简况

卡伦堡园区是在不同的独立商业伙伴之间的合作协议基础上于 1987 年建立起来的，由 6 家企业的 7 家工厂和卡伦堡市政公司共 8 个实体组成。

卡伦堡园区建立的指导思想是：一个公司的副产品将成为其他公司的重要资源，其结果是可以减少资源消耗并减少对环境的影响。合作企业按照商业原则分别订立单独的合作协议，以达到共赢。

对各参与企业分别扼要介绍如下：

① 东北欧集团公司石膏板场(GYPROC Nordic East A/S)：是一家斯堪的纳维亚墙体石膏板生产工厂，主要为建筑行业提供建材，雇员约 200 人；每年平均生产 1 400 万 km^2 的石膏墙板(约略计算足以建造 6 个卡伦堡大小城镇的所有房子)。

② 生物技术土壤修复公司(Bioteknisk Jordrens Soilrem)：1986 年成立，是一家对污染土壤进行生物技术修复的公司，其中有约旦投资，雇员 75 人。

③ E2 能源(Energi－E2)公司的阿斯奈斯(Asnaes)电厂：丹麦最大的电厂，装机容量 100 万 kW。以煤(从中国、印度等国进口)为燃料，为西兰岛高压电网供电，发电量约占西兰岛发电量的 1/3；同时为卡伦堡提供热力：是卡伦堡生态链最主要也是历史最悠久的核心企业，雇员约 300 人。厂内厂房高大宽敞，烟囱高耸入云，设备自动控制程度高，厂区内几乎见不到人。接待我们的就是该厂前总经理。

④ 挪威国家石油公司炼油厂：丹麦最大的炼油厂，建于 20 世纪 60 年代，主要生产汽油和其他石油产品，产量约为每年 550 万 t 汽油。公司最近几年发展迅速，不断新建工厂以满足市场需求，从 2002 年开始开发更为环保的、达到 EU 2005 标准的发动机燃料。同时，该公司也是目前世界上唯一一家把脱硫的副产品生产为液体肥料的工厂。雇员约 300 人。

⑤ 国际科技(Novo Nordisk)制药厂与国际(Novozymes)酶制剂厂：是国际生物科技与医药集团在卡伦堡的两个分厂，每年销售额超过 20 亿美元的国际生物科技集团——Novo Nordisk A/S 国际生物科技与医药集团，主要生产胰岛素和工业用生化酶等产品，两个厂雇员有 3 000人。该公司在天津也设有分厂；近几年在卡伦堡地区发展迅速，不断建新厂。

⑥ 卡伦堡市政公司废水综合处理厂(Noveren I/S)：卡伦堡市政公司的历史可以追溯到中世纪的海盗时代。目前主要负责市政给排水和能源供应(包括电、采暖热水和生活热水等)、淤泥输送等，此外还包括深水海港的开发等。

在卡伦堡地区，每年可处理 12.5 万 t 生活废水和工业废水，88%实现循环利用并且用于能源生产或热回收。

⑦ 卡伦堡市政公司垃圾处理厂：垃圾处理厂每年回收 1.3 万 t 纸板，0.7 万 t 碎石，1.5 万 t 街道园林垃圾，0.4 万 t 金属垃圾和 0.18 万 t 玻璃垃圾。最令人称道的是从 1987 年到 1997 年市政府花了 10 年时间，以立法、宣传和经济手段使全市居民自己把垃圾分类送到收集站，我们参观时就看到市民陆续送来垃圾并将其分类送入容器。

很显然这些热电、炼油、建材和医药厂都是高耗水、耗能、消耗原材料和高排污企业，不但给地区带来资源压力，而且给地区带来环境压力。共生体以如图 20－3 所示的原理构成了如图 20－4 的工业布局。

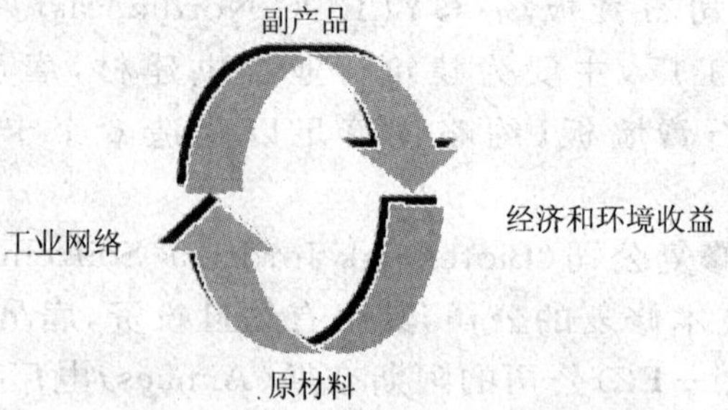

图 20-3 生态工业园区原理示意

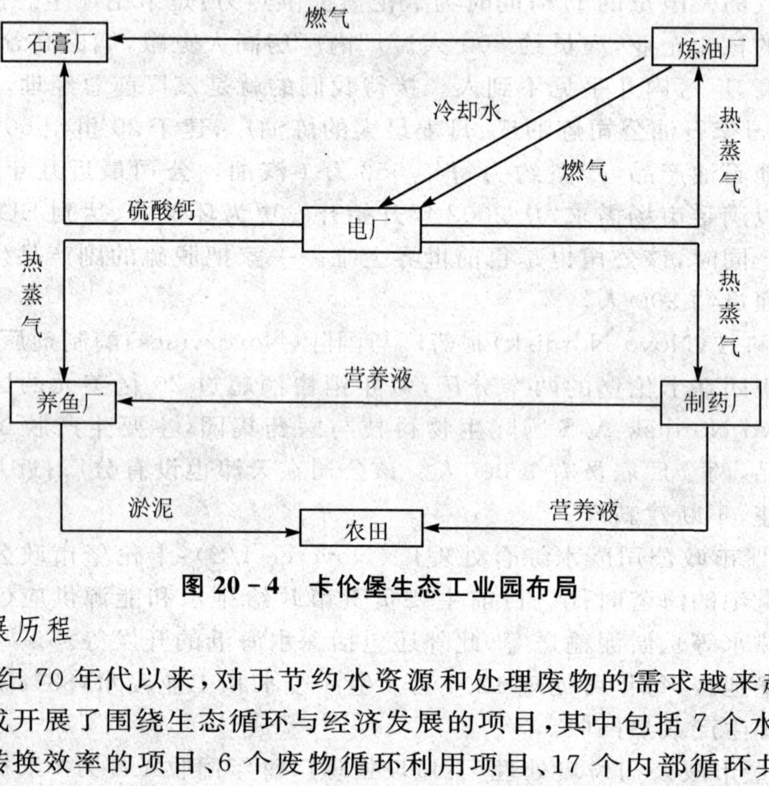

图 20-4 卡伦堡生态工业园布局

（三）发展历程

自 20 世纪 70 年代以来，对于节约水资源和处理废物的需求越来越大，卡伦堡园区初步形成开展了围绕生态循环与经济发展的项目，其中包括 7 个水循环项目、6 个提高能源转换效率的项目、6 个废物循环利用项目、17 个内部循环共生（internal symbiosis）项目及 4 个外部循环共生（external symbiosis）项目。

卡伦堡生态工业园区的发展总体分为 3 个阶段：即 20 世纪 70 年代中期以前、80 年代和 90 年代后 3 个阶段。

图 20-5 为 1970 年以来实施项目情况，图 20-6 给出的是 1976 年以前的项目执行情况。可以看出，当时的项目主要是为了解决电厂和炼油厂等工业用水的问题，即通过对 Tisso 湖的地表水进行处理后，送到工厂使用，来替代抽地下水。生态循环的模式还没有开始。

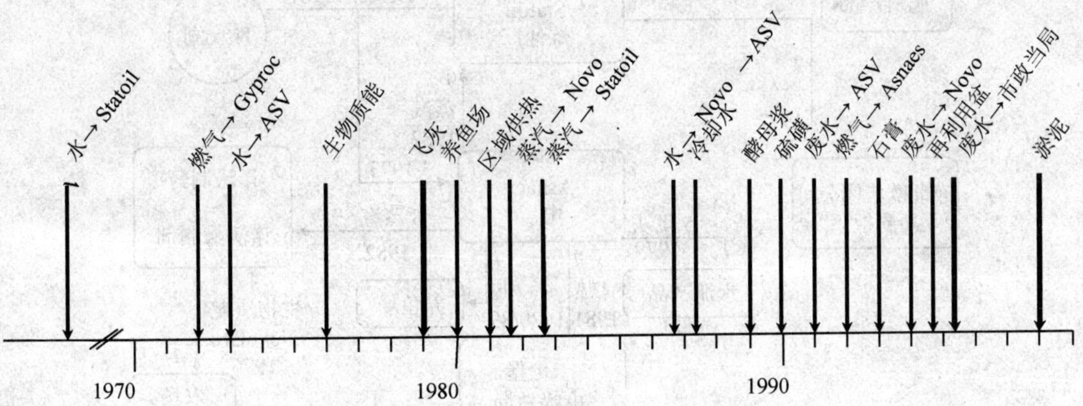

图 20-5 1970 年以来实施项目情况

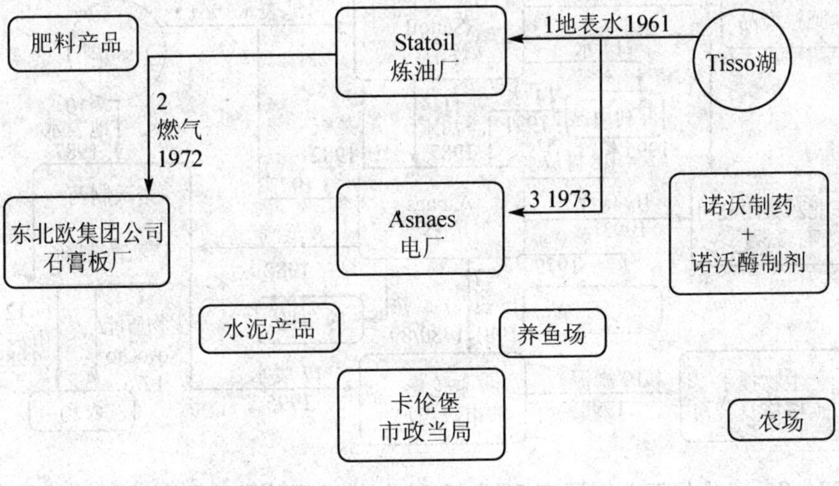

图 20-6 1976 年以前的项目执行情况

图 20-7 给出的是 20 世纪 80 年代的情况：

从图 20-7 可以看出，在 20 世纪 80 年代的时候，卡伦堡工业园区主要的项目除了继续地表水的高效循环利用之外，重点开展了包括电厂产生的蒸汽、冷却水及粉尘的综合利用。Novo 集团正式加入到循环链之中，开始为农场提供生物质原料。

图 20-8 为全面发展起来的循环链，至此共有 8 家企业参与到卡伦堡生态工业园区的循环链之中。循环链的组成包括水的循环利用、能源的循环利用以及废物的循环利用等，资源循环利用更为完善和高效。

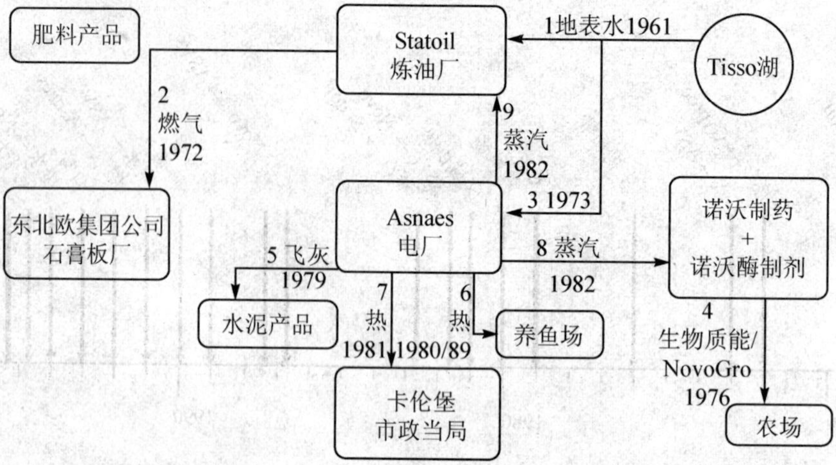

图 20－7 1980—1989 年园区项目情况

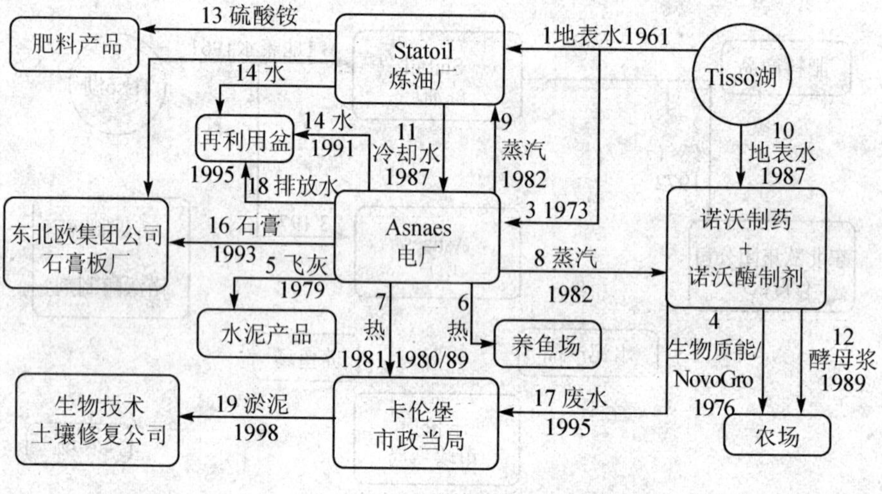

图 20－8 卡伦堡工业园区在 20 世纪 90 年代以后的发展及资源循环项目情况

（四）工业共生体使各企业受益

工业共生体（industrial symbiosis）已经使各企业不仅共生，而且互益。20 世纪 70 年代中期，工业共生的概念由丹麦学术界传播，为产业界所接受。当时在卡伦堡市镇的若干企业协商后决定，有必要建立一个协作网络，使本企业的生产剩余或副产品成为其他企业从事生产的资源或半成品，从而使企业群体在整体上降低成本、提高效益、节约资源和能源。卡伦堡市政府因其在管理公共水资源、建设社区供热和供水系统，以及造就社区良好环境等方面的职能，也成为该网络的参与和推动者。

至今这些企业都已受益。

① 阿斯奈斯电厂（Asnaes）：从消耗地下水转变为部分使用湖水和处理过的废水；

电厂向斯塔托伊尔炼油厂和诺沃诺迪斯克制药厂等供应发电过程中产生的蒸汽，使炼油厂和制药厂获得了生产所需的热能；通过地下管道向卡伦堡全镇居民供热，由此关闭了镇上 3 500 座燃烧油渣的炉子，减少了大量的烟尘排放；供应中低温的循环热水，使大棚生产绿色蔬菜；余热放到水池中用于养鱼，实现了热能的多级使用。

② 挪威国家石油公司炼油厂(Statoil)：用部分电厂热能替代自行制热；炼油厂产生的火焰气通过管道供石膏厂用于石膏板生产的干燥，减少了火焰气的排放，一座车间进行酸气脱硫生产的稀硫酸供给附近一家硫酸厂；炼油厂的脱硫气则供给电厂燃烧。同样，粉煤灰提供给土壤修复公司用于生产水泥和筑路，而济普洛克石膏墙板厂用电厂的脱硫石膏做原料造石膏板。

③ 国际生物科技集团制药厂(Novo Nordisk)：用部分电厂热能取代自行制热；提供酵母浆作为饲料成分。

④ 国际生物科技集团酶制剂厂(Novozymes)：用部分电厂热能取代自行制热；以其发酵工艺的副产品开发了农用肥料 NovoGro。

⑤ 东北欧集团公司(Gyproc)石膏板厂：获得电厂提供的人造石膏，用作生产建筑用石膏板，部分替代进口。

⑥ 诺维仁垃圾处理公司：回收处理垃圾，部分用来发电，确保环境质量。

⑦ 生物技术土壤修复(Bioteknisk Soilrem)公司：根据自己的工艺需要利用废水处理厂的淤泥。

⑧ 卡伦堡市政府：从社区发展和环境建设出发，综合考虑产业、水资源、企业间互利协作等问题，作为网络成员发挥废水处理厂作用，促进部分企业减少地下水用量，保持地表水(Tisso 湖)、地下水和废水循环使用这样一种资源均衡的局面。同时，进行了垃圾无害化处理。

卡伦堡工业园区通过以上循环经济的实践，使得工业污染降低了，水污染减少了，浪费减少了，但利润却得到了提高。据报道，过去 20 年间卡伦堡总共投资 16 个废料交换工程，总投资额约为 7 000 万美元。到 2002 年为止，节约的经济效益已达 2 亿美元，投资平均折旧时间短于 5 年，取得了巨大的环境效益和经济效益。

到目前为止，卡伦堡生态工业园区实现了地下水 210 万 m^3/年，地表水 120 万 m^3/年，总计 330 m^3/年的节水能力，占地区水资源量的约 1/5 强，占其原用水量的约 1/3，也就是说以原来 2/3 的水耗支持了现在还在增长的经济发展，成绩斐然。同时，石油节约能力 2 万 t/年，减少了 CO_2 和 SO_2 的排放。如丹麦都以这种水平节约，相当于年节约石油 360 万 t，是丹麦年用量的 1/3。此外，节约生石膏 20 万 t/年，环境效益十分突出。

其他主要收益如下：

① 每年可减少 80 000 t Asnaes 电厂燃烧煤等产生的粉尘，并将粉尘用于水泥生产及镍、钒的回收中。我们参观时天空湛蓝，看不到一点粉尘的踪影。

② 每年可节省 20 万 t 天然石膏，并用于建筑外墙用石膏板的生产。

③ 每年为 20 000 hm^2 的农场提供等肥料产品。

④ 全部的市政废水和绝大多数的工业废水排放达标，并得到深度处理。

⑤ 淤泥全部用于污染土壤的生物修复工程；

⑥ Noveren I/S 公司每年回收并处理 13 000 t 的纸板，7 000 t 的碎石和混凝土(用于不同的建筑工程)，15 000 t 的公园垃圾，4 000 t 的钢铁和其他金属，1 800 t 的玻璃和瓶子。几乎全部固体废弃物得到有效处理。

总的看来，卡伦堡生态工业园区通过不同企业之间的资源循环利用的先进循环经济思想，实现了以上目标：

① 废弃物的循环利用：一个公司的废弃物成为其他公司的重要资源。

② 减少了资源的消耗，包括水、煤、油、石膏、肥料和混凝土等。

③ 减少了对环境的不利影响，减少了 CO_2 和 SO_2 的排放，减少了废水、废物的排放，减少了对大气、水和土地资源的污染等。

④ 在能源生产过程中提高了能源的综合利用效率。

二、卡伦堡企业循环链分析

卡伦堡园区内实现了物质流、能量流、信息流和经济流 4 个方面的循环，如图 20－9、图20－10所示。

图 20－9、图 20－10 表示了丹麦卡伦堡生态工业园区目前的废物交换和利用情况。

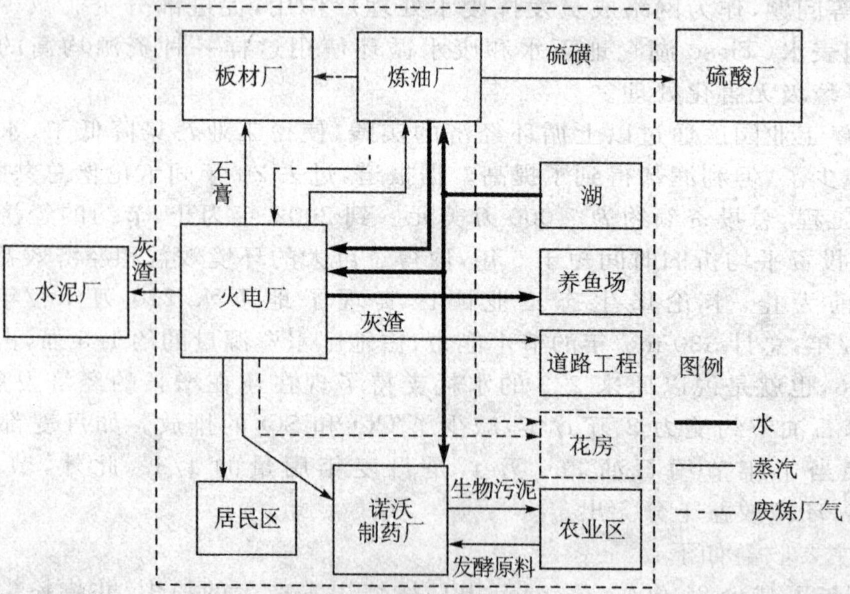

图 20－9 卡伦堡园区废物循环利用图

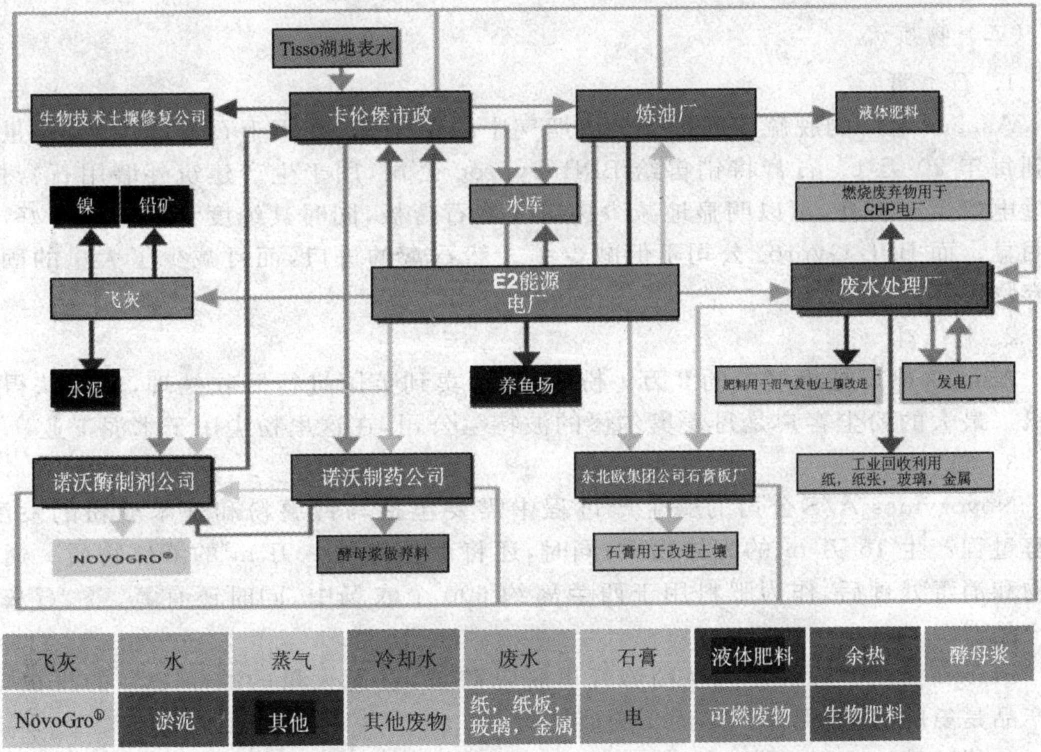

图 20-10　卡伦堡园区企业循环链流程图

（一）水循环

卡伦堡园区企业大量耗水，产生了供水短缺，如何解决这一问题？

首先是用地表水还是用地下水？卡伦堡人按生态学原理先用地表水。现在，Asnaes 电厂采用 Tisso 湖的地表水取代了地下水，减少地下水用量约 90%。其次是本流域为主还是外流域调水，卡伦堡人按生态学原理用本流域——Tisso 湖的水。为减少地下水消耗，市政府通过协作网络做出努力，促使电厂用水从完全依靠地下水改变为部分使用 Tisso 湖水、部分使用石油提炼厂处理过的生产废水。炼油厂的废水经过生物净化处理，通过管道向电厂输送，每年向电厂输送 70 万 m^3 的冷却水，整个工业园区由于进行水的循环使用，每年减少 25% 的需水量。酶制剂厂也是用水大户，卡伦堡市政公司还把 Tisso 湖水水质处理到饮用水水质标准供居民使用，每年减少 100 万 m^3 地下水用量，相当于半个昆明湖。最后是节水还是调水，卡伦堡人按循环经济的原理决定节水优先，例如，Asnaes 电厂通过循环利用减少了总消耗水量的 60%。

最后这些废水统一输送到卡伦堡废水处理厂，再被引到循环处理水库中，以减少 Tisso 湖水消耗。循环水水库水量容量为 22 万 m^3。

（二）物质流

1. 石　膏

Asnaes 电厂的脱硫车间把 SO_2 从烟气中脱留下来，并用于石膏的生产，产量可达到每年 20 万 t。石膏将销售给 BPB Gyproc 公司，用于生产建筑外墙用石膏板。通过电厂生产石膏，可以明显地减少进口天然石膏板，同时其纯度和均匀性更好，效益明显。而 BPB Gyproc 公司不但减少了天然石膏的进口，而且减少了大量的固体废弃物。

2. 粉　尘

Asnaes 电厂把烟气中的 3 万 t 粉尘移除，卖到英国进行回收处理，从而获得镍和钒。最大的粉尘客户是丹麦奥尔堡的波特兰公司，在这里粉尘用于水泥工业。

3. 肥　料

Novozymes A/S 公司的酶生产过程中需要包括马铃薯粉和玉米淀粉的发酵。发酵过程产生 15 万 m^3 的固体物质；同时，还将产生大约 9 万 m^3 的液体物质。通过生物和消毒处理后，作为肥料用于西兰岛约 600 个农场中，同时还有氮、磷、石灰等副产品。

Statoil 公司的除硫车间从精炼气里脱除硫黄，进而大量的减少 SO_2 的排放，其副产品是氨脲，每年可生产 2 万 t 的液体肥料。

4. 饲　料

Novo Nordisk A/S 公司在胰岛素生产过程中产生的酵母浆残留物用于喂猪。在胰岛素的生产基于发酵过程中，通过添加酵母使得一些主要成份糖和盐等转化为胰岛素。但发酵浆产生残留物通过加热过程，使残留物变为一种非常好的饲料，Novo Nordisk 公司生产的酵母浆，去年用于大约 80 万头猪的喂养。

5. 淤　泥

淤泥是卡伦堡市政公司废水处理的主要残余物。目前则用于 A/S Bioteknisk Jordrens Soilrem 公司的生物土壤修复流程中。

（三）能量流

永不停止的燃烧剩余天然气是炼油厂的安全体系中的一部分。然而 Statoil 公司的炼油厂天然气燃烧被控制得很好，仅仅如同夜灯一样。因为炼油厂把剩余天然气进行了内部消化。通常很大比例的剩余天然气通过管道被送到了 BPB Gyproc 公司以及 Asnaes 电厂，用于生产。

Asnaes 电厂为大约 4 500 户卡伦堡居民提供区域供热，从而取代了 3 500 个小型燃油锅炉。Asnaes 电厂同时为 Statoil 炼油厂提供加工用蒸汽和用水。其中蒸汽占了炼油厂蒸汽用量的 15%，主要用于石油容器和管道的加热。此外，Asnaes 电厂还为 Novo Nordisk A/S 公司及 Novozymes A/S 公司提供车间加工用的蒸汽，用于加热和杀菌。这种热电联产方式与分散的发电和产热模式相比，可提高 30％的能源利用效率。

Noveren I/S 公司每年大约可处理 56 000 t 可燃废物，并把产生的热能和电力回送到 6 500户居民家中。

三、卡伦堡工业园区形成及运行机制分析

区域生态工业园区模式，又称卡伦堡模式。基本特征是：按照工业生态学的原理，通过企业间的物质集成、能量集成和信息集成，形成产业间的代谢和共生耦合关系，使一家工厂的废气、废水、废渣、废热成为另一家工厂的原料和能源，建立工业生态园区。丹麦卡伦堡工业园区是这种模式的典型代表，该工业园区的主体企业是电厂、炼油厂、制药厂和石膏板生产厂，以这 4 个企业为核心，通过贸易方式利用对方生产过程中产生的废弃物或副产品，作为自己生产中的原料，建立工业横生和代谢生态链关系，不仅减少了废物的产生量和处理费用，而且产生了很好的经济效益，形成了经济发展和环境保护的良性循环。

卡伦堡工业园区的形成和成功运行是有其特定条件和历史背景的，以下试作一简单分析。

（一）公众的可持续发展意识

北欧是世界上最早接受可持续发展意识并身体力行的地区之一，丹麦是世界上首先设立环境部的国家之一。公众对于可持续发展理念的高度认同、接受和实行是卡伦堡园区内企业走上循环经济道路的基本条件。如上所述，我们亲眼看到镇上居民都自觉自愿地开自己的车将垃圾分类，自己开车送到收集处。企业家也是如此，在卡伦堡小镇上，只有一家百年前的旅馆，还利用百年前的老屋，但收拾得干干净净，房间中没有一次性用具，坐便器都是双按钮的节水马桶。直到近两年参观人越来越多，才建了一座高级饭店。管理人员更不例外，而且身体力行，陪同我们参观的前电厂总经理与我们讨论：解决水资源有跨流域调水、流域内集中输水、节水和中水回用等多种办法，他认为按可持续发展的思想排队，其顺序当然是节水、中水回用、流域内集中输水，实际上他们也是这么做的。

（二）法律规范企业发展方向

丹麦关于建设资源节约型和环境保护型社会，实施循环经济的法律体系建立较早，而且完善。以《环境保护法》为中心，建立了《水资源法》、《工业空气污染控制指南》、《废弃物处理法》和《海洋环境法》等一系列法规，使得企业的发展只能沿着节约资源、保护环境和循环经济的道路前进。

（三）企业是实施循环经济的主体

卡伦堡工业园区不是政府组织的，也不是政府让企业组织的，至今园区范围的20家企业中只有8家参与共生体。它是企业自发、自愿组织的，是一个企业的共生联合体，目前有其他企业申请加入，由于废物利用未达标而未被共生体企业委员会批准。自愿参与有两个同等重要的前提，一是获得经济利益，二是遵守国家法律，二者缺一不可。卡伦堡地区缺水，政府没有组织从外流域调水，最经济的办法就是把水循环利用，这是企业经济利益所要求的。法律规定废弃物达标排放，治理达标还不如给别人，如果一家废物正好是另一家的原料，这样就两厢情愿，互利共赢。实际上任何一种废物都是原料，只是把它在错误的时间，以错误的数量放到了错误的地方。这个基本事实就是循环经济存在的基础。

（四）政府的作用是严格执法和利益协调

丹麦在环境、能源、水资源等方面制订了一系列法律和政策性规定，如：1974年制订的环境保护法，关于电力、热能和天然气供应的3个法令；政府设立供水和废水管理部门并做出相关规定，不同行政管理层都制订了水管理规划；政府还提出绿色产业发展战略等。这为卡伦堡工业互利协作网络的建立和运行提供了一个基本的法律和政策框架。此外，节省资源、充分利用能源、注重工业和民用废物的资源化等思想已为企业和居民广泛接受。

从社会管理体制看，通常丹麦市政府的角色着重于社区建设和公用事业管理（供水供热、饮用水和废水处理等）。因此，其推动地区经济社会发展更多是以间接方式，而不是直接制订和执行地区发展政策。正因为如此，卡伦堡市政府是作为一个成员而不是一个主管人参加工业互利协作网络，其关注的问题也主要集中在能源供应、水资源的节约和均衡使用、废水处理等方面。这算是联系丹麦国情特点对“企业为主导”所作的一个注解。

在卡伦堡工业园区中政府的作用就是严格执法，没有政府的严格执法，排污就不用达标，因此也就不用给污染物找出路，也就不会有生态共生存形成。

园区实行企业组成委员会，轮流坐庄，共同协商解决问题的制度，但是在不履行合同和有争议的情况下，政府还在园区的运行中起了不可替代的协调作用。

（五）“断链”问题

所谓“断链”问题就是在园区内的循环中，如果一个结点也就是一个企业，由于迅速发展或不景气等原因产生提供的废料的大量增加或减少对于下一结点和整个循环产生影响的问题。

对于废料增加的问题较易解决，或部分废料暂不下送，或共同投入使下一结点增加吸纳能力。问题比较大的是废料减少，对于下一结点生产的影响，这种影响主要靠以下几方面消除：

① 在企业间签订长期商业协议，使提供废料受法律保护。

② 在循环中主要吸收经营好的大企业，增强抗波动干扰的能力。

③ 建立替代机制。

但最主要的是所有在环企业都经营良好，处于发展状态，“断链”就不会发生。

第三节　沙特阿拉伯阿卜杜拉国王科技城考察

2009 年 2 月 20～23 日作者应邀考察了在沙特阿拉伯首都利雅得的阿卜杜拉国王科技城（King Abdulaziz City for Science and Technology，KACST，以下简称科技城）。作为国际科技园园区协会（IASP）高级学术顾问委员会的亚洲顾问（每洲 1 人）作者应 IASP 会员的科技城邀请；同时，作者又是沙特阿拉伯现任驻中国大使 A·叶海亚（Yahya A. Alzaid）先生的朋友，也应大使邀请，以双重身份访问，访问又正值胡锦涛主席访问沙特阿拉伯来到科技城的 10 天之后，受到了科技城的热情接待，科技城主席（相当沙特科技部长）M·苏维叶（Mohammad Al-suwaiyel）教授会见了作者。

阿卜杜拉科技城实际上有生态工业园的功能，它在世界上不太著名，但是取得了举世瞩目的成绩，不仅为沙特阿拉伯的大面积修复生态建设人工绿洲，提供了科学和技术支撑，而且通过研究提供技术，在短短的 20 年内，使 2 300 万人口的沙特阿拉伯的小麦从大量进口到少量出口，实现粮食自给自足。科技城的经验是十分值得研究的，作者是全面考察科技城的第一位中国专家。

世界的生态工业园有两大类型：一种是丹麦卡伦堡生态工业园，着重于园区内部企业按生态原理的生产循环，构成生态共生体，可称为循环经济型；另一种就是沙特阿拉伯阿卜杜拉国王科技城这种类型，可称为生态修复型。阿卜杜拉国王科技城与卡伦堡的着重点不同，它重在纳入国家生态修复规划，开发生态修复技术，而且参与地区生态修复。

为什么沙特阿拉伯要建第二种生态工业园呢？这是由沙特阿拉伯的自然生态条件决定的，沙特处于严重干旱的沙漠地带，所以建工业园区首先要考虑当地的生态承载能力，必须将其纳于整体规划之内；开发生态技术以加强当地的生态承载能力；参与地区生态修复以改善周围大环境。科技城分科学研究和技术研究两个部分，这里着重介绍其技术开发部分。

一、沙特阿拉伯及首都利雅得地区的自然生态条件

沙特阿拉伯现在是世界上的一个重要国家，是联合国召开的 G20，也就是世界上 19 个重要国家（再加上欧盟）参加的会议，也包括沙特阿拉伯，但沙特阿拉伯是这 19 个国家中自然生态条件最恶劣的，因此，它建的生态工业园有一定的典型意义。

（一）沙特阿拉伯简介

沙特阿拉伯位于西亚的阿拉伯半岛，东濒波斯湾，西临红海，地势西高东低。人口 2 460 万，与我国吉林省差不多，在阿拉伯世界次于埃及、阿尔及利亚、摩洛哥和苏丹，居第 5 位。面积 224 万 km^2，是我国西藏和内蒙古两个自治区面积之和，在阿拉伯世界次于苏丹和阿尔及利亚居第 3 位。沙特阿拉伯的名义人口密度是每平方千米 11 人，如果考虑到宜居面积，则每平方千米近 50 人。南方的鲁卜哈利大沙漠是世界四大沙漠之一，70 万 km^2 的面积几乎连地下水也极少，被称为“无生命区”。

沙特阿拉伯西部高原属地中海气候，北部、中部和整个西部地区是沙漠和荒漠，占国土面积的 3/4，属亚热带沙漠气候，夏季沿海温度都高达 39 ℃，内陆可高达 54 ℃，可谓是大火炉。

沙特阿拉伯年均降雨量不到 200 mm，人均水资源量为 89 m^3，属极度缺水；水资源量折合地表径流深为 9.8 mm，仅为地表维系植被量的 1/15，因此，森林覆盖率仅为 0.7%。但沙特阿拉伯地下水资源相对丰富；而且大量进行海水淡化，总产量占世界的 20%。

沙特阿拉伯 2006 年国内生产总值 3 470 亿美元，人均 1.5 万美元，属高收入国家，但失业率高达 8.8%。沙特阿拉伯石油资源丰富，储量达 363 亿 t，占世界的 26%；2006 年石油产量 4.67 亿 t，仅次于俄罗斯居世界第 2 位，石油收入近 1 944 亿美元，占国内生产总值的 56%。但就在这个世界第一石油大国中，以现在的产量计，沙特阿拉伯的石油也仅能开采 78 年。沙特阿拉伯现有耕地 360 万 hm^2，人均 2.2 亩，农业人口约 40 万，但已实现粮食自给。沙特阿拉伯旅游业较发达，每年有300 万国外游客，但其中 2/3 是朝觐的穆斯林。

（二）首都利雅得简介

利雅得（Riyadh）是沙特阿拉伯王国首都，全国第一大城市，是全国政治、文化、教育、商业和运输的中心，也是王室所在地。面积 1 600 km^2，是北京五环以内的 1.5 倍。全市人口 500 多万，绝大多数为阿拉伯人。

1. 利雅得的自然环境

利雅得东距波斯湾 386 km，地处阿拉伯半岛的沙漠地带、纳季德高原东部、哈尼法和艾桑等 3 条干涸河相汇的哈尼法谷地，海拔 510 m，三面环山，比四周低 30 m。利雅得附近是一片绿洲，有广阔的椰枣林和清澈的泉水，如沙漠中的庭院仙境，利雅得因此而得名，阿拉伯语“利雅得”为“花园”之意。利雅得天气炎热，8 月份最高气温为 45 ℃，1 月份最低气温为 10 ℃，作者到时为 2 月中旬，气温 15～20 ℃。年降水量很少，仅 81 mm，但一年也有几场雨。

代赫纳沙漠的边缘就是半荒漠和小绿洲。半荒漠就是还有一簇簇的沙生灌木，偶尔看见几颗棕榈像沙漠中的小草孤零零地立在那里，灰头土脸，仿佛要被土埋住一样。小绿洲是几家农户，屋边有十几棵棕榈成个“小林”，现在沙特政府已把自来水管铺到每户居民家中，为这几户人不知要花多大代价。三五头黑骆驼在屋边游荡，是在漠野中仅见的动物，黑骆驼在世界其他地方很少见，但身上也蒙了一层灰。

再向前走就是荒漠，所谓荒漠，在代赫纳就是除了黄色，再无其他颜色。黄色的土岗，黄色的土台，构成各种形状，有的像楼，有的像墙，有的像雕像，有的可以被认作宫殿，很像新疆的魔鬼城。代赫纳沙漠的特点是被公路辟开的土岗，断面层层相叠、纹路清晰，仿佛是淤成的土层，这是怎么形成的呢？可能万年之前这里是湖泊。

过了荒漠就是沙漠，对沙漠最恰当的形容是“沙海”，真像海一样浩瀚，沙丘就是海浪，小丘是小浪，大丘是巨浪。日本把沙漠越野车称为“巡洋舰”是十分贴切的，车在沙漠的路中飞驰，恰似船在巨浪中穿行。

没有生命的沙漠也是一种生态系统——“没有生命的生态系统”。实际上也不是全无生命，第二次世界大战中德军北非沙漠军团司令隆美尔就被称为“沙漠之狐”，沙漠之狐实有其物，沙特阿拉伯也有，体长才 40 cm，但它实际上生活在荒漠地带，只是偶尔在沙漠中出现。据说是在沙漠中心还见过蜥蜴之类的爬行动物，这里沙下可能有埋深很浅的地下水，蜥蜴有水喝，但它们吃什么呢？

2. 人工绿洲利雅得

历史上的利雅得原有一片小绿洲，而今天的利雅得则完全是人工绿洲。利雅得年平均降雨量不过 81 mm，人均水资源量不过 10 m^3，仅为维持可持续发展最低量的1/15，属于极度缺水，而水资源总量折合地表径流深仅几毫米，仅为地表维持绿色的1/30。今天沙特阿拉伯的城市用水 70% 是淡化的海水，所以起码在几百年以前这里是不可能有如今 2 000 km^2 的绿洲的。但是，在国家博物馆中展出的图画表示，5 000年前流向波斯湾的哈尼法、艾桑和迪里耶三条河水量充沛，周围林木茂盛，还有河马和水牛生存，真让人难以想象生态变迁之剧烈。今天，除了人工饲养的骆驼和野狼，大动物已经什么都没有了。往事越千年，利雅得生态系统如此巨大的变迁，是天灾还是人祸？在利雅得显然是人祸，原来住几千人的小河谷绿洲，现在住了500 万，增加了 1 000 倍，水怎么能够用，绿洲如何保得住呢？

今天的利雅得绿洲真像荒野上的一簇绿草，驱车四周，在以王国大厦为中心的，长宽各 50 km的 2 500 km^2 以外全是荒漠，在茫茫的阿拉伯半岛上，绿洲的北边和东边被代赫纳(Dahna)沙漠包围，南边是代希(Dahl)沙漠，西边是苏拉(Surrah)沙丘，都属于世界的大沙漠之一——鲁卜哈利大沙漠，包围着这块还在扩张，但岌岌可危的绿洲。周围没有河流，哈尼法、艾桑和迪里耶三条河流只是地名，有的连干涸的河床也难以寻觅，一片高低不平的黄色漠野，没有草，没有树，连驼队这种活的东西也不见了，只有公路上汽车这种机械在奔驰，因为有的是石油。当然汽车是人开的，但开得太快，看不见人。

利雅得公园里有树林、草坪，街头有棕榈、草地和花坛，居民家的小院中也种花养草，但没有一棵树和一株草不要浇灌，街头的每棵树下都有一个喷灌的喷头。由于缺水，除花照样鲜艳外，树和草因为缺水都不是绿油油的，又由于风沙都有点灰头土脸，但是代价高昂的淡化海水维持到这样已经不易了，在沙特北部荒漠中的城市已不得不实行隔天供水。

沙特阿拉伯政府采取社会福利优先的政策，政府对水价给予高额补贴。目前连利雅得用水也70%为淡化海水，在波斯湾的达曼和红海的吉达都有世界上一流规模的海水淡化厂。在沙特用管道输油不多，但用管道大量输水，是个世界奇迹。在波斯湾的达曼和阿拉伯联合酋长国的迪拜的海水淡化厂每天向利雅得输水 50 万 m^3，合每人每天 100 L。目前淡化海水的出厂价大约在 4 元人民币/t 左右，再加上制水和输送，成本至少 7 元/t，但沙特的水价只在 4 元/t，政府补了一半。

通过对利雅得居民的调查得知，由于这样的政策，在如此缺水的沙特，人们的节水意识普遍不强，甚至不清楚水价。但是，由于百年来的传统，沙特阿拉伯人有少洗节水的习惯，因此人均用水量并不高，人均日用水 4.4 t。不过再过几十年呢？年青一代没受过缺水之苦，用水习惯会改变。届时，一方面是大量用水，另一方面是用来海水淡化的石油日益减少，百年之后，沙特会不会再缺水呢？

利雅得在世界上是个奇特的大城市，没有河、没有湖，连喷泉水池也很少。历史上有河，现在已经干涸了，只剩下难以辨认的河床。连利雅得附近，沙特阿拉伯靠波斯湾的东部都几乎无河。历史上也可能有湖，但现在已踪迹难寻，据说 200 km 外有个小湖，但五百万分之一的地图上都找不到。有的只是沙漠中的坎儿井，许多地方都以井命名，如费尔丹井、法迪勒井和海米什井等。有井才有水，有水才有生命，有生命才有绿洲。城市里为什么不建些小人工湖，让人见见水呢？因为蒸发太大，难以维持，50 ℃的高温在湿度几乎为零的情况下，一出门眼睛就通红，恨不得眼球中的水都要被吸出来，室外就是一架蒸汽机。居民用水的浪费还是小数，维持一个人工湖耗水就惊人，所以利雅得政府的策略还是对的，没有搞人工湖这种耗费巨大的点缀形象工程。

二、阿卜杜拉·阿齐兹国王科技城简介

作者来沙特阿拉伯是应阿卜杜拉国王科技城（KACST，以下简称科技城）的邀请，因为作者是国际科技园联合会（IASP）的高级学术顾问，顾问是每大洲一个。作者作为亚洲顾问，由于在 1992 年任联合国科技部门高技术与环境顾问时推动了国际科技园区运动，使 IASP 成为联合国教科文组织 A 类挂靠会员，所以 2005 年还得到了迄今为止仅授予 7 人的“荣誉会员奖”。

（一）科技城简介

阿卜杜拉国王科技城建于 1977 年，当时阿卜杜拉还不是国王，但热衷于科技发展。阿卜杜拉国王科技城集沙特阿拉伯科技研究之大成，相当于我国的科技部、中

国科学院和科技园区三位一体，其中的核心机构是建于 1990 年的自然资源与环境研究所，而这个研究所主要搞技术开发。现科技城有 1 700 多位工作人员，有制定政策的，有搞研究的，还有搞技术的商业开发的，是个比较典型的科技园区。

科技城在利雅得西北的荒漠上建立，像我国的卫星基地建在荒滩上一样，本来是一片不毛之地，只不过距城较近而已。到了这里才知道什么叫生态科技园，在这种地方搞科技园冠以“生态”的名字不是时髦，而是必需，因为如果你不考虑生态问题是不可能在荒漠上建园区的。

科技城在利雅得城的西北部，占地很大，工作区在西马里(Shimali)大道南，呈长方形约 2 km^2，生活区在路北，呈三角形，约有 1 km^2。

晚上受在科技城工作的中国工作人员邀请，首先来到生活区参观。生活区也有门卫，守卫森严，里面是墙很厚的公寓和别墅式住宅。5 个中国科学院遗传研究中心的研究人员住一套大约近 300 m^2 的单元中。住宅区里遍布棕榈、椰树和椰枣树，是个世外桃源，区里有些活动设施，还有小超市，但除此而外要见个商店就要走至少 2 km 了。

第二天早上去了科技城的研究院部分。这片荒滩中的孤楼可以从外面一览无余，实际上主要是两座大楼，里面有办公室、研究所和食堂，实验室都不大，办公室也比较挤，但清洁整齐，设备比较现代化。

研究区的主楼与世界各地园区没多大差别，而科技城的外面则天差地别，一望无际的荒漠，远远有几株棕榈，那荒凉伸向无边无际的远方，让人感到凄凉。科技能改造沙漠吗？还不是现在，这要等到受控热核聚变成功以后，能源极其廉价，以淡化的海水来改造沙漠吧。

(二) 会见科技城主席

访问的最后，科技城主席、相当于沙特科技部部长的 M·苏维叶(Mohammad Al-suwaiyel)博士在接待胡锦涛主席 10 天之后，会见了作者，双方会谈 30 min。

沙特阿拉伯没有科技部，M·苏维叶(Mohammad Al-suwaiyel)主席办公室墙上挂着三张相片，他的相片居然在中间，而国王的相片在左边，让人着实诧异，原来伊斯兰的习惯是左为上。主席先生居然会不少中文，不但有单词，还有短语，不知是否为接待胡主席现学的，如是，真是个语言天才。双方谈到多方面的问题，包括如何与自然和谐发展(这也是胡主席访问科技城的谈话主题)、如何修复生态、如何建设生态工业园等。他对作者送他的书一再表示感谢，还回送了刚刚出版的一本阿拉伯科技史的前 6 卷。

(三) 科技城的技术开发领域

科技城的目标十分明确，就是把沙特阿拉伯的经济导向知识经济，作者在曾经走访过的世界上 100 个国家中，重视知识经济的国家很多，但沙特阿拉伯这个富裕的、发展中国家的科技部提出，知识经济是国家的发展方向还是让人感到有点吃惊。作者因为是世界知识经济理念的主要创意者（1998 年 3 月 18 日《人民日报》有介绍）而受到高礼遇的接待。当作者把意大利的世界第一所大学、皮伦亚大学出版社出版的英文《循环经济》送给政策研究所所长 Y・特奇（Y. Turki）博士后，他一再感谢并要求访问中国时再来探讨。

科技城的主要研究方向有战略规划，国家科技政策，水、石油和气，石油化工，纳米和先进材料技术、生物技术、信息光电和通信技术、航空和航天技术、能源技术和环境技术，其高技术分类也基本是作者在联合国工作时主持制定的分类，只缺了一项海洋技术。

(四) 与日本能源研究中心的合作

科技城的重要合作是与日本能源研究中心（PEC），PEC 在 1986 年由科技城在日本通商产业者支持下建立的。它的主要研究目的是石油工业技术，同时包括工程、机械和金融服务，致力于石油精炼技术和环境保护的协调。中心里最重要的是先进技术研究所（ATRI），研究所的重心是汽车制造和燃料供应技术，目的实现“零排放”来减少空气污染，改善大气环境，这一技术开发研制被命名为《日本清洁大气计划》，在国际上都有知名度。应该说汽车大国日本和石油大国沙特阿拉伯的这一合作技术开发是有重要意义的，日本的一种越野车叫“巡洋舰”（沙漠中的）与这一研究不无关系。1997 年科技城与中心建立了合作研究计划，主要在再生水利用技术、水保持技术和绿化促进技术方面，以应对水缺乏和改造荒漠问题。

三、科技城的生态修复技术开发

此次考察的重点在生态修复技术。

(一) 自然资源与环境研究所

自然资源与环境研究所（以下简称资源所）是科技城的主要研究所。

1. 战略目标

实现与环境友好的可持续发展。

2. 工作任务

为了以整体战略来开发自然资源和保护环境，要开发、转移和地区化环境友好的高技术。包括：

① 建立环境技术研究和应用的国家基础设施。

② 开发、转移和地区化环境高技术。

③ 促进环境高技术的创新。

④ 为先进环境技术产业的理念作贡献以提升国家经济。

⑤ 在环境技术领域为国家提供咨询。

⑥ 参与发展国家和国际战略。

3. 优先领域

① 城市固体废弃物处理和存储技术。

② 防止食品污染技术。

③ 空气污染监测和评价技术。

④ 削减温室气体的监测和评价技术。

⑤ 荒漠化的评价和监测技术。

具体的资源环境技术包括促长站的绿化技术、优化的土壤和人选混合材料的绿化促进技术，寻找耐盐抗旱植物、种子栽育技术、草皮培育、棕榈栽培技术、光能温室和遥感监测土地生物量利用技术等。

在环境研究所的参观由副所长 H·阿义德(H. Al-Ayied)接待，他是沙特人，以一个项目为例做了介绍。这个项目是专门研究如何在沙漠中建设小人工生态系统。比如，实验研究如何适度抽地下的苦咸水，可以用于清洁和养鱼，浇适宜的沙生植物，并形成循环用水，借以保持可以自持的绿色系统。研究所把该研究项目的成果用于科技城本身，在科技城已经构建了这一系统。

（二）国家水研究中心

国家水研究中心根据《国家种子技术规划(2004—2024)》建于 2005 年，是个新研究所。

1. 战略目标

为实现王国水安全解决水资源短缺的问题。

2. 工作任务

① 开发水技术，特别是海水淡化和污水处理技术。

② 研究和发展水保持和水处理技术以保证环境、经济和社会协调发展。

③ 制定水研究和水技术的短期和长期规划。

④ 建立科学信息和数据库。

⑤ 制订国家和国际战略促进研究，建立风险基金和引进国际成果避免重复研究。

3. 机构设置

研究中心有水资源研究室、海水淡化和水处理研究室、水质研究室、水保持和再生水研究室和设备装置研究室。

研究开发的具体水技术包括污水处理和再生利用的膜技术、水循环系统、多孔管灌溉技术、塑料不渗水层形成技术，吸水材料的水保持技术和节水装置等。

参观水研究中心由研究中心主任 O·哈比(Omar. Al-Harbi)博士接待，他介绍了中心研究海水淡化、洁水、供水和节水等各种技术。当被问到这些技术是否可以购买时，研究所长说得很有道理：水是沙特阿拉伯的生命，正像石油是其他国家的生命一样,国家命脉的技术要掌握在自己手里。而且,他国如没有这样的节水需求,也未必肯下大力气深度开发这些技术。这说明至少沙特科技界对水的认识是清楚的。陪同参观的实验室主任是个巴基斯坦人,沙特的人才引进随处可见。中心的设备不算最先进,但工作还是井井有条。

（三）中国与沙特合作的椰枣基因研究

2008 年我国和沙特合作开始椰枣基因的 3 年研究项目,沙特方面投入资金约 2 700万美元,是中国和沙特之间最大的合作科研项目。我国派出研究人员,现在已有中国科学院遗传研究中心研究人员 9 人。2009 年 2 月 11 日胡锦涛主席到访时接见了全体人员,勉励他们努力工作,为人与自然和谐发展作出贡献。

中国研究组的负责人张猛向作者一行介绍了研究情况。目前椰枣是沙特阿拉伯仅次于小麦的第二大农产品,年产近 80 万 t,合每人 30 kg,是出口的第一农产品,目前产量已超过伊拉克而居世界第一位。

棕榈种有 3 大类植物:椰树、棕榈和椰枣树,其中只有椰枣树在我国不种植。椰枣树是雌雄异体,因此如种下种子不知是雌是雄,而雄树不结枣,所以要插枝种植。同时品种不断退化,因此迫切需要研究。基因研究就是最好的方法,可以控制种子性别,促进树种耐旱、耐碱、结枣果实大、品质好等品种的产生。

椰枣种植不仅有经济价值,而且有很高的生态价值,可以使荒滩和半沙漠地区增加植被、固沙,维系和改善荒漠生态系统。沙特阿拉伯投入巨资进行基因的研究是有远见的。不知我国新疆和内蒙古地区是否可以引入,据考察这里条件与沙特十分近似,带来外来物种侵入的可能性很小,当然必须进行科研和试种。

（四）孵化器

根据作者参与创立的科技园区三元理论,有没有孵化器是判定一个机构是否是园区的重要标准。科技城建立了孵化器,正在逐步建一个完善的园区。

作者也参观了科技城孵化器,这个孵化器在科技城外,建成了一幢设施良好的现代化大楼,刚刚开始,而其中一个企业都没孵。孵化器是作者的本行,这里的负责人是澳大利亚人 J·莫瑟尔(J. Mercer)先生,听他做的介绍就知道不是专家,说是首先要召开个国际会议,已有一个中国上海的代表要参加。看来,人才引进也是门学问。

科技城虽然没有孵化器,但是有转移技术并使之产业化的功能,是由政府进行的,也就是官办的。

四、准孵化器——侯赖米拉绿洲实验站

利雅得是一片大人工绿洲,是沙特倾全国之力建设的一片大绿洲,连郊外空地面积达 2 500 km^2。阿齐兹国王科技城也建了一片绿洲,是个实验站,就在代赫纳沙

漠边侯赖米拉小城前，大约只有 1 km^2。侯赖米拉是个在利雅得西北 80 km 的小城，有地下水，但以现在的标准不能喝，以前只有很少的居民，喝着苦水。自从小城建立了苦咸水处理厂，人口很快增加到 3 万。

所以说科技城也不是完全没有孵化器，这个实验站的功能就相当于孵化器。为什么在这里建绿洲实验基地呢？主要原因有三。一是这里原来有个私人农场，证明地下水可用；二是有大片土地可免费使用；三是远离城市，无污染，可生产绿色食品。于是，阿齐兹科技城于 1993 年就在这里建了绿色实验基地，工作人员共 50 人，有来自印度和苏丹等国的大学农学专业毕业生，其中苏丹的还是名牌大学——喀土穆大学毕业生，但其中没有阿拉伯人。实验站共有 10 个温室——大棚，每个 150 m 宽、32.5 m 长，即一个足球场大。2 个养鱼，研究可以用这里苦水可以养活的品种；两个培育可以在这里生长的耐旱沙生植物品种；6 个种蔬菜，选择可以在这里产量较高的品种。

基地的研究目的很明确，就是研究有苦咸水的沙漠边缘能否建人工绿洲，让人类生存和生产。科技城想以这里为典型，把经验向全国推广，并向外输出这些技术和植物品种。

在鱼池棚可以看到，以罗非鱼为主各类鱼都养在大箱之中，当时大鱼正在出售，把小鱼苗先连水装入大塑料袋，再放入盆中运走免费给周围农民试样。一起进来的沙特农民正在等着取鱼苗。沙生耐旱植物的研究是作者最感兴趣的，基地在长达 10 多年的时间内培育了多种，但至今适于在当地生存、并不带来引进物种问题的只是几种，多是阿拉伯半岛的品种。可见生态在物种方面也是个系统，一方水土养一方草，不能乱引进。

科技城的侯赖米拉试验站里有一片片小树林，尽管也蒙上了一层土黄，但是给荒漠带来了绿色，更为重要的是试验站工作人员在引入生命，给大片荒漠带来了生机。

侯赖米拉小城沿公路两边而建，街道整齐清洁，房屋稀疏有序，不多的几个商店老板坐在门口晒 2 月份的太阳。奇怪的是街上尘土并不多，看黑汽车就很清楚，可见万年风吹早吹走了能吹的东西，其余的就被沙生植物等各种作用固住了，非沙尘暴来而不起。但人类大开发摧毁了地表的固沙系统，就造成了扬尘。2009 年 2 月 11 日胡锦涛总书记来访问，因为风沙大而把上午的参观科技城的时间推迟了 2 h，为什么利雅得反而扬沙呢？因为科技城象个大工地。

五、历史的借鉴——河谷王都变荒漠

人可以造绿洲，人更可以造荒漠。所谓人造荒漠，就是在有水的绿洲，由于人口增加和生产发展过度用水，在丰水年可以勉强支撑，但在枯水年就只得过量抽地下水。即便偏枯年抽得不太多，也有积累效应。如果在大旱年份过度抽水就造成地下水位降低，水抽不上来了，植物根系也吸不到水了。连旱几年，就造成了生态系统的崩溃，河流断流、湖泊干涸，植被枯萎，从而人不能生存，只得迁走。许多地方原来居民为什么消失的千古之谜，其实原因并不繁杂：没水了。沙特家族从利雅得附近的迪里耶老家迁出，看来也很可能是同样的原因，而今天的利雅得则不能蹈迪里耶的覆辙，不然还往哪里迁呢？

人们都知道2008年沙特国王阿卜杜拉对汶川大地震捐了5 000万美元和价值1 000万美元的物资，是世界上个人捐款最多的，占他家产的2.9‰，相当于有50万元的一般北京家庭捐出了1 450元人民币。沙特是个有约600多年历史的家族，统治国家已达205年，这个在世界上都十分显赫的家族发源在哪里？他们的发源地今天又如何了呢？

利雅得周围水资源状况的变迁可以从对沙特家族的发源地迪里耶的考察看出。迪里耶在市中心西北25 km处，15世纪起沙特家族就在那里居住，是个水草丰盛的地方，当年有迪里耶河流过，今天在利雅得迪里耶河已不见踪影，但到了迪里耶，河道还十分清晰，沿岸棕榈丛生，绿色盎然。尽管河中已无水，但由于曾是河道，地下水位高，所以仍有生命。更让人惊叹的是还修有水坝，估计至多是六七十年前的建筑，可见当时河水还很大。但今天已滴水不见。原因很简单，从一个几百人的小村，到今天500万人的大城市，怎么能不把水用光呢？

现在沙特阿拉伯王国的王室家族——沙特家族在迪里耶居住的最早历史记载是1446年，在1478年就开始了与印度的贸易，当时只是一个很小的部落。迪里耶自17世纪开始建设城堡，不过，居民增长不快，这就是迪里耶河谷得以长期保持的原因。后来是沙特第一和第二王国的首都，从1745年到1818年，开始大规模建设，今天的王室废墟立在干涸的河岸边，都是黄色的石泥大建筑，没有外装饰，高大的外墙，极小的窗户，有的小窗只有1 m见方，上下成行、左右成排，像枪眼一样。碉楼有高有低，楼顶的箭垛是三角形的，带有明显的阿拉伯风格。宫殿有沙特特有的三角形窗户，外面镶有白色的窗边，是城堡仅有的外装饰。现在整个城堡已成废墟，外围都是碎石，只是墙外的棕榈还显出当年的生机。在几千米的范围内，城堡有几处，最大的一处长1 km，宽600 m，可见当年的规模。现在政府要把这里开辟成一片旅游区，正在整理修复。

再向上游走，出现许多许多阿齐兹建立第三沙特王国以后，亲王和王子的别墅，由于国力日渐强大，共有几十处、连续延伸几千米。有的是铁栅栏门，像个军事基地；有的是阿拉伯式门，像个城堡；有的是现代的大木门，也有阿拉伯风格。相同的是里面都有棕榈林，大门都紧闭，里面无人居住。为什么废弃了呢？因为河里已没有水了。

再向前走，看到一个水坝，水坝在沙特可是罕见。估计水坝建筑的年代最早，在20世纪30年代。如今已经毫无用处，像个模型，坝前已有大树，树龄至少40年，可见20世纪70年代以前河已完全断流。在孤零零的坝前留影，让人有一种苍凉的感觉。

坝边就是沙特王国的旧宫，现在也铁网门紧闭，只见两边棕榈林夹的大道直通宫前，宫殿是4层楼高的建筑，上面的三角形箭垛都漆成白色，显示出王宫的气派。宫前有巨石砌的仿古烤肉台，巨石围成环形，高低的石台就是桌椅，中间石铺地面上银有坑式铁炉，放柴点火，炉架上放烤肉，可见当年遍地柴草。现在这里是利雅得居民的休闲旅游区，看到远处炊烟升起，游客已开始烤肉，不过现在这里已是半荒漠，烤肉的柴已要自带了。

旧宫周围棕榈和长不大的小老树丛生，由于临过去有水的河道，这里仍是一片绿洲。但由于人口日渐增长，河流断流，草不绿了，绿洲日临退化的痕迹仍十分明显。这里是退化生态系统考察的一个最好的地方，让人们在实地切身体会到了生态史的苍凉。

第四节 环境保护与生态修复产业

在生态工业园中要大力扶持环境保护与生态修复产业，开发环境保护与生态修复技术。

一、环境保护产业

环境保护产业，又称环保产业，作为一种朝阳产业，其产业边界和产业内容有着相当的模糊性，与其他产业部门之间的交叉比较多，渗透性比较强。目前，对环保产业还没有一个统一的定义。

经济合作组织（OECD），对环保产业给出两种定义。从狭义角度看，环保产业是指在污染控制与减排、污染清理及废弃物处理等方面提供设备、技术与信息服务活动的总称；从广义角度看，环保既包括在监测、防止、限制及治理环境破坏方面提供设备及服务的活动，也包括开发清洁能源、生态农业、提供使污染和资源消耗最小化的洁净技术与产品等活动。一般认为，狭义定义是目前环保产业的核心内容；广义定义是环保产业未来发展的方向。

在我国，环保产业一般是指以防治环境污染和保护自然资源为目的所进行的技术开发、产品生产、商品流通、资源利用、相关服务以及工程承包的新兴产业。它主要包括水体、大气污染和固体废物处理设备、新能源开发和资源综合利用、生态农业、生态保护及环保服务体系（包括环保技术开发、工程设计施工、环保咨询和环保产品营销）等。

（一）发达国家环保产业发展现状及其特点

发达国家的环保产业起于20世纪70年代，由于环境状况的恶化、人们环境意识的提高及政府对环境管制的法制化，促使环保产业获得了高速的发展。经过数十年的努力，这些国家的环境状况明显改善，环保产业进入技术成熟期，成为国民经济的支柱产业之一。

1. 环保产业规模壮大、发展迅速

经过30多年的快速发展，发达国家环保产业的产值已占到了发达国家国内生产总值近10%，与生物技术和信息业并驾齐驱，高于其中的计算机行业，并以高于GDP增长率1～2倍的速度发展，环保产业在国民经济中所占的份额不断上升。

近几年来，世界环保产业持续增长，1999年世界环保产业年产值约为5 000亿美元，2004年已超过7 500亿美元。被誉为发展潜力巨大的“朝阳产业”。

美国的环保体制极大地促进了美国环保工业的发展，早在1996年环保产业每年的产值为1 810亿美元，该产业拥有11万个实体，雇佣员工130万，出口总值为160亿美元。2004年，美国环保产业市场规模为2 039亿美元，约占全球环保产业总收入的27%，排名世界第一，日本约为880亿美元，德国2005年国内环保市场规模约600亿欧元，可为100万个劳动者提供就业机会。

2. 环保技术与产品高科技化

发达国家的环保技术正向深度化、尖端化方面发展，产品不断向普及化、标准化、成套化和系列化方向发展。目前，信息技术、新材料技术、新能源与可再生能源技术以及生物技术等一系列高技术正源源不断地被引进环保产业，使环保产业的技术与产品提升了一个层次，而且更具广阔的应用和发展前景。

3. 国际环保市场竞争激烈

发达国家早在20世纪70年代就形成了以污染控制设备为主体的环保市场，并一直稳定发展，近年来由于绿色产品的行销，环保市场出现持续增长的势头。目前，世界环保设备和服务市场仍是以美、日、欧洲等发达国家和地区为主体。美国的脱硫、脱氮技术，日本的除尘、垃圾处理技术，德国的水污处理技术，在世界上遥遥领先。在无氟制冷技术方面美国和欧洲展开了争夺，日本和欧洲在资源回收上进行角逐。在亚洲环保市场上，美、日、德三国占了很大份额，例如在大气污染控制方面，美国占30%，日本占31%，德国占13%，三国占世界的84%；在废水处理方面，美国占16%，日本占34%，德国占13%，法国占8%，共占世界的81%；在固体废弃物方面，日本雄居第一，占到48%，而美国仅占28%，仅两国就占世界的76%。相对而言我国占世界环保市场的份额仅为3%左右，大大低于我国世界市场所占的总份额。

由于发展中国家的环境技术明显落后，其环境市场也成了发达国家争夺的对象。发达国家纷纷采取措施，鼓励环保技术的出口。美国政府公开表示，环保产品享受出口免税、出口信贷优惠，并在商务部下设环保产品出口办公室，专门负责环保产品的全球促销。日本政府也不甘示弱，提出以21世纪绿色地球为新主题的“绿色地球百年行动计划”，积极扶持其环保产业。德国历届政府都把环境领域置于优先发展的地位。荷兰、澳大利亚、意大利和法国等一些国家在环境技术上都拥有各自的优势。

在争夺国外市场的同时，发达国家不断以“环境标准”设立新的贸易壁垒。美国、欧盟都扩大了以保护环境为由的禁止进口的商品种类，或者将进口产品的环境质量标准修订得更为严格。德国、法国、荷兰等国已率先提出对进口的纺织品染料必须进行不含偶氮物质的检验的要求。

4. 环保产业发展的特点

目前世界环保产业发展的特点主要表现在以下4个方面：

(1) 高新技术快速渗入环保产业

由于发达国家环境标准的日益严格以及国内市场的日趋饱和，只有引进高新技术、增强环保效果和降低成本，才能保持竞争优势。目前，电子及计算机技术、新材料技术、生物技术已广泛应用于环保产业的各个领域。

(2) 政府不断加大环保投入

政府的环保资金的投入是环保产业发展的保障，发达国家每年的环保投入要占到其GDP的1.5%以上，而目前我国仅占0.7%左右。

(3) 绿色产品和清洁生产成为时代的潮流

由于发达国家公众环境意识的提高，绿色产品和绿色标志蓬勃兴起，绿色营销已成为大公司提高自身形象、增加产品竞争力的重要因素；环境问题的解决已从尾部——废料和产品控制转向源头设计和原料控制，推行一条龙“清洁生产”。

(4) 严格立法和政策扶持

发达国家坚持严格和系统的环保立法，为环保产业的发展奠定良好的基础。如美国于1963年就制定出第一部《清洁空气法》，并于1970—1990年做了3次修改，排放标准愈来愈严格，从而促进美国大气污染控制设备市场迅猛发展。

此外美国的清洁水法、德国有关包装废弃物的法规、日本的促进再生资源利用的相关法规也都效果显著。同时，政府还以政策扶持，主要表现在：财政补贴、减免税收、低息贷款、折旧优惠和资励制度等方面。

(二) 我国环保产业的问题

目前我国环保产业已经初步发展成为较为完整的体系，但是其中也存在着不少急需解决的问题。

根据《2004年全国环境保护相关产业状况公报》，2004年我国从事环境保护相关产业的规模以上单位11 623个，从业人数159.5万人，合每个企业137人，规模偏小；年收入总额4 572.1亿元，人均产值28.7万元，在国内属上中，但国际比较明显偏低；年利润393.9亿元，上交税金总额343.6亿元，人均利税4.62万元，在国内属上中，国际比较也明显偏低。生产经营用固定资产原值23 902.1亿元，人均150万元，投入不低。

1. 我国环保产业结构

我国环保产业的有形产品及无形服务主要包括水污染治理及大气污染治理设备、固体废物处理设备、三废综合利用、产业服务和洁净产品等部分。

(1) 水污染治理及大气污染治理设备

2004年水污染治理设备和大气污染治理设备产值分别为112.4亿元、123.4亿元,环保产业的比重分别为相关设备的2.46%、2.70%,明显偏低。在空气污染治理设备中,除尘设备占80%,主要产品是各种旋风除尘器、湿式除尘器、袋式除尘器和静电除尘器。

从目前来看,我国的除尘器生产已具有一定的规模,基本满足国内市场的需求,但采用高技术的除尘、二氧化硫处理设备、除尘脱硫一体化设备、有害工业废气净化设备开发不足,有相当的需求缺口。

水污染处理主要产品是一般的分离设备、氧化消毒设备和简单的生物处理设备,仅能满足工业废水和生活污水的一般处理需求,深度处理设备缺乏,而且水处理设备单机产品多,系列化程度低,成套装置生产不足,降解度不高,高浓度有机废水处理设备和高生物技术处理设备严重缺乏。

(2) 固体废物处理设备

固体废物处理处置设备的年产值21.2亿元,占环保产业产值很低,仅为0.46%,而且产品品种少、配套性差,远远不能满足我国固体废弃物综合利用和城市生活垃圾处理的需要。

据2004年我国环境公报,工业固体废物产生量12.0亿t,综合利用率为55.7%;城市生活垃圾1.55亿t,无害化处理率仅为52.2%左右,而发达国家城市垃圾处理率普遍超过85%。

(3) 三废综合利用

三废综合利用包括资源综合利用和再生资源加工利用。前者指废弃资源、废渣、废液、废气、余热余压、废水养殖和废木料等的综合利用;后者则指废金属、废旧造纸原料和废旧化工原料等的利用。

三废综合利用和环保产品生产是我国环保产业的主体,据2004年我国环境公报,资源综合利用年值2 787.4亿元,占环保产业总产值60.97%。三废综合利用较好的地区主要分布在辽宁、江苏、广东和天津等沿海一带。

(4) 环保产业服务

主要包括环保技术开发、工程设计、环保咨询服务和环保产品营销等。2004年全国环境保护服务业共有企事业单位3 387个,从业人员17.0万人,收入总额264.1亿元,占环保产业的比重为5.77%,人均15.5万元,鉴于服务业成本较低,产值还是较高的,说明环保产业对服务业的需求。在从事环保科研开发的单位中,国有企业占60%;在工程设计施工方面,事业单位居多,目前基本具备自行设计、承建各类污染治理工程的综合能力;环保咨询服务主要包括环境影响评价、环境监测等领域,由于一系列法规的制定,咨询服务得到较快的发展;环保产品营销尚处于萌芽阶段。

(5) 洁净产品

洁净产品指在产品的整个生命周期内(包括新产品的生产、消费及使用后的回收与再利用)对环境友好的产品。这类产品既具有一般商品的特性,又在生产、使用和处理处置过程中符合特定的环境保护要求,与同类产品相比,具有低毒少害、节约资源的环境功能。

全国从事洁净产品生产的企事业单位 947 个,从业人员总数 23.3 万人,当年实现销售产值 1 178.7 亿元,人均产值高达 50.6 万元,是环保产业平均产值的近 2 倍,说明社会对这类产品的强烈需求。

2. 我国环保产业存在的问题

由于环保产业在我国尚处于初级阶段,还存在着如下需要解决的问题。

(1) 管理体制尚不健全

我国环保产业缺乏统一的管理部门,存在九龙治水的情况,没有一个统一的行政机构负责协调制订环保产业发展整体规划和政策,对环保产品质量没有完善的监督机制和机构,因此职能缺位,如没有定期发布淘汰产品的目录;环保产品市场没有监督、调控机制,导致地方保护主义严重,影响环保产业的发展。

(2) 环保产业技术水平偏低

目前世界上普遍将环保产业视为高技术产业之一,而我国在环保产品生产、环保技术开发等领域,常规技术仍占主导地位。自已独立解决投资和完成技术开发并占领市场的,仅占 20%左右。具有高技术水平的二氧化硫处理设备、除尘脱硫一体化设备和工业废气净化装置等设备开发能力十分薄弱,大多数只能从国外进口。技术含量低、工艺落后、自动化程度低及运行可靠性差等问题,是影响我国环保产业发展的主要因素之一。

(3) 环保产业信息缺乏

我国还没有专门的为环保产业服务的信息部门,只有少数单位提供部分重复的信息。由于信息缺乏,我国环保产业低水平的重复建设和盲目发展的现象比较普遍,如绝大多数企业不了解我国环境保护的整体发展规划和当前的重点环境问题,也不了解我国环保产业发展的趋势和国外环保技术、市场的发展状况等,结果使很多企业对涉足环保产业踌躇不前,等待观望,已经进入的也多不敢大规模扩张。

(4) 国家环保投入不足

在 20 世纪 80 年代之前,我国对控制环境污染基本上没有投入,城市环境基础设施严重不足。"七五"、"八五"、"十五"、"十一五"期间的投入虽有明显增加,但一直没达到环境规划和治理的要求,每年环保投入只占 GDP 的 0.5%～0.8%,与我国经济的高速增长不相适应。国内外一致估计,我国每年因环境的 GDP 损失在 2%～

4%，更有估计超过6%的，仅以3%计，投入GDP的1%于环境保护和生态修复是底线，也是国际惯例。据此仅2008年的环保投入欠账就高达4亿元人民币以上。此外，环境标准不完善、执法不严、监督不力，使企业环境治理资金得不到保证。

市场经济的规范性、有序性，要求环保产业在一个更高的层次上发展，因此对环保产业实施行业管理，加强对环保产业发展的政策引导和宏观指导，使其在社会主义市场经济的条件下，健康有序快速地发展，已经迫在眉睫。

（三）环保产业技术发展的趋势

环保产业发展的技术重点主要包括污染控制技术和清洁生产技术等，其趋势是生态化。环保产业发展的重点技术如下。

1. 在大气污染控制技术方面

以应用生物、化学催化、等离子等技术开发新型脱硫技术，开发利用现有湿式除尘器进行脱硫的小型电站简易脱硫技术；完善湿式脱硫、炉内喷钙、生物质型煤和半干半湿法等中小锅炉脱硫技术，形成批量生产能力；开发汽车尾气净化技术，生产新型二效和三效催化净化器，性能指标达到国外同类产品技术水平。

2. 在水污染控制技术方面

应用新型膜技术、高效生物技术和催化氧化等高技术，完善造纸黑液碱回收技术，建立万吨规模以上的示范工程；完善并标准化、系列化酿造等高浓度有机废水治理工艺和设备并产业化；开发处理制药、染料等难降解有机废水新型处理技术；开发高效降解工程菌、生物絮凝剂及新型混凝絮凝剂并使之产业化。

3. 在固体废物与有毒有害化学品处理与控制技术方面

开发固体废物最小量化、资源化、能源化技术和设备并使之产业化；开发并应用安全填埋技术、热解技术、生物降解技术；应用有毒有害化学品的处置技术，建立有毒有害化学品处置中心，规模化处理PCB、666或DDT等有毒有害化学品。

4. 在清洁生产技术方面

在化工、酿酒和酒精工业率先推进清洁生产技术，并为全面实现工业清洁生产提供技术和示范。

5. 其他技术方面

应用推广无氟制冷技术及产品；将空间技术、计算机技术、自动化技术应用于环境污染监测和生态环境监测当中；发展辐射污染和噪声污染控制技术。

从全球来看，环保产业技术的发展趋势是从简单的污染处理向模仿自然生态系统物质与能量循环的生态化技术发展，更多地利用物理、化学和生态学的原理和规律。这种技术不仅是应用生态学原理，而且是应用全部微电子和计算机技术、航天技术、生物技术和新能源、新材料技术等高新技术成果进行设计，环保产业技术将成为工业生产技术的一部分，使传统的“原料——产品——废物”的线性工业模式将变为“原料——产品——废物——产品”的循环模式。

二、生态修复产业

从上面的介绍可以看出，环保技术正向生态修复技术发展，二者有融为一体的趋势。

（一）生态修复技术的发展

生态修复研究的历史可追溯到19世纪30年代，1980年凯恩斯（Cairns）主编的《受损生态系统的恢复过程》一书，将生态修复作为生态学的一个分支进行系统研究。在生态修复的研究过程中，涉及的相关概念有生态恢复（ecological restoration）、生态修复（ecological rehabilitation or ecological repair）、生态建设（ecological reconstruction）、生态改建（ecological renewal）、生态改良（ecological reclamation）等。上述词语虽然在含义上有所区别，但是都具有“恢复和发展”的内涵，即将原来受到干扰或者损害的系统恢复后使其可持续发展，并为人类持续利用。

美国自然资源委员会（The US Natural Resource Council）把生态恢复定义为：使一个生态系统回复到较接近于受干扰前状态的过程。国际恢复生态学（Society for Ecological Restoration）先后提出3个定义：生态恢复是修复被人类损害的原生生态系统的多样性及动态的过程；生态恢复是维持生态系统健康及更新的过程；生态恢复是帮助研究生态整合性的恢复和管理过程的科学。日本学者认为，生态修复是指用外界力量使受损生态系统得到恢复、重建和改进（不一定是与原来的相同）。

作者根据上述定义给出生态修复的定义为：生态修复（rehabilitation）是指根据区域规划，将受干扰和破坏的地域（包括森林、草原、河流、湖泊、湿地土地和地下水等）恢复到具有支撑人类生产的承载力状态，确保该区域保持稳定的生产状态，不再造成环境恶化，并与周围环境和谐。恢复（restoration）是指对受到干扰、破坏的生态系统修复使其尽可能恢复到原来的状态。改良（reclamation）是指将被干扰和破坏的生态系统恢复到使它原来定居的物种和与原来物种相似的物种能够定居。建设（reconstruction）是指通过外界力量使完全受损的生态系统恢复到原状态。改建（renewal）是指通过外界力量使部分受损的生态系统进行改善，增加人类所期望的人工特点，减少人类不希望的自然特点。目前学术上用得比较多的是“生态恢复”和“生态修复”。

（二）生态修复技术

由于环保技术的发展，目前生态修复技术有与环保技术融合的趋势，但生态修复技术还是有其自身特点的。主要生态修复技术如下。

① 地下水回补技术。

通过回灌地下水，保持地下水埋深不降低，从而维系地域的生态系统。鉴于地下水埋深是最重要的生态系统标志，因此这项技术也是最重要的生态系统修复技术。同时，地下水回灌还可以解决地面沉降问题。

② 湿地技术。

通过干涸湿地的恢复和人工湿地的建设，恢复湿地净水、蓄水、保护森林或草原，调节气候的功能。

③ 废弃矿井回填技术。

各种矿井的开采造成了地下空洞，当废弃后造成地下空洞，从来造成地面沉降等多种问题，因此废气矿井的地貌恢复十分重要。

④ 农药、农膜和化肥造成的土壤污染的恢复技术。

⑤ 生态型植树造林技术。

⑥ 过度放牧草原的修复技术。

⑦ 断流河流治理技术。

⑧ 退耕还林、退田还湖、退牧还草及退蓄还流的技术。

⑨ 山水田林路统一规划的小流域治理技术等。

所有这些生态修复技术，都采用高技术，而且要依照生产学原理利用。

第五节 生态工业园区以实施循环经济修复生态系统的原则

在生态工业园中要实施循环经济修复生态系统应遵循以下十大原则。

一、大系统分析的原则

循环经济是较前更全面地分析投入与产出的经济，它是在人口、资源、环境、经济、社会与科学技术的大系统中研究符合客观规律的经济原则，均衡经济、社会和生态效益。其基本工具是应用系统分析，包括信息论、系统论、控制论、生态学和资源系统工程管理等一系列新学科。

在传统工业经济时代把经济生产看作一个与世隔绝的体系，只考虑经济效益，甚至简单归结为利润。这种片面的经济思维理念不符合实际情况，也不符合自然规律。实际上任何经济生产都要从自然界取得原料，并向自然界排出废物。而自然界中像石油、煤和淡水等多种战略性的经济资源都是有限的，甚至是短缺的，不考虑这一点就是竭泽而渔；生产向自然界排出废物，而生态系统的容量是有限的，不考虑这一点就是自毁基础。因此，我们的经济生产必须把生态系统考虑进去。同样的道理，我们的社会消费也应当考虑在生态系统的承载能力之内。不把人口、经济、社会、资源与环境作为一个大系统考虑就会出现竭泽而渔、自毁基础的现象，违反基本客观规律。

以用水为例，在农业经济中人们就把一段河流又当自来水管又当下水道。这当然也是违反客观规律的，但是由于取水量小，排污量也小，在河流生态系统的资源承载能力和自我修复能力之内，因此没有出现大问题。但是到了工业经济时代，生产力大大提高，取水量不断增加，就造成河流的断流；排污量也不断增加，超过了河流生态系统的自修复能力，过量污染就使水质变坏，直至达不到使用要求。如果我们把河流生态系统纳入我们的经济生产系统来统一考虑，就会考虑到资源的承载能力和环境容量，避免上述结果的出现。

二、生态系统承载力原则

无论是产品生产，还是基础设施建设，都应在所在生态系统的承载力允许范围内进行，超过水资源量的用水和超过环境容量的排污都应改变。在把自然财富变成社会产品的生产和建设中，必须考虑自然生态系统的承载能力。当不能承载时，就必须用我们积累的社会财富和科学技术来修复和维系自然生态系统，当其承载能力提高以后，再进行新水平上的生产和建设。如此循环，才是人与自然和谐的可持续发展。

三、生态成本总量控制的原则

如果把自然生态系统作为经济生产大系统的一部分来考虑，我们就会像传统工业经济考虑资本的投入一样，考虑生产中生态系统的成本。任何一个工业生产投资者在投资时，必须考虑自己有多少钱，如同借贷要考虑到偿还能力。同样，我们在向自然界索取资源时，也必须考虑生态系统有多大的承载能力，如果透支，要考虑它有多大的自我修复能力，有一个生态成本总量控制的概念。

所谓生态成本，就是指当我们进行经济生产给生态系统带来破坏后，再人为修复所需要的代价。仍以从河流取水为例，在传统工业生产取水时，只要考虑取水的工程、机械和人工的成本，而不考虑水资源的成本，认为水是天上来的，取之不尽、用之不竭的。这种认识在水是富有资源时是对的，如用海水；但如在取水后形成断流，破坏了下游生态系统，就不仅水资源有成本，而且有高昂的水生态系统成本。向水中排污，破坏了水的质量是另一种用水，也有高昂的环境代价。

生态成本应该有一个总量控制的概念，仍以从河流取水为例，联合国教科文组织通过数百例统计研究，得出在温带半湿润地区从河流中取水不应超过河流总水资源量40%的总量控制概念。也就是说，从整条河中取用总水资源量40%以下的水，不至造成断流，在污水处理达标排放的情况下，可以保持河流的自净能力。

四、生产中资源循环的3R原则

生态工业园是生产性园区，在生产中要严格遵循前面已经讲到的清洁生产3R原则，是园区的一个基本准则，清洁生产就是高效利用资源，尽可能少地排出废物，基身就是减少对生态系统的扰动，相对于非清洁生产方式来说，就是对生态系统的一种修复。

五、生产中尽可能利用可再生资源原则

自然界很多资源都是循环再生的，循环经济要求尽可能利用这类资源，替代不可再生资源，使生产循环与生态循环耦合，合理地依托在自然生态循环之上。

浅层地下水是可再生资源，但再生周期较长，长达数年；地表水也是可再生资源，但再生周期很短，以年为单位。因此，为了维护生态循环，两相比较，城市取水应尽可能取地表水，否则在丰水地区都会因补给不及时造成轻微地面沉降，在缺水地区后果自然更为严重。

六、生产中尽可能利用高科技原则

国外目前提倡生产的“非物质化”，即尽可能以知识投入来替代物质投入。如利用互联网替代大量相应物质产品的生产。同样以基因技术改良品种，提高作物单产，培育节水良种等实际上就是大量节约了灌溉用水。在我国灌溉用水每节约1/10，就是280亿m^3水，相当于8个北京的用水量。

仅以管理科学技术为例，资源系统工程管理学就有特殊重要的意义。在设计建设大型资源利用工程时必须在资源系统工程管理学的指导下进行大系统分析。如修建一座水库，不能只考虑水源的稳定性、选址的科学性和建成后取水的经济效益，还要考虑对下游地下水位、植被和物种等的生态影响，对下游经济发展的影响，对上下游气候影响等。我国天津市本是九河汇海的水乡，现在严重缺水，就是个比较典型的实例。

七、构建生态工业链的原则

不同产业应在国家政策协调下逐步按循环经济的原则以生态学食物链理念构成生态产业链，构成动脉产业和静脉产业，实现原料输入和排出废物的循环，并使不同生态产业链间产生耦合效应。“零排放”、“全封闭”和“完全循环”是不可能的，也是不必要的，但生态工业链的建立应该是指导原则。例如，炼焦的废渣可以成为水泥厂的原料，这个生态产业链又可以和热电厂能量循环利用链产生耦合。

八、把生态系统建设作为基础设施建设的原则

以在洞庭湖周边开始的退田还湖为例。历史上的八百里洞庭，到新中国成立前只剩4 350 km^2，蓄洪能力为293亿m^3。到1998年大洪水前，湖面只剩一半多，为2 623 km^2，蓄洪能力仅为167亿m^3。人们侵占了行洪区，自然洪水为患。1998年大洪水时形势十分严峻。自1999年退田还湖后，现在湖面已扩大554 km^2，增加蓄洪能力27亿m^3。其实早自大禹起，治水就有疏和堵两种做法；从基本的数学概念

来看，提高行洪能力也有加高横截面的宽——高筑堤和扩大横截面的宽——保护和建设蓄滞洪区两种做法。不断加高堤防并不断加固可能比退田还湖的代价更大，而且还造成对人类危如累卵的悬河；而退田还湖扩大蓄滞洪区是符合水循环规律的循环经济做法。

生态系统建设是传统基础设施建设的基础。以 2001 年由国务院批准实施的《塔里木河近期治治理规划》为例，目标是把水送到塔里木河下游，恢复 300 余 km的断流河段。如果断流持续，在未来 20～30 年之内，塔里木河下游绿洲将消失，库姆塔格沙漠和塔克拉玛干沙漠将合拢，在这一地区建设的所有公路都将被埋葬。

九、建立绿色国内生产总值统计与核算体系的原则

绿色国内生产总值统计的是基本指导思想就是生产有了第二个目的，社会产品的生产是生产的一个目的，而生态系统的修复是生产的第二个目的。因此，污水处理减少对河流生态系统的污染，再生水还可以利国都应核算计入国内生产总值；植树造林、修复湿地吸收二氧化碳修复大气生态系统也应核算计入国内生产总值。

十、建立绿色消费制度的原则

以税收和行政等手段，限制以不可再生资源为原料的一次性产品生产与消费，如旅馆的一次性用品、餐馆的一次性餐具和豪华包装等，促进一次性产品和包装容器的再利用。而这些产品的制造，在大量用水的同时，还产生了严重的水污染，节约了这些一次性产品就是节水。

自 20 世纪 90 年代中期以来，欧美的四五星高档旅馆的洗漱间里都设立了一个小标牌，上面写道："您如愿意节约用水、保护环境，请把用过的毛巾、浴巾放回架子上，表示您愿意继续使用，这样可以节约用水并减少洗涤剂的污染。"作者每次连续住两天以上都重复使用毛巾，实际上这还减少了可能消毒不净、自己染病的机会。其实，床单和被单也都可以重复使用，不用一天一换，希望我国旅馆广泛开展这项运动时，把床单和被单也加上，超过世界环保意识的先进水平。

以节约用水、污水处理和中水回用为例，这种新的生产理念就是在生态工业园中实例循环经济理念的应用。

更鲜为人知的是 1t 水的产生和处理要有多大投入，按平均水平看，水源地的投入为 1 000～2 000 元/t，自来水厂投入为 1 000～1 500 元/t，供水管网的投入为 1 000～1 500 元/t，污水收集管网的投入约为 1 500～2 000 元/t，污水处理厂的建设约为 2 000～3 000 元/t。这样使用 1t 水，用后处理达标返回江河，保护自然环境，保护水生态系统的总投入就达 8 000 元/t 以上，对于 5 亿人口来说就是 43 亿元人民币的投入，对近年新增的 2 亿城市人口来说就是 2 万亿人民币的投入，占我国年国内

生产总值的 10%，大于全年的财政收入，从这里我们可以看出每人节约 1 t 水对我国国民经济的意义。

第六节 生态工业园为修复北京生态系统作贡献

北京市借奥运的契机，以绿色奥运为目标对生态系统的修复做了许多基础性和开创性的工作，为生态工业园参与北京生态系统修复打下了良好的基础。在扩大奥运遗产，建设宜居城市和修复生态系统方面，生态工业园都有明确的目标。

一、绿色奥运，要为北京留下生态遗产

"绿色奥运"不仅代表了当今国际环保事业发展的前进方向，也反映出技术进步、资源节约、适度消费的环境友好发展模式。这种模式，符合当今倡导的提高资源利用效率、控制污染物排放总量、以循环经济推动社会经济持续发展的方向和思路，符合适应区域生态承载力、满足有限环境容量的客观规律，必将成为一项长期促进北京发展的奥运遗产。

（一）绿色奥运与生态和谐

"绿色奥运"是人与自然和谐的中国传统文化与当代先进环保理念相互融合的结晶，是北京对当今国际环保运动和奥林匹克运动的贡献，也将是 2008 年奥运会留给北京的最丰富的遗产。

1. 绿色奥运

绿色奥运的含义可以有各种各样的理解，可以指通常意义上的人们所认为的生态绿色，也可以指更深层次上的更广泛的"绿色"。这样，就有了狭义和广义的绿色奥运之分。

狭义绿色奥运：狭义的绿色奥运是指在申办、组织、举办奥运会的过程中，以及在受奥运会直接影响的举办奥运会之后的一段时间里，自然环境和生态系统能与人类社会协调发展。内容主要包括生态绿色、环境绿色等。奥林匹克宪章上有对奥运会举办城市的自然环境和生态系统的要求，所以说狭义的绿色是奥运会申办城市所必须做到的，这使它成为奥运会主办的基本条件之一。环境问题一直以来是困扰北京的一个重大的问题，很多治理都治标不治本，如小清河的改造。环境的改善并非只是政府的事情，而是所有的北京市民的事情，治而不保是不会有长期效果的。

广义绿色奥运：广义的绿色奥运是指与奥运会相关的物质和意识上的绿色，这里的"绿色"，不仅是指狭义绿色奥运中的"绿色"，而且还指其他方面的与自然和社会发展相协调的思想和做法。内容很广泛，包括物质绿色和意识绿色两大方面。

2. 生态奥运

"生态奥运"是让奥运依附于自然生态系统的良性循环之上，建筑材料绝大

部分利用，污水全部处理，中水100%回用，采用太阳能、风能和生物能等清洁能源，建立循环经济的生产生活体系。以2008年北京奥运为契机，以“绿色奥运”的建设口号为动力，通过生态建设促进人们观念的改变，全民生理、心理素质的提高和全社会的生态文明建设；促进北京城市环境的快速改善、城市生态资产的快速积累和区域生态服务功能的快速加强；激励北京城市产业的生态转型、城市经济的健康运行和社会可持续发展能力的培养，有效发挥“绿色奥运”的推动作用。因此，生态奥运是绿色奥运的提高，要在承诺绿色奥运的基础上办成生态奥运并留下遗产。

3. 生态和谐与可持续发展

人总是生活在一定的自然环境中，需要不断地同自然进行各种物质、能量和信息的交流，并通过改造自然和利用自然来满足自己的需要。自然界向人类提供的资源，在特定的阶段只能是一定的。人类需求的增长必须与自然界所能提供的各类资源相适应，人类的生产和消费必须以最小的环境和资源代价来进行。在维护人类社会发展的同时，应当通过维护自然界的平衡，以保证人类社会系统和自然生态系统的和谐共处。

可持续发展的概念：满足现在的需求而不损害下一代满足他们需要的能力。进一步说，可持续发展就是一种主张：① 从长远观点看，经济增长同环境保护不矛盾；② 应当建立政策，促使经济发展，而不致造成生态系统的永久性损害。

申奥的成功使北京走上新的发展之路，尤其是“绿色奥运”口号的提出，使北京在改善城市环保基础设施建设和生态系统方面取得了有目共睹的进步。有关资料显示，近十年间北京市用于环境保护和治理的投入达到900多亿元，涉及20个重点项目和一系列环保措施。以奥运为契机，北京将在大气污染治理、污水处理、固体废弃物处理及开发新能源等多方面实现质的飞跃。并先后编制了《奥运工程环保指南》、《奥运工程绿色施工指南》、《奥运改扩建工程环保指南》和《奥运临建工程环保指南》，提出了一些既符合我国国情又能与国际标准接轨的具体要求，使北京的奥运建设与发展走向“生态奥运”之路，进而促使北京的建设走向“生态北京”的和谐循环经济的健康轨道。

（二）北京宜居城市的评价体系

举办奥运会为北京的城市发展提供了前所未有的机遇，它大大加快了北京居住环境、公共行政和公共设施服务的改善，为把北京建设成“宜居城市”打下坚实基础。

宜居城市是指适宜人类居住和生活的城市。宜居城市的客观评价是从提供或供给者角度，对宜居城市的自然或人文环境状况或基本特征的评价。评价指标包括森林覆盖率、城市人均绿地、城市人均水面、地下水位、污水处理率、单位GDP的CO_2排放和城市公共交通利用率7项如图20-11所示。生态工业园不仅要在园内达标，而且要向外围区域扩散，把北京建成宜居城市。

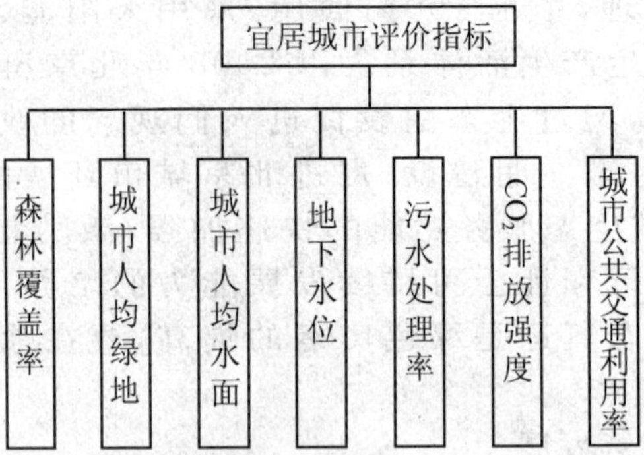

图 20-11　宜居城市评价指标体系

1. 森林覆盖率

森林是陆地生态系统的主体，因此，森林覆盖率是生态系统的最重要指标之一。但是森林覆盖率也不是越高越好，还取决于气候条件。据联合国教科文组织的统计研究，一般在温带中等缺水的地区森林覆盖率在25%左右比较适宜。

2. 城市人均绿地

城市人均绿地等于城市规划区内或紧邻地区的绿地与人口之比，不包括行政城区的远郊森林和草地，目标为 50 m^2/人，在人口高度集中的大城市似宜降到 20 m^2/人。

3. 城市人均水面

城市人均水面应该是城市规划区或紧邻地区水面与人口之比，不包括远郊的大湖、大河与湿地。其中，河流——流动水面的生态效益更高，可以乘 4～6 的系数。城市人均水面应力争达到 10 m^2/人，可以减少城市热岛效应和空气污浊度。

4. 地下水位——生态系统状况指数

地下水位应基本保持在工业化开始时的水平，如北京自 20 世纪 50 年代开始工业化以来，地下水位已经下降了 23 m 之多，致使街头的树、草都需以抽地下水为主的自来水浇灌，形成了恶性循环，造成了比较严重的生态系统失衡。

5. 污水处理率

污水处理率主要指城镇的废污水达标排放后处理的比例。在 2020 年我国城镇的污水处理率应达到 60%以上。

6. 单位 GDP 的 CO_2 排放

CO_2的大量排放已经造成了严重的温室效应，破坏了大气系统，因此应减少化石燃料煤和石油的使用量，并对排气加以处理，恢复大气生态系统。

7. 城市公共交通利用率

城市公共交通是解决城市交通问题的主要途径，应逐步提高城市公共交通利用率，到 2020 年大城市应达到 50%的国际水平，这样就可以少建道路，维系城市生态系统。

二、生态工业园为北京生态系统建设作贡献

举办奥运会为北京的城市发展提供了前所未有的机遇，它大大加快了北京居住环境、公共行政和公共设施服务的改善，把北京建设成为生态型城市，生态工业园在以下方面大有作为。

（一）水面、河湖与湿地的发展

北京市和水利部制订了由国务院批准的《21 世纪初期首都水资源可持续利用规划》，该规划不但在节水治污、产业结构调整的基础上保证北京水资源的供需平衡，而且将实现“三环清水绕京城，千顷水面添美景”。这一规划不但以使人信服的论证赢得了支持，而且城市人均水面应力争达到 10 m^2/人的现代化国际大都市标准，使北京成为国际水平的宜居城市。

一是补充城市河湖用水。二是加强污水治理，根本改善城市河湖水质。三是加强凉水河、温榆河等水系河道的治理。四是将向城市河湖投放螺蛳、鲫鱼和花白鲢鱼等水生动物，种植芦苇、菖蒲和水葱等水生植物以改善城市河湖的生态水环境。

加强湿地建设。一是恢复保护原有湿地，力争六环内城市河湖和新城水体水质基本达标，部分河段恢复河道生态功能。二是建设人工湿地。北京市丰台区水衙沟二期治理工程，拟建成一个 5 000 m^2 人工湿地。

（二）地下水位保持

20 世纪 70 年代以来，由于人工开采以及地下水补给条件的变化，北京平原区地下水整体处于下降趋势。与 1970 年水位相比，2007 年北京市平原区第四系地下水平均埋深 20m。地下水的使用量占总供水量的比例较高，2004 年达到 77%，地下水成为北京市的主要供水水源。如何可持续发展利用北京地下水资源关系到首都经济社会的全面发展。

北京的用水，以前 70%以上依靠地下水，后来地下水严重短缺，目前已经颠倒过来。奥运申办书中明确指出，奥运“村内将设有先进的中水处理、雨水收集系统”，新技术手段的采用将有助于北京地下水位的保持。制订合理开采地下水计划，重点控制工农业取用地下水的数量。重视保护现有湿地生态系统，在适宜地区建设人工湿地。积极开展雨水利用工作，做好汛期雨洪的拦截及回灌工作，补充、涵养地下水源，如路面铺砖要铺设透水性较好的路面砖，使雨水能通过其有效的渗透，达到补充地下水的目的。

（三）森林覆盖率

森林是陆地生态系统的主体，有极强的生态功能。近年来北京植树造林成果显

著，就全市而言，森林覆盖率达 35.5%，高于温带季风气候区域 25%适宜覆盖率的联合国标准；但是主要分布在西部和北部山区，而平原森林覆盖率只有 19.1%，低于国际标准。

北京市西北部的森林对北京有重要的生态功能，但由于距离城市较远，实际效用大大降低。森林对某地区的生态功能有如下公式：

$$生态功能=\frac{森林面积}{核心区与作用区的距离}$$

因此，在北京平原区造林仍是当务之急。植树造林，是实施绿色奥运的战略基础，是办好奥运的重要保障。为实现绿色奥运的理念，提高北京市的森林覆盖率势在必行。一是植树造林。形成山区、平原地区和市区绿化隔离带三道绿色生态屏障。在山区以天然林保护、水土保持林建设、水源涵养林建设及风景林建设为重点。在郊区的河流、公路、铁路两侧进行绿化，基本农田全面实现林网化。在市区以大乔木为主，乔灌花草相结合，建设大面积的城市森林绿地。二是发展高效益绿色林业产业。推进绿色产业体系建设进程，突出绿色经济，加大基地建设，发展果品业、速生丰产林、种苗业、花卉和蜂业、森林休憩旅游业。

参考文献

[1] 吴季松."浪漫国度"法兰西[M].北京:北京出版社,2003.
[2] 吴季松.欧洲文明之路·希腊·意大利·英国[M].北京:北京出版社,2003.
[3] 吴季松.德国之谜·奥地利·瑞士[M].北京:北京出版社,2003.
[4] 吴季松.人类从这里走向海洋——西欧[M].北京:北京出版社,2003.
[5] 吴季松.白雪皑皑的北欧[M].北京:北京出版社,2003.
[6] 吴季松.浩瀚的俄罗斯·东欧[M].北京:北京出版社,2003.
[7] 吴季松.人类最早和最迟居住的地方——非洲和大洋洲[M].北京:北京出版社,2003.
[8] 吴季松.创新的美国·美洲[M].北京:北京出版社,2003.
[9] 吴季松.宗教圣地西南亚[M].北京:北京出版社,2003.
[10] 吴季松.学习的日本·东亚·中亚[M].北京:北京出版社,2003.
[11] 吴季松.横向看世界[M].北京:北京出版社,2003.
[12] 吴季松.日本的循环型社会[M].北京:中国发展出版社,2007.
[13] 吴季松.欧洲的循环经济与北非的水[M].北京:中国发展出版社,2007.
[14] 吴季松.看世界80国:西亚和南亚的可持续发展[M].北京:中国发展出版社,2007.
[15] 吴季松.看世界80国:东亚的生态系统[M].北京:中国发展出版社,2007.
[16] 吴季松.看世界80国:非洲的自然资源[M].北京:中国发展出版社,2007.
[17] 吴季松.看世界80国:美洲和大洋洲的自然资源管理[M].北京:中国发展出版社,2007.
[18] 吴季松.从世界看台湾[M].北京:清华大学出版社,2006.
[19] 吴季松.看世界100国——世界草原与海岛考察[M].北京:北京航空航天大学出版社,2009.
[20] 吴季松.看世界100国——世界的极地与沙漠生态考察[M].北京:北京航空航天大学出版社,2009.
[21] 吴季松.亲历申奥[M].北京:京华出版社,2001.
[22] 吴季松."信息高速公路"通向何方?[M].北京:中国铁道出版社,1994.
[23] 吴季松.21世纪社会的新细胞——科技工业园区[M].上海:上海科技教育出版社,1995.
[24] 吴季松.知识经济——21世纪社会的新趋势[M].北京:北京科学技术出版社,1998.
[25] 吴季松.知识经济学(理论实践和应用)[M].北京:北京科学技术出版社,1999.

[26] 吴季松.水资源及其管理的研究与应用——以水资源的可持续利用保障可持续发展[M].北京:中国水利水电出版社,2000.
[27] 吴季松.现代水资源管理概论[M].北京:中国水利水电出版社,2002.
[28] 吴季松.中国可以不缺水[M].北京:北京出版社,2005.
[29] 吴季松.循环经济[M].北京:北京出版社,2003.
[30] 吴季松.新循环经济学[M].北京:清华大学出版社,2005.
[31] 吴季松.科学发展观与中国循环经济战略[M].北京:新华出版社,2006.
[32] 吴季松.循环经济综论[M].北京:新华出版社,2006.
[33] 吴季松.知识经济学[M].北京:首都经济贸易大学出版社,2007.
[34] 吴季松.循环经济概论[M].北京:北京航空航天大学出版社,2008.
[35] 吴季松.重归前三名——写在北京奥运之前[M].北京:清华大学出版社,2008.
[36] 吕锡文,程静.首都发展与城市创新[M].北京:北京体育大学出版社,2008.
[37] 荣剑英.知识经济与中国发展趋势[M].北京:中国商业出版社,1998.
[38] WU JISONG. Recycle Economy[M]. Effeelle editor, Italy, 2006.
[39] UNESCO. Unesco Internal Report[R]. 1974—2004.
[40] 孙鸿烈,石玉林.中国自然资源丛书[M].北京:中国环境科学出版社,1995.
[41] 吴敬琏.走新型工业化道路实现增长方式转变[J].中国制造业信息化,2005.
[42] UNESCO. Nature and Resources[M]. 1980—1996.
[43] 冯之浚.循环经济导论[M].北京:人民出版社,2004.
[44] 张金屯.应用生态学[M].北京:科学出版社,2003.
[45] 张镜湖.世界的资源与环境[M].北京:科学出版社,2004.
[46] 李博.生态学[M].北京:高等教育出版社,2000.
[47] The Institute of World Resources, World Resources[M]. 2001—2007.
[48] World Bank. The Little Green Data Book. 2002.